高等职业教育“互联网+”新形态一体化系列教材
智能制造领域高素质技术技能型人才培养教材

Shukong Jichuang Jiegou yu Weihu

U0959110

数控机床
结构与维护

主　编◎李玉琴　程　艳
副主编◎何　伟　张　宁　张志斌
参　编◎普晶晶　方俊芳　曹文霞
丁婷婷　郝　勇　张顺孝

华中科技大学出版社
http://press.hust.edu.cn
中国·武汉

内 容 简 介

本书包括数控机床基础知识、数控车床结构分析、数控铣床结构分析、加工中心结构分析、数控机床典型结构分析、数控电火花加工机床结构分析、计算机数控(CNC)系统结构分析、数控机床故障诊断与维修、数控机床的安装与检验等内容。

本教材适合作为高等职业教育的教学与实践用教材或教学参考用书，对数控技术开发人员、数控设备使用人员、数控设备维修人员、数控编程技术人员、数控机床操作人员及数控技工也有较大的参考价值，还可作为各层次的继续工程教育用数控培训教材。

图书在版编目(CIP)数据

数控机床结构与维护/李玉琴，程艳主编.—武汉：华中科技大学出版社，2023.6

ISBN 978-7-5680-9688-1

Ⅰ.①数… Ⅱ.①李… ②程… Ⅲ.①数控机床-结构 ②数控机床-维修 Ⅳ.①TG659

中国国家版本馆 CIP 数据核字(2023)第 108758 号

数控机床结构与维护
Shukong Jichuang Jiegou yu Weihu

李玉琴 程 艳 主编

策划编辑：张 毅
责任编辑：郭星星
封面设计：孢 子
责任监印：朱 玢
出版发行：华中科技大学出版社(中国·武汉) 电话：(027)81321913
武汉市东湖新技术开发区华工科技园 邮编：430223
录 排：武汉正风天下文化发展有限公司
印 刷：武汉洪林印务有限公司
开 本：787mm×1092mm 1/16
印 张：22
字 数：549 千字
版 次：2023 年 6 月第 1 版第 1 次印刷
定 价：69.00 元

前言 QIANYAN

制造业是国民经济和国防建设的基础性产业，先进制造技术是振兴传统制造业的技术支撑，是直接创造社会财富的主要手段，谁先掌握先进制造技术，谁就能够占领市场。而数控技术是先进制造技术的基础技术和共性技术，已成为衡量一个国家制造业水平的重要标志之一。数控技术是发展新兴高新技术产业和尖端工业的使能技术，而数控装备则是发展新兴高新技术产业和尖端工业的基本装备。随着数控加工技术的高速发展，数控机床正逐渐成为机械工业技术改造的首选设备，它的关联效益的辐射能力使得数控机床的使用、维护等问题日渐突出，社会因此急需大量高素质的数控机床操作、使用和维护人才。

为适应我国高等职业技术教育发展及数控应用型人才培养、操作技能型人才培养的需要，2019 年 2 月 13 日，国务院印发《国家职业教育改革实施方案》，提出将启动实施中国特色高水平高职学校和专业建设计划（简称“双高计划”），由教育部和财政部共同研究制定并联合实施；4 月 1 日，教育部、财政部发布《教育部、财政部关于实施中国特色高水平高职学校和专业建设计划的意见》；4 月 4 日，全国深化职业教育改革电视电话会议在北京召开，中国共产党中央政治局常委、中华人民共和国国务院总理李克强作出批示并指出：着力培育发展一批高水平职业院校和品牌专业。我校为积极建设具有中国特色的高水平专业，和相关企业合作建设多部活页式教材，《数控机床结构与维护》属于其中一部。

“数控机床结构与维护”课程是数控专业一门核心课程，本课程既是基础性课程，又是实践性较强的课程。本教材是校企合作、产教融合教材，由学校教师和企业工程技术人员共同编写。教材充分吸收了多年来科技发展和高职教育教学改革的成果，体现了整合思想，定位准确，编写规范，制作精美，是智慧的结晶。

本书的特色如下。

（1）具有知识性与先进性。认真分析先进数控机床结构，特别是数控机床结构的发展和应用对数控技术发展的推动作用，认真研究中外相关课程教材的改革建设情况，积极学习借鉴国内外最新成果，注重技术创新、技术应用与能力培养。

（2）具有通俗易懂性。教材中涉及的内容，既有标志学科的前沿知识，又深入浅出地交代了数控技术基本理论知识。

（3）具有价值引领性。教材渗透职业道德和职业意识教育；体现以就业为导向，有助于学生树立正确的择业观；培养学生爱岗敬业精神、团队精神和创业精神；树立安全意识和环保意识。

（4）具有双元性。由企业工程技术人员参与，校企双元合作开发，对接职业标准和岗位要求，产教融合，行业特点鲜明，以方法技术学习与技能训练为主线，整合与优化相关教学内容体系，突出方法和技术的掌握与应用。

本教材由安徽水利水电职业技术学院李玉琴、程艳担任主编，安徽水利水电职业技术学院何伟、张宁、张志斌担任副主编，安徽水利水电职业技术学院普晶晶、方俊芳、曹文霞、丁婷婷，及安徽和润机电科技有限公司郝勇、安徽合肥科百益机电科技公司张顺孝参与编写。全书共 9 个模块，其中模块 1 由张志斌编写，模块 2 由程艳编写，模块 3 由普晶晶编写，模块 4 由何伟编写，模块 5 由李玉琴编写，模块 6 由方俊芳和曹文霞编写，模块 7 由张宁和丁婷婷编写，模块 8 由张志斌和郝勇编写，模块 9 由丁婷婷和张顺孝编写。编写时参阅了有关院校和其他多家单位的教材、资料，也参考了许多相关数控设备制造企业的设计资料，并得到多位专家、同事的支持和帮助，在此表示衷心的感谢！

由于编者水平有限，加之数控技术发展迅速，书中难免有不足之处，恳请大家批评指正！

编　者

2023 年 3 月

目录 MULU

模块 1 数控机床基础知识

模块导读

本模块学习数控机床的基本知识，重点讲述数控机床的组成与工作原理、发展趋势、维护保养，通过对几种典型数控机床结构的分析说明，使大家对数控机床有整体的了解，以便于后续章节的学习。

学习目标

1. 了解数控机床的基本概念；
2. 掌握数控机床的组成与工作原理；
3. 了解数控机床的发展趋势与维护保养。

思政元素

数控机床的基本概念、组成与工作原理、维护保养都具有较强的理论性和实践性，把思政教育与数控机床基础知识有机融合，可以培养学生的爱国情怀。通过介绍数控机床的发展现状，激励学生树立科技强国的远大抱负。针对数控机床维护保养内容，教育学生认真对待本职工作，培养学生严谨细致的工作态度，爱岗敬业，乐于奉献。

知识架构

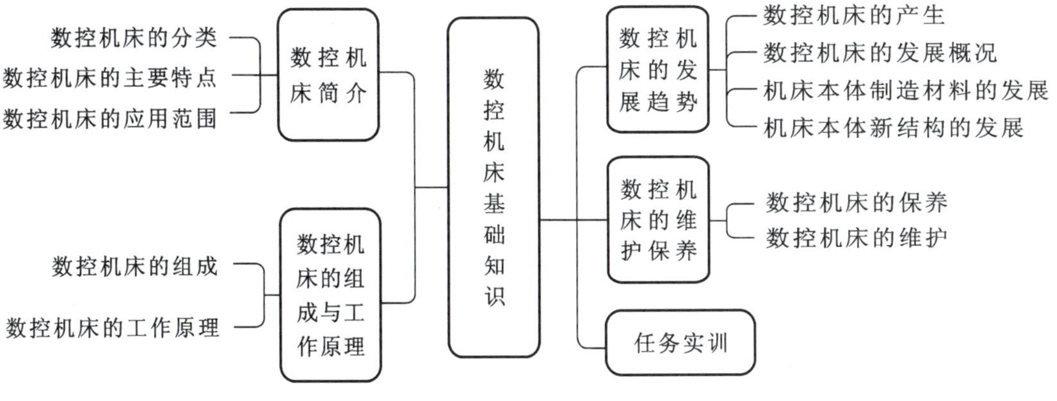

任务 1.1　数控机床简介

【任务要求】

通过对本次任务的学习，了解数控机床各种分类方法，了解数控机床的加工特点和应用范围。

【知识准备】

随着科学技术的进步，各类工业新产品层出不穷，传统的制造业开始了根本性变革，工业发达的国家纷纷投入巨资，对现代制造技术进行研究开发，提出了全新的制造模式。在此形势下，机电产品也正向着高质量、耐高温、耐高压、小型化、多样化和自动化方向发展，商品必须快速流通才能赢得市场先机。由于材料技术的发展，产品材料愈来愈难加工，零件形状愈来愈复杂，某些特殊要求也愈来愈高。为适应不断变化着的加工对象，仅仅靠传统的加工方法和对机床运动的控制方法是难以实现的，甚至根本无法完成。同时，随着市场竞争的日益加剧，企业生产也迫切需要进一步提高其生产效率，提高产品质量的同时还要降低生产成本。这样一种新型的生产设备——数控机床就应运而生了。

一、数控机床的分类

1. 按加工工艺方法分类

1）金属切削类数控机床

与传统的车、铣、钻、磨、齿轮加工相对应的数控机床有数控车床、数控铣床、数控钻床、数控磨床、数控齿轮加工机床等。尽管这些数控机床在加工工艺方法上存在很大差别，具体的控制方式也各不相同，但机床的动作和运动都是数字化控制的，具有较高的生产率和自动化程度。

在普通数控机床加装一个刀库和换刀装置就成为数控加工中心机床（简称加工中心）。加工中心进一步提高了普通数控机床的自动化程度和生产率。例如铣、镗、钻加工中心，它是在数控铣床基础上增加了一个容量较大的刀库和自动换刀装置形成的，工件一次装夹后，可以对箱体零件的四面甚至五面进行铣、镗、钻、扩、铰以及攻螺纹等多工序加工，特别适合箱体类零件的加工。加工中心可以有效地避免由于工件多次安装造成的定位误差，减少了机床的台数和占地面积，缩短了辅助时间，大大提高了生产效率和加工质量。常见的金属切削类数控机床见图 1.1.1。

2）特种加工类数控机床

除了金属切削类数控机床外，数控技术也大量用于数控电火花线切割机床、数控电火花成形机床、数控等离子弧切割机床、数控火焰切割机床以及数控激光加工机床等。图 1.1.2 列出了几种特种加工类数控机床。

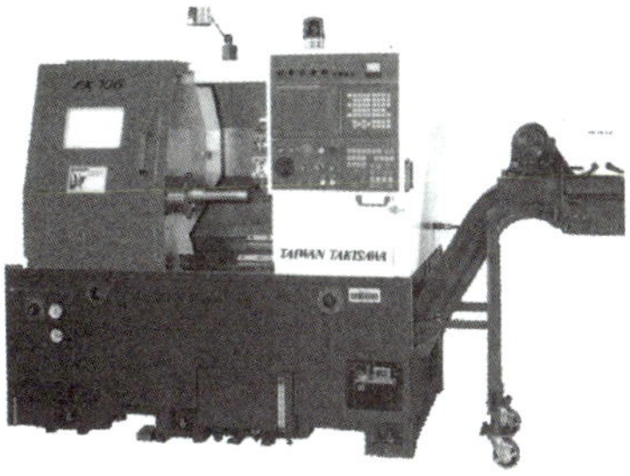

(a) 数控车床

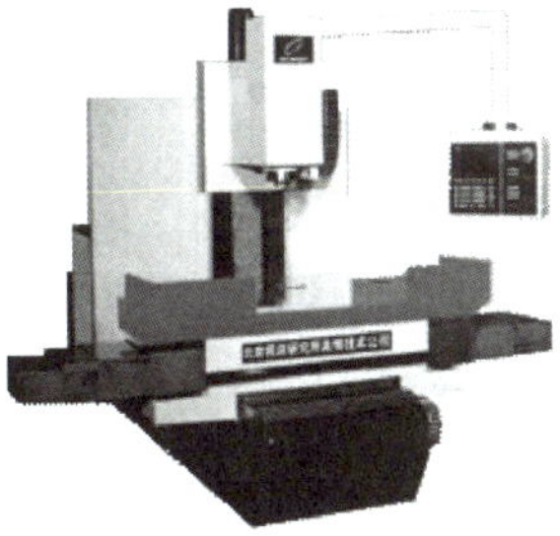

(b) 数控铣床

(c) 加工中心

图 1.1.1 金属切削类数控机床

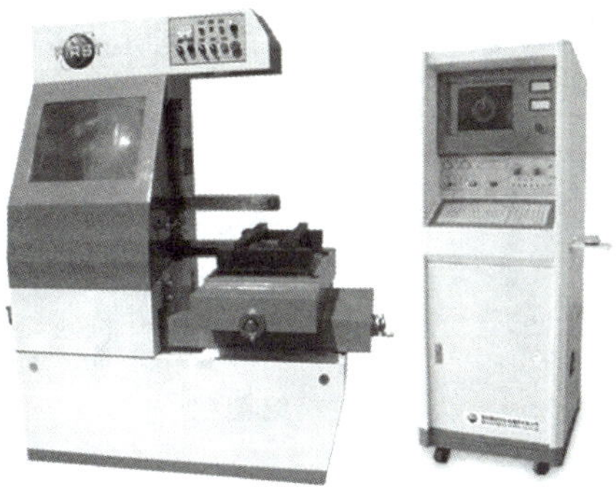

(a) 数控电火花线切割机床

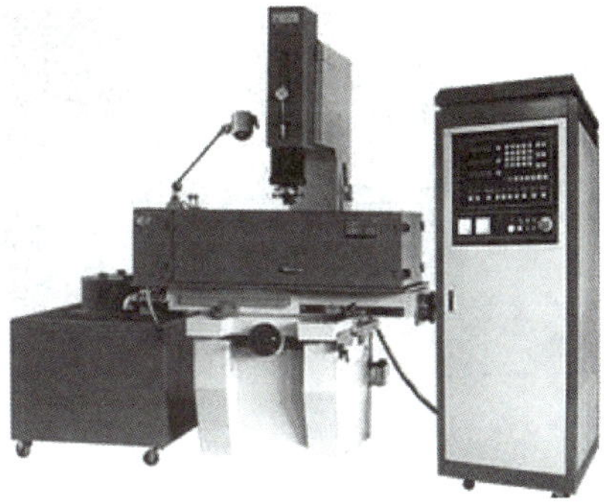

(b) 数控电火花成形机床

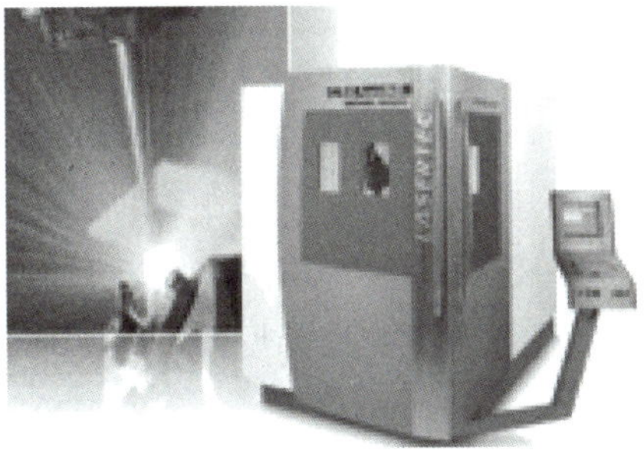

(c) 数控激光加工机床

(d) 数控火焰切割机床

图 1.1.2 特种加工类数控机床

3) 板材加工类数控机床

常见的应用于金属板材加工的数控机床有数控压力机、数控剪板机、数控折弯机[见图 1.1.3(a)]、数控旋压机[见图 1.1.3(b)]等。近年来,其他机械设备中也大量采用了数控技术,如数控三坐标测量仪[见图 1.1.3(c)]、数控绘图仪[见图 1.1.3(d)]及工业机器人等。

2. 按控制运动轨迹分类

1) 点位控制数控机床

点位控制数控机床的特点是机床移动部件只能实现由一个位置到另一个位置的精确定位,在移动和定位过程中不进行任何加工。机床数控系统只控制行程终点的坐标值,不控制点与点之间的运动轨迹,因此几个坐标轴之间的运动无任何联系,可以几个坐标轴同时向目

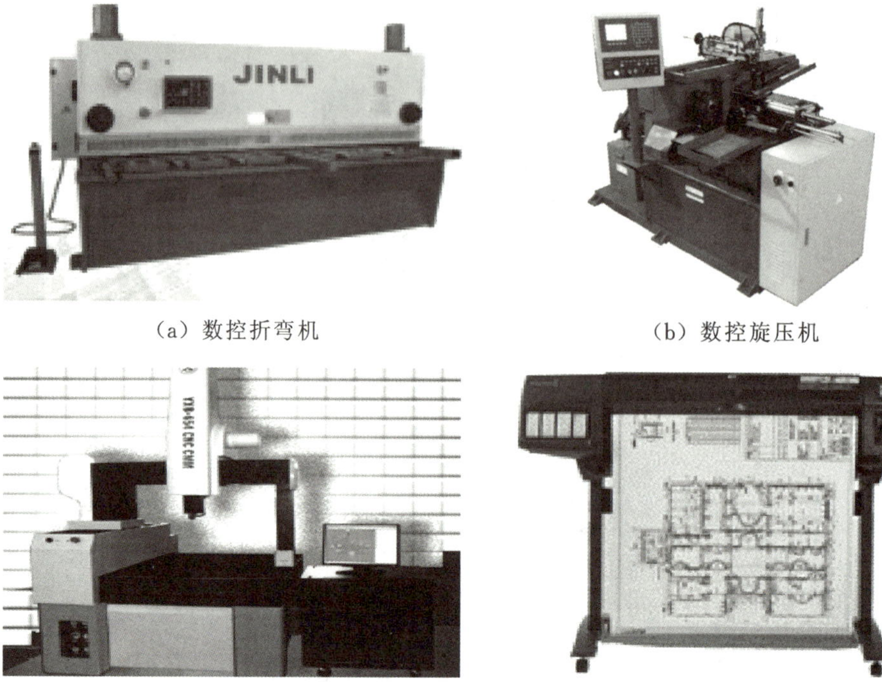

(a) 数控折弯机　(b) 数控旋压机

(c) 三坐标测量仪　(d) 数控绘图仪

图 1.1.3　其他类数控机床

标点运动，也可以各个坐标轴单独依次运动。点位控制数控机床见图 1.1.4(a)。

2) 直线控制数控机床

直线控制数控机床可控制刀具或工作台以适当的进给速度，沿着平行于坐标轴的方向进行直线移动和切削加工，进给速度根据切削条件可在一定范围内变化。直线控制的简易数控车床，只有两个坐标轴，可加工阶梯轴。直线控制的数控铣床，有三个坐标轴，可用于平面的铣削加工。现代组合机床采用数控进给伺服系统，驱动动力头带有多轴箱的轴向进给进行钻镗加工，它也可算是一种直线控制数控机床。直线控制数控机床见图 1.1.4(b)。

3) 轮廓控制数控机床

轮廓控制数控机床能够对两个或两个以上运动的位移及速度进行连续相关的控制，使合成的平面或空间的运动轨迹能满足零件轮廓的要求。它不仅能控制机床移动部件的起点与终点坐标，而且能控制整个加工轮廓每一点的速度和位移，将工件加工成要求的轮廓形状。轮廓控制机床见图 1.1.4(c)。

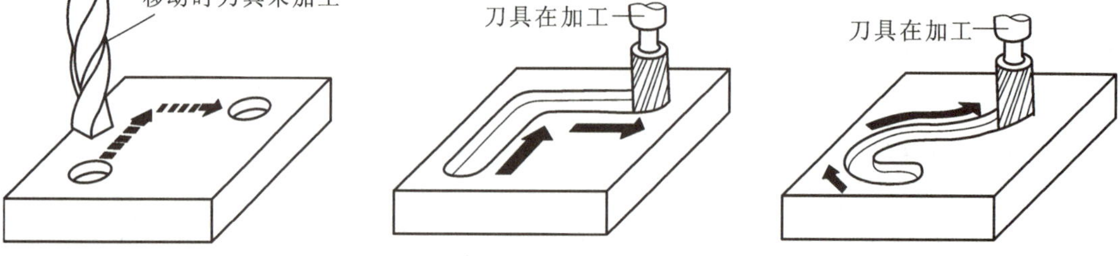

(a) 点位控制　(b) 直线控制　(c) 轮廓控制

图 1.1.4　数控机床按控制运动轨迹分类

现在计算机数控装置的控制功能均由软件实现，增加轮廓控制功能不会带来成本的增加。因此，除少数专用控制系统外，现代计算机数控装置都具有轮廓控制功能。

3. 按伺服系统的控制方式分类

1）开环控制数控机床

这类数控机床的控制系统没有位置检测元件，伺服驱动部件通常为反应式步进电动机或混合式伺服步进电动机。数控系统每发出一个进给指令，经驱动电路功率放大后，驱动步进电机旋转一个角度，再经过齿轮减速装置带动丝杠旋转，通过丝杠螺母机构转换为移动部件的直线位移。移动部件的移动速度与位移量是由输入脉冲的频率与脉冲数决定的。此类数控机床的信息流是单向的，即进给脉冲发出去后，实际移动值不再反馈回来，所以称为开环控制数控机床。开环控制原理图如图 1.1.5 所示。

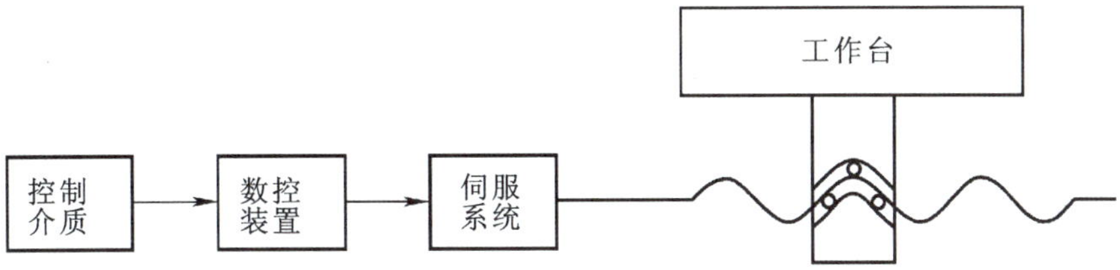

图 1.1.5　开环控制数控机床

2）闭环控制数控机床

闭环控制数控机床在机床移动部件上直接安装直线位移检测装置，直接对工作台的实际位移进行检测，将测量的实际位移值反馈到数控装置中，与输入的指令位移值进行比较，用差值对机床进行控制，使移动部件按照实际需要的位移量运动，最终实现移动部件的精确运动和定位。从理论上讲，闭环系统的运动精度主要取决于检测装置的检测精度，与传动链的误差无关，因此其控制精度高。这类数控机床因把机床工作台纳入了控制环节，故称为闭环控制数控机床。闭环控制原理图如图 1.1.6 所示。

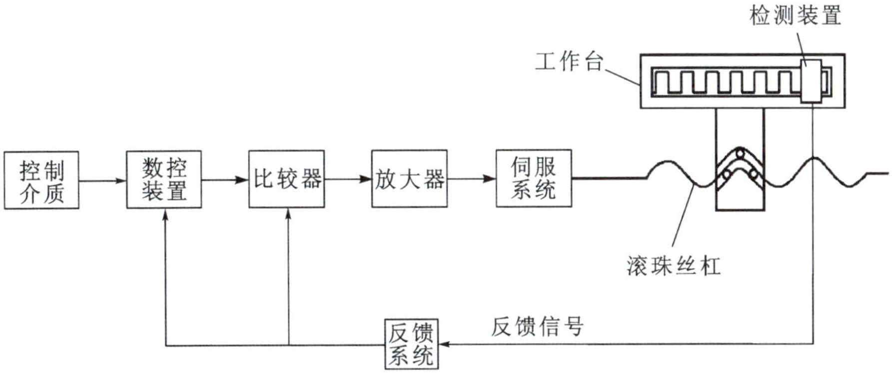

图 1.1.6　闭环控制数控机床

3）半闭环控制数控机床

半闭环控制数控机床在伺服电动机的轴或数控机床的传动丝杠上装有角位移电流检测装置（如光电编码器等），通过检测丝杠的转角间接地检测移动部件的实际位移，然后反馈到数控装置中去，并对误差进行修正。由于工作台没有包括在控制回路中，因此称为半闭环控制数控机床。半闭环控制原理图如图 1.1.7 所示。

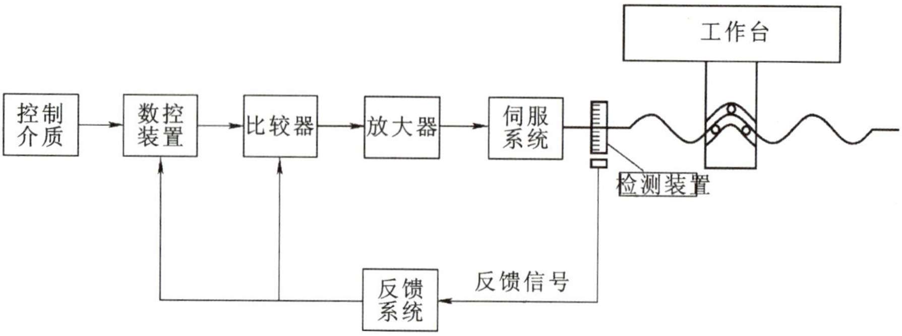

图 1.1.7 半闭环控制数控机床

半闭环控制数控系统的调试比较方便，并且具有很好的稳定性。目前大多将角度检测装置和伺服电动机设计成一体，以使结构更加紧凑。

4. 按联动轴数分类

数控系统控制几个坐标轴按需要的函数关系同时协调运动，称为坐标联动，按照联动轴数可以分为以下几种。

1）两轴联动

数控机床能同时控制两个坐标轴联动，适于数控车床加工旋转曲面或数控铣床铣削平面轮廓，如图 1.1.8 所示。

2）两轴半联动

在两轴的基础上增加了另一个轴的移动，当机床坐标系的 X、Z 轴固定时，Y 轴可以做周期性进给。两轴半联动加工可以实现分层加工，如图 1.1.9 所示。

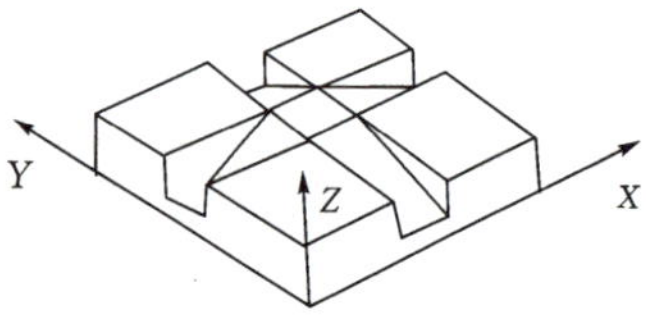

图 1.1.8 零件沟槽面加工

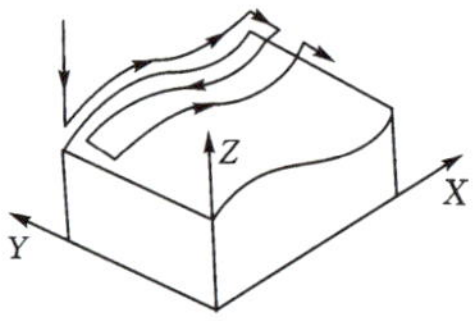

图 1.1.9 两轴半联动加工曲面

3）三轴联动

数控机床能同时控制三个坐标轴的联动，用于一般曲面的加工，一般的型腔模具均可以用三轴联动加工完成，如图 1.1.10 所示。

4）多坐标联动

数控机床能同时控制四个以上坐标轴的联动。多坐标数控机床（见图 1.1.11）的结构复杂，精度要求高，程序编制复杂，适于加工形状复杂的零件，如叶轮叶片类零件。

通常三轴机床可以实现两轴、两轴半、三轴联动加工；五轴机床也可以只用到三轴联动加工，而其他两轴不联动。

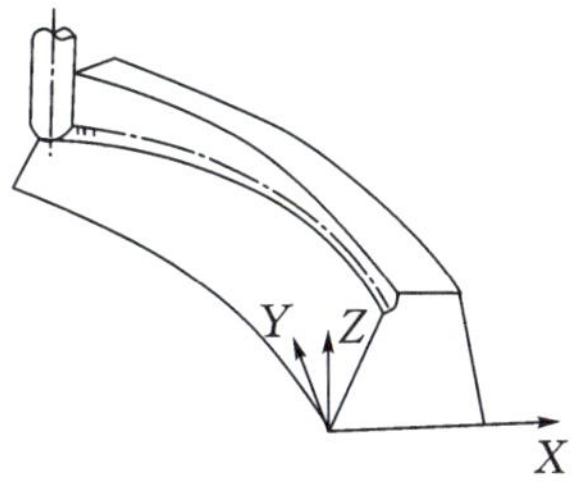

图 1.1.10 三轴联动加工曲面

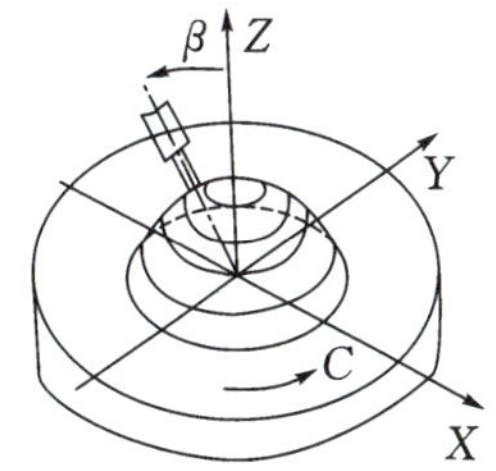

图 1.1.11 五轴联动铣床加工曲面

5. 按功能水平分类

数控机床按功能水平可分为经济型、普及型和高级型。

二、数控机床的主要特点

数控机床与通用机床、专用机床相比，具有以下主要特点：

(1) 提高加工零件的精度，稳定产品的质量。

(2) 能完成普通机床难以完成或根本不能实现的复杂零件加工。

(3) 生产率高。与普通机床相比，采用数控机床可提高生产率 2～3 倍，尤其对某些复杂零件的加工，如果采用加工中心，可实现在一次装夹下进行多工序的连续加工，生产率可提高十几倍甚至几十倍。

(4) 对产品改型设计的适应性强。当被加工零件进行改型设计后，在数控机床上只需要重新编写新零件的加工程序，就能实现对改型设计后零件的加工。因此，数控机床可以很快地从加工一种零件转换为加工另一种改型设计后的零件，这为单件、小批量新试制产品的加工及产品结构频繁更新提供了极大的方便。

(5) 有利于制造技术向综合自动化方向发展。

(6) 减轻工人劳动强度，还能改善劳动条件。

三、数控机床的应用范围

数控机床是一种高度自动化的机床，有一般机床所不具备的许多优点，所以数控机床的应用范围在不断扩大，但数控机床的技术含量高，成本高，使用维修都有一定难度，若从经济方面考虑，数控机床适用于加工以下零件。

(1) 多品种小批量零件(合理生产批量为 10～100 件)；

(2) 结构较复杂，精度要求较高或必须用数学方法确定的复杂曲线、曲面等零件；

(3) 需要频繁改型的零件；

(4) 钻、镗、铰、锪、攻丝及铣削工序联合进行的零件，如箱体、壳体等；

(5) 价格昂贵、不允许报废的零件；

(6) 要求百分之百检验的零件；

(7) 需要最小生产周期的急需零件；

(8) 用普通机床加工时，需要昂贵工装设备的零件。

【效果评价】

评价表			
模块名称	数控机床基础知识	学生姓名	
任务名称	数控机床简介	分数	
考查内容		分值	考核得分
1. 对数控机床基本知识的认知情况		5	
2. 小组计划的执行情况		10	
3. 对各种数控机床的了解		40	
4. 对数控机床加工特点和应用范围的了解		20	
5. 编制学习汇报报告情况		20	
6. 基本素养考核情况		5	
总体得分		100	
教师简要评语： 教师签名：			

任务 1.2　数控机床的组成与工作原理

【任务要求】

通过对本次任务的学习，了解数控机床组成部分及作用，了解数控机床的工作原理及工作过程。

【知识准备】

一、数控机床的组成

数控机床一般由计算机数控系统和机床本体两部分组成，其中计算机数控系统是由输入输出装置、计算机数控装置（CNC 装置）、可编程逻辑控制器（PLC）、主轴驱动系统和进给伺服驱动系统等组成的一个整体系统，如图 1.2.1 所示。

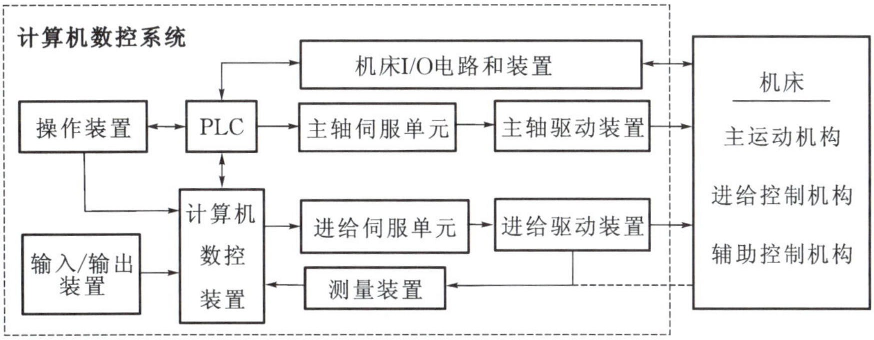

图 1.2.1 数控机床的组成

1. 输入/输出装置

数控机床在进行加工前，必须接收由操作人员输入的零件加工程序（根据加工工艺、切削参数、辅助动作以及数控机床所规定的代码和格式编写的程序，简称为零件程序。现代数控机床上这类程序通常以文本格式存放），然后才能根据输入的零件程序进行加工控制，从而加工出所需的零件。此外，数控机床中常用的零件程序有时也需要在系统外备份或保存。

因此，数控机床中必须具备必要的交互装置，即输入/输出装置来完成零件程序的输入/输出过程。

零件程序一般存放于便于与数控装置交互的一种控制介质上，早期的数控机床常用穿孔纸带、磁带等控制介质，现代数控机床常用移动硬盘、Flash（U 盘）、CF 卡（见图 1.2.2）及其他半导体存储器等控制介质。此外，现代数控机床可以不用控制介质，而直接由操作人员通过手动数据输入（manual data input，简称 MDI）键盘输入零件程序；或采用通信方式进行零件程序的输入/输出。目前数控机床常采用的通信方式有：串行通信（RS232、RS422、RS485 等）；自动控制专用接口和规范，如 DNC（direct numerical control）方式、MAP（manufacturing automation protocol）等；网络通信（internet，intranet，LAN 等）及无线通信[无线接收装置（无线 AP）、智能终端]等。

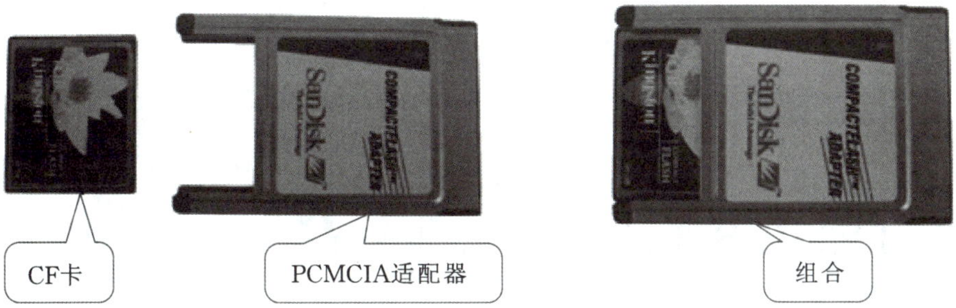

图 1.2.2 CF 卡

2. 操作装置

操作装置是操作人员与数控机床（系统）进行交互的工具。一方面，操作人员可以通过它对数控机床（系统）进行操作、编程、调试或对机床参数进行设定和修改；另一方面，操作人员也可以通过它了解或查询数控机床(系统)的运行状态,它是数控机床特有的一个输入/输出部件。操作装置主要由显示装置、NC 键盘(功能类似于计算机键盘的按键阵列)或计算机键盘、机床控制面板(machine control panel,简称 MCP)、状态灯、手持单元等部分组成。图 1.2.3所示为 FANUC 系统的操作装置,其他数控系统操作装置的布局与之大同小异。

1) 显示装置

数控系统通过显示装置为操作人员提供必要的信息,根据系统所处的状态和操作命令的不同,显示的信息可以是正在编辑的程序、正在运行的程序、机床的加工状态、机床坐标轴的指令实际坐标值、加工轨迹的图形仿真、故障报警信号等。

较简单的显示装置只有若干个数码管,只能显示字符,显示的信息也很有限。较高级的系统一般配有 CRT 显示器或点阵式液晶显示器,一般能显示图形,显示的信息较丰富。

2) NC 键盘

NC 键盘包括 MDI 键盘及软键功能键等。MDI 键盘一般具有标准化的字母、数字和符号(有的通过上档键实现),主要用于零件程序的编辑、参数输入、MDI 操作及系统管理等。功能键一般用于系统的菜单操作(见图 1.2.3)。

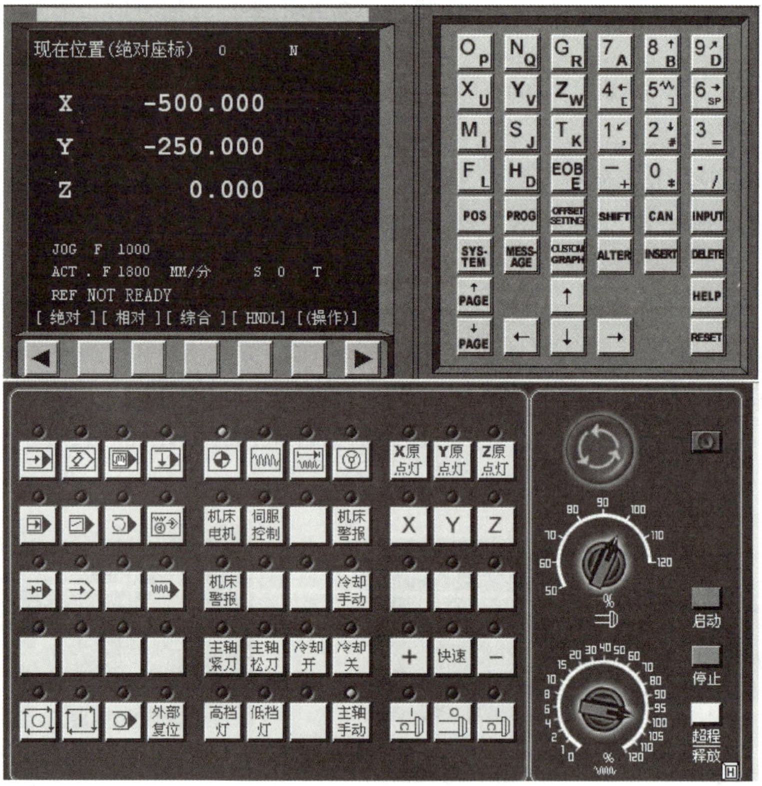

图 1.2.3 FANUC 系统的操作装置

3) 机床控制面板(MCP)

机床控制面板集中了系统的所有按钮(故可称为按钮站),这些按钮用于直接控制机床的动作或加工过程,如启动、暂停零件程序的运行,手动进给坐标轴,调整进给速度等(见图 1.2.3)。

4）手持单元

手持单元不是操作装置的必需件，有些数控系统为方便用户而配有手持单元，用于手摇方式增量进给坐标轴。

手持单元一般由手摇脉冲发生器MPG、坐标轴选择开关等组成。图1.2.4所示为手持单元的一种形式。

3. 计算机数控装置（CNC装置或CNC单元）

计算机数控（CNC）装置是计算机数控系统的核心（见图1.2.5）。其主要作用是根据输入的零件程序和操作指令进行相应的处理（如运动轨迹处理、机床输入/输出处理等），然后输出控制命令到相应的执行部件（伺服单元、驱动装置和PLC等），控制其动作，加工出所需要的零件。所有这些工作是由CNC装置内的系统程序（亦称控制程序）进行合理的组织，在CNC装置硬件的协调配合下，有条不紊地进行的。

图1.2.4　MPG手持单元结构

图1.2.5　计算机数控装置

4. 伺服机构

伺服机构是数控机床的执行机构，由驱动和执行两大部分组成，如图1.2.6所示。它接收数控装置的指令信息，并按指令信息的要求控制执行部件的进给速度、方向和位移。目前数控机床的伺服机构中，常用的位移执行机构有功率步进电动机、直流伺服电动机、交流伺服电动机和直线电动机。

（a）伺服电动机　（b）驱动装置

图1.2.6　伺服机构

5. 检测装置

检测装置（也称反馈装置）对数控机床运动部件的位置及速度进行检测，通常安装在机床的工作台、丝杠或驱动电动机转轴上，相当于普通机床的刻度盘和人的眼睛，它把机床工作台的实际位移或速度转变成电信号反馈给CNC装置或伺服驱动系统，与指令信号进行比较，以实现位置或速度的闭环控制。

数控机床上常用的检测装置有光栅、编码器（光电式或接触式）、感应同步器、旋转变压器、磁栅、磁尺、双频激光干涉仪等（见图1.2.7）。

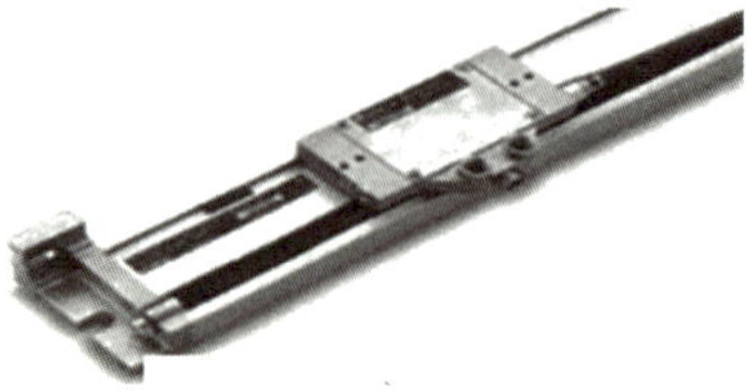

(a) 光栅

(b) 光电编码器

图 1.2.7 检测装置

6. 可编程逻辑控制器

可编程逻辑控制器(programmable logic controller,简称 PLC)是一种以微处理器为基础的通用型自动控制装置(见图 1.2.8),是专为在工业环境下应用而设计的。在数控机床中,PLC 主要完成与逻辑运算有关的一些顺序动作的 I/O 控制,它和实现 I/O 控制的执行部件——机床 I/O 电路与装置(由继电器、电磁阀、行程开关、接触器等组成的逻辑电路)一起,共同完成以下两项任务。

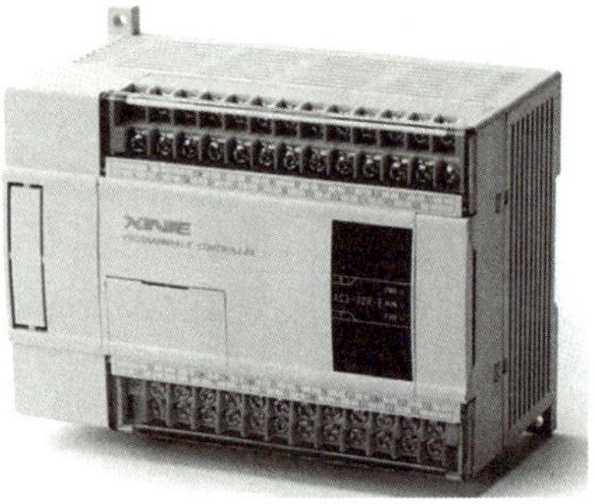

图 1.2.8 可编程序控制器(PLC)

一是接收 CNC 装置的控制代码 M(辅助功能)、S(主轴功能)、T(刀具功能)等顺序动作信息,对其进行译码,转换成对应的控制信号。一方面,它控制主轴单元实现主轴转速控制;另一方面,它控制辅助装置完成机床相应的开关动作,如卡盘的夹紧松开(工件的装夹)、刀具的自动更换、切削液的开与关、机械手取送刀、主轴正反转、主轴停止和准停等动作。

二是接收机床控制面板(循环启动、进给保持、手动进给等)和机床侧(行程开关、压力开关、温控开关等)的 I/O 信号,一部分信号直接控制机床的动作,另一部分信号送往 CNC 装置,经其处理后,输出指令控制 CNC 系统的工作状态和机床的动作。

用于数控机床的 PLC 一般分为两类:内装型(集成型)PLC 和通用型(独立型)PLC。

7. 机床

机床是数控机床的主体,是数控系统的被控对象,是实现制造加工的执行部件。它主要由主运动部件、进给运动部件(工作台、滑板以及相应的传动机构)、支承件(立柱、床身等)以及特殊装置(刀具自动交换系统、工件自动交换系统)和辅助装置(如冷却、润滑、排屑、转位和夹紧装置等)组成。数控机床机械部件的组成与普通机床相似,但传动结构较为简单,在精度、刚度、抗振性等方面要求高,而且其传动和变速系统要便于实现自动化控制。图 1.2.9 所示为典型数控车床的机械结构系统示意图,包括主轴传动机构、进给传动机构、刀架、床身、辅助装置(刀具自动交换机构、润滑液与切削液装置、排屑装置、过载限位装置)等部分。

二、数控机床的工作原理

数控机床的主要任务就是根据输入的零件程序和操作指令,进行相应的处理,控制机床各运动部件协调动作,加工出合格的零件,如图 1.2.10 所示。

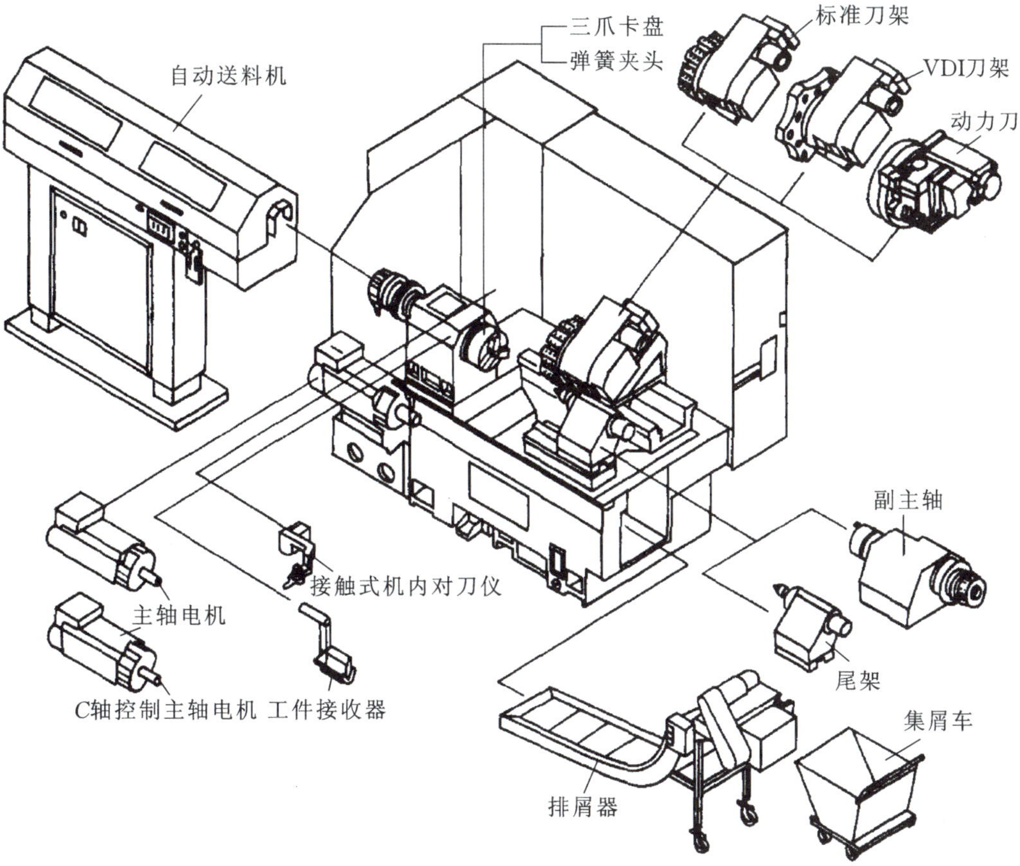

图 1.2.9 典型数控车床的机械结构系统

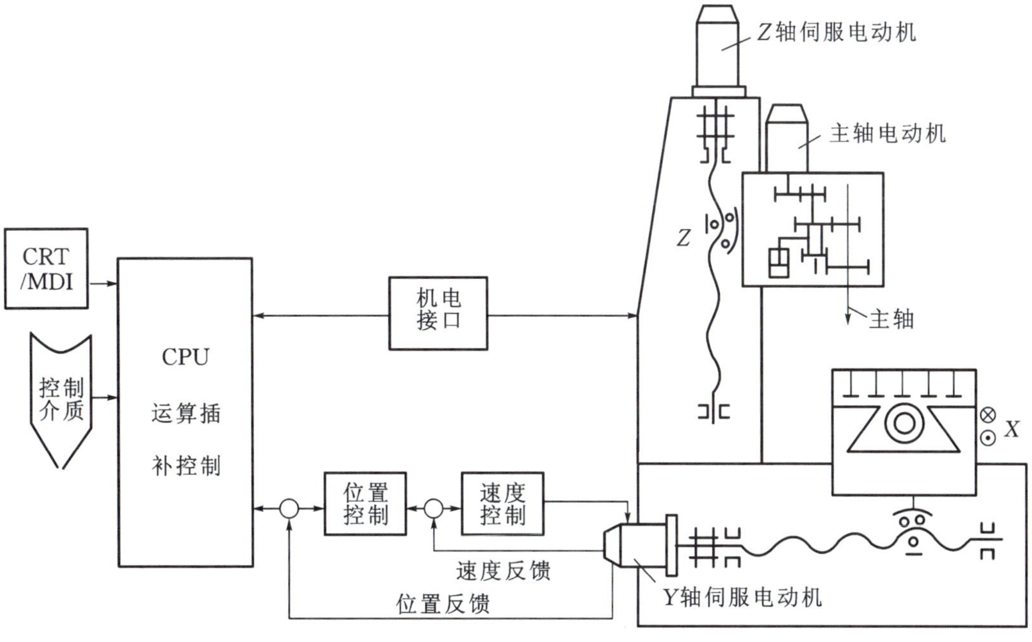

图 1.2.10 数控机床的工作原理

根据零件图制订工艺方案，手动或采用计算机进行零件程序的编制，并把编好的零件程序存放于某种控制介质上；经相应的输入装置把存放在该介质上的零件程序输入至 CNC 装置；CNC 装置根据输入的零件程序和操作指令，进行相应的处理，输出位置控制指令到进给伺服驱动系统，以实现刀具和工件的相对移动；输出速度控制指令到主轴伺服驱动系统，以实现切削运动；输出 M、S、T 指令到 PLC，以实现顺序动作的开关量 I/O 控制，从而加工出符合图样要求的零件。其中 CNC 系统对零件程序的处理流程包括译码、刀补处理、插补处理、位置控制、PLC 控制等环节，如图 1.2.11 所示。

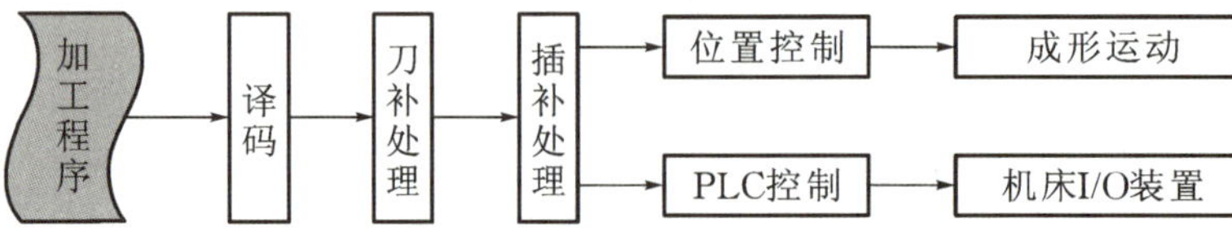

图 1.2.11　数控系统对零件程序的处理流程

【效果评价】

评价表			
模块名称	数控机床基础知识	学生姓名	
任务名称	数控机床的组成与工作原理	分数	
考查内容		分值	考核得分
1. 对数控机床组成部分的认知情况		10	
2. 小组计划执行情况		5	
3. 对数控装置作用的了解		30	
4. 对机床本体组成部分的了解		30	
5. 编制学习汇报报告情况		20	
6. 基本素养考核情况		5	
总体得分		100	
教师简要评语： 教师签名：			

任务 1.3 数控机床的发展趋势

【任务要求】

通过对本次任务的学习，了解数控机床的产生过程和现状，了解我国数控机床的发展概况，了解数控机床的发展趋势。

【知识准备】

一、数控机床的产生

1948 年，美国帕森斯（Parsons）公司与麻省理工学院（MIT）伺服机构实验室提出设想，把机床技术与电子技术巧妙地结合在一起，1949 年开始合作研制。于 1952 年 3 月试制成功世界上第一台有信息存储和处理功能的三坐标数控铣床试验性样机。这台机床主要用于加工直升机叶片轮廓检查用样板。1955 年数控加工进入实用阶段。之后不久，德国、英国、日本、苏联等国家也都开始数控机床的研制工作，其中以日本发展最快。1959 年，美国克耐·杜列克公司（Keaney&Trecker）首次成功开发出具有刀库、能自动换刀的数控铣床——加工中心（machining center）。它是在数控铣床的基础上增加了自动换刀装置（ATM）。

在控制技术方面，数控机床已经历了电子管控制、晶体管控制、集成电路控制、计算机数控，直到今天的微机数控五个阶段。

数控机床又称数字控制（numerical control，简称 NC）机床，是相对于模拟控制而言的，是在传统机床技术基础上利用数字控制等一系列自动控制和微电子技术发展起来的高效率、高精度和高柔性化兼有的机床。数控机床仍采用刀具和模具对材料进行切削加工，这点在本质上和普通机床并无区别，但在如何控制切削运动等方面则与常规切削加工存在本质上的差别。数控机床可以按事先编制的加工程序自动地对工件进行加工，而普通机床的整个加工过程必须通过技术工人的手工操作来完成。

二、数控机床的发展概况

1. 工业化国家数控机床的发展概况

进入 20 世纪 80 年代后，随着计算机技术的日益成熟，数控机床得到更快的发展。近年来具有代表性的数控系统有以下几种形式。

1）计算机直接控制系统

计算机直接控制系统又称计算机群控，是指用一台大型通用主计算机直接控制和管理一群数控机床（或设备）进行零件加工或装配的系统，如图 1.3.1 所示。其特点是使用计算机对生产过程加强管理，使程序的编制、生产的准备、生产的计划安排等工作和机床工作协调一致，以提高各个数控机床的使用效率。

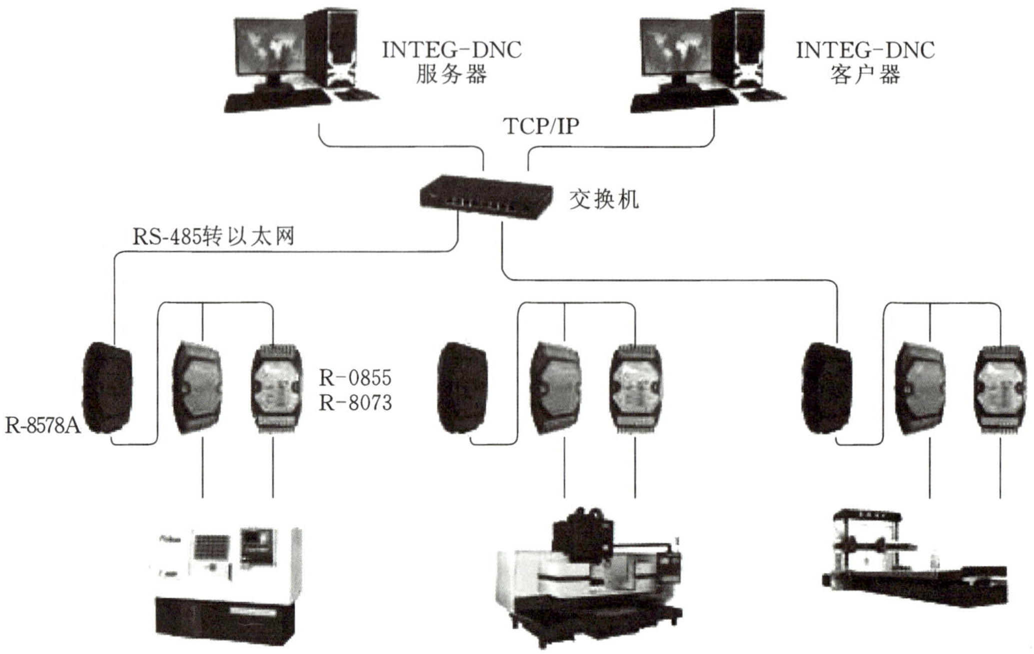

图 1.3.1 计算机直接控制系统

2）自适应控制机床

一般数控机床，是按预先编好的程序进行加工的。但在编程时，实际上有许多参数只能参照过去的经验数据来决定，不可能准确地考虑到它们的一切变化，如毛坯的不均匀、刀具与工件材质的变化、刀具的磨损、工件的变形、热传导性的差别等。这些变化直接或间接地影响着加工质量，使加工不能在最佳状态下进行。如果控制系统能对实际加工中的各种加工状态参数及时地测量并反馈给机床进行修正，则可使切削过程随时都处在最佳状态。所谓最佳状态，指的是最高生产率、最低加工成本、最好的加工质量等。由于 CNC 系统自身带有计算机，只要加上相应的检测元件、控制线路和有关软件就可以制造出这种自适应控制机床。

3）柔性制造单元 FMC

柔性制造单元是一种在人的参与减到最小时，能连续地对同一组零件内不同的工件进行自动化加工（包括工件在单元内部的运输和交换）的最小单元，由加工中心和工件自动交换工作台装置组成，它既可以作为独立使用的加工设备，又可以作为更大更复杂的柔性制造系统或柔性自动线的基本组成模块。

FMC 部分具有自动传送和监控管理功能，可实现某些种类的多品种小批量的加工。它有两大类，一类是数控机床配上机器人，另一类是加工中心配上托盘交换系统，如图 1.3.2 所示。

4）柔性制造系统 FMS

柔性制造系统是在柔性制造单元基础上研制和发展起来的。柔性制造系统主要由主控计算机、数控机床和各类自动传输装置等组成，是一个集柔性化、自动化和智能化于一体的加工系统，如图 1.3.3 所示。其特点是由一台主控计算机对全系统的软、硬件进行统一管理，并采用 DNC 方式控制若干数控机床，对各机床之间的工件有调度和自动传送功能。利用交换工作台或工业机器人等装置实现工件的自动上料和下料。柔性制造系统完全能满足大、

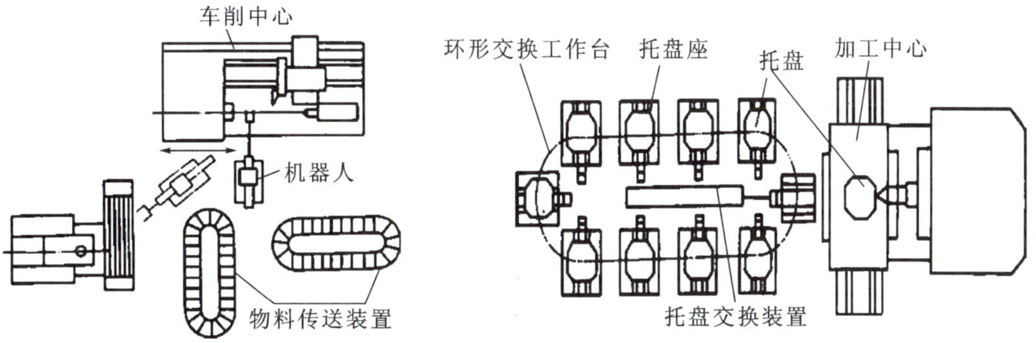

（a）带有机器人的FMC （b）带有托盘交换系统的FMC

图 1.3.2 柔性制造单元 FMC

中、小批量生产的要求，且可以快速调整适应工件尺寸的变化。如 FANUC 公司有一条 FMS，由 60 台数控机床、52 个工业机器人、2 台无人自动搬运车、1 个自动化仓库组成，这个系统每月能加工 10000 台伺服电动机。

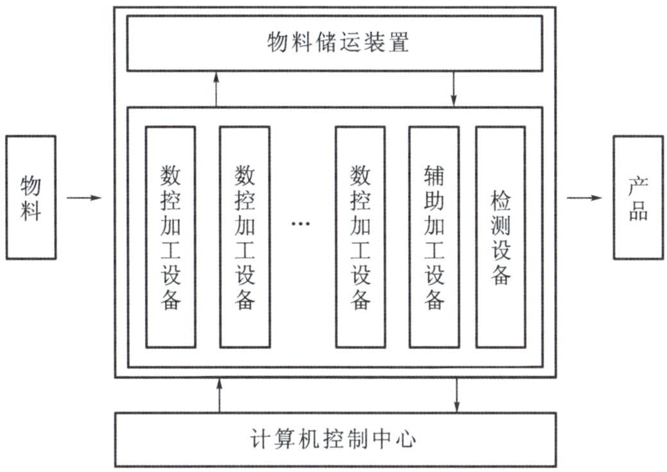

图 1.3.3 柔性制造系统控制简图

柔性制造系统很好地解决了机械加工高度自动化与高度柔性化的矛盾，做到两者有机地结合，因此是当前机械制造技术的主要发展方向。

5）计算机集成生产系统 CIMS

计算机集成生产系统是通过计算机将产品从设计、制造到销售的全部活动（包括市场调研、生产决策、生产计划、生产管理、产品开发、产品设计、工艺设计、加工制造、质量检验及销售经营等）和与整个生产过程有关的信息流、物料流实现系统化管理，把各种分散的自动化系统有机地集成起来，形成一个完整的生产系统。图 1.3.4 所示的是 CIMS 技术集成关系图。

计算机集成生产系统一般需要三个计算机系统：一是进行产品设计和工艺设计的计算机辅助设计和计算机辅助制造系统，即 CAD/CAM；二是计算机辅助生产计划和计算机生产控制系统，即 CAP/CAC；三是计算机工厂自动系统，用于实现产品的自动装配与调试、材料的自动运输与处理等。CIMS 所涉及的领域相当广泛，技术要求高，是未来机械制造技术的重要发展方向。

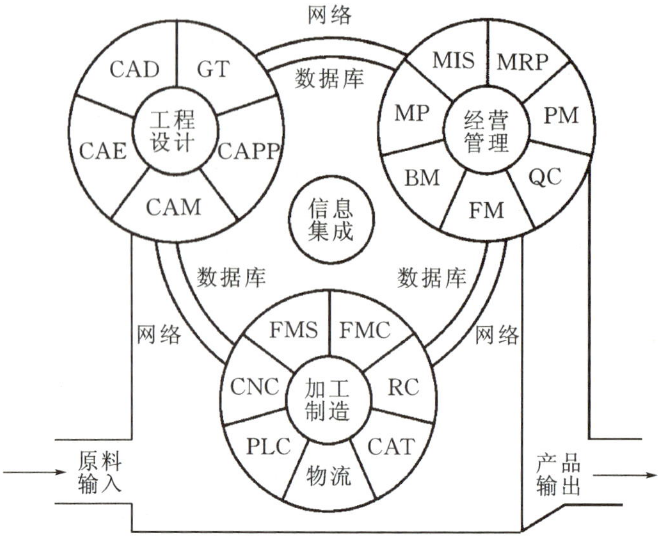

图 1.3.4　CIMS 技术集成关系图

2. 我国数控机床的发展概况

中国数控机床从无到有，到现在已经成为全球最大的机床消费国和生产国。

从洋务运动到新中国成立前，中国机床工业处于萌芽阶段。19 世纪洋务运动期间，曾国藩“访募覃思之士、智巧之匠”“觅制器之器与制器之人”。1863 年容闳受曾国藩委派，历时两年从美国采购了第一批机床设备，开始将西方现代机床工具引入中国。

从新中国成立到改革开放前(1949—1978 年)的 29 年，中国机床工业发展可分为奠基阶段和大规模建设阶段。

1949 年新中国成立后，中国机床工业开始进入快速发展时期。“一五”时期(1953—1957 年)，在苏联专家指导下，第一机械工业部按专业分工规划布局了一批骨干机床企业，还建立了以北京金属切削机床研究所为代表的被称为“七所一院”的一批机床工具研究机构。到 1957 年，一机部直属企业在机床、工具、磨料磨具和机床附件方面的产品产量都占全国的 90%以上。相关产品产量的国内自给率达 80%左右。机床工具工业成为一个独立的工业部门，为后续发展奠定了基础，这一时期是中国机床工业的奠基阶段。

1958—1978 年期间，中国机床工业进入大规模建设阶段。60 年代初期开展了高精度精密机床战役，机床精度、质量和工艺水平普遍提高。60 年代中期开始的“三线建设”中，在川、黔、陕、甘、宁、青、豫西、鄂西等地区，由老厂老所迁建、包建了 33 个机床工具企业，改善了行业的地区布局，国家大力支持发展大型、重型和超重型机床，以满足国民经济建设之所需。

1978 年后，随着国家的改革开放，我国数控机床进入一个新的发展时期，初步建立产业体系并推进产业化。80 年代初期，通过引进数控系统、机床主机技术，并与国外公司联合设计，我国开始研制和生产数控机床。“六五”期间(1981—1985 年)，对数控机床采用直接从国外引进技术的方式，通过许可证贸易、合作生产、购进样机等引进数控机床及相关技术 183 项，开发出数控机床新品种 81 种，累计可供应品种达 113 种，这成为我国数控机床从展品、样机走向商品的一个分水岭。

一路走来，中国数控机床发展成果斐然，但从机床的整体来看，无论是可靠性、精度、生产效率和自动化程度，与国外相比，还存在着不小的差距。

三、机床本体制造材料的发展

为使机床轻量化，生产上常使用各种复合材料，目前用聚合物混凝土制造的基础部件性能优异。聚合物混凝土的配方很多，通常是将花岗岩和其他矿物质粉碎成细小的颗粒，以环氧树脂为黏结剂，以一定比例充分混合后浇注到模具中，借助振动排除气泡，固化约 12 h 后出模。图 1.3.5(a)所示为用聚合物混凝土制造的机床底座，图 1.3.5(b)所示为在铸铁中填充混凝土或聚合物混凝土，都能提高振动阻尼性能，其减振性能是铸铁件的 8～10 倍。

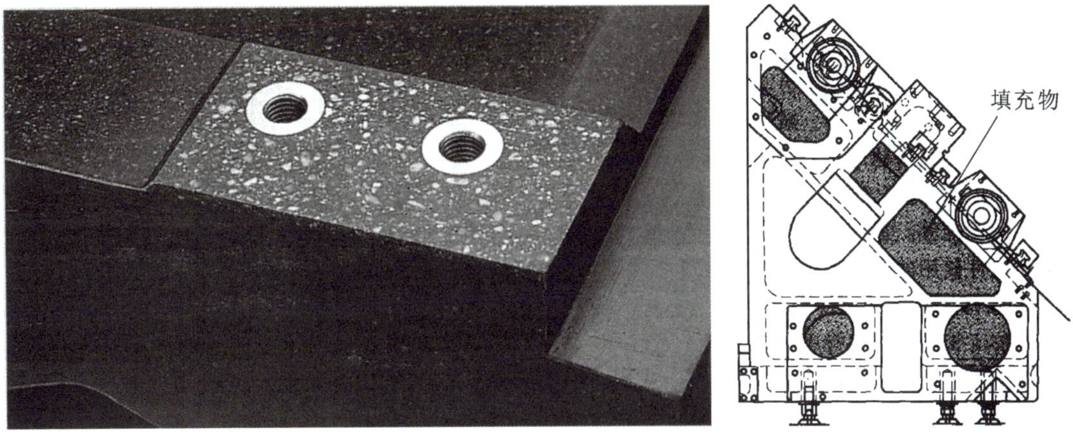

(a)　　(b)

图 1.3.5　聚合物混凝土的应用

四、机床本体新结构的发展

1. 箱中箱结构

为了提高刚度和减轻重量，箱中箱结构式机床采用框架式箱形结构，将一个框架式箱形移动部件嵌入另一个框架箱中，如图 1.3.6 所示。

2. 台上台结构

台上台结构式机床如立式加工中心，为了扩充其工艺功能，常使用双重回转工作台，即在一个回转工作台上加装另一个(或多个)回转工作台，如图 1.3.7 所示。

图 1.3.6　箱中箱结构

图 1.3.7　可倾转的台上台结构

3. 主轴摆头

卧式加工中心中，为了扩充其工艺功能，常使用双重主轴摆头，如图 1.3.8(主轴及其回转均为零链传动)所示。

4. 重心驱动

对于龙门式机床，横梁和龙门架用两根滚珠丝杠驱动，形成虚拟重心驱动。如图 1.3.9 所示，Z_1 和 Z_2 形成横梁的垂直运动重心驱动，Y_1 和 Y_2 形成龙门架的重心驱动。

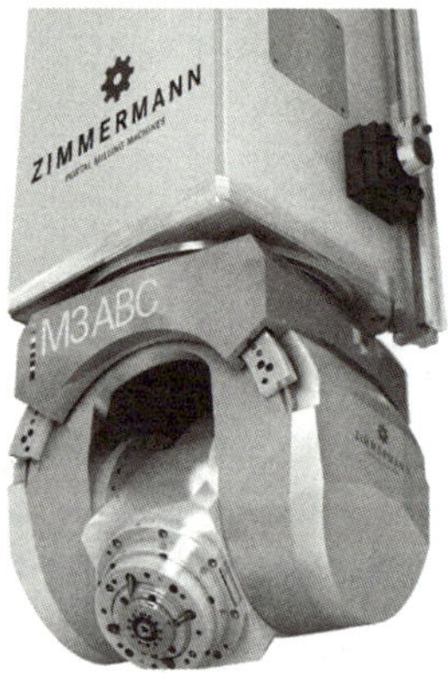

图 1.3.8　主轴摆头

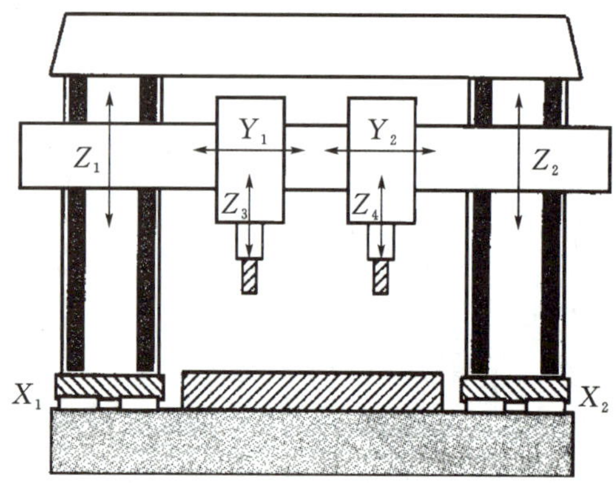

图 1.3.9　重心驱动

5. 电磁伸缩杆

近年来，将交流同步直线电动机的原理应用到伸缩杆上，开发出一种新型位移部件，称为电磁伸缩杆。它的基本原理是在功能部件壳体内安放环状双向电动机绕组，中间是作为次级的伸缩杆，伸缩杆外部有环状的永久磁铁层。电磁伸缩杆是没有机械元件的功能部件，借助电磁相互作用实现运动，无摩擦、磨损和润滑问题，如图 1.3.10 所示。

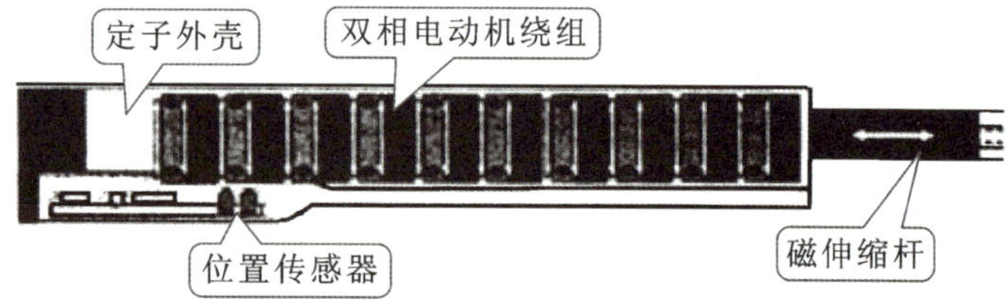

图 1.3.10　电磁伸缩杆

若将电磁伸缩杆外壳与万向铰链连接在一起，并将其安装在固定平台上，作为支点，则随着电磁伸缩杆的轴向移动即可驱动平台。安装在万向铰链上的电磁伸缩杆如图 1.3.11 所

图 1.3.11　安装在万向铰链上的电磁伸缩杆

示。德国汉诺威大学开发的、采用电磁伸缩杆的并联运动机床的主要结构如图 1.3.12 所示。它采用 6 根结构相同的电磁伸缩杆、6 个万向铰链和 6 个球铰链连接固定平台和动平台，就可以迅速组成并联运动机床。

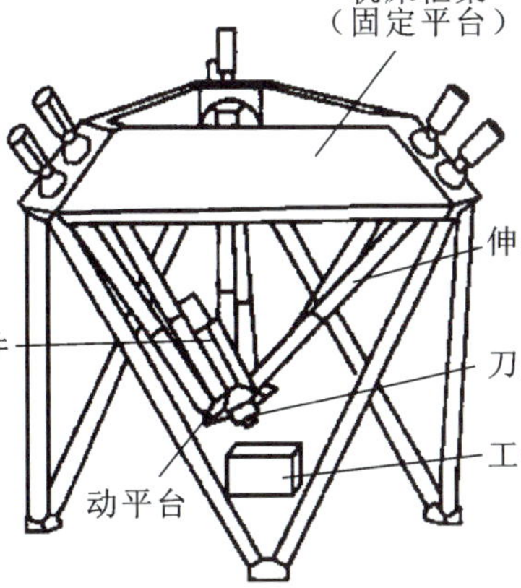

图 1.3.12 采用电磁伸缩杆的并联运动机床

【效果评价】

评 价 表			
模块名称	数控机床基础知识	学生姓名	
任务名称	数控机床的发展趋势	分数	
考查内容		分值	考核得分
1. 对数控机床发展概况的了解		10	
2. 对我国数控机床发展前景的了解		10	
3. 对数控技术发展趋势的了解		20	
4. 对机床本体结构发展的了解		30	
5. 编制学习汇报报告情况		20	
6. 基本素养考核情况		10	
总体得分		100	
教师简要评语： 教师签名：			

任务1.4 数控机床的维护保养

【任务要求】

通过对本次任务的学习，了解数控机床维护保养的基本内容，熟悉数控机床维护与维修的基本要求，了解数控机床维护中故障的分析方法。

【知识准备】

一、数控机床的保养

数控机床是典型的机电一体化产品，对其进行保养与维修需要机械、液压、气动、计算机、自动控制、电机拖动和测试技术等方面的技术知识。机床的常规保养是保证工作正常运行必不可少的重要环节，必须认真做好并落实到位。

1. 数控机床的日常保养

坚持做好数控机床的日常保养工作，可以有效地提高元器件的使用寿命，延长机械零部件的磨损周期，及时消除事故隐患，使机床保持良好的运行状况。不同型号的数控机床日常保养的内容和要求各不相同，对于具体机床可以按照说明书的具体要求进行保养。数控机床基本都包括下述几个方面的维护保养内容。

(1) 保持良好的润滑状态。要定期检查、清洗自动润滑系统，及时添加或更换油液、油脂，使主轴、丝杠和导轨等各运动部位始终保持良好润滑状态，以减缓机械磨损速度。

(2) 对机械精度的检查调整。保持各运动部件之间的形状和位置偏差在允许范围内，其中包括对换刀系统、工作台交换系统、丝杠反向间隙等的检查与调整。

(3) 对直流电机电刷的检查、清扫和更换，以及对各插接件有无松动的检查等。

(4) 机床和环境清洁卫生。如果数控机床的使用环境不好，会直接影响到机床的正常运行。如：纸带阅读机感光元件受到粉尘污染，就有可能产生读数错误；电路板太脏，可能产生短路故障；油水过滤器、空气过滤网太脏，会出现压力不足、散热不好并造成故障。因此必须对数控机床定期进行维护保养。

2. 使用数控机床应注意的问题

数控机床的整个加工过程都是由数控系统按照编制的程序来完成的，如果出现稳定性、可靠性和准确性方面的问题，一般排除故障的过程不太容易。因此，除了要求掌握数控机床的性能及操作技巧外，还要注意消除各种不利的影响因素，以保证数控机床能够充分发挥出生产效率高、加工精度好和质量稳定的优越性。

1) 数控机床的使用环境

数控机床要避免阳光直射，不能安装在潮湿、粉尘过多或污染严重的场所，否则会造成电子元件技术性能下降、电器接触不良或电路短路故障。数控机床要远离振动大的设备，对于高精密的机床要采取专门的防振措施。在有条件的情况下，将数控机床置于空调环境下使用，其故障率会明显降低。

2) 数控机床的电源要求

由于我国的供电条件普遍比较差，电源波动幅度时常超过10%。在交流电源上往往叠加有高频杂波信号，以及幅度很大的瞬间干扰信号，很容易破坏机内的程序或参数，影响机床的正常运行。在条件许可的情况下，对数控机床采取专线供电或增设电源稳压设备，以减少供电质量的影响和电气干扰。

3) 数控机床的操作规程

操作规程是保证数控机床安全运行的重要措施，操作者必须按操作规程的要求进行操作。要明确规定开机、关机的顺序和注意事项，例如开机后首先要手动或用程序指令让各轴回参考点，顺序为 Z、X、Y 轴(数控车床是先回 X 轴再回其他轴)。在机床正常运行时不允许开关电气柜门，不得随意按动“急停”和“复位”按钮，不得随意修改参数。

4) 机床发生故障

出现故障要保留现场，维修人员要认真了解故障前后经过，做好故障发生原因和处理的记录，查找出故障后及时排除，以减少停机时间。

5) 数控机床不宜长期封存

购买的数控机床要尽快投入使用，尤其在保修期内要尽可能提高机床利用率，使故障隐患和薄弱环节充分暴露出来，及时保修，节省维修费用。数控机床闲置会使电子元器件受潮，加快其技术性能下降或损坏。长期不使用的数控机床要每周通电1～2次，每次空运行1小时左右，以防止机床电器元件受潮，并能及时发现有无电池报警信号，避免系统软件参数的丢失。

二、数控机床的维护

1. 数控机床维护的基本含义

数控机床维护应包括两个方面的含义：一是日常的维护，这是为了延长平均无故障的时间；二是故障维修，此时要缩短平均修复时间。为了延长各元器件的寿命和正常机械磨损期，防止恶性事件的发生，争取机床能在较长时间内正常工作，必须对数控机床进行维护保养。

2. 数控机床维护的基本目的

数控机床维护的基本目的就是提高数控设备的可靠性。数控设备的可靠性是指在规定时间内、规定的工作条件下维持无故障的能力。

3. 数控机床维护管理的基本内容

维护管理的基本内容包括选择合理的维修方式、建立专业维修组织和维修协作以及做好备件的国产化三个方面。

(1) 选择合理的维修方式。设备维修方式可以分为事后维修、预防维修、改善维修、预知维修或状态维修等。如果从修理费用、停产损失、维修组织和维修效果等方面衡量，每一种维修方式都有它的优点和不足。选择最佳的维修方式，可用最少的费用取得最好的修理效果。按规定进行日常维护、保养可大大降低故障率。

(2) 建立专业维修组织和维修协作。有些数控机床一旦出现故障,企业就得去请国外的专家上门维修,不但加重了企业负担,还延误了生产。因此,组建一支由电气工程师、机械工程师、机修钳工、电工和数控机床操作人员组成的维修队伍,建立维修协作网,尽量与使用同类数控机床的单位建立友好联系,在资料收集、备件的调剂、维修经验的交流、人员的相互支援上互通有无,取长补短、大力协作,对数控机床的使用和维修能起到很好的推动作用。

(3) 做好备件的国产化。做好备件的国产化有利于减少企业经济成本,保障及时的供应与方便维修。

4. 数控机床维护与维修基本要求

1) 维修技术人员基本条件

维修技术人员的素质直接决定了维修效率和结果,为了迅速、准确判断故障原因,并进行及时、有效的处理以恢复机床的动作、功能和精度,作为数控机床维修技术人员应具备以下方面的基本条件。

(1) 具有较广的知识面。

(2) 要善于思考。

(3) 重视总结积累。

(4) 善于学习。

(5) 具备专业外语基础知识。

(6) 能熟练操作机床和使用维修仪器。

(7) 具备较强的动手能力。

2) 维护技术资料的要求

技术资料是维护的指南,它在维护工作中起着至关重要的作用,借助于技术资料可以大大提高维护工作的效率与维修的准确性。一般来说,对于重大的数控机床故障维护,在理想状态下,应具备以下技术资料。

(1) 数控机床使用说明书。它是由机床生产厂家编制并随机床提供的随机资料。机床使用说明书通常包括以下与维护有关的内容。

a. 机床的操作过程和步骤。

b. 机床主要机械传动系统及主要部件的结构原理示意图。

c. 机床的液压、气动、润滑系统图。

d. 机床安装和调整的方法与步骤。

e. 机床电气控制原理图。

f. 机床使用的特殊功能及其说明等。

(2) 数控系统的操作、编程说明书(或使用手册)。它是由数控系统生产厂家编制的数控系统使用手册,通常包括以下内容。

a. 数控系统的操作面板说明。

b. 数控系统的具体操作步骤(包括手动、自动、试运行等方式的操作步骤,以及程序、参数等的输入、编辑、设置和显示方法)。

c. 加工程序以及输入格式，程序的编制方法，各指令的基本格式以及所代表的意义等。

在部分系统中，它还可能包括系统调试、维护用的大量信息，如：机床参数的说明，报警的显示及处理方法，以及系统的连接图等。它是维护数控系统与操作机床中必须参考的技术资料之一。

(3) PLC 程序清单。它是机床厂根据机床的具体控制要求设计、编制的机床控制软件。PLC 程序中包含机床动作的执行过程，以及执行动作所需的条件，它说明了指令信号、检测元件与执行元件之间的全部逻辑关系。借助 PLC 程序，维护人员可以迅速找到故障原因，它是数控机床维护过程中使用最多、最重要的资料。

在某些系统中，利用数控系统的显示器可以直接对 PLC 程序进行动态检测和观察，它为维护提供了极大的便利，因此，在维护中一定要熟练掌握这方面的操作和使用技能。

(4) 机床参数清单。它是由机床生产厂根据机床的实际情况，对数控系统进行的设置与调整。机床参数是系统与机床之间的"桥梁"，它不仅直接决定了系统的配置和功能，而且也关系到机床的动静态性能和精度，因此也是机床维护的重要依据与参考。在维护时，应随时参考系统机床参数的设置情况来调整、维修，特别是在更换数控系统模块时，一定要记录机床的原始设置参数，以便机床功能的恢复。

(5) 数控系统的连接说明书、功能说明书。该资料由数控系统生产厂家编制，通常只提供给机床生产厂家作为设计资料。维护人员可以从机床生产厂家或系统生产、销售部门获得这份资料。

系统的连接说明书、功能说明书不仅包含比电气原理图更为详细的系统各部分之间的连接要求与说明，而且包括原理图中未反映的信号功能描述，是数控系统维护，尤其是检查电气接线的重要参考资料。

(6) 伺服驱动系统、主轴驱动系统的使用说明书。它是伺服系统及主轴驱动系统的原理与连接说明书，主要包括伺服和主轴的状态显示与报警显示，驱动器的调试设定要点，信号、电压、电流的测试点，驱动器设置的参数及意义等方面的内容，可供伺服驱动系统、主轴驱动系统维修参考。

(7) PLC 使用与编程说明。它是机床中所使用的外置或内置式 PLC 的使用、编程说明书。借助 PLC 的说明书，维修人员可以通过 PLC 的功能与指令说明，分析、理解 PLC 程序，并由此详细了解、分析机床的动作过程、动作条件、动作顺序以及各信号之间的逻辑关系，必要时还可以对 PLC 程序进行部分修改。

(8) 机床主要配套功能部件的说明书与资料。在数控机床上往往会使用较多功能部件，如：数控转台、自动换刀装置、润滑与冷却系统、排屑器等。这些功能部件，其生产厂家一般都提供了较完整的使用说明书，机床生产厂家应将其提供给用户，以便功能部件发生故障时进行参考。

(9) 维护记录。这是维护人员对机床维护与维修过程的记录与总结。最理想的情况：维护维修人员应对自己所进行的每一步维护都详细记录，不管当时的判断是否正确都如实记录下来。这样不仅有助于今后进一步维护，而且也有助于维护人员的经验总结与水平提高。

【效果评价】

评价表			
模块名称	数控机床基础知识	学生姓名	
任务名称	数控机床的维护保养	分数	
考查内容		分值	考核得分
1. 对数控机床日常保养的基本内容的了解		10	
2. 对数控机床维护管理的基本内容的了解		10	
3. 对数控机床维修工作的安全规范的了解		25	
4. 对数控机床维护与维修基本要求的了解		25	
5. 编制学习汇报报告情况		20	
6. 基本素养考核情况		10	
总体得分		100	
教师简要评语： 教师签名：			

任务 1.5　任务实训

——数控机床认知实习

一、实训要求

(1) 掌握数控机床基本组成结构及其工作原理；

(2) 了解数控机床的各种功能部件及其作用；

(3) 了解数控机床的各种控制用电子元器件及其功能。

二、实训设备

亚龙 YL-558 型 0i mate TD 数控车床实训设备如图 1.5.1 所示。

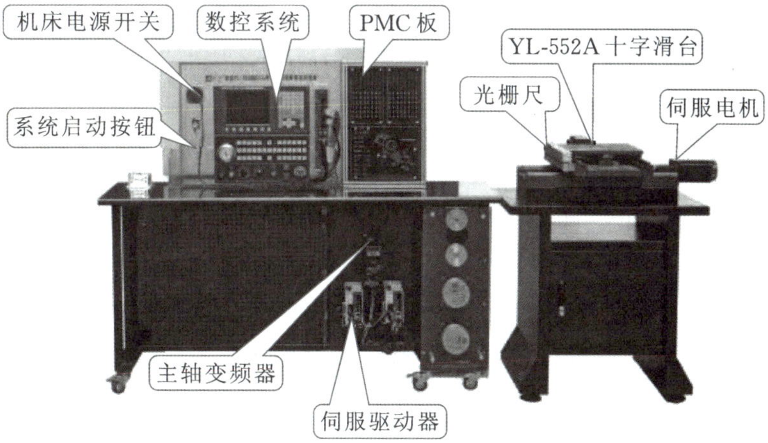

图 1.5.1 数控车床实训设备

三、相关知识

本实验为认识实验，主要目的是加强学生对数控机床的基本组成、工作原理及功能部件的感性认识。

1. 数控机床基本组成结构

数控机床一般由输入/输出设备、CNC 装置、伺服单元、驱动装置(或执行机构)、可编程控制器、电气控制装置、辅助装置、机床本体及测量装置组成。如图 1.5.2 所示为数控机床的组成框图，其中除机床本体以外的部分统称为 CNC 系统。

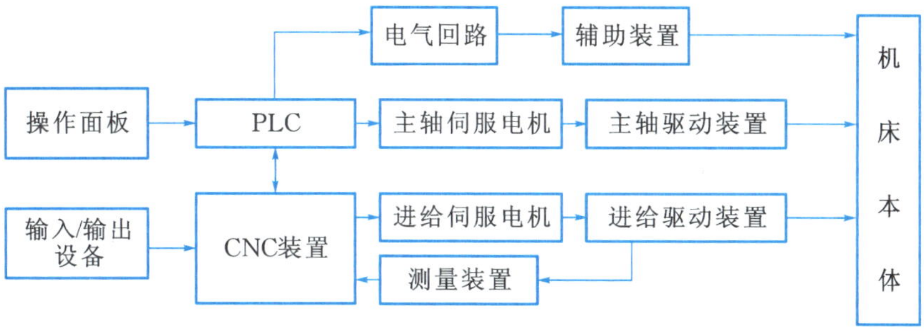

图 1.5.2 数控机床的组成框图

各组成部分的作用如下。

1) 输入/输出装置

输入装置的作用是将载体上的数控代码变成相应的电脉冲信号，传送并存入 CNC 装置内，一般为键盘。输出装置为显示器，其作用是通过显示器为操作人员提供必要的信息，如正在编辑的程序、坐标值、报警信号等。因此，输入/输出装置是机床数控系统和操作人员进行信息交流、人机对话必须具备的交互设备。

2) CNC 装置

CNC 装置是计算机数控系统的核心，接收的是输入装置送来的脉冲信号。脉冲信号经

CNC 装置的系统软件或逻辑电路进行编译、运算和逻辑处理后，输出各种信号和指令控制机床的各个部分，使其进行规定的、有序的动作。这些控制信号中最基本的信号是经插补运算决定各坐标轴的进给速度、方向和位移的指令，还有如主轴的变速、换向和启停指令，刀具的指令信号，冷却液、润滑油启停指令，工件和机床部件的松开、夹紧、分度工作台转位等辅助指令等。CNC 装置主要包括微处理器（CPU）、存储器、局部总线、外围逻辑电路以及与 CNC 系统其他组成部分联系的接口及相应控制软件。

3）伺服单元

伺服单元接收来自 CNC 装置的速度和位移微弱指令，将其放大成控制驱动装置的大功率信号。它是 CNC 装置与机床本体的联系环节。有开环系统、半闭环系统和闭环系统之分。

4）驱动装置

驱动装置把经过放大的指令信号变为机械运动，驱动机床工作台加工出符合要求的零件。与伺服单元相对应，驱动装置有步进电动机、交流伺服电动机等。伺服单元和驱动装置可合称为伺服驱动系统，它是机床工作的动力装置，是数控机床的重要组成部分，从某种意义上说，数控机床的功能主要取决于 CNC 装置，而数控机床的性能主要取决于伺服驱动系统。

5）可编程控制器 PLC

可编程控制器通过 CNC 装置和 PLC 的协调配合来共同完成数控机床的控制。其中 CNC 装置主要完成与数字运算和管理等有关的功能，如零件程序的编辑、插补运算、译码、位置伺服等。PLC 主要完成与逻辑运算有关的一些动作而没有轨迹上的具体要求，它主要接收 CNC 装置的控制代码 M、S、T 等顺序动作信息，对顺序动作信息进行译码，将控制代码转化成对应的控制信号，控制辅助单元完成相应的开关动作，如工作的装夹、刀具的更换、冷却液的开关等一些辅助动作。它还可接收机床面板的指令，一方面直接控制机床的动作，另一方面将一部分指令送往 CNC 装置用于加工过程的控制。数控机床上的 PLC 一般分为两类：一类是将 CNC 装置和 PLC 综合起来即内装型 PLC；另一类为独立型 PLC。

6）机床本体

机床本体指数控机床的机械部件，包括主运动部件、进给运动部件和支承部件，是数控系统的执行对象。

2. 工作原理

用代码化的数字信息将刀具移动的轨迹信息记录在程序介质上，然后送入数控系统，通过译码、运算控制机床的刀具与工件的相对运动，从而加工出形状、尺寸与精度符合要求的零件的一类机床即为数控机床。

3. 数控坐标轴及主要功能部件

1）机床坐标轴及运动方向

在编程时，为了编程的方便和统一，总是假定工件是静止的，刀具在坐标系内运动。同时规定，坐标轴的正方向总是指向增大工件和刀具之间距离的方向。

Z 轴：通常约定机床主轴轴线为 *Z* 轴，规定其正方向为增大刀具与工件之间距离的

方向。

X 轴：X 轴是水平的，它平行于工件的装夹面。

Y 轴：Y 轴垂直于 X、Z 坐标轴，其正方向根据 X 轴和 Z 轴的正方向，按照标准笛卡尔直角坐标系来判断。

旋转运动 A、B 和 C：围绕 X、Y、Z 轴旋转的圆周进给坐标轴分别用 A、B、C 表示，根据右手法则，以大拇指指向 X(Y、Z)坐标轴的正方向，其余手指的转向是 A(B、C)的正方向。机床坐标系如图 1.5.3 所示。

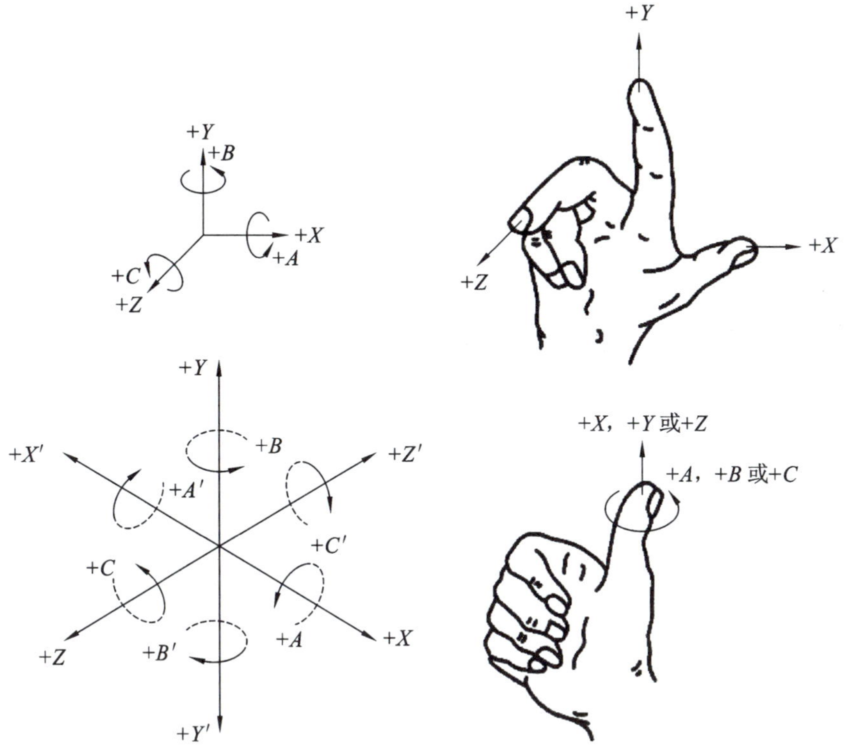

图 1.5.3 机床坐标系

2) 滚珠丝杠

滚珠丝杠螺母是数控机床的核心部件之一，它将伺服电动机的旋转运动转换为拖板或工作台的直线运动。滚珠丝杠螺母与普通丝杠一样，是一种增力机构，将高速转动下的扭矩转换成低速下较大的推力。通过循环钢球将滑动摩擦转变为滚动摩擦，减少了摩擦损失并提高了传动效率。同时，由于丝杠螺母副之间的运动是滚动摩擦，在螺母、钢球和丝杠之间允许施加预紧力，可以消除正反转传动的间隙并提高传动刚度，使静、动摩擦系数变化减少，从而改善进给传动系统的动态特性。

3) 滚动导轨

滚动导轨副的功能是支承和引导机床的拖板或工作台完成直线运动并承受切削负荷，其共同点是利用滚动体(钢球或钢柱)的滚动将导轨副的滑动摩擦转变为滚动摩擦(摩擦系数一般在 0.003 左右)以减少摩擦阻力。它允许施加预紧力，这样可以消除运动副之间的传动间隙，同时可以提高传动刚度。它的静、动摩擦系数变化小，可以改善运动副的动态特性。

滚动导轨的运行速度可以大于 60 m/min。

四、实施过程

（1）对照综合实验台，认真回顾从课本上所学的关于数控机床结构及组成的相关知识，并进行分析。

（2）主要由老师向学生现场讲解，需详细介绍数控机床的组成部分及其作用，同时可为学生做轴选择、点位控制、自动控制、正向控制、反向控制及回原位控制等演示，加深学生的感性认识。

（3）学生可按教师的演示步骤进行一些简单的操作。

（4）根据所见部件绘制数控机床组成系统简图。

（5）按所绘制简图简要说明数控机床的工作原理及主要部件的作用。

【效果评价】

评价表			
模块名称	数控机床基础知识	学生姓名	
任务名称	数控机床认知实习	分数	
考查内容		分值	考核得分
1. 对实验机床结构组成的了解		10	
2. 对数控机床坐标系的了解		10	
3. 绘制数控机床组成系统简图		35	
4. 小组计划的实施情况		15	
5. 编制学习汇报报告情况		20	
6. 基本素养考核情况		10	
总体得分		100	
教师简要评语： 教师签名：			

思考与练习

1. 数控机床与普通机床有什么不同?
2. 数控机床主要由哪几部分组成?各有什么作用?
3. 简要说明数控机床的主要工作过程。
4. 数控机床可分为哪几类?它们分别用于哪几类零件的加工?
5. 举例说明数控机床的应用范围。
6. 数控机床结构本体的发展有哪些。
7. 简述数控机床按控制方式可分为哪几种。
8. 简述数控机床日常保养的内容。

模块2

数控车床结构分析

模块导读

数控车床又称为CNC车床，是国内使用量最大、覆盖面最广的一种数控机床。数控机床是集机械、电气、液压、气动、微电子和信息等多项技术于一体的机电一体化产品，是机械制造设备中具有高精度、高效率、高自动化和高柔性化等优点的工作母机。数控机床的技术水平及其在金属切削加工机床产量和总拥有量的百分比是衡量一个国家国民经济发展和工业制造整体水平的重要标志。数控车床是数控机床的主要品种之一，它在数控机床中占有非常重要的位置，几十年来一直受到世界各国的普遍重视并得到了迅速的发展。

学习目标

1. 了解数控车床的工艺范围、分类；
2. 掌握数控车床的机械结构组成和布局形式；
3. 掌握数控车床主传动系统的机械结构部件组成；
4. 掌握数控车床进给传动系统的机械结构组成；
5. 掌握数控车床进给传动系统的主要部件结构；
6. 掌握数控车床其他辅助部件结构。

思政元素

结合数控车床结构及传动部件的工作原理和工作过程，引导学生学会用唯物辩证法的思想看待和处理问题，掌握正确的思维方法，养成科学的思维习惯，培养学生逻辑思维与辩证思维能力，以利于形成科学的世界观和方法论，提高职业道德修养和精神境界，促进学生身心和人格健康发展。

知识架构

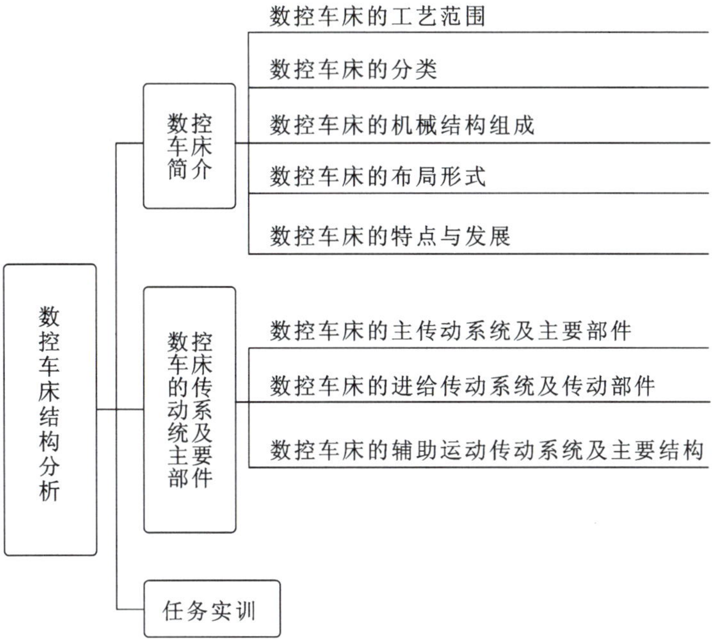

任务 2.1 数控车床简介

【任务要求】

通过对本次任务的学习，熟悉数控车床的工艺范围、分类，掌握数控车床的机械结构组成和布局形式，了解数控车床的发展等。

【知识准备】

一、数控车床的工艺范围

数控车床是目前使用最广泛的数控机床之一，主要用于加工轴类、盘套类等回转体零件，可自动完成内外圆柱面、圆锥面、成形表面、螺纹和端面等工序的切削加工，并能进行车槽、钻孔、扩孔、铰孔等工作。由于数控车床加工灵活、通用性强，能够满足新产品的开发和多品种、小批量、生产自动化的要求等，因此特别适合加工形状复杂、精度要求高、轮廓形状复杂的轴类或盘套类等回转体零件，被广泛应用于机械制造业。车削中心可在一次装夹中完成更多的加工工序，提高加工精度和生产效率，特别适合于复杂形状回转类零件的加工。数控车床加工零件的尺寸精度可达 IT5～IT6，表面粗糙度可低至 1.6 μm 以下。数控车床加工零件类型如图 2.1.1 所示。

图 2.1.1　数控车床加工零件类型

二、数控车床的分类

数控车床的分类可以采取不同的方法。按主轴配置形式可分为卧式和立式两大类；按数控系统控制轴数分为两轴控制数控车床和四轴控制数控车床；按刀架数量可分为单刀架和双刀架两种；按数控车床控制系统和机械结构的档次分为经济型数控车床、全功能型数控车床、车削中心和 FMC 车床。

1）立式数控车床

立式数控车床简称数控立车，其主轴垂直于水平面，并有一个直径很大的圆形工作台，供装夹工件用，如图 2.1.2(a)所示。这类机床主要用于加工径向尺寸大、轴向尺寸相对较小的大型或重型复杂零件。

2）卧式数控车床

卧式数控车床是应用最广泛的数控车床，其主轴轴线处于水平位置，如图 2.1.2(b)所示。车床的导轨有水平和倾斜两种，导轨与床身有多种布局形式，其中倾斜导轨结构可以使车床具有更大的刚性，并易于排除切屑。

(a) 立式　　　　(b) 卧式

图 2.1.2　立式数控车床与卧式数控车床

3）经济型数控车床

经济型数控车床一般是以普通车床的机械结构为基础，经过改进设计而来的，也有一部分是直接对普通车床进行改造而得来的，如图 2.1.3(a)所示。它一般采用由步进电机驱动的开环控制，具有 CRT 显示、程序存储、程序编辑等功能，价格低廉，但加工精度较低，功能较简单。

4）全功能型数控车床

全功能型数控车床就是通常意义所说的数控车床，如图 2.1.3(b)所示。它的控制系统是全功能型的，具有刀尖圆弧半径自动补偿、恒线速、倒角、固定循环、螺纹切削、图形仿真、用户宏程序等功能，并带有通信或网络接口，一般采用闭环或半闭环控制的伺服系统。这类车床具有高刚度、高精度和高效率等特点，加工能力强，适宜于加工精度高、形状复杂、循环周期长、品种多变的单件，也适用于中小批量零件的加工(如图 2.1.3 所示)。

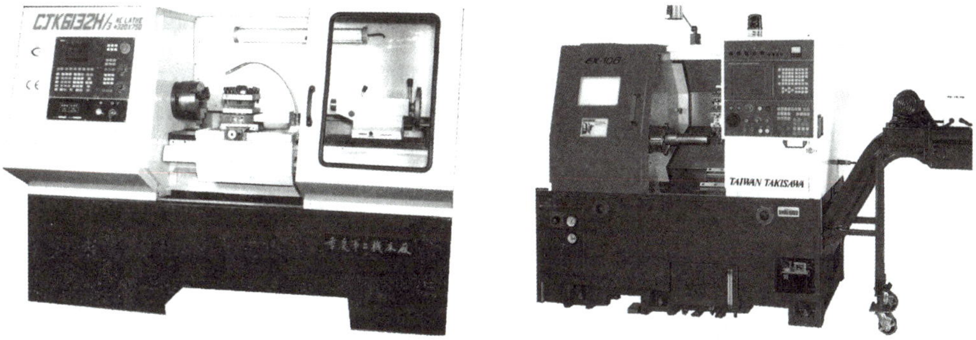

(a) 经济型数控车床　　(b) 全功能型数控车床

图 2.1.3　经济型数控车床与全功能型数控车床

5) 车削中心

车削中心是以全功能型数控车床为主体，配备刀库、自动换刀器、分度装置、铣削动力头和机械手等部件，实现多工序复合加工的机床，如图 2.1.4(a)所示。车削中心又可分为立式和卧式两种，主要特点是功能全面，具有先进的动力刀具功能，即在自动转位刀架的某个刀位或所有刀位上，可使用多种旋转刀具，如铣刀、钻头等，能对车削工件的某些部位进行钻、铣削加工，如铣削端面槽、多棱柱及螺纹槽等，适应能力强，加工范围大。而且，车削中心的加工质量和加工速度都很高，但价格也较贵。

6) FMC 车床

FMC 车床也称柔性加工单元，实际上就是一个由数控车床、机器人等构成的系统，如图 2.1.4(b)所示。它能实现工件搬运、装卸的自动化和加工调整准备的自动化操作。

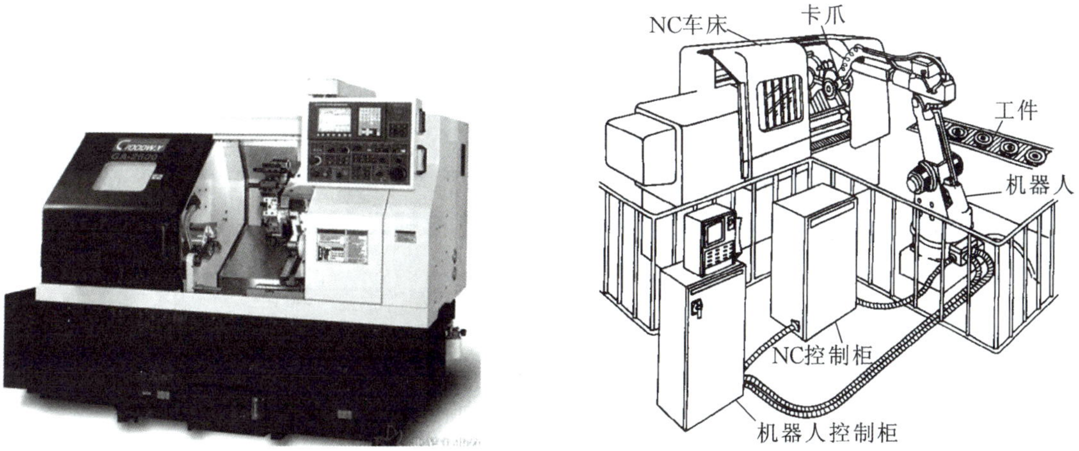

(a) 车削中心　　(b) FMC车床

图 2.1.4　车削中心与 FMC 车床

三、数控车床的机械结构组成

典型数控车床的机械结构包括主传动系统(主轴、主轴电机、C 轴控制主轴电机等)、进给传动系统(丝杠、联轴器、导轨等)、自动换刀装置(刀架、刀库和机械手等)、液压与气动装置(液压泵、气泵、管路等)、辅助装置(工作台、分度头与万能铣头、卡盘、尾座、润滑与冷却装置、排屑及收集装置等)、床身等部分,如图 2.1.5 所示。

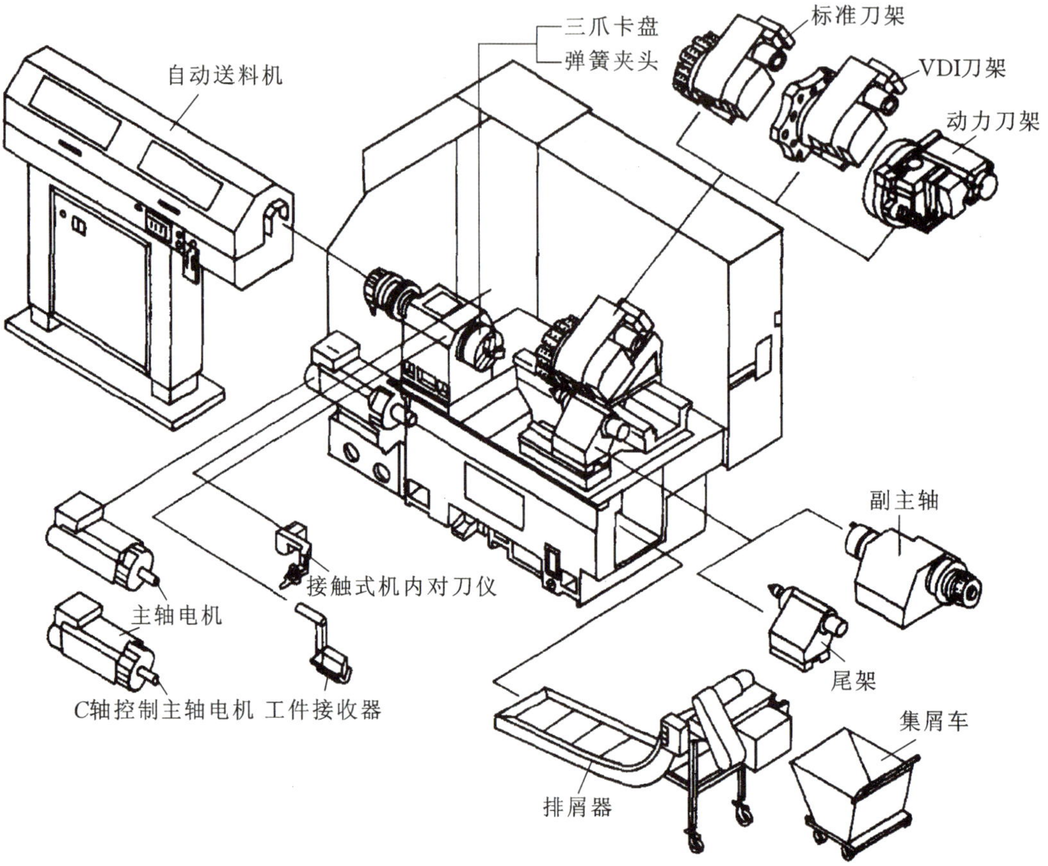

图 2.1.5　典型数控车床的系统组成

带有刀库、动力刀具、C 轴控制的数控车床通常称为车削中心,如图 2.1.6 所示。车削中心除进行车削工序外,还可以进行轴径向铣削、钻孔、攻螺纹等加工。

1) 底座

底座是整台机床的主体,支撑着机台的所有重量。

2) 床鞍

床鞍下面连接着底座,上面连接滑板,用于实现 X 轴移动等功能,如图 2.1.7 所示。

3) 滑板

滑板连接刀塔和鞍座,实现刀具和工件的相对移动。

图 2.1.6 车削中心

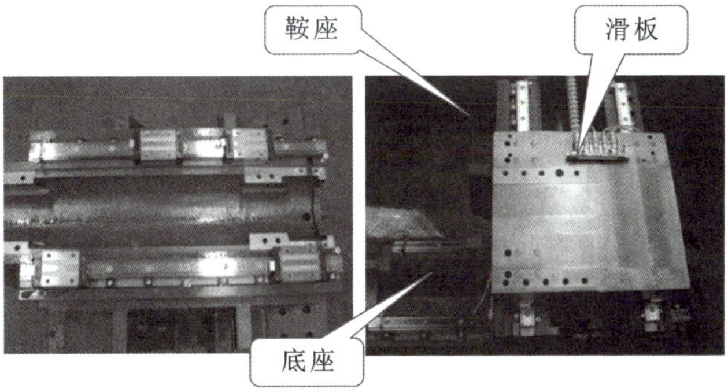

图 2.1.7 床鞍

四、数控车床的布局形式

数控车床的主轴、尾座等部件相对床身的布局形式与普通车床一样，受工件尺寸、质量、形状、生产率、精度、操纵方便运行要求、安全与环境保护要求的影响。数控车床的刀架和导轨的布局形式有很大变化，并且布局形式直接影响使用性能及机床的结构和外观。

1. 工件参数对车床布局的影响

为了应对工件尺寸、质量和形状等参数的变化，数控车床的布局相应不同，有卧式车床、端面车床、单柱立式车床、双柱立式车床和龙门移动式立式车床等，如图 2.1.8 所示。

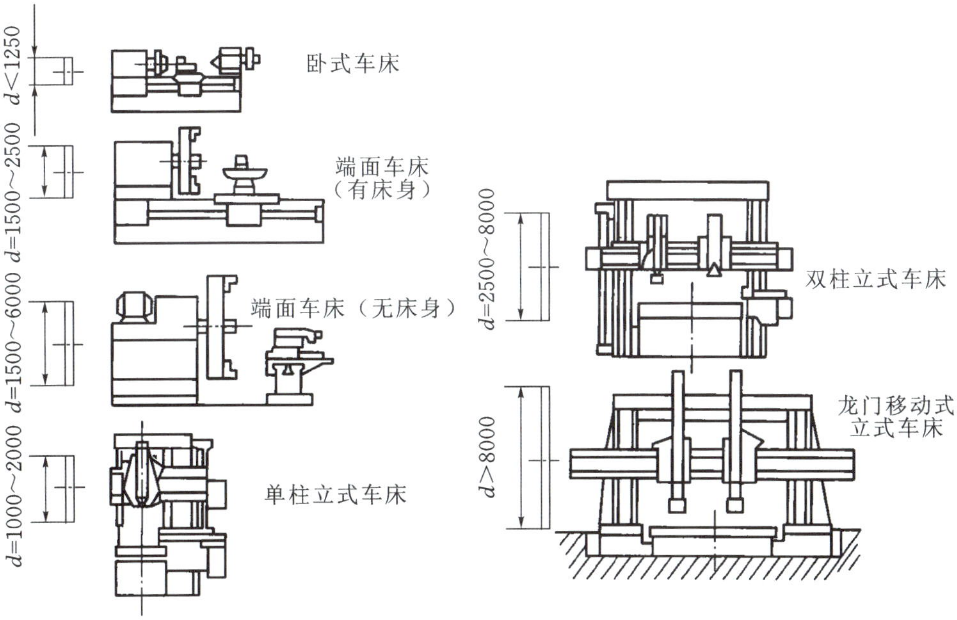

图 2.1.8 工件参数对车床布局的影响

随着生产率要求的不同，数控车床的布局可以产生单主轴单刀架、单主轴双刀架、双主轴双刀架等不同的结构变化。

2. 数控车床主要部件的布局形式

1）主轴箱和尾座的布局形式

在数控车床不同的布局形式中，数控车床的主轴箱和尾座相对于床身的布局形式与普通卧式车床基本一致。数控卧式车床主轴箱布置在车床的左端，用于传动力并支承主轴部件；尾座布置在车床的右端，用于支承工件或安装刀具。

2）床身布局形式

床身布局形式对机床的性能影响很大。床身是机床的主要承载部件，是机床的主体。按照床身导轨面与水平面的相对位置，床身的布局形式有水平床身-水平滑板、倾斜床身-倾斜滑板、水平床身-倾斜滑板及直立床身-直立滑板等多种形式，如图 2.1.9 所示。

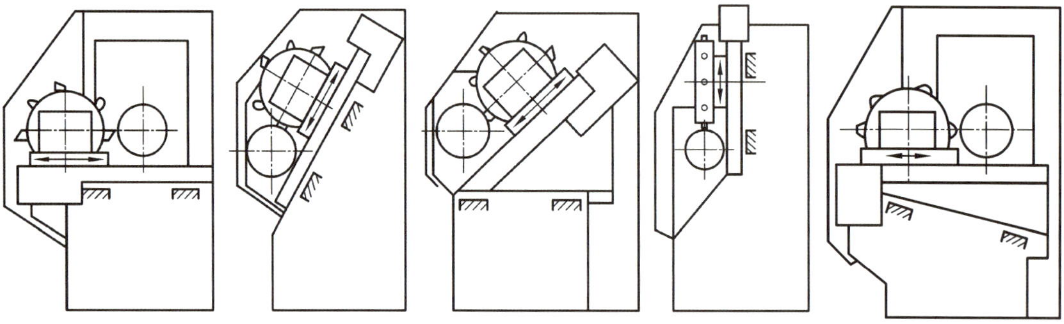

（a）水平床身　（b）倾斜床身　（c）水平床身-倾斜滑板　（d）直立床身　（e）倾斜床身-水平滑板

图 2.1.9　数控卧式车床布局形式

（1）水平床身。

水平床身具有工艺性好，便于导轨面的加工等优点。水平床身配上水平刀架，与刀具运动方向垂直，对加工精度影响较小，容易提高定位精度，一般可用于大型数控车床或小型精密数控车床的布局，大型工件和刀具装卸方便。

由于水平床身下部空间小，排屑困难，因此需要三面封闭。但是水平床身由于刀架水平放置使得滑板横向尺寸较长，从而加大了机床宽度方向的结构尺寸。

（2）倾斜床身。

倾斜床身导轨倾斜角有 30°、45°、60°、75°和 90°几种。倾斜角度小，排屑不便；倾斜角度大，导轨的导向性及受力情况差。导轨倾斜角度的大小还影响机床的刚度、排屑情况，也影响到占地面积、宜人性、外形尺寸高度比例，以及刀架重量作用于导轨面垂直分力的大小。选用时，应结合机床的规格、精度等选择合适的倾斜角。一般来说，小型数控车床多采用 30°、45°倾斜角；中等规格数控车床多采用 60°形式；大型数控车床多采用 75°形式。

倾斜床身的观察角度好，工件调整方便，倾斜床身的防护罩设计较为简单，排屑性能较好。倾斜角度影响导轨的导向性、受力情况、排屑情况、宜人性及外形尺寸高度比例等。

倾斜床身和水平床身-倾斜滑板布局在数控车床中被广泛采用，有以下原因：

① 容易实现机电一体化；

② 机床外形整齐、美观，占地面积小；

③ 从工件上切下的炽热切屑不至于堆积在导轨上而影响导轨精度；

④ 容易排屑，还可安装自动排屑器；

⑤ 容易设置封闭式防护装置;

⑥ 宜人性好,便于操作;

⑦ 便于安装机械手,易实现单机自动化。

(3) 立式床身。

特别的是,导轨倾斜角为 90°的倾斜床身通常称为立式床身。立式床身具有以下优缺点。

优点:立式床身的排屑性能最好。

缺点:对精度影响最大,并且立式床身结构的机床受结构限制,布置也比较困难,限制了机床的性能,故采用较少。

3. 刀架布局

回转刀架在机床上有两种布局形式:一种是用于加工盘类零件的回转刀架,其回转轴垂直于主轴;另一种是用于加工轴类和盘类零件的回转刀架,其回转轴平行于主轴。目前两坐标联动数控车床多采用 12 工位回转刀架,除此之外,也有采用 6 工位、8 工位和 10 工位的。

五、数控车床的特点与发展

1. 数控车床机械结构的特点

1) 高刚度

数控车床要在高速和重负荷条件下工作,因此,机床的床身、立柱、主轴、工作台、刀架等主要部件均需具有很高的刚度,以减少工作中的变形和振动。

提高静刚度的措施主要是基础大件采用封闭整体箱形结构,合理布置加强筋和提高部件之间的接触刚度。

提高动刚度的措施主要是改善机床的阻尼特性、床身表面喷涂阻尼涂层、充分利用结合面的摩擦阻尼、采用新材料,以提高抗振性。

2) 高精度、高灵敏度

工作台、刀架等部件的移动,由交流或直流伺服电机驱动,经滚珠丝杠传动,减少了进给系统所需要的驱动扭矩,提高了定位精度和运动平稳性。数控车床的运动部件还具有较高的灵敏度。导轨部件通常用滚动导轨、塑料导轨、静压导轨等,以减少摩擦力,使其低速运动时无爬行现象。

3) 高抗振性

数控车床的一些运动部件,除应具有高刚度、高灵敏度外,还应具有高抗振性,即在高速重切削情况下减少振动,以保证加工零件的高精度和高的表面质量。特别要注意的是,应避免切削时的谐振,这对数控车床的动态特性提出了更高的要求。

4) 热变形小

机床的主轴、工作台、刀架等运动部件在运动中会产生热量,从而产生相应的热变形。为保证部件的运动精度,要求各运动部件的发热量要小,以防产生过大的热变形。为此,要对机床热源进行强制冷却,以及采用热对称结构,并改善主轴轴承、丝杠副、高速运动导轨副的摩擦特性。例如,MJ-50 型数控车床主轴箱壳体就是按照热对称原则设计,并在壳体外缘铸有密集的散热片结构,主轴轴承采用高性能油脂润滑,并严格控制注入量,使主轴温升很低。另外,产生大量切屑的数控机床,一般都带有良好的自动排屑装置。

2. 数控车床的特点

数控车床与普通车床相比,有以下几个特点。

(1) 高精度:数控车床控制系统的性能在不断提高,机械结构不断完善,机床精度日益提高。

(2) 高效率:随着新刀具材料的应用和机床结构的完善,数控车床的加工效率、主轴转速、传动功率不断提高。

(3) 高柔性:数控车床具有高柔性,适应70%以上的多品种、小批量零件的自动加工。

(4) 高可靠性:随着数控系统的性能提高,数控机床的无故障时间迅速增加。

(5) 工艺能力强:数控车床既能用于粗加工又能用于精加工,可以在一次装夹中完成其全部或大部分工序。

(6) 模块化设计:数控车床的制造多采用模块化原则设计。

随着数控系统、机床结构和刀具材料的技术发展,数控车床将向高速化发展,进一步提高主轴转速、刀架快移速度以及转位换刀速度,工艺和工序将更加复合化和集中化,还将向多主轴多刀架加工方向、全自动化方向、更高加工精度方向、简易型方向发展。

【效果评价】

评价表

模块名称	数控车床结构分析	学生姓名	
任务名称	数控车床简介	分数	
考查内容		分值	考核得分
1. 对数控车床加工工艺范围的认知情况		10	
2. 对数控车床分类的认知情况		40	
3. 对数控车床的机械结构组成的掌握		25	
4. 对数控车床的布局的掌握		10	
5. 编制学习汇报报告情况		10	
6. 基本素养考核情况		5	
总体得分		100	
教师简要评语: 教师签名:			

任务 2.2 数控车床的传动系统及主要部件

【任务要求】

通过对本次任务的学习，掌握数控车床的主运动传动系统组成及主要部件组成，掌握数控车床的进给运动传动系统组成及主要部件组成。

【知识准备】

数控机床是按照预先编好的程序进行加工的，在加工过程中不需要人工干预，故对数控机床的结构要求精密、完善且能长时间稳定可靠地工作，以满足重复加工过程。随着数控机床的发展，对数控机床的生产率、加工精度和寿命提出了更高的要求，因此，传统机床设计的一些弱点就体现出来了。它的某些基本结构限制着数控机床技术性能的发挥，因此，现代数控机床在机械结构上许多地方与普通机床存在着显著不同。

数控机床的运动是通过传动系统实现的。为了认识和使用数控机床，必须对数控机床的传动系统进行分析。数控车床除机床基础件外，主要由以下部分组成：主传动系统、伺服系统、进给系统、回转装置、定位装置及附件自动换刀装置；实现某些动作和辅助功能的系统和装置，如液压、气动、润滑、冷却等系统及排屑、防护装置；实现其他特殊功能装置如监控装置，用于加工过程图形显示、精度检测等。

本节以济南一机床集团有限公司生产的 MJ-50 型数控车床为例，如图 2.2.1 所示。MJ-50 型数控车床主要由主轴箱、床鞍、尾座、刀架、对刀仪、液压系统、润滑系统、气动系统以及数控装置等构成。其外形尺寸为：长 2995 mm，宽 1667 mm，高 1796 mm。

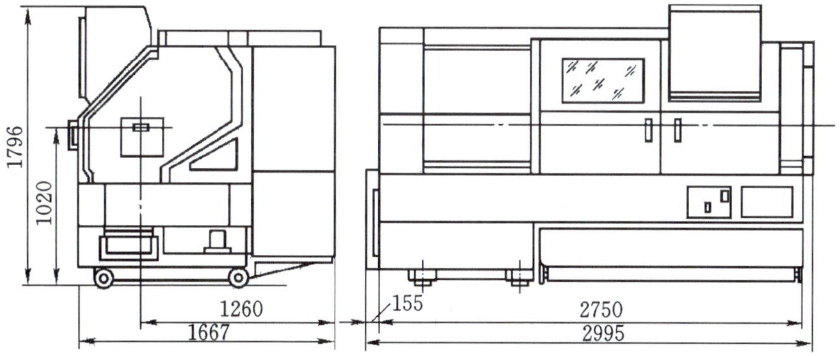

图 2.2.1 MJ-50 型数控车床外观图

一、数控车床的主传动系统及主要部件

一般情况下数控车床的主传动系统采用交流主轴电机，通过带传动或主轴箱内 2～4 级变速齿轮传动主轴。由于这种电机调速范围宽而且可无级调速，因此大大简化了主轴箱的结构。主轴电机在额定转速时可输出全部功率和最大转矩，随着转速的变化，功率和转矩将发生变化；有的主轴由交流调速电机通过两级塔轮直接带动，并由电气系统无级调速。由于

主传动链中没有齿轮，故噪声很小。

1. 数控车床主传动链

如图 2.2.2 所示，MJ-50 型数控车床主运动传动系统由功率为 11/15 kW 的交流伺服电动机驱动，经一级速比为 1∶1 的弧齿同步齿形带轮传动，直接带动主轴旋转。主轴在 35～3500 r/min 的转速范围内实现无级调速。由于主轴的调速范围不是很大，因此在主轴箱内省去了齿轮传动变速机构，故减少了齿轮传动对主轴精度的影响，并且维修方便。

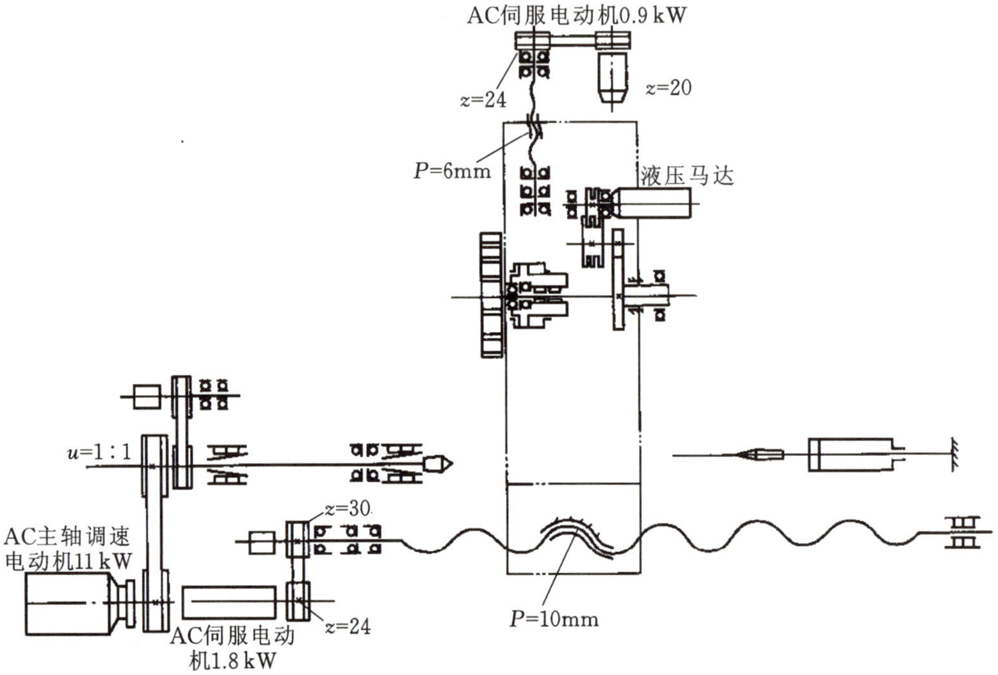

图 2.2.2　MJ-50 型数控车床传动系统

2. 数控车床的主轴部件

MJ-50 型数控车床主要由主轴箱体、轴承座、主轴、主轴轴承、轴承调整螺母、光电编码器及弧齿同步齿形带轮副等组成。主轴传动机构具体见图 2.2.3 所示。

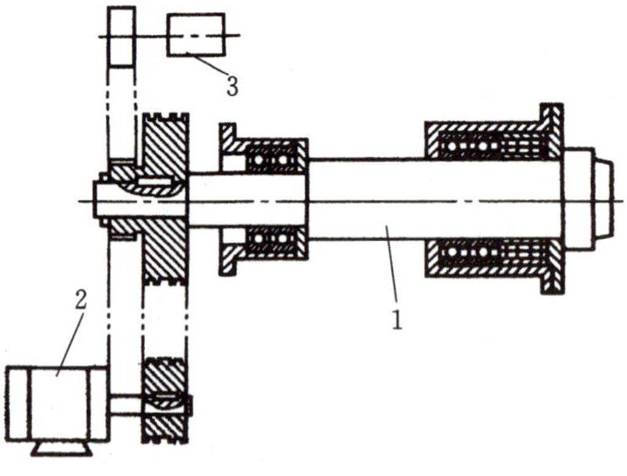

图 2.2.3　MJ-50 型数控车床主轴传动机构

1—主轴；2—电动机；3—编码器

主轴电机具体见图 2.2.4 所示。

(a) 变频电机　　(b) 交流伺服电机　　(c) 直流电机

图 2.2.4　主轴电机

主轴由交流伺服电动机通过弧齿同步齿形带轮副驱动，为了适应高速及大转矩数控车床的要求，主轴采用两点支承结构以适应高转速的要求。前轴承采用高精度双列圆柱轴承和高精度双列组合角接触球轴承组成，后轴承采用高精度双列圆柱轴承，如图 2.2.5 所示。主轴轴承采用油脂润滑，靠非接触式迷宫套密封。润滑油脂的封入量对主轴轴承寿命和运转时的温升有很大的影响，机床说明书对油脂牌号和封入量均有规定。

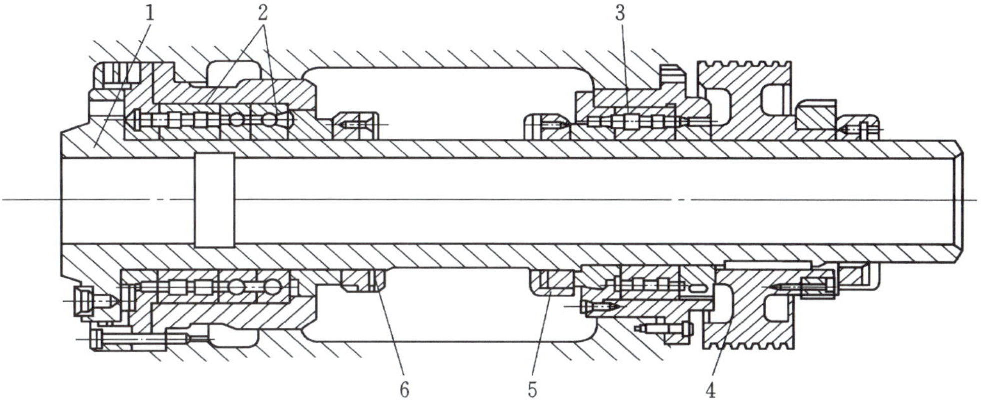

图 2.2.5　MJ-50 型数控车床主轴部件结构

1—主轴；2—前轴承；3—后轴承；4—带轮；5、6—调整螺母

数控车床主轴编码器，输入转角输出脉冲，又称主轴脉冲发生器，用于连接主轴进给装置联动，即车削螺纹运动。平行于轴安装，与主轴连接。用传动比为 1∶1 的同步带轮传动，将主轴的转角传递给主轴编码器，主轴编码器将转角以脉冲形式发送给数控系统，系统根据车螺纹指令中的导程参数(F 指令)经过插补运算，发送脉冲驱动进给电机转动，从而实现了主轴-刀塔传动链通过电信号的联动。

3. 主轴传动带

主轴传动带的形式主要有同步齿形带、多楔带(即多联 V 带)。

1) 同步齿形带

同步齿形带传动在数控机床上得到广泛的应用，有以下原因：齿形带兼有带传动、齿轮传动及链传动的优点，同时无相对滑动，无须特别张紧，传动效率高；平均传动比准确，传动精度较高；有良好的减振性能，无噪声，无须润滑，传动平稳；带的强度高、厚度小、质量小，故可用于高速传动。

2）多楔带(多联 V 带)

多楔带是综合了 V 带和平带的优点一次成形的，不会因长度不一致而受力不均，承载能力也比多根 V 带高，最高线速度可达 40 m/min。多楔带有双联和三联两种，每种都有三种不同的截面，根据所传递的功率查有关图表来选择不同规格截面的 V 带。齿形带既可以用于主运动传动中，也可以用于伺服进给传动中。

4. 卡盘结构

卡盘是数控车床的主要夹具，随着主轴转速的提高，实现高速甚至超高速切削。目前数控车床的最高转速已由 1000～2000 r/min 提高到每分钟数千转，有的甚至达到每分钟数万转，这样高的转速，普通卡盘又不适用，必须采用高速卡盘才能保证安全可靠地加工。

目前，高速卡盘的松夹是靠用拉杆连接的液压卡盘和液压夹紧油缸的协调动作来实现的，如图 2.2.6 所示。随着卡盘的转速提高，由卡爪、滑座和紧固螺钉组成的卡爪组件因离心力急剧增大，导致卡盘对零件的夹紧力下降。解决这个问题的途径有：减轻卡爪组件的质量以减小离心力，为此常采用斜齿条式结构；另一个途径是增设离心力补偿装置，利用补偿装置的离心力抵消卡爪组件离心力造成的夹紧力损失。例如，上海机床附件二厂生产的 KEF250 型中空式高速动力卡盘，适用于转速小于 4500 r/min 的数控车床。

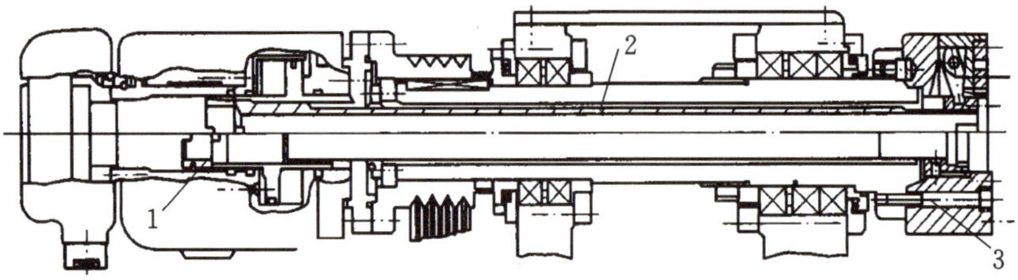

图 2.2.6　常用高速卡盘

1—螺帽；2—拉管；3—拉钉

图 2.2.7 所示为 MJ-50 型数控车床上采用的一种液压驱动动力自定心卡盘，卡盘 3 用螺钉固定在主轴(短锥定位)上，液压缸 5 固定在主轴后端。改变液压缸左、右腔的通油状态，活塞杆 4 带动卡盘内的驱动爪 1 和卡爪 2，夹紧或放松工件，并通过行程开关 6 和 7 发出相应信号。

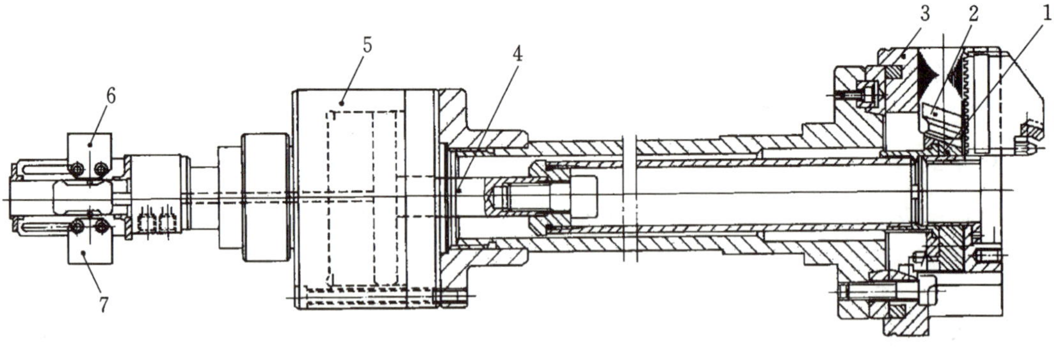

图 2.2.7　液压驱动动力的自定心卡盘

1—驱动爪；2—卡爪；3—卡盘；4—活塞杆；5—液压缸；6、7—行程开关

二、数控车床的进给传动系统及传动部件

数控机床进给系统的机械传动系统机构，就是将电动机旋转运动传递给工作台或刀架，以实现进给运动的整个机械传动链，包括齿轮传动副、丝杠螺母副及其支承件等。为确保数控机床进给系统的传动精度、灵敏度和工作稳定性，进给传动机构的设计要求就是消除传动间隙，减少摩擦，减少运动惯性，提高传动精度和刚度。

1. 数控车床进给传动的特点

(1) 减少摩擦阻力；

(2) 减少运动惯量；

(3) 高的传动精度与定位精度；

(4) 宽的进给调速范围；

(5) 响应速度快；

(6) 无间隙传动；

(7) 稳定性好，寿命长；

(8) 使用维护方便。

2. 数控车床进给传动链

MJ-50 型数控车床进给运动系统如图 2.2.2 所示。纵向进给系统（Z 向）由功率为 1.8 kW的交流伺服电动机驱动，经 24/30 同步齿形带轮传动，带动导程 $P=10$ mm 的滚珠丝杠旋转，将电机的回转运动转化成床鞍的直线纵向运动。横向进给系统（X 向）由功率为 0.9 kW的交流伺服电动机驱动，经 20/24 同步齿形带轮皮带传动，带动导程 $P=6$ mm 的滚珠丝杠旋转，将电机的回转运动转化成滑板的直线横向运动。

3. *Z* 轴纵向进给传动机构

图 2.2.8 所示是 MJ-50 型数控车床 Z 轴进给运动传动系统。AC 伺服电动机 14 经同步齿轮副 12、2 和同步带 11，传动滚珠丝杠 5，工作螺母 4 带动滑板连同刀架沿床身 13 的导轨移动，实现 Z 轴进给运动。

电动机轴与同步带轮 12 之间用锥环无键连接。由局部放大视图可以看出 19 和 20 是锥面相互配合的内外锥环，当拧紧螺钉 17 时，法兰 18 的端面压迫外锥环 20，使其向外膨胀，内锥环 19 受力后向电动机收缩，从而使电动机轴与同步带轮连接在一起。这种连接方式无须在被连接件上开键槽，而且两锥环的内外圆锥面压紧后，使连接配合面无间隙，对中性较好。选用锥环对数的多少，取决于所传递转矩的大小。

滚珠丝杠的左支承由三个角接触球轴承 15 组成。其中右边两个轴承与左边一个轴承的大口相对布置，由调整螺母 16 进行预紧。滚珠丝杠的右支承为一个圆柱滚子轴承 7，只用于承受径向载荷，轴承间隙用调整螺母 8 来调整。滚珠丝杠的支承形式为左端固定，右端浮动，留有丝杠受热膨胀后轴向伸长的余地。

Z 轴进给装置的脉冲编码器 1 与滚珠丝杠 5 连接，直接检测滚珠丝杠的回转角度，从而提高系统对 Z 向进给的精度控制。

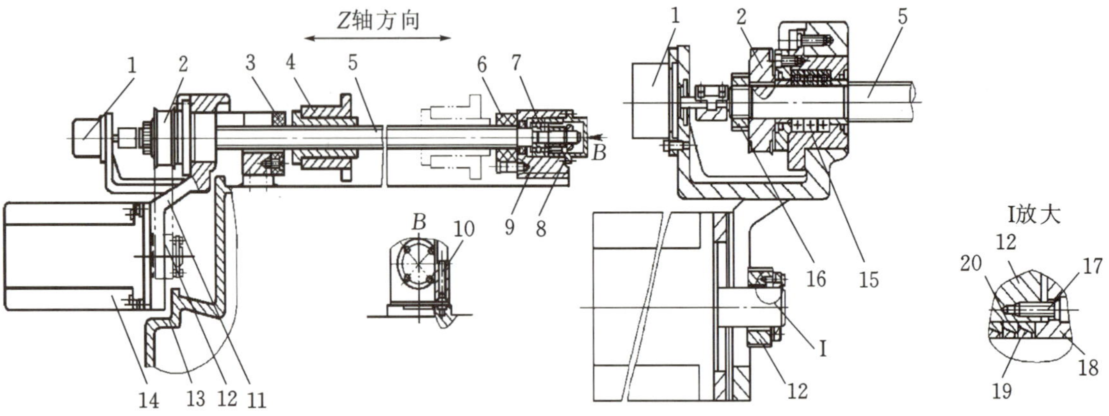

（a）　　　　　　　　　　（b）

图 2.2.8　MJ-50 型数控车床 *Z* 轴进给传动装置

1—脉冲编码器；2、12—同步带轮副；3、6—缓冲挡块；4—工作螺母；5—滚珠丝杠；7—圆柱滚子轴承；8、16—调整螺母；9—右支承座；10、17—螺钉；11—同步带；13—床身；14—AC 伺服电动机；15—角接触球轴承；18—法兰；19—内锥环；20—外锥环

滚珠丝杠螺母轴向间隙可通过预紧方法消除，预紧载荷以能有效地减小弹性变形所带来的轴向位移为度，过大的预紧力将增加摩擦阻力，降低传动效率，并使寿命大为缩短。所以，一般要经过几次仔细调整才能保证机床在最大轴向载荷下，既消除间隙，又能灵活运转。丝杠螺母副预紧力通常在出厂时已经调整好。

4. *X* 轴横向进给传动机构

X 轴的传动过程如图 2.2.9 所示。AC 伺服电动机 15，经同步带轮 14、10 和同步带 12，传动滚珠丝杠 6，传动螺母 7 带动刀架 21，沿滑板 1 的导轨移动，实现 *X* 轴横向进给运动。

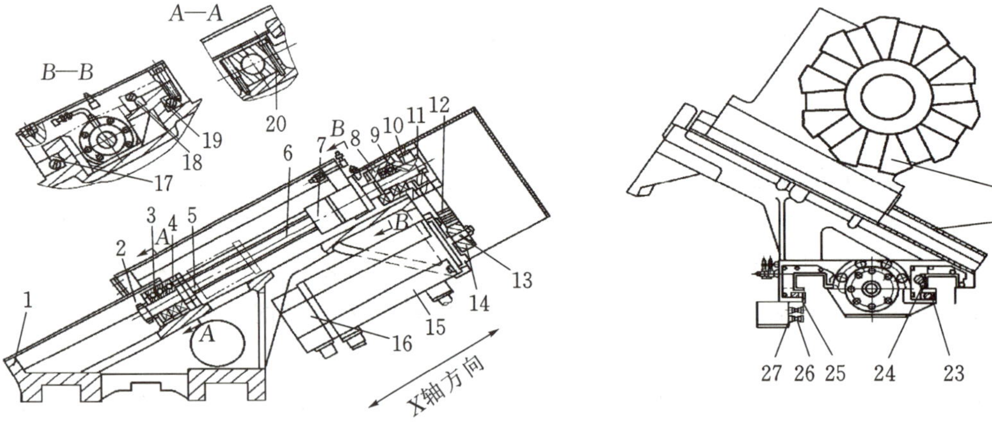

（a）　　　　　　　　　　（b）

图 2.2.9　MJ-50 型数控车床 *X* 轴进给传动装置

1—滑板；2、11—锁紧螺母；3—前支承；4—轴承座；5、8—缓冲块；6—滚珠丝杠；7—工作螺母；9—后支承；10、14—同步带轮；12—同步带；13—键；15—AC 伺服电动机；16—脉冲编码器；17、18、19、23、24、25—镶条；20—螺钉；21—刀架；22—导轨护板；26—限位开关；27—撞块

电动机轴与同步带轮 14 用键 13 连接。滚珠丝杠有前后两个支承。前支承 3 由三个角接触球轴承组成，其中一个轴承大口向前，两个轴承大口向后，分别承受双向的轴向载荷。前支承的轴承由锁紧螺母 2 进行预紧。后支承 9 为一对角接触球轴承，轴承大口相背放置，由锁紧螺母 11 进行预紧。这种丝杠采用两端固定的支承形式，其结构和工艺都较复杂，但可以保证和提高滚珠丝杠的轴向刚度。脉冲编码器 16 安装在伺服电动机尾部。图中 5 和 8 是缓冲块，在出现意外碰撞时起保护作用。

A—*A* 剖面图表示滚珠丝杠前支承的轴承座 4 用螺钉 20 固定在滑板上。滑板导轨如 *B*—*B* 剖视图所示为矩形导轨，镶条 17、18、19 用来调整刀架与滑板导轨的间隙。

图 2.2.9(b)中 22 为导轨护板，26、27 为机床参考点的限位开关和撞块。镶条 23、24、25 用于调整滑板与床身导轨的间隙。

因为滑板顶面导轨与水平面倾斜 30°，回转刀架的自身重力使其下滑，滚珠丝杠和螺母不能以自锁阻止其下滑，故机床依靠 AC 伺服电动机的电磁制动来实现自锁。

三、数控车床的辅助运动传动系统及主要结构

1. 回转刀架传动链

如图 2.2.2 所示，MJ-50 型数控车床换刀时，需要刀架作回转分度运动，刀架回转的角度取决于装刀数目。MJ-50 型数控车床共有 10 把刀具，分度角以 36°为单位。回转刀架的动力源为液压马达，通过起分度作用的平板共轭分度凸轮，将分度运动传递给一对齿轮副，进而带动刀架回转。

2. 卧式回转刀架结构

卧式回转刀架的回转轴与机床主轴平行。卧式回转刀架可在径向与轴向安装刀具，径向安装刀具用于加工外圆及端面，轴向安装刀具用于加工内孔。回转刀架最多可设 20 个刀位数，常用的有 8、10、12、14 个刀位数。用电动或液压实现刀架松开、回转夹紧，如：电动松开、回转，碟形弹簧夹紧；电动回转，液压松开、夹紧等。采用光电编码器对刀位进行计数。

MJ-50 型数控车床的卧式回转刀架结构如图 2.2.10 所示。当接收到数控系统换刀指令时刀盘松开，旋转到指令要求的刀位，刀盘夹紧并发出转位结束信号。回转刀架的夹紧与松开、刀盘的转位，均由 PLC 顺序控制及液压系统驱动来实现。

刀架换刀过程：

1) 刀盘脱开

接收到数控系统的换刀指令→活塞 9 右腔进油→活塞推动推力轴承 12 连同刀架主轴 6 左移→动、静鼠牙盘 10、13 脱开，刀盘解除定位、夹紧。

2) 刀盘转位

液压马达 2 启动→推动平板共轭分度凸轮 1→推动齿轮副 4、5→刀架主轴 6 连同刀盘 11 旋转，刀盘转位。

3) 刀盘定位夹紧

活塞 9 左腔进油→刀架主轴 6 右移→动、静鼠牙盘 10、13 啮合，实现定位夹紧。开关

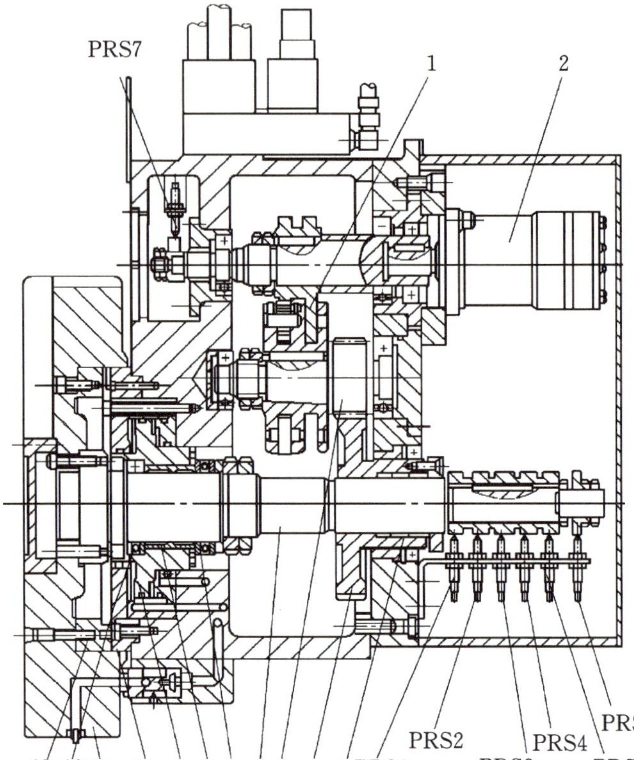

图 2.2.10 MJ-50 型数控车床回转刀架结构简图

1—平板共轭分度凸轮；2—液压马达；3—锥环；4、5—齿轮副；6—刀架主轴；7、12—推力轴承；8—滚针轴承；9—活塞；10、13—动、静鼠牙盘；11—刀盘

PRS6 确认夹紧并向数控系统发出信号，完成刀架转位换刀循环过程。

回转刀架的夹紧与松开、刀盘的转位均由液压系统驱动和 PLC 顺序控制来实现。11 是安装刀具的刀盘，它与轴 6 固定连接。当刀架主轴 6 带动刀盘旋转时，其上的鼠牙盘 13 和固定在刀架上的鼠牙盘 10 脱开，旋转到指定刀位后，刀盘的定位由鼠牙盘的啮合来完成。

数控机床在自动控制状态下，换刀指令所指定的刀号由数控系统自行运算判断，控制刀具就近转位换刀，即刀盘可正转也可反转。当采用手动操作机床时，从正对刀盘的方向观察，换刀只能顺时针方向转动刀盘。

3. 立式回转刀架结构

如图 2.2.11 所示，立式回转刀架的回转轴与机床主轴垂直。将不同用途的刀具安装在刀座上，通过回转头的旋转、分度、定位实现自动换刀。经济型数控车床多采用立式回转刀架。

4. 机床尾座

MJ-50 型数控车床配置的标准尾座如图 2.2.12 所示。尾座体的移动由滑板带动实现。尾座体移动后，由手动控制的液压缸将其锁紧在床身上。

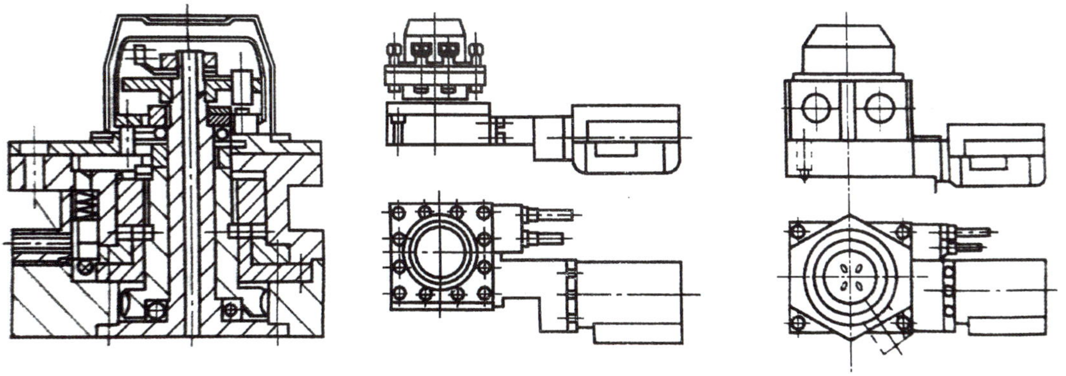

（a）刀架结构图　　（b）四方刀架外形图　　（c）六方刀架外形图

图 2.2.11　立式回转刀架结构简图

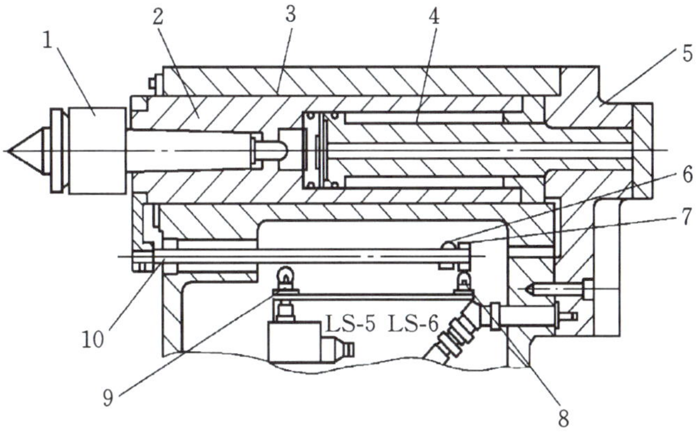

图 2.2.12　MJ-50 型数控车床尾座结构简图

1—顶尖；2—尾座套筒；3—支座；4—活塞杆；5—连接板；6—移动挡块；
7—固定挡块；8、9—行程开关；10—行程杆

在调整机床时，可以手动控制尾座套筒移动。顶尖 1 与尾座套筒 2 用锥孔连接，尾座套筒可带动顶尖一起移动。在机床自动工作循环中，可通过加工程序由数控系统控制尾座套筒的移动。当数控系统发出尾座套筒伸出的指令后，液压电磁阀动作，压力油通过活塞杆 4 的内孔进入套筒液压缸的左腔，推动尾座套筒 2 伸出。当数控系统指令其退回时，压力油进入套筒液压缸的右腔，从而使尾座套筒 2 退回。

5. 液压传动系统及换刀控制

1）液压传动系统

MJ-50 型数控车床液压传动系统如图 2.2.13 所示。它由 PLC 控制电磁换向阀动作，实现机床卡盘夹紧与松开、卡盘夹紧力高低压转换、回转刀架松开与夹紧、刀架刀盘正转与反转、尾座套筒伸出与退回等各种操作。该系统电磁换向阀各电磁铁动作顺序见表 2.2.1。

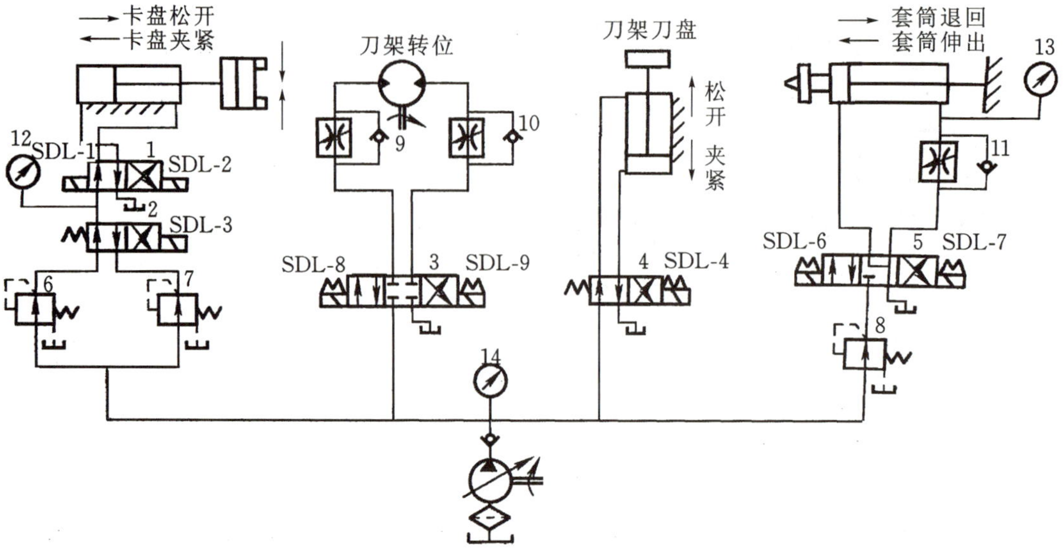

图 2.2.13　MJ-50 型数控车床液压传动系统

1、2、3、4、5—换向阀；6、7、8—减压阀；9、10、11—调速阀；12、13、14—压力表

表 2.2.1　电磁铁动作顺序表

动作			电磁铁							
			SDL-1	SDL-2	SDL-3	SDL-4	SDL-8	SDL-9	SDL-6	SDL-7
卡盘正卡	高压	夹紧	+	−	−					
		松开	−	+	−					
	低压	夹紧	+	−	+					
		松开	−	+	+					
卡盘反卡	高压	夹紧	−	+	−					
		松开	+	−	−					
	低压	夹紧	−	+	+					
		松开	+	−	+					
回转刀架	刀架正转						+	−		
	刀架反转						−	+		
	刀盘松开					+				
	刀盘夹紧					−				

续表

动作		电磁铁							
		SDL-1	SDL-2	SDL-3	SDL-4	SDL-8	SDL-9	SDL-6	SDL-7
尾座	套筒伸出							+	−
	套筒退回							−	+

注：+表示电磁铁通电；−表示电磁铁断电。

2）回转刀架换刀控制

MJ-50 型数控车床回转刀架转位流程如图 2.2.14 所示。由加工程序 T 代码发出换刀指令，通过 PLC 进行顺序控制。电磁铁线圈 SDL-4 得电使刀盘松开，这时刀盘夹紧确认开关 PRS6 断电（延时 200 ms）：当 SDL-8 得电正转，若 SDL-9 得电则刀盘反转实现刀架就近转位换刀，由刀号确认开关 PRS1～PRS4 以及校验开关 PRS5 确认 T 代码指令刀具；当所指令的刀具到位时，液压马达停转开关 PRS7 使电磁铁线圈 SDL-8 和 SDL-9 失电，液压马达停转，同时 SDL-4 失电，刀盘复位，开关 PRS6 通电确认刀盘夹紧。至此，回转刀架完成一次自动换刀循环过程。

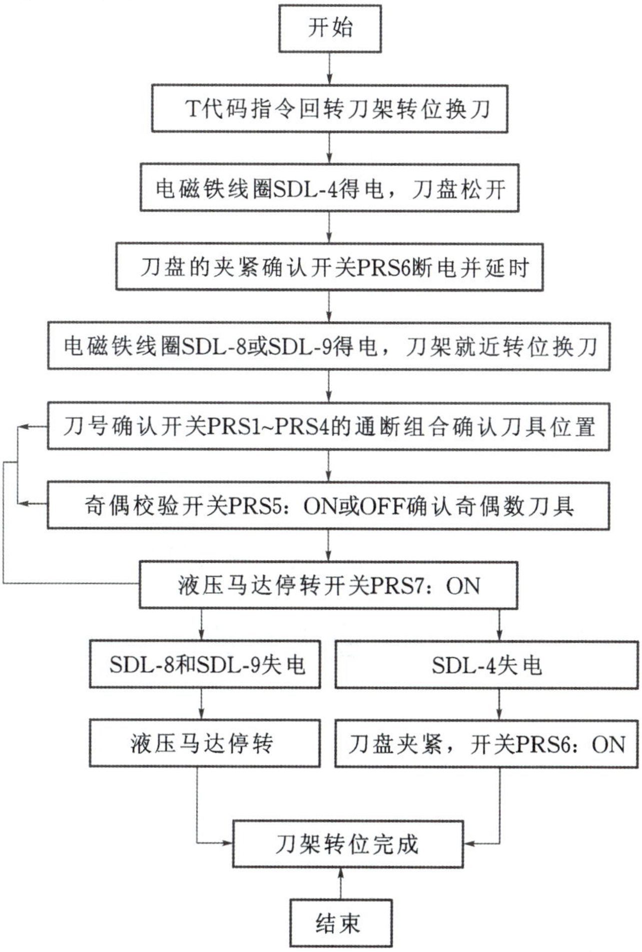

图 2.2.14　回转刀架转位流程

【效果评价】

评价表			
模块名称	数控车床结构分析	学生姓名	
任务名称	数控车床的传动系统及主要部件	分数	
考查内容		分值	考核得分
1. 对数控车床的主运动传动系统的掌握		10	
2. 对主轴部件组成及作用的认识和掌握		20	
3. 对数控车床进给传动系统的掌握		15	
4. 对数控车床进给传动装置结构特点的掌握		20	
5. 对数控车床其他附件结构特点的掌握		10	
6. 编制学习汇报报告情况		20	
7. 基本素养考核情况		5	
总体得分		100	
教师简要评语： 教师签名：			

任务 2.3 任务实训

——CK6132 型数控车床的日常维护保养

一、实训目的

(1) 了解数控机床日常维护和保养方法；

(2) 养成文明使用数控机床的好习惯；

(3) 培养学生的职业道德和职业修养；

(4) 培养学生的团队合作意识和协商意识。

二、实训要求

（1）认识 CK6132 型数控车床规格、型号和结构布局；

（2）理解 CK6132 型数控车床功能特点及工作原理；

（3）掌握 CK6132 型数控车床对工作环境的要求；

（4）掌握 CK6132 型数控车床的维护保养知识。

三、相关知识

数控机床日常维护和保养的主要内容如下：

1. 做好日常检查

（1）润滑油路检查。清洁润滑各导轨面，检查、清洗自动润滑系统，检查油量，及时添加润滑油，检查油泵是否正常工作。检查主轴箱自动润滑系统工作是否正常，定期更换主轴箱润滑油。

（2）数控装置是否过热检查。检查电气柜中和数控系统中冷却风扇是否工作正常，风道过滤网有无堵塞，清洗沾附的尘土。

（3）检查冷却系统。检查液面高度是否符合要求，及时添加油或水，油、水脏污时要更换清洗。

2. 养成良好的操作习惯和维护习惯

（1）开机前做好检查工作。

（2）机床预热，检查运行环境。

（3）按照操作说明书的要求操作机床。

（4）保持环境卫生，每天下班做好机床清扫卫生，清扫切屑，擦净导轨部位的冷却液，防止导轨生锈。

3. 运行环境监测

（1）电网电压监视。电网电压要控制在机床允许范围内，否则停机检查电网。

（2）检查各运动部件的机械精度，减少形状和位置偏差。

（3）注意检查主轴驱动皮带，调整松紧程度；检查导轨镶条的松紧程度，调节间隙。

（4）检查机床液压系统油箱油泵有无异常噪声，工作油面高度是否合适，压力表指示是否正常，管路及各接头有无泄露。

（5）注意检查导轨、机床防护罩是否齐全有效。

（6）检查电气柜是否清洁，防止灰尘进入。

4. 数控系统长期不用时的维护

（1）长期不用的机床，每周对 CNC 通电两次，空运行，靠系统产生热量去潮气，保证电子元件可靠性。使用前检查系统参数有无错误。

（2）半年以上不用的机床，将直流电机电刷取出防止被腐蚀。

（3）定期检查易损电子元件，检查供电电池状况。

四、实施步骤

在数控机床维修实训室练习对 CK6132 型数控车床的维护和保养。

1. 工具的准备

常见的数控机床的维护保养用具有毛刷、气泵、活扳手、一字改锥、十字改锥、柴油棉布棉纱、润滑油、乳化液、万用表、直流电源。

2. 维护与保养步骤

数控机床的维护与保养操作步骤如下。

(1) 按要求进行日常检查和保养，做好开机前的准备工作。

(2) 检查运行环境并开机预热。

(3) 检查各操作面板上的各个按钮、开关和指示灯。要求按钮和开关位置正确、可靠，并且指示灯无损坏。

(4) 检查机床接地线。要求完整、可靠。

(5) 检查集中润滑系统、液压系统、切削液系统等的液位。要求液位符合规定或液位不低于标志范围内下限以上的三分之一。

(6) 检查液压空气输入端压力。要求气路畅通，压力正常。

(7) 检查液压系统、气动系统、集中润滑系统、切削液系统的各压力表。要求指示灵敏、准确，而且在定期校验时间范围内。

(8) 机床主轴与各坐标轴运转及运行 15 min 以上。要求各零件温升、润滑正常，无异常振动和噪声。

(9) 检查主轴卡盘、尾座、顶尖的液压夹紧力。要求安全、可靠。

(10) 检查刀盘及各动力头、排屑装置等工作状况。要求运转正常、无异常振动和噪声。

(11) 各坐标回基准点(或零点)，并校正被加工零件基准。要求准确，并在技术要求范围内。

(12) 清理切屑，擦拭机床外表并在外露的滑动表面加注机油。要求清洁、防锈。

(13) 检查各操作面板上的各个按钮及开关是否在合理位置，检查工作台各坐标及各移动部件是否移动到合理位置上。

(14) 在记录本上做好机床运行情况的记录。

【效果评价】

评价表			
模块名称	数控车床结构分析	学生姓名	
任务名称	CK6132 型数控车床的日常维护保养	分数	
考查内容		分值	考核得分
1. 对 CK6132 型数控车床规格、型号和结构布局的认知情况		10	

2. 对 CK6132 型数控车床功能特点及工作原理的了解情况	10	
3. 对 CK6132 型数控车床维护保养知识的了解情况	20	
4. CK6132 型数控车床维护步骤的实施情况	30	
5. 编制学习汇报报告情况	20	
6. 基本素养考核情况	10	
总体得分	100	
教师简要评语： 教师签名：		

思考与练习

1. 数控车床与普通卧式车床相比，在使用性能方面有何特点？

2. 数控车床的床身与导轨的布局为什么做成斜置的？

3. 数控车床上的带传动与普通机床上的带传动有何区别？有哪几种类型？

4. 数控车床的主传动，尤其是进给传动比普通车床简单得多，但它的转速范围反而更大了，为什么？

5. 数控车床的刀架有何特点？

6. MJ-50 型数控车床主轴支承有什么特点？

7. MJ-50 型数控车床进给传动装置上为什么采用锥环无键连接？

8. MJ-50 型数控车床刀架换刀动作有哪些？

模块3

数控铣床结构分析

模块导读

数控铣床(CNC铣床)是一种由计算机数字控制系统控制的自动加工机床。数控机床加工是把刀具与工件的运动坐标分割成最小的单位量,即最小位移量,由数控系统根据工件程序的要求,使各坐标移动若干个最小位移量,从而实现刀具与工件的相对运动,以完成零件的加工。本模块主要讲述数控铣床的组成、分类以及主要加工对象,数控铣床的传动系统组成及其特点,数控铣床的结构部件组成及其工作原理等内容。

学习目标

1. 了解数控铣床的组成;
2. 熟悉数控铣床的加工过程;
3. 熟悉数控铣床的分类;
4. 熟悉数控铣床的主要加工对象;
5. 了解数控铣床机床本体组成及主要技术参数;
6. 熟悉数控铣床传动系统的主传动系统和进给伺服系统;
7. 熟悉数控铣床主要部件。

思政元素

数控铣床的传动系统、主要功能及实际应用,都具有较强的理论性和实践性,把思政教育与数控铣床加工有机融合,使教学内容更具有价值引领性,培养学生全神贯注、追求卓越、精益求精的工匠精神。针对数控铣床的结构部件特点,教育学生要培养全局意识,客观看待问题,具有唯物辩证思想及健康的身心意识;针对数控铣床工作方式特点,培养学生的团队合作意识。

知识架构

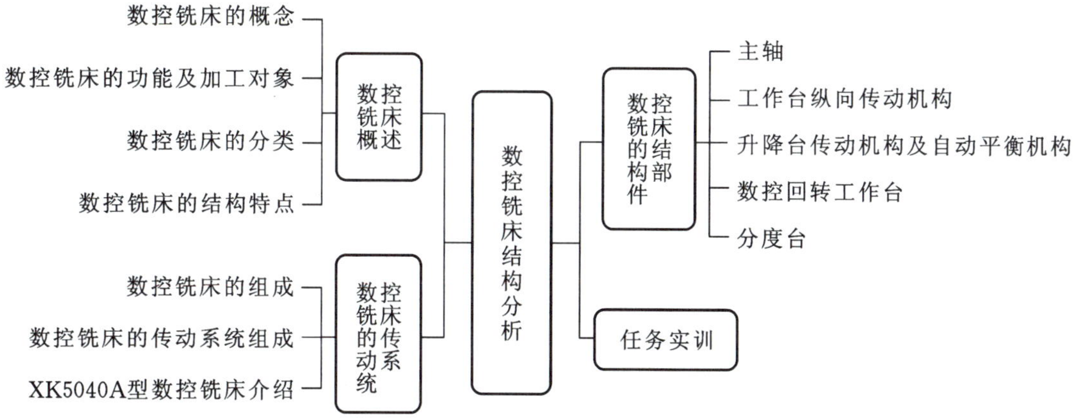

任务 3.1 数控铣床概述

【任务要求】

通过对本次任务的学习，了解数控铣床概念、数控铣床的功能及加工对象、数控铣床的分类、数控铣床的结构特点等知识。

【知识准备】

一、数控铣床的概念

数控铣床是在普通铣床的基础上增加了计算机控制的自动化数控铣床。数控铣床主要采用铣削方式加工工件，可铣削完成具有各种复杂曲线和曲面零件的自动加工，例如凸轮、样板、压模、弧形槽、曲面模具、孔等的加工。数控铣床的一些加工功能可以通过加工指令按照编制的数控程序自动进行指定的加工工序，这些强大的加工功能主要依赖于数控铣床特定的机械结构和智能化的 CNC 系统。

数控铣床是由控制介质、输入装置、控制装置、驱动装置、检测装置、辅助控制装置和机床本体组成，如图 3.1.1 所示。

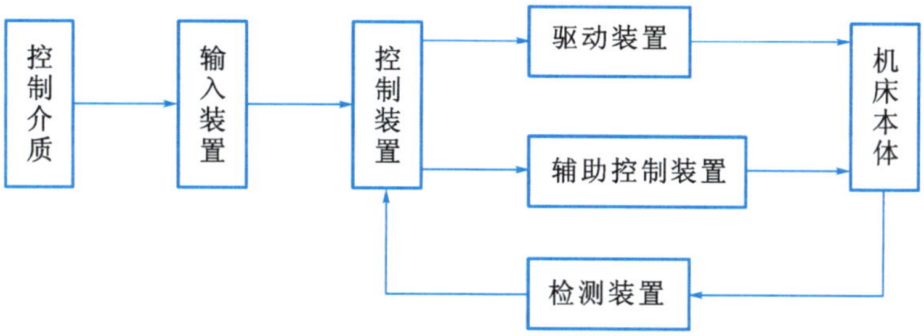

图 3.1.1 数控铣床组成

数控铣床中的机床本体与普通铣床相比，具有能自动变速、刀架或工作台能自动转位等优点。数控铣床是自动控制的，在工作时不能人为干预，所以设计要求更高，制造要求更精密。数控铣床在设计时增加了强刚性、小热变形、高精度等方面的设计，使得数控铣床的整体性能比普通铣床提高很多。

二、数控铣床的功能及加工对象

当用数控铣床进行加工时，要清楚数控铣床的各个功能。数控铣床比加工中心缺少了自动换刀功能和刀库，其他功能与加工中心类似，主要用来进行铣削加工。通常，数控铣床的加工对象有以下几种：

1. 平面类零件

平面类零件是加工面平行(垂直)于水平面或其加工面与水平面的夹角为一定角度的零件。其特征是各个加工单元面是平面或可以展开为平面。图 3.1.2 所示的零件就是平面类零件。

图 3.1.2　平面类零件

2. 曲面类零件

曲面类零件(立体类零件)是加工面为空间曲面的零件。其特征是加工面不能展开为平面，加工面始终与铣刀点接触，如图 3.1.3 所示的叶轮、螺旋桨就是这类零件。

3. 变斜角类零件

变斜角类零件是加工面与水平面的夹角呈连续变化的零件，这类零件多数为飞机零件。其特点是加工面不能展开为平面，但在加工中，加工面与铣刀圆周接触的瞬间为一条直线，如图 3.1.4 所示。

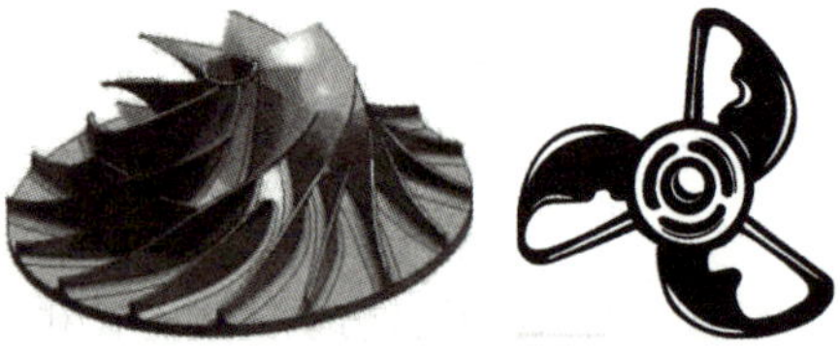

图 3.1.3　叶轮、螺旋桨

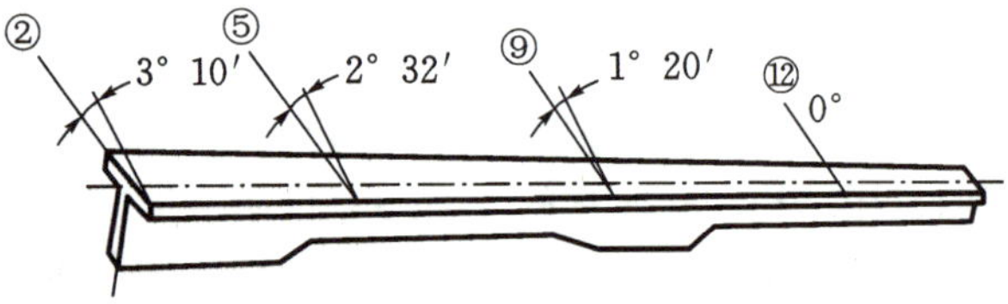

图 3.1.4　变斜角类零件

数控铣床是集电子计算机、自动控制、伺服驱动、精密测量和新型机械结构等于一体的智能化机床，具有适应性强、加工精度高、加工质量稳定和生产率高等优点，是今后数控机床的发展方向。

三、数控铣床的分类

数控铣床按照主轴的布局形式可以分为以下三类。

1. 立式数控铣床

立式数控铣床是主轴轴线与工作台垂直设置的加工中心，主要用于加工水平面内的型面，是数控铣床中数量最多的一种，应用范围最广，如图 3.1.5 所示。立式数控铣床多用于加工平面凸轮、样板、形状复杂的平面或立体零件，也用于加工模具的内外型腔等。

2. 卧式数控铣床

卧式数控铣床与普通卧式铣床相同，其主轴轴线平行于水平面。卧式数控铣床通常采用增加数控转盘或万能数控转盘来实现四、五坐标加工，不仅可以完整地加工出工件侧面上的连续回转轮廓，还可以用转盘改变工位，一次安装实现四面加工。常见的卧式数控铣床如图 3.1.6 所示。卧式数控铣床多用于加工箱体类零件或要求一次安装多工位的工件。

图 3.1.5　立式数控铣床

图 3.1.6　卧式数控铣床

3. 立卧两用数控铣床

立卧两用数控铣床的主轴方向可变换(作 90°旋转)，能使机床既能立式加工又能卧式加工，应用范围广，功能全，加工对象多。它多适合加工复杂的箱体类零件，也适用于小批量，多品种，又需要立、卧两种方式加工的生产。图 3.1.7 表示出一台立卧两用数控铣床的两种使用状态，图 3.1.7(a)所示是立卧两用数控铣床实物图，图 3.1.7(b)和图 3.1.7(c)所示是机床处于立、卧两种加工状态的示意图。

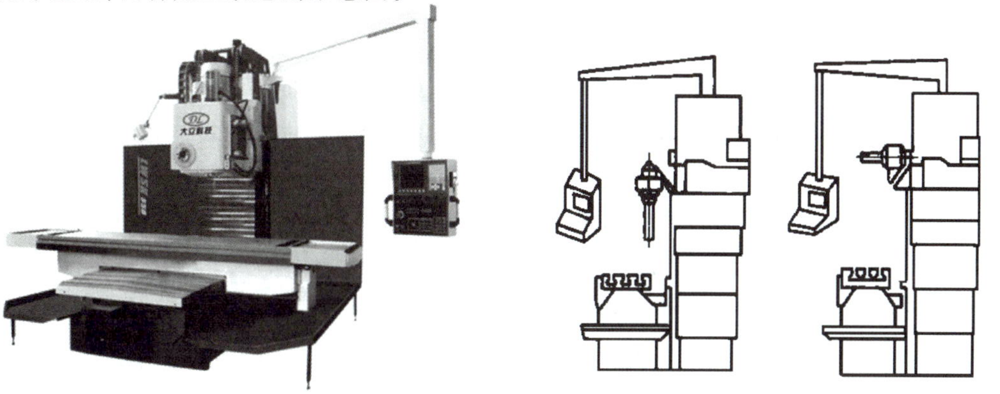

(a) 立卧两用数控铣床实物图　　(b) 立式加工　　(c) 卧式加工

图 3.1.7　立卧两用数控铣床

数控铣床除了按照主轴的布局形式分类，还可按照体积大小分为小型数控铣床、中型数控铣床和大型数控铣床；按照控制坐标的联动轴数可分为两轴半控制数控铣床、三轴控制数控铣床和多轴控制数控铣床。

四、数控铣床的结构特点

1. 高刚度和高抗振性

铣床刚度是铣床的技术性能之一，它反映了铣床结构抵抗变形的能力。根据铣床所受载荷性质的不同，铣床在静态力作用下所表现的刚度称为铣床的静刚度；铣床在动态力作用下所表现的刚度称为铣床的动刚度。在铣床性能测试中常用铣床柔度来说明铣床的刚度，柔度是刚度的倒数。为满足数控铣床高速度、高精度、高生产率、高可靠性和高自动化的要求，与普通铣床比较，数控铣床应有更高的静、动刚度，更好的抗振性。提高数控铣床结构刚度的措施主要有以下几种。

(1) 提高铣床构件的静刚度和固有频率。改善薄弱环节的结构或布局，以减少所承受的弯曲负载和转矩负载。例如，数控铣床的主轴箱或滑枕等部件，可采用卸荷装置来平衡载荷，以补偿部件引起的静力变形，改善构件间的接触刚度和铣床与地基连接处的刚度等。

(2) 改善数控铣床结构的阻尼特性。在大件内腔填充混凝土或泥芯等阻尼材料，在机床振动时因为增大摩擦力而耗散振动能量，达到减小机床振动的目的。也可采用阻尼涂层法，即在大件表面喷涂一层具有高内阻尼和较高弹性的黏滞弹性材料来增大阻尼比。

(3) 采用新材料和钢板焊接结构。

2. 铣床热变形严重

铣床的热变形是影响铣床加工精度的重要因素之一。由于数控铣床的主轴转速、进给速度远高于普通铣床，而大切削量产生的炽热切屑对工件和铣床部件的热传导影响远比普通铣床严重，而热变形对加工精度的影响往往难以修正，因此，操作者应特别重视减少数控铣床热变形的影响。可采用以下几种措施：

(1) 改进铣床布局和结构。采用热对称结构和采用热平衡措施等。热对称结构相对热源是对称的，在产生热变形时，其工件或者刀具回转中心对称线的位置基本保持不变，因而可以减少对加工件的精度影响。

(2) 控制温度。对铣床发热部位（如主轴箱等），采用风冷和液冷等控制温升的办法来吸收热源发出的热量。

(3) 对切削部位采取强冷措施。当采用大切削量切削加工时，落在工作台、床身等部件上的炽热切屑是重要的热源。现在数控铣床普遍采用多喷嘴、大流量冷却液来冷却并排出这些炽热的切屑，并对冷却液用大容量循环装置散热或用冷却装置制冷以控制温升。

(4) 热位移补偿。预测热变形规律，建立数学模型存入计算机中进行实时补偿。

3. 传动系统机械结构相对简化

数控铣床的主轴驱动系统和进给驱动系统，分别采用交流、直流主轴电动机和伺服电动机驱动。这两类电动机调速范围大，并可无级调速，因此主轴箱、进给变速箱及传动系统大为简化，箱体结构简单，齿轮、轴承和轴类零件数量大为减少甚至不用齿轮，由电动机直接带动主轴或进给滚珠丝杠。

4. 高传动效率和无间隙传动装置

数控铣床在高进给速度下，工作要求平稳，并有高定位精度，因此，对进给系统中的机械传动装置和元件要求具有高寿命、高刚度、无间隙、高灵敏度和低摩擦阻力的特点。目前，数控铣床进给驱动系统中常用的机械装置主要有三种：滚珠丝杠副、静压蜗杆-蜗轮条机构和预加载荷双齿轮-齿条机构。

5. 低摩擦因数的导轨

铣床导轨是铣床的基本结构之一。铣床加工精度和使用寿命在很大程度上取决于铣床导轨的质量。一般要求铣床导轨在高速进给时不振动，低速进给时不爬行，灵敏度高，能在重载下长期连续工作，耐磨性要高，精度保持性要好等。现代数控铣床使用的导轨和普通铣床的导轨类似，主要采用滑动导轨、滚动导轨和静压导轨三种，但在材料和结构上已发生了质的变化。

【效果评价】

评 价 表			
模块名称	数控铣床结构分析	学生姓名	
任务名称	数控铣床概述	分数	
考查内容		分值	考核得分
1. 对数控铣床组成的认知情况		10	
2. 对数控铣床工作过程的认知情况		20	
3. 对数控铣床分类的认知情况		25	
4. 对数控铣床加工对象的认知与理解情况		30	
5. 编制学习汇报报告情况		10	
6. 基本素养考核情况		5	
总体得分		100	
教师简要评语： 教师签名：			

任务 3.2 数控铣床的传动系统

【任务要求】

通过对本次任务的学习，了解机床本体的组成，掌握数控铣床传动系统的主传动系统和进给伺服系统的概念、传动特点、分类等基础知识，熟悉数控铣床传动系统的主传动系统及进给伺服系统的工作原理。

【知识准备】

一、数控铣床的组成

数控铣床通过机床本体将数控编程的各种工序和指令转换为机械运动和动作，从而完成工件的加工。数控铣床的机床本体由下列各部分组成。

1）主传动系统

其功用是实现主运动，主传动系统包括动力源、传动件及主运动执行件（主轴）等，其作用是将驱动装置的运动及动力传给执行件，以实现主铣削运动。

2）进给伺服系统

其功用是实现进给运动，进给传动系统包括动力源、传动件及进给运动执行件（工作台、刀架）等，其作用是将伺服驱动装置的运动与动力传给执行件，以实现进给铣削运动。

3）机床基础件

通常指床身、底座、立柱、滑板、工作台等。其功用是支承机床本体的零部件，并保证这些零部件在切削加工过程中位置准确。

常见的 XK5040A 型数控铣床的外形如图 3.2.1 所示，床身 6 固定在底座 1 上，用于安装机床各部件。操纵箱 10 上布置有各种操纵开关及按钮。纵向工作台 16 和横向滑板 12 安装在升降台 15 上，通过伺服电动机 13、14 和 4 的驱动来完成 X、Y、Z 方向的进给运动。

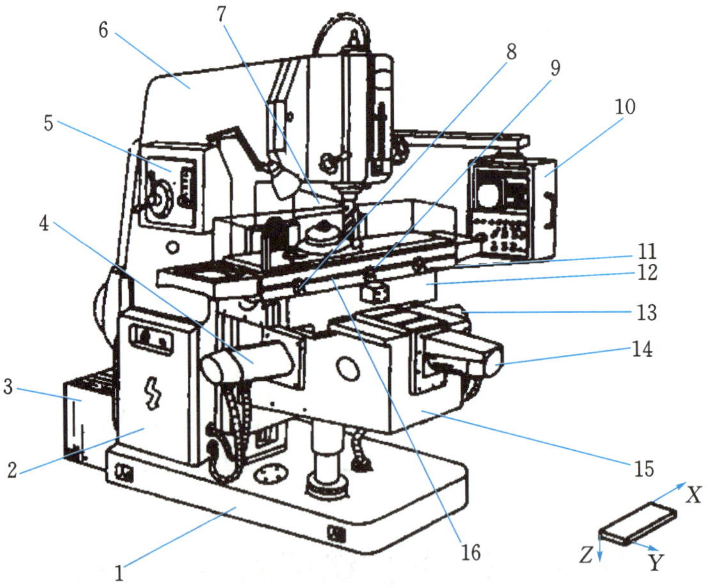

图 3.2.1　XK5040A 型数控铣床的外形

1—底座；2—强电柜；3—变压器箱；4—垂直升降进给伺服电动机；5—主轴变速手柄；6—床身；7—数控柜；8—保护开关；9—挡铁；10—操纵箱；11—保护开关；12—横向滑板；13—纵向进给伺服电动机；14—横向进给伺服电动机；15—升降台；16—纵向工作台

XK5040A 型数控铣床的主要技术参数见表 3.2.1。

表 3.2.1 XK5040A 型数控铣床的主要技术参数

名称	参数
工作台工作面积(长×宽)	1600 mm×400 mm
工作台最大行程	纵向:750 mm;横向:375 mm;垂直方向:400 mm
工作台 T 形槽	宽:18 mm;间距:100 mm;数量:3 个
主轴孔直径	27 mm
主轴套筒移动距离	70 mm
主轴中心线到床身垂直导轨的距离	430 mm
工作台侧面到床身垂直导轨的距离	30～405 mm
主轴端面至工作台面的距离	50～450 mm
主轴转速范围	30～1500 r/min
主轴转速级数	18
工作台进给量	纵向:10～1500 mm/min;横向:10～1500 mm/min; 垂直方向:10～600 mm/min
主轴电动机功率	7.5 kW
伺服电动机额定转矩	纵向:18 N·m;横向:18 N·m; 垂直方向:35 N·m
机床外形尺寸(长×宽×高)	2495 mm×2100 mm×2170 mm

二、数控铣床的传动系统组成

(一) 主传动系统

数控铣床主运动是机床实现铣削的基本运动。数控铣床的主传动系统是指将主轴电动机的原动力变成可供切削加工用的切削力矩和切削速度的传动系统。这就要求数控铣床的主传动系统的转速范围和输出转矩比普通铣床的要大。

1. 数控铣床主传动系统的特点

数控铣床的主传动系统一般采用直流或交流主轴电动机,通过带传动和主轴箱的变速齿轮带动主轴旋转。由于这种电动机调速范围广,又可无级调速,因此主轴箱的结构大为简化。主轴电动机在额定转速时输出全部功率和最大转矩,随着转速的变化,功率和转矩将发生变化。在调压范围内(从额定转速调到最低转速)为恒转矩,功率随转速呈正比例下降。在调速范围内(从额定转速调到最高转速)为恒功率,转矩随转速升高呈正比例减小。这种变化规律是符合正常加工要求的,即低速切削所需转矩大,高速切削消耗功率大。同时也可以看出电动机的有效转速范围并不一定能完全满足主轴的工作需要,所以主轴箱一般仍需要设置几挡变速(2～4 挡)。机械变挡一般采用液压缸推动滑移齿轮实现,这种换挡方法结构简单,性能可靠,变速时间短。有些小型或调速范围不需太大的数控铣床,也常采用由电动机直接带动主轴旋转或用带传动使主轴旋转。

为了满足主传动系统的高精度、高刚度和低噪声的要求，主轴箱的传动齿轮都要通过高速滑移齿轮（一般都用花键传动），采用内径定心。侧面定心的花键对降低噪声更为有利，因为这种定心方式传动间隙小，接触面大，但加工需要专门的刀具和花键磨床。带传动容易产生振动，在传动带长度不一致的情况下更为严重。因此，在选择传动带时，应尽可能缩短带的长度。如因结构限制，带长度无法缩短时，可增设压紧轮，将带张紧，以减少振动。

2. 主传动系统的分类

主传动系统按调速能力分为以下三类：

1）二级以上变速的主传动系统

此系统调节速度的范围较大，能适用于多种运动下的转矩输出，结构示意图如图 3.2.2 所示，缺点是结构复杂，成本维护都比较高。

2）一级变速器的主传动系统

此系统结构示意图如图 3.2.3 所示，多采用带（同步齿形带）传动装置，常见的传动带截面图如图 3.2.4 所示，有 V 带、多楔带、梯形齿同步带、圆弧齿同步带。此系统的优点是结构简单，安装调试方便，且在一定条件下能满足转速与转矩的输出要求。带传动的方式相比齿轮传动可以降低振动和噪声，常用在要求低转矩的主轴上。

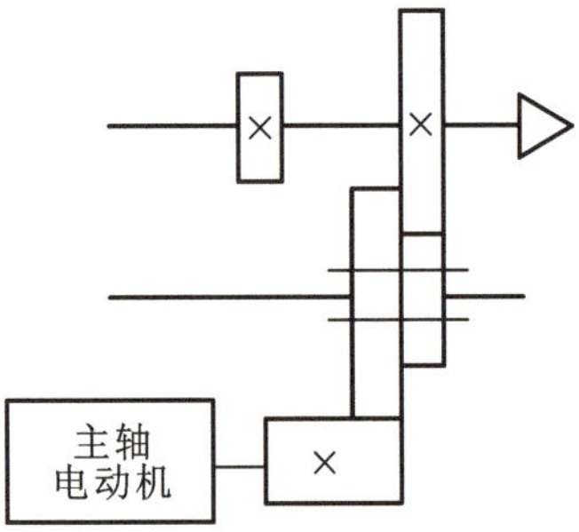

图 3.2.2　变速齿轮传动

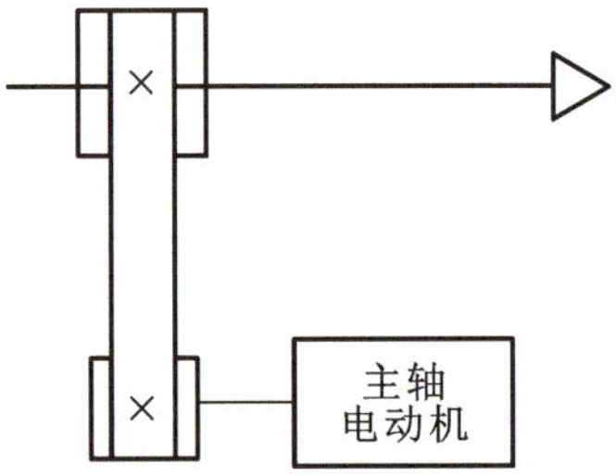

图 3.2.3　同步齿形带传动

3）调速电动机直接驱动的主传动系统

此系统的优点是结构紧凑，占用空间少，转换频率高，结构示意图如图 3.2.5 所示。因是调速电动机直接驱动主轴，所以主轴的转速和转矩的输出范围受限，只能和电机一致。

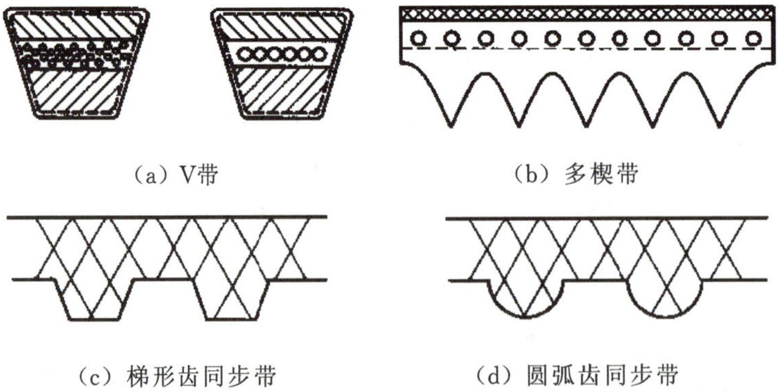

图 3.2.4　常见传动带截面图

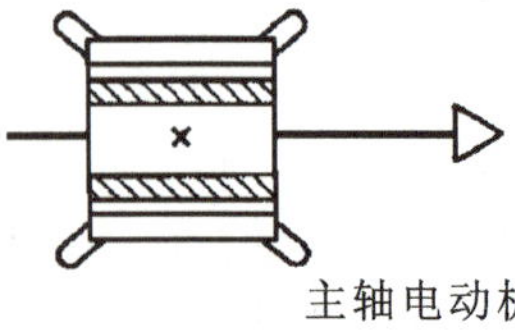

图 3.2.5　调速电动机直接驱动

3. 数控铣床主传动系统的作用

(1) 传递动力：为数控铣床传递铣削加工所需要的动力。

(2) 传递运动：为数控铣床传递铣削加工所需要的运动。

(3) 运动控制：控制数控铣床主运动的大小、方向及开停。

4. 主传动的变速方式

数控铣床主传动主要有无级变速、分段无级变速两种变速传动方式。为满足宽变速范围，通常在无级变速电动机之后串联机械有级变速，以满足数控铣床要求的调速范围和转矩特性，即采用分段无级变速传动方式。

(二) 进给伺服系统

数控铣床进给运动是为了保证刀具与工件相对位置关系的准确性和稳定性，是CNC系统的直接控制对象。数控铣床的机械传动装置是进给伺服系统的重要组成部分，其作用是将伺服电机的旋转运动转变为执行件的直线运动或旋转运动。数控铣床常见的进给伺服运动的伺服驱动方式主要是无级调速，伺服电机的动力和运动只需经过由最多一两级齿轮或带轮传动副和滚珠丝杠螺母副，或齿轮齿条副，或蜗轮蜗杆副组成的传动系统传递给工作台等运动执行部件。传动系统的齿轮副或带轮副的作用主要是通过降速来匹配进给系统的惯量和获得要求的输出机械特性，对开环系统还起到匹配所需的脉冲当量的作用。滚珠丝杠螺母副或齿轮齿条副或蜗轮蜗杆副的作用是实现旋转到直线的运动形式的转换。

1. 数控铣床对进给系统机械部件的要求

1) 提高传动的精度和刚度

主要是提高进给系统中传动零件的精度和支承刚度。首先是保证各个零件的加工精度，尤其是提高滚珠丝杠螺母副(直线进给系统)、蜗轮蜗杆副(圆周进给系统)的传动精度。另外，在进给传动链中加入减速齿轮传动副，对滚珠丝杠和轴承进行预紧，消除齿轮、蜗杆等传动件的间隙，从而提高进给系统的精度和刚度。

2) 减少运动件的摩擦阻力

减少丝杠传动和工作台运动导轨的摩擦，以消除低速进给“爬行”现象，提高整个伺服进给系统的稳定性。在数控铣床上广泛采用滚珠丝杠和滚动导轨以及塑料导轨和静压导轨等。

3) 减少各运动零件的惯量

进给系统每个零件的惯量对进给系统的启动、制动特性等都有直接的影响，尤其是高速运转的零件，惯量对其影响更大。在满足传动强度和刚度的前提下，应尽可能使各零件的结构配置合理，减少它们的惯量。

4) 系统要有适度阻尼

阻尼一方面降低进给伺服系统的快速响应特性，另一方面增加系统的稳定性。在刚度不足时，提高运动件之间的运动阻尼对降低工作台“爬行”、提高系统稳定性起重要作用。

5）稳定性好、寿命长

稳定性是伺服进给系统能正常工作的最基本条件，特别是要求低速进给时不产生“爬行”，并能适应外加负载的变化而不产生共振。稳定性与系统的惯性、刚性、阻尼及增益等有关。进给系统的寿命，主要是指保持数控机床传动精度和定位精度时间的长短，即各传动部件保持其原制造精度的能力，所以，应合理选择各传动件材料、热处理方式及加工工艺，并采用适宜的润滑方式和防护措施，以延长寿命。

6）使用维护方便

数控铣床进给系统的结构设计应便于维护和保养，最大限度地减少维修工作量，以提高机床的利用率。

2. 数控铣床的进给运动类型

数控铣床的进给运动主要有直线运动和圆周运动两大类。直线进给运动是指 X、Y、Z 轴和与 X、Y、Z 轴平行的 U、V、W 轴的运动；圆周进给运动是指绕 X、Y、Z 轴回转的运动。

（1）实现直线进给运动主要有三种形式：

① 丝杠副：丝杠副通常为滚珠丝杠或静压丝杠，将伺服电机的旋转运动变为直线运动。

② 齿轮齿条副：通过齿轮齿条副将伺服电机的旋转运动变成直线运动。

③ 直线电动机：直接采用直线电动机进行驱动。

（2）实现圆周运动除少数情况直接使用齿轮副外，一般都采用蜗轮蜗杆副。

三、XK5040A 型数控铣床介绍

1. XK5040A 型数控铣床的主传动系统

XK5040A 型数控铣床传动系统如图 3.2.6 所示，其主传动系统的动力源是主电动机，由传动件（ϕ140/ϕ28 三角带、Ⅰ～Ⅱ和Ⅱ～Ⅲ轴间三联滑移齿轮变速组、Ⅲ～Ⅳ轴间的双联滑移齿轮变速组、Ⅳ～Ⅴ轴间的圆锥齿轮副 29/29 和Ⅴ～Ⅵ轴间的齿轮副 67/67）传送至主运动执行件——主轴，主轴做旋转运动，并获得 18 级转速，转速范围为 30～1500 r/min。

2. XK5040A 型数控铣床的进给传动系统

XK5040A 型数控铣床的进给传动是由动力源（纵向进给伺服电动机 13、横向进给伺服电动机 14 和垂直升降进给伺服电动机 4）驱动运动执行件（纵向工作台 16 和横向滑板 12），来完成纵向（X 向）、横向（Y 向）、垂直方向（Z 向）的进给运动。

（1）纵向（X 向）进给运动。它由 FB-15 直流伺服电动机驱动 13，经圆柱斜齿轮副（z＝48）传动，带动滚珠丝杠转动，通过丝杠螺母机构实现。

（2）横向（Y 向）进给运动。它由 FB-15 直流伺服电动机驱动 14，经圆柱斜齿轮副（z＝36）传动，带动滚珠丝杠转动，通过丝杠螺母机构实现。

（3）垂直方向（Z 向）进给运动。它由 FB-25 直流伺服电动机驱动 14，经锥齿轮副（z＝22，z＝55）传动，带动滚珠丝杠转动。实现垂直方向（Z 向）进给的伺服电动机带有制动器，当断电时，工作台上、下运动方向刹紧，以防止升降台因自重而下滑。

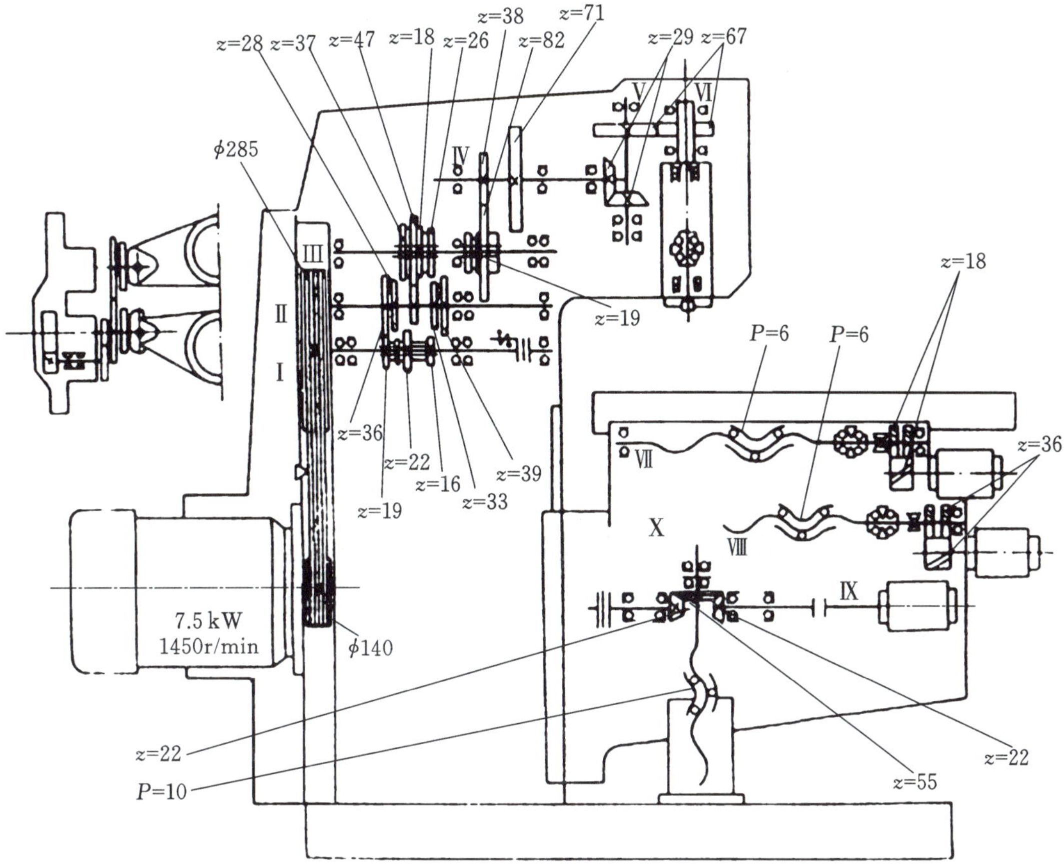

图 3.2.6 XK5040A 型数控铣床的传动系统

【效果评价】

评价表			
模块名称	数控铣床结构分析	学生姓名	
任务名称	数控铣床的传动系统	分数	
考查内容		分值	考核得分
1. 对数控铣床机床本体组成的认知情况		10	
2. 对数控铣床主传动系统的认知情况		20	
3. 对数控铣床进给伺服系统的认知情况		25	
4. 对传动系统机械结构相关知识的理解与掌握情况		30	
5. 编制学习汇报报告情况		10	
6. 基本素养考核情况		5	

总体得分	100	
教师简要评语： 教师签名：		

任务 3.3 数控铣床的结构部件

【任务要求】

通过对本次任务的学习，了解数控铣床的主要结构部件及其工作原理。

【知识准备】

数控铣床的基础部件有床身、底座、立柱、横梁、滑座、工作台等。铣床的其他零部件或者固定在基础件上，或者工作时在它的导轨上运动。数控铣床的主要结构部件是：①主轴；②工作台纵向传动机构；③升降台传动机构及自动平衡机构；④数控回转工作台；⑤分度台。下面结合典型的数控铣床介绍其主要部件结构。

一、主轴

主轴是数控铣床的主运动执行件，它夹持刀具或工件，并带动其旋转。因其转速高，故有旋转精度高、静刚度大、抗振性好、热稳定性高及耐磨性好等特点，图 3.3.1 为数控铣床典型的二级齿轮变速主轴结构。其主轴采用两支撑结构，主电动机的运动经双联齿轮带动中间传动轴，再经一对圆柱齿轮带动主轴旋转。

主轴部件是机床的一个关键部件，它包括主轴的支承、安装在主轴上的传动零件等。

二、工作台纵向传动机构

XKA5750 型数控铣床的工作台纵向传动机构如图 3.3.2 所示。工作台纵向传动机构的工作原理是交流伺服电动机 20 提供动力给其轴上安装的圆弧齿同步齿形带轮 19，再由同步齿形带 14 和装在丝杠 2 右端的同步齿形带轮 11 带动丝杠旋转，进而带动工作台 4 移动。

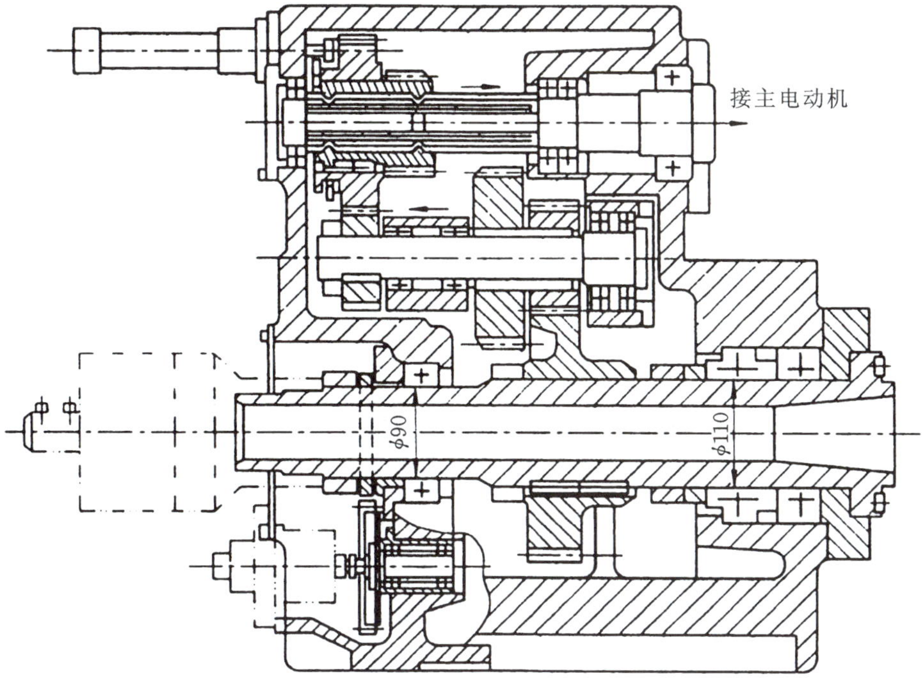

图 3.3.1 数控铣床典型的二级齿轮变速主轴结构

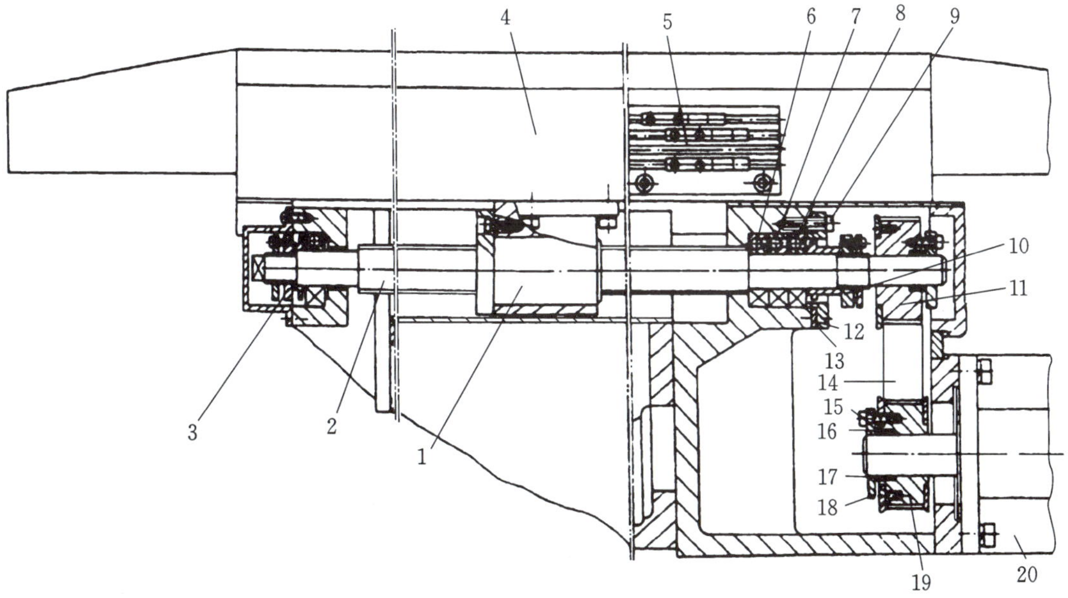

图 3.3.2 XKA5750 型数控铣床的工作台纵向传动机构

1、3、10—螺母；2—丝杠；4—工作台；5—限位挡铁；6、7、8—轴承；9、15—螺钉；11、19—同步齿形带轮；12—法兰盘；13—垫片；14—同步齿形带；16—外锥环；17—内锥环；18—端盖；20—交流伺服电动机

三、升降台传动机构及自动平衡机构

XKA5750 型数控铣床的升降台升降传动部分如图 3.3.3 所示，其升降台的升降是由交流伺服电动机 1 提供动力的，经齿形带轮 2 和 3 将动力传到传动轴Ⅶ，轴Ⅶ右端的弧齿锥齿轮 7 带动锥齿轮 8 使垂直滚珠丝杠Ⅷ旋转，以实现升降台的上升或下降。

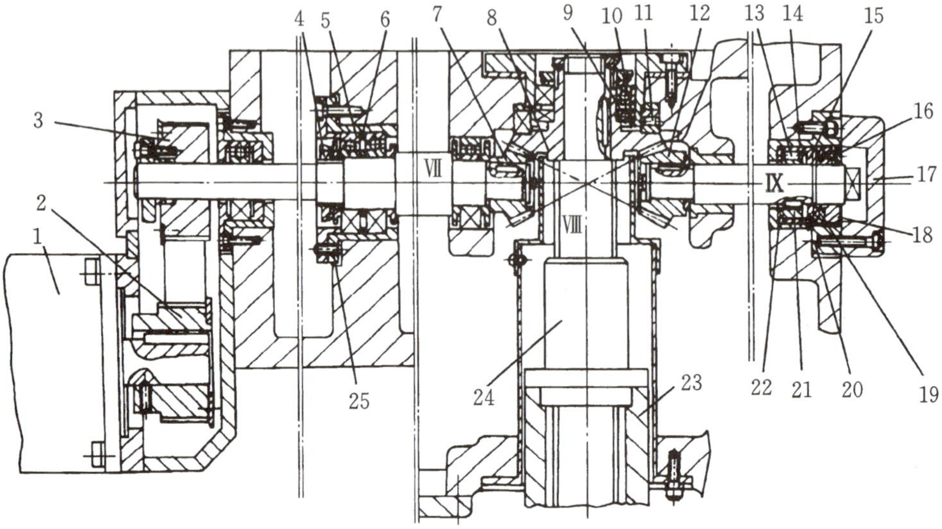

图 3.3.3　XKA5750 型数控铣床的升降台升降传动部分

1—交流伺服电动机；2、3—齿形带轮；4、18、24—螺母；5、6—隔套；7、8、12—锥齿轮；9—深沟球轴承；10—角接触球轴承；11—滚子轴承；13—滚子；14—外环；15、22—摩擦环；16、25—螺钉；17—端盖；19—碟形弹簧；20—防转销；21—星轮；23—支撑套

典型 XK5040A 型数控铣床的升降台自动平衡装置如图 3.3.4 所示。其工作原理如下：当圆锥齿轮 4 转动时，通过锥销带动单向超越离合器的星轮 5。伺服电动机 1 通过锥环连接带动十字联轴节以及圆锥齿轮 2、3，使升降丝杠转动，实现工作台的上升或下降。当工作台

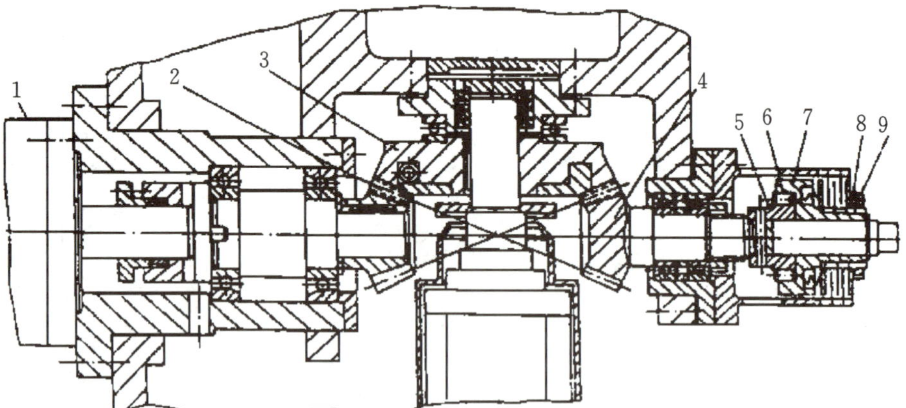

图 3.3.4　XK5040A 型数控铣床的升降台自动平衡装置

1—伺服电动机；2、3、4—圆锥齿轮；5—星轮；6—滚子；7—外壳；8—螺母；9—螺钉

上升时，星轮的转向是使滚子 6 和外壳 7 脱开的方向，外壳不转，摩擦片不起作用；当工作台下降时，星轮的转向是使滚子 6 楔在星轮与外壳 7 之间的方向，外壳 7 随着圆锥齿轮 4 一起转动。通过花键与外壳连在一起的内摩擦片，与固定的外摩擦片之间产生相对运动，由于内外摩擦片之间的弹簧压紧，有一定的摩擦阻力，因此起到阻尼作用，上升与下降的力量才得以平衡。

四、数控回转工作台

数控铣床纵向、横向和垂直方向的进给运动一般是依赖回转工作台实现的。数控回转工作台主要用于数控镗铣床，它除了可以进行各种圆弧加工或与直线进给联动进行曲面加工外，还可以实现精确分度。数控回转工作台如图 3.3.5 所示，它由传动系统、间隙消除机构及蜗轮夹紧装置等组成。

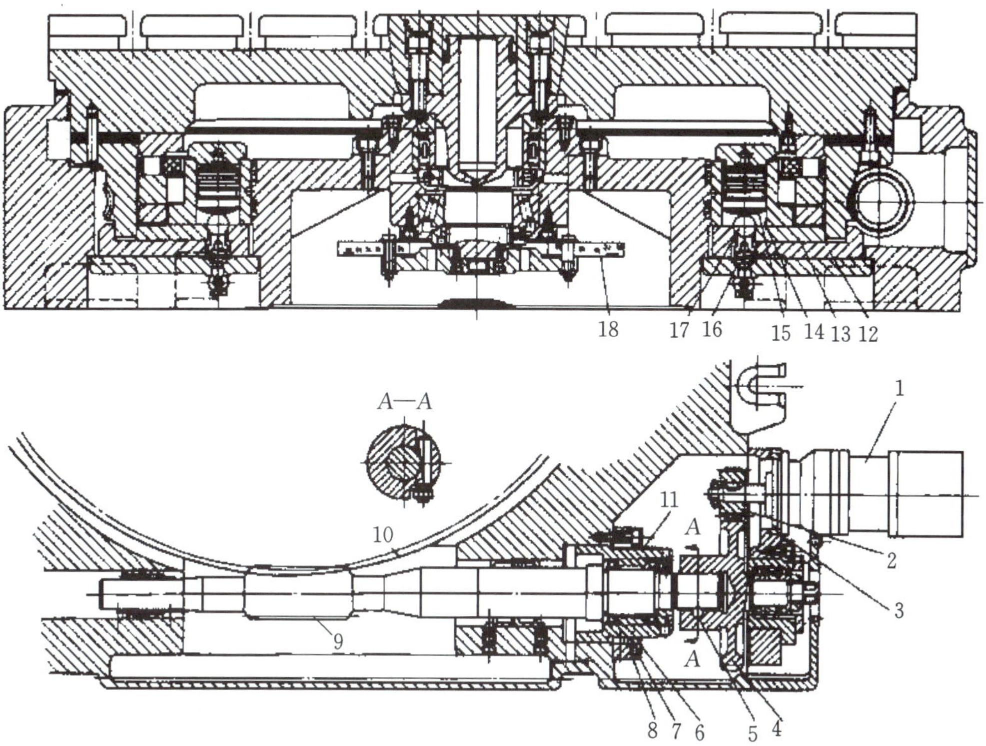

图 3.3.5　数控回转工作台

1—电液步进电动机；2、4—齿轮；3—偏心环；5—楔形拉紧圆柱销；6—压块；7—螺母；8—锁紧螺钉；9—蜗杆；10—蜗轮；11—调整套；12、13—夹紧块；14—夹紧液压缸；15—活塞；16—弹簧；17—钢球；18—光栅

数控回转工作台的工作原理是电液步进电动机 1 提供驱动力，经齿轮 2 和 4 带动蜗杆 9，通过蜗轮 10 使工作台回转。需要注意的是，工作台静止时须保持锁紧状态。当工作台需要回转时，数控系统发出指令，夹紧液压缸 14 上腔的油流回油箱，钢球 17 在弹簧 16 的作用下向上抬起，夹紧块 12 和 13 松开蜗轮，回转工作台按照数控系统的指令做回转运动。

五、分度台

分度台的分度和定位按照控制系统的指令自动进行，每次转位回转一定的角度(90°,60°,45°,30°等)。为满足分度精度的要求，所以要使用专门的定位元件。常用的定位元件有插销定位、反靠定位、齿盘定位和钢球定位等几种。分度台只能完成分度运动，不能实现圆周进给。分度台的分度只限于某些规定的角度。常见的数控分度台有插销定位的分度台，这种工作台的定位元件由定位销和定位套孔组成。自动换刀数控卧式镗铣床的分度台如图 3.3.6 所示。

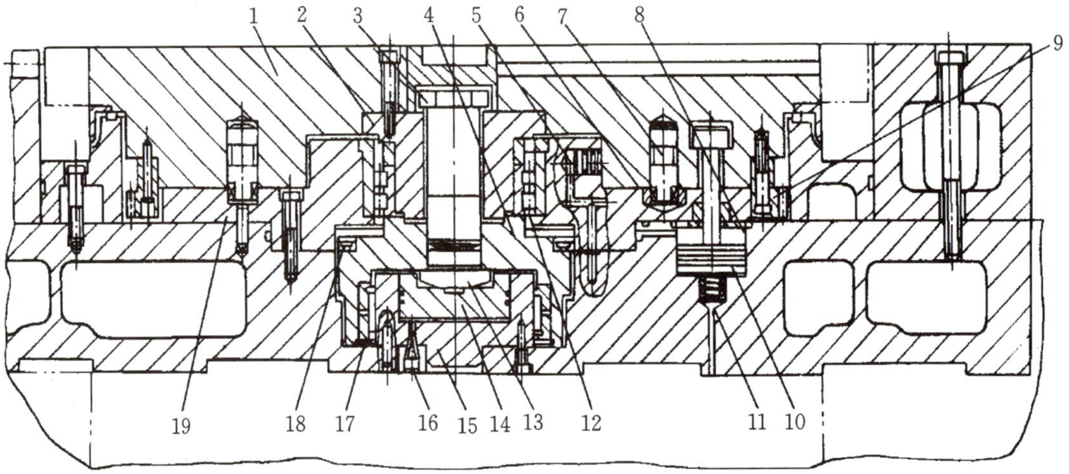

图 3.3.6 插销定位分度台

1—工作台;2—转台轴;3—六角螺钉;4—轴套;5—径向消隙液压缸;6—定位套;7—定位销;8、15—液压缸;9、20—齿轮;10、14—活塞;11—弹簧;12、17、18—轴承;13—止推螺钉;16—管道;19—转台座

【效果评价】

评价表			
模块名称	数控铣床结构分析	学生姓名	
任务名称	数控铣床的结构部件	分数	
考查内容		分值	考核得分
1. 对数控铣床主传动执行部件主轴的认知情况		10	
2. 对数控铣床工作台纵向传动机构的认知情况		20	
3. 对数控铣床升降台传动机构及自动平衡机构的认知情况		25	
4. 对数控铣床数控回转工作台和分度台的认知情况		30	

5. 编制学习汇报报告情况	10	
6. 基本素养考核情况	5	
总体得分	100	
教师简要评语： 教师签名：		

任务 3.4 任务实训

——认识数控铣床的机械结构

一、实训目的

(1) 了解数控铣床的功能、分类；

(2) 了解数控铣床的机械结构；

(3) 掌握数控铣床机械部分进给传动系统的工作原理及机床主轴的定位方式；

(4) 培养动手拆装机械系统的能力。

二、实训设备

XK714D 型数控铣床，各类装拆工具。

三、相关知识

1. 常用的拆卸工具

数控机床实训室中的拆卸工具可以分为螺钉旋具、扳手、手钳三大类。螺钉旋具有一字螺钉旋具、十字螺钉旋具、多用螺钉旋具；扳手中常用的是活扳手、呆扳手、钩形扳手、梅花扳手、内六角扳手、套筒扳手；手钳包含钢丝钳、尖嘴钳、卡簧钳、管子钳、大力钳等。其他拆卸工具还有断丝取出器、钳工锤子(圆头)、铜棒、拔销器、起销器、拉马等。

2. XK714D 型数控铣床的主要技术参数

XK714D 型数控铣床的主要技术参数见表 3.4.1。

表 3.4.1　XK714D 型数控铣床的主要技术参数

项目		技术参数	单位
工作台	工作台面积	400×900	mm
	T 形槽	3×18H8	mm
	T 形槽距离	125	mm
	工作台最大承重	600	kg
行程	X 向、Y 向、Z 向行程	630、400、500	mm
	主轴端面至工作台面距离	125～625	mm
	主轴中心至立柱导轨面距离	420	mm
主轴	主轴转速	60～8000	r/min
	主轴电机功率(连续运行/30 min 超载)	7.5/11	kW
	主轴孔锥度	NO.40	—
三向进给	切削进给速度	1～5000	mm/min
	快速移动速度	2000	mm/min
精度	定位精度	±0.012/300	mm
	重复定位精度	±0.006	mm
三坐标拖动电机	电机转速	2000～3000	r/min
	X、Y、Z 向进给速度	1～5000	mm/min
	X、Y 轴快移速度	20000	mm/min
	Z 轴快速移动速度	15000	mm/min
系统	机配用数控系统	NEIJING-FANUC 0i-MB	

3. 主轴部件结构

主轴部件由主轴、主轴支承、装在主轴上的传动件、卡盘和密封件等组成。

4. 主轴传动变速方式与传动链

高效率广范围的加工特性要求数控机床主传动系统应具有较大的变速范围，该功能主要是靠机床主轴的传动机构(传动链)来实现。常见传动方式如下。

1) 齿轮传动方式

齿轮传动方式如图 3.4.1(a)所示，大、中型数控机床多采用此方式，它通过几对齿轮降速，同时利用液压拨叉带动滑移齿轮完成变速功能。

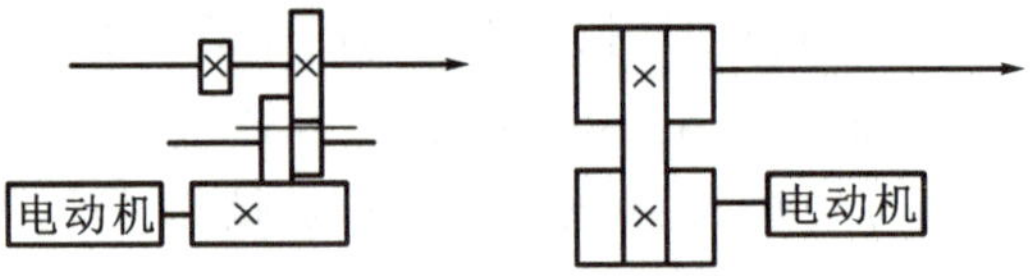

(a) 齿轮传动　　(b) 带传动

图 3.4.1　主轴传动的变速方式

2）带传动方式

如图 3.4.1(b)所示是一种传统的带传动方式，利用 V 带、平带、多楔带或齿形带实现传动，适用于低扭矩要求的机床。

3）调速电动机直接驱动主轴的传动方式

调速电动机直接驱动主轴的传动方式如图 3.4.2 所示。调速电动机直接驱动主轴是近年新兴的一种主轴传动方式，内装电动机主轴，该主轴与电动机转子合为一体，具有结构紧凑、惯性小、振动小、噪音低、重量轻和高启停响应等优点，尤其适用于高速旋转主轴。

图 3.4.2 调速电动机直接驱动方式

四、实施步骤

1. 判断 XK714D 型数控铣床的类型

根据铣床的主轴分布判断 XK714D 型数控铣床的类型(如图 3.4.3 所示)。

图 3.4.3 XK714D 型数控铣床外观图

2. 拆装过程

拆装 XK714D 型数控铣床机械结构部分，仔细观察主轴及进给传动装置(如图 3.4.4 所示)。

1）主轴的拆卸

(1) 拆下主轴后端的防护罩。

(2) 拆下主轴前端的压盖。

(3) 拆掉与主轴相连的油管接头、气管接头，放掉余油并包扎管口部分。

(4) 卸下传动皮带。

(5) 卸下液压缸上的螺钉，取下液压缸体。

(6) 拆下主轴右端的连接座，先测量一下碟形弹簧的安装位置，卸下主轴右端的锁紧双螺母，取出碟形弹簧。

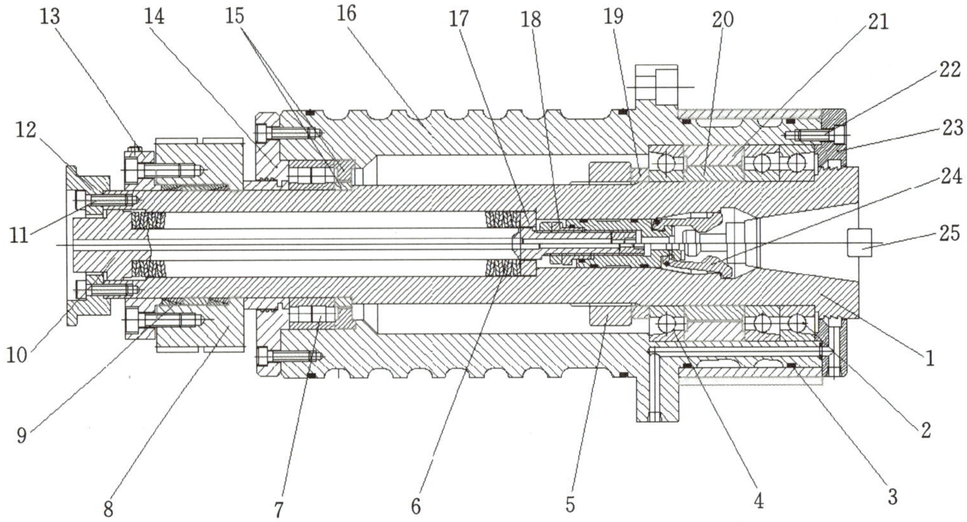

图 3.4.4 数控铣床主轴结构

1—主轴；2、4—角接触轴承；3—密封圈；5—锁紧螺母；6—弹簧片；7—圆柱滚子轴承；8—齿形带轮；9—胀紧套；10—拉杆；11—螺钉；12—法兰盘；13—压紧套；14—后法兰盘；15—隔套；16—主轴套筒；17—调整垫片；18—螺母；19—隔套；20—内隔套；21—外隔套；22—螺钉；23—前法兰盘；24—拉刀爪；25—端面键

(7) 拆下准停定位磁性传感器和皮带轮右端的法兰盘，注意磁传感器的安装位置。

(8) 用专用工具拆下皮带轮。

(9) 拆下主轴后端轴承的调整压盖。

(10) 拆下主轴前端轴承的调整压盖。

(11) 拆下主轴拉刀机构的定位螺钉和定位小轴。

(12) 从主轴前端的内锥孔取出拉刀机构。

(13) 用专用工具将主轴顶出。

(14) 将主轴和拉杆等细长零件取出后垂直挂放，以防变形。

(15) 清洗所有卸下的零件，编排好号码和安装顺序。

2) 主轴部件的安装

主轴部件装配时的顺序与拆卸的顺序相反，即最后拆的最先安装。

3) 主轴安装的注意事项

(1) 碟形弹簧的安装高度应与拆卸前一致。

(2) 主轴前、后轴承的预紧量要保证轴承在预紧后无轴向窜动且转动轻快。

(3) 皮带轮的安装要保证其轴向位置定位精度。

(4) 主轴准停传感器的安装间隙要适当。

(5) 各行程开关的位置调整要准确。

(6) 拉刀机构的行程调整要保证刀具能顺利取出。

(7) 轴承拆卸前做好周向标记，保证重新装配后轴承与主轴的原相对位置保持不变。

【效果评价】

评价表			
模块名称	数控铣床结构分析	学生姓名	
任务名称	认识数控铣床的机械结构	分数	
考查内容		分值	考核得分
1. 对数控铣床的分类的认知情况		20	
2. 对数控铣床机械结构部分的了解与认知情况		40	
3. 小组讨论情况		25	
4. 编制学习汇报报告情况		10	
5. 基本素养考核情况		5	
总体得分		100	
教师简要评语： 教师签名：			

思考与练习

1. 试述数控铣床的主要功能及加工对象。
2. 数控铣床在结构上的主要特点有哪些?
3. 数控铣床加工前应做哪些准备工作?
4. 数控铣床对机械结构的基本要求是什么? 提高数控铣床性能的措施主要有哪些?
5. 数控铣床对主传动系统的基本要求是什么? 在数控铣床上实现主传动的无级变速方式主要有哪几种?
6. 数控铣床主轴的支承形式主要有哪几种? 各自适用于何种场所?
7. 数控铣床对进给传动系统的性能要求是什么?
8. 试述数控铣床分度台的工作原理。

模块4

加工中心结构分析

模块导读

加工中心(machining center)是在数控铣床的基础上发展起来的,是一种备有刀库和自动换刀装置(automatic tool changer),一次装夹工件后能实现多工序加工的数控机床。加工中心是典型的集高新技术于一体的机械加工设备,它的发展代表了一个国家数控机床的设计制造水平。加工中心已经成为现代数控发展的主流方向。本模块主要介绍加工中心的概念、加工中心的传动系统、加工中心的主轴系统、刀库与自动换刀装置。

学习目标

1. 掌握加工中心的工艺特点、主要组成和分类;
2. 了解加工中心的主传动系统、进给传动系统和刀库驱动系统;
3. 熟悉加工中心主轴系统的组成及相应的装置;
4. 掌握加工中心刀库的类型;
5. 掌握加工中心自动换刀的过程。

思政元素

加工中心的特点、主要结构组成及实际应用,都具有较强的理论性和实践性。本模块把思政教育与机床典型结构部分有机融合,使教学内容更具有价值引领性,树立学生的爱国意识和培养学生的劳动意识。针对加工中心换刀装置的特点,教育学生应树立全局意识和创新精神;针对机械手的结构特点,教育学生要有劳动精神和质量意识,更需要有积极向上的健康意识。

知识架构

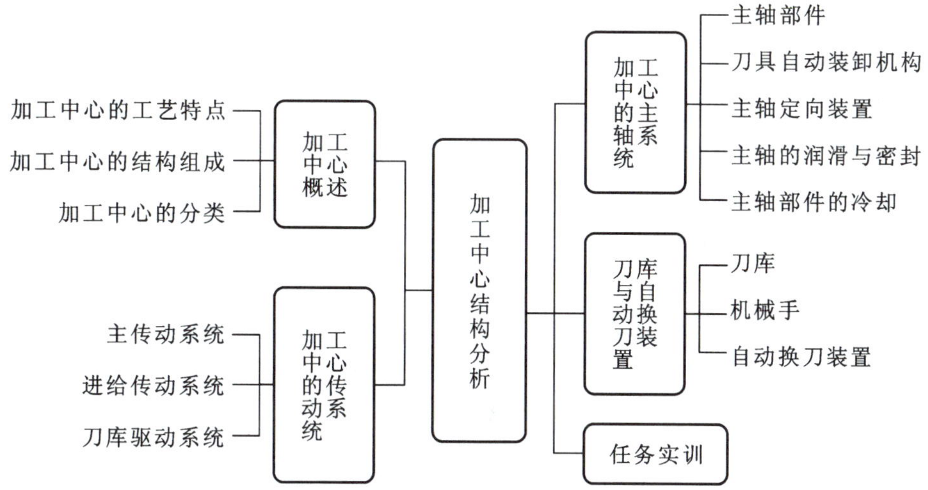

任务 4.1 加工中心概述

【任务要求】

通过对本次任务的学习，掌握加工中心的工艺特点、结构组成和分类。

【知识准备】

一、加工中心的工艺特点

加工中心是一种功能较全的数控机床，和普通机床相比，由于增加了刀库、自动换刀装置和回转工作台等，故具有以下工艺特点。

加工中心由于配有刀库和自动换刀装置，使工件在一次装夹后，可以连续对工件自动进行铣、镗、钻、扩、铰、攻螺纹等多工序加工，从而大大提高加工效率。

加工中心一般还带有自动分度回转工作台或主轴箱可自动改变角度，从而使工件一次装夹后，能自动完成多个平面或多个角度位置的多工序再加工，使得工序更加高度集中、功能更为齐全。

加工中心还具有选择各种进给速度和主轴转速的能力及各种辅助功能，以保证加工过程的自动化进程。此外，加工中心还设有刀具补偿、固定加工循环、重复指令等功能，以简化程序编制工作。现在有些加工中心控制系统能够进行自动编程。

加工中心由于工序集中，切屑多，切屑的堆积对已加工表面会产生影响，因此需要采取断屑措施和设置排屑系统。

加工中心适用于形状复杂、工序多、精度要求高、需要多种类型普通机床多次安装才能完成加工的零件，如箱体类零件、复杂曲面类零件、异形件、套盘类和特殊零件加工等。

二、加工中心的结构组成

1958 年，美国的卡尼·特雷克公司在一台数控铣床上增加了自动换刀装置，世界上第一台加工中心便问世了。随后，出现了各种类型的加工中心，如图 4.1.1 所示。虽然它们的外形结构不尽相同，但从总体上看，加工中心主要由基础部件、主轴系统、数控系统、自动换刀装置和辅助装置等组成。

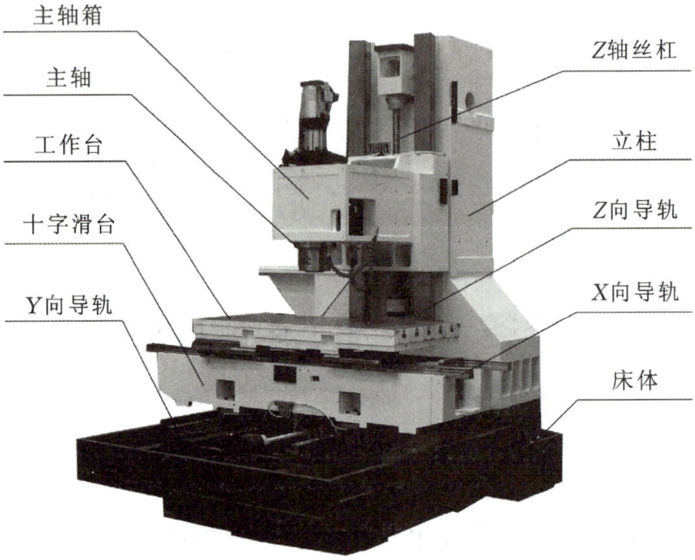

图 4.1.1 加工中心

1. 基础部件

基础部件主要由床身、立柱和工作台等部件组成，它们是加工中心的基础结构，主要承受加工中心的静载荷以及加工时产生的切削负载，因此必须具有足够的强度。这些大件通常是铸铁或焊接而成的钢结构件，是加工中心中体积和质量最大的基础构件。

2. 主轴部件

主轴部件主要由主轴箱、主轴伺服电动机、主轴和主轴轴承等零部件组成。主轴是加工中心切削加工的功率输出部件，它的启动、停止、变速、变向等动作均由数控系统控制。主轴的旋转精度和定位准确性，是影响加工中心加工精度的重要因素。因此，主轴的转速高低及范围、传动功率大小和动力特性，决定了数控机床的切削加工效率和加工工艺能力。

3. 数控系统

加工中心的数控系统由 CNC 装置、可编程逻辑控制器、伺服驱动系统以及面板操作系统组成，它是执行顺序控制动作和加工过程的控制中心。CNC 装置是一种位置控制系统，它根据输入的信息进行数据处理、插补运算，获得理想的运动轨迹信息，然后输出到执行部件，由执行部件加工出所需要的工件。

4. 自动换刀装置(ATC)

自动换刀装置是加工中心的重要组成部分,主要由刀库、机械手等部件组成。刀库是存放加工过程所要使用的全部刀具的装置。当需要更换刀具时,数控系统发出指令后,由机械手从刀库中取出相应的刀具装入主轴孔内,再把主轴上的刀具送回刀库完成整个换刀动作。

5. 辅助装置

辅助装置主要包括润滑、冷却、排屑、防护、液压、气动和检测等系统。这些装置虽然不直接参与切削运动,但对加工中心的加工效率、加工精度和可靠性起着保障作用。

另外,为进一步缩短非切削时间,有的加工中心还配备了自动托盘交换系统。例如,配有两个自动托盘的加工中心,一个在工作台内进行工件的加工,另一个则位于工作台外进行工件的装卸。两个托盘可以自动交换,进行新零件的加工,这样就减少了辅助时间,提高了工作效率。

三、加工中心的分类

加工中心的分类方法有很多,可按加工范围、布局形式、换刀形式及数控系统等来分类。加工中心按照布局形式可分为以下几种。

1. 立式加工中心

立式加工中心通常采用固定立柱形式,立柱中空,常采用方形界面框架结构,米字形或井字形肋板。主轴箱吊在立柱一侧,其平衡重锤放置在立柱中。工作台为十字滑台,可实现平面上 X、Y 两个坐标轴的移动。主轴箱沿立柱导轨运动,实现 Z 坐标轴的移动。立式加工中心的几种布局形式,如图 4.1.2 所示。

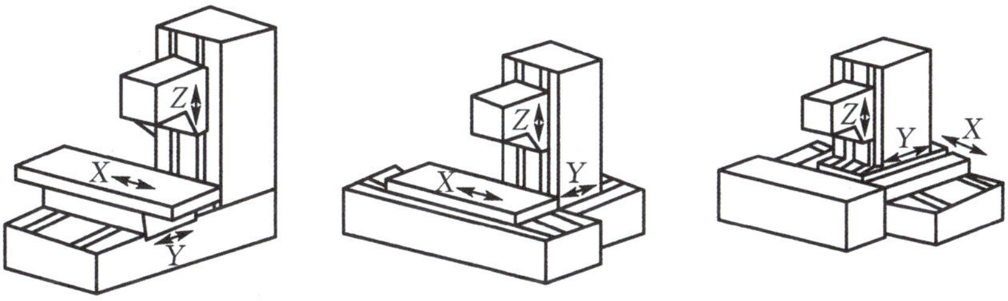

(a) (b) (c)

图 4.1.2 立式加工中心布局形式

立式加工中心的结构简单,占地面积小,价格低,装夹工件方便,便于操作,易于观察加工情况,但加工时切屑不易排除,且受立柱高度和换刀装置的限制,不能加工太高的零件。

2. 卧式加工中心

卧式加工中心通常采用移动立柱形式,T 形床身。一体式 T 形床身的刚度和精度保持性较好,但其铸造和加工工艺性差。分体式 T 形床身的铸造和加工工艺性较好,但是必须在连接部位用大螺栓紧固,以保证其刚度和精度。卧式加工中心的几种布局形式如图 4.1.3 所示。

与立式加工中心相比,卧式加工中心的结构复杂,占地面积大,重量大,价格也较高。此

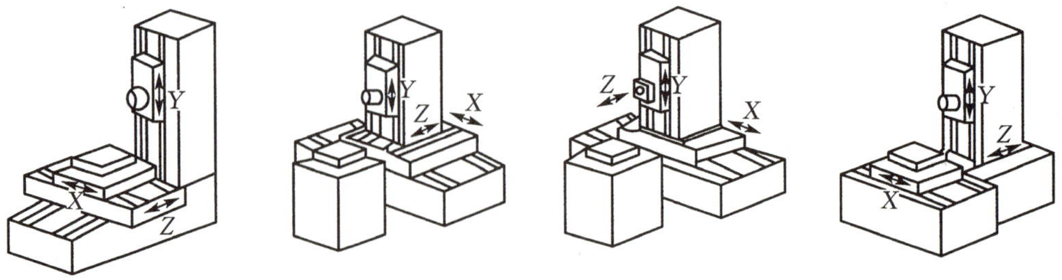

(a)　　(b)　　(c)　　(d)

图 4.1.3　卧式加工中心的布局形式

外，卧式加工中心调试及试切时不便观察，零件装夹和测量也不太方便。

3. 五坐标加工中心

常见的五坐标加工中心有两种结构形式，如图 4.1.4 所示。图 4.1.4(a)所示的五坐标加工中心，其主轴可以 90°旋转，可以按照立式和卧式加工中心两种方式进行切削加工；图 4.1.4(b)所示的五坐标加工中心，其工作台可以带着工件做 90°旋转来完成五坐标切削加工。

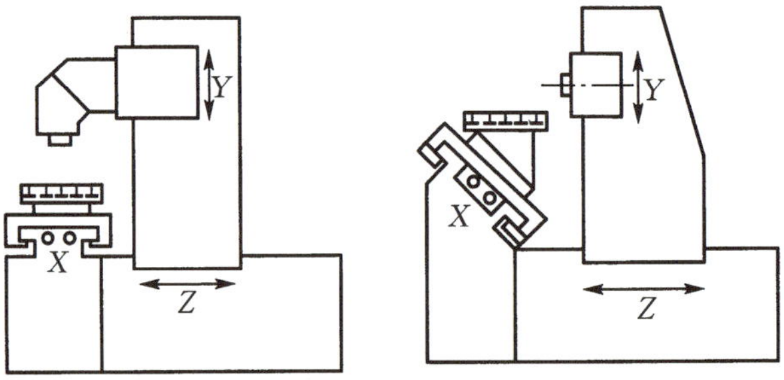

(a)　　(b)

图 4.1.4　五坐标加工中心的布局形式

此外，加工中心按照主要加工内容还可分为车削加工中心、钻削加工中心、镗铣加工中心、磨削加工中心和电火花加工中心等。

【效果评价】

评价表			
模块名称	加工中心结构分析	学生姓名	
任务名称	加工中心概述	分数	
考查内容		分值	考核得分
1. 对加工中心的工艺特点的认知情况		20	
2. 对加工中心的组成的认知情况		20	
3. 对加工中心分类的理解与掌握情况		20	

4. 编制学习汇报报告情况	30	
5. 基本素养考核情况	10	
总体得分	100	
教师简要评语： 教师签名：		

任务 4.2 加工中心的传动系统

【任务要求】

通过对本次任务的学习，了解加工中心的主传动系统、进给传动系统和刀库驱动系统。

【知识准备】

本节将以北京机床研究所研制的改进型小型立式加工中心 JCS-018A 为例简单讲述加工中心的传动系统。JCS-018A 是一台具有自动换刀装置的小型立式数控镗铣加工中心。在这台加工中心上，工件一次装夹后，可以自动连续地完成镗、铣、钻、铰、扩、锪和攻螺纹等多种工序的加工，因此，它适合于小型板类、盘类、壳体类和模具等零件的多品种小批量加工。

JCS-018A 型加工中心的传动系统如图 4.2.1 所示，它存在 5 条传动链：主运动传动链，纵向、横向、垂直方向传动链，刀库的旋转运动传动链。它们分别用来实现刀具的旋转运动，工作台的纵向、横向进给运动，主轴箱的升降运动以及选择刀具时刀库的旋转运动。

一、主传动系统

加工中心主轴系统是加工中心成形运动的重要执行部件之一，主要由主轴电机、主轴传动装置、主轴组件等部分组成。由于加工中心相对一般的数控铣床来说，必须具有更高的加工效率、更宽的使用范围、更高的加工精度，因此，它的主轴系统必须满足如下要求：

（1）具有更大的调速范围并实现无级变速；

（2）具有较高的精度与刚度，传动平稳，噪声低；

（3）良好的抗振性和热稳定性；

（4）具有刀具的自动夹紧功能。

JCS-018A 的主轴电动机通过一对同步带轮将运动传给主轴，使主轴在 22.5～2250 r/min 的转速范围内可以实现无级调速。

主轴电动机采用了 FANUC AC12 型交流伺服电动机，该电动机 30 min 超载时的最大输出功率为 15 kW，连续运转时的最大输出功率为 11 kW，计算转速为 1500 r/min。JCS-018A 型加工中心在主轴电动机的伺服系统中加了功率限制，使电动机的额定输出功率为7.5 kW

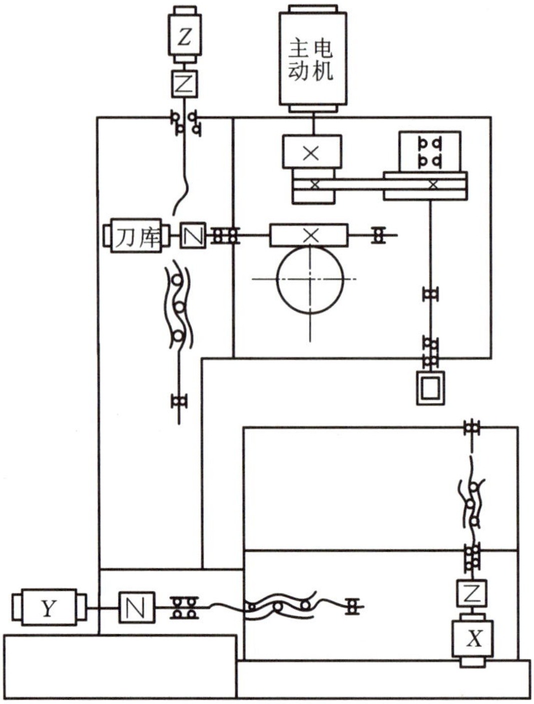

图 4.2.1　JCS-018A 型加工中心的传动系统

(30 min 超载)和 5.5 kW(连续运转),电动机的计算转速为 750 r/min,即加大了恒功率区域。

图 4.2.2 为该加工中心的功率、扭矩特性曲线,图中实线为电动机的特性,虚线为主轴的特性。

图 4.2.2(a)所示为加工中心的功率特性曲线。电动机转速范围为 45～4500 r/min,其中在 750～4500 r/min 转速范围内为恒功率区域。电动机的运动经过 1/2 齿形带轮传给主轴,主轴的转速范围为 22.5～2250 r/min,主轴的计算转速为 375 r/min,转速在 375～2250 r/min 的范围内为主轴的恒功率区域。在该区域内,主轴传递电动机的全部功率为5.5 kW(连续运转)或 7.5 kW(30 min 超载)。

图 4.2.2(b)所示为加工中心的扭矩特性曲线。电动机转速在 45～750 r/min 范围内为恒扭矩区域,其连续运转的最大输出扭矩为 70 N·m,电动机 30 min 超载时的最大输出扭矩为 95.5 N·m。主轴恒功率区域的转速范围为 22.5～375 r/min,最大输出扭矩分别为 140 N·m(连续运转)和 191 N·m(30 min 超载)。

二、进给传动系统

JCS-018A 型加工中心沿 X、Y、Z 三个坐标轴的进给运动分别由一套基本相同的进给伺服系统提供,并由三台功率均为 1.4 kW 的脉宽调速直流伺服电动机直接带动滚珠丝杠旋转来实现。三台伺服电动机分别由数控指令通过计算机控制,任意两个坐标可以联动。

这台立式加工中心 X、Y 轴的快速移动速度为 14 m/min,Z 轴的快速移动速度为 10 m/min。由于主轴箱垂直运动,为防止滚珠丝杠因不能自锁而使主轴箱下滑,Z 轴电动机一般带有制动器。

由于机床基础件刚度高,且采用贴塑导轨,因此,机床在高速移动时振动小,低速移动时

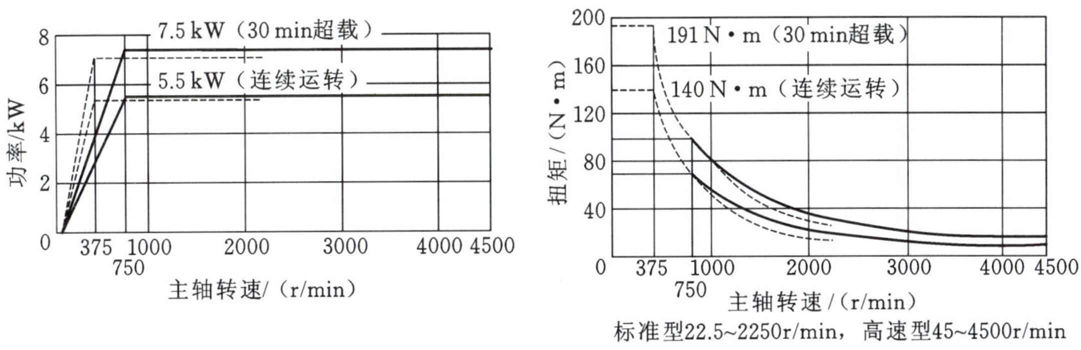

（a）功率特性曲线　（b）扭矩特性曲线

图 4.2.2　JCS-018A 型加工中心的功率和扭矩特性曲线

无爬行，并有高的精度和稳定性。

三、刀库驱动系统

圆盘形刀库也用直流伺服电动机经蜗杆、蜗轮驱动，装在标准刀柄中的刀具置于圆盘的周边。当需要换刀时，刀库旋转到指定位置准停，由机械手完成换刀动作。

【效果评价】

评价表			
模块名称	加工中心结构分析	学生姓名	
任务名称	加工中心的传动系统	分数	
考查内容		分值	考核得分
1. 对加工中心主轴系统的认知情况		20	
2. 对加工中心进给系统的认知情况		20	
3. 对加工中心刀库驱动系统的认知情况		20	
4. 编制学习汇报报告情况		30	
5. 基本素养考核情况		10	
总体得分		100	
教师简要评语： 教师签名：			

任务4.3 加工中心的主轴系统

【任务要求】

通过对本次任务的学习，了解加工中心主轴系统的组成及相应的装置。

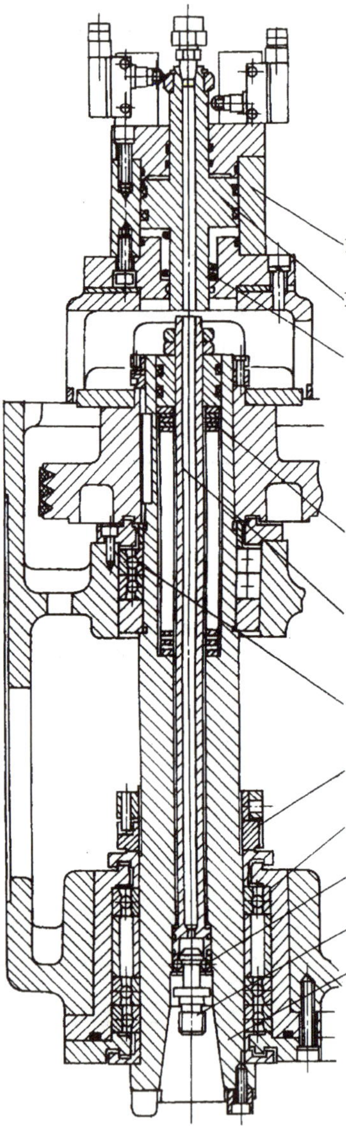

图 4.3.1 JCS-018A 型立式加工中心主轴部件结构图

1—主轴；2—拉钉；3—钢球；4、6—向心推力角接触球轴承；5—预紧螺母；7—拉杆；8—碟形弹簧；9—圆柱螺旋弹簧；10—活塞；11—液压缸

【知识准备】

加工中心主轴组件主要包括主轴、主轴轴承及安装在主轴上的传动件、密封件等。为了实现刀具在主轴上的自动装卸与夹持，主轴系统还必须具有刀具自动夹紧装置、主轴定向装置和主轴锥孔清理装置等结构。

一、主轴部件

图 4.3.1 所示为 JCS-018A 型立式加工中心的主轴部件结构图。主轴 1 前端有 7∶24 的锥孔，用于装夹 BT40 刀柄。主轴端面装有端面键，用以传递扭矩及周向定位。主轴材料常采用 38CrMoAlA、9Mn2V、GCr15 等合金钢。主轴锥孔及与支承轴承配合的部位均应经渗氮和感应加热淬火处理。主轴 1 的前支承配置了三个高精度的向心推力角接触球轴承 4，用以承受径向载荷和轴向载荷，前两个轴承大口朝下，后面一个轴承大口朝上。前支承按预加载荷计算的预紧量由螺母 5 来调整。后支承为一对小口相对配置的向心推力角接触球轴承 6，它们只承受径向载荷，因此轴承外圈不需要定位。该主轴选择的轴承类型和配置形式，满足主轴高转速和承受较大轴向载荷的要求。主轴受热变形后向后伸长，不影响加工精度。

二、刀具自动装卸机构

如图 4.3.1 所示，主轴内部和后端安装的是刀具自动装卸机构，它的主要零件有主轴 1、拉钉 2、钢球 3、拉杆 7、碟形弹簧 8、圆柱螺旋弹簧 9、活塞 10、液压缸 11 等。加工用过的刀具通过各种标准刀夹（刀杆、刀柄接杆等）安装在主轴上，刀夹以锥度 7∶24 的锥柄在主轴 1 前端的锥孔中定位，并通过拧在锥柄尾部的拉钉 2 拉紧在锥孔中。主轴在换刀过程中要经过以下三个步骤。

1. 刀具的松开

当需要松开刀具时，液压油进入液压缸 11 的上腔，活塞 10 推动拉杆 7 向下移动，碟形弹簧 8 被压缩，这时钢球 3 随拉杆 7 一起下移进入主轴孔径较大处，拉杆 7 前端将刀具顶松，刀具松开，可以被机械手取出。

2. 自动清除切屑

自动清除主轴孔中的切屑和灰尘是换刀操作过程中不容忽视的问题。如果主轴锥孔中掉进了切屑或其他污物，在拉紧刀杆时，主轴锥孔表面和刀杆的锥柄就会被划伤，并使刀杆发生偏斜。为此，在刀具被机械手取下时，压缩空气通过活塞杆和拉杆 7 把主轴锥孔吹干净，使刀柄锥面和主轴锥孔能够紧密贴合，保证刀具的正确定位。

3. 刀具的夹紧

当夹紧刀具时，液压缸 11 上腔接通回油，弹簧 9 推动活塞 10 上移，拉杆 7 在碟形弹簧 8 的作用下向上移动；由于这时装在拉杆 7 前端径向孔中的 4 个钢球 3 进入主轴孔直径较小处，被迫收拢，这时刀具被拉杆 7 拉紧，刀具锥柄的外锥面与主轴锥孔的内锥面相互压紧，刀具就被定位夹紧了。

三、主轴定向装置

主轴定向功能又称主轴准停功能，即控制主轴停在固定的位置。这是自动换刀所必须具有的功能，在加工中心上，切削转矩通常通过端面键来传递，这就要求主轴具有准确定位于圆周上特定角度的功能。此外，在通过前壁小孔镗削内壁同轴大孔或进行反倒角等加工时，要求主轴实现准停，使刀尖停在一个固定的方位上，以便主轴偏移一定尺寸后大切削刃能通过前壁小孔进入箱体对大孔进行镗削。目前主轴定向装置很多，机械准停装置比较准确可靠，但结构较复杂，一般都采用电气式主轴准停装置。

图 4.3.2 所示为电气式准停原理示意图，安装在主轴上的永久磁铁 4 与主轴一起旋转，在距离永久磁铁 4 旋转轨迹外 1～2 mm 处有一个固定磁传感器 5。当铣床主轴需要停车换刀时，数控装置发出主轴停转的指令，主轴电动机 3 立即降速，使主轴以很低的转速回转，当永久磁铁 4 对准磁传感器 5 时，磁传感器发出准停信号，此信号经放大后，由定向电路使电动机准确地停止在规定的周向位置上。这种准停装置的机械结构简单，磁发体与磁传感器间没有接触摩擦，准停的定位精度可达 $\pm1°$，能满足一般换刀要求。而且定向时间短，可靠性较高。

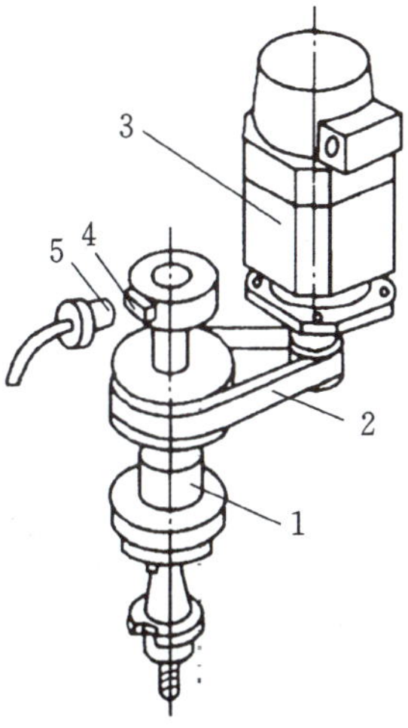

图 4.3.2 电气式准停原理示意图

1—主轴；2—同步传感器；3—主轴电动机；4—永久磁铁；5—磁传感器

四、主轴的润滑与密封

主轴部件的润滑与密封是机床使用和维护过程中值得重视的两个问题。良好的润滑效果可以降低轴承的工作温度，延长其使用寿命。密封不仅要防止灰尘屑末和切削液进入，而且要防止润滑油的泄漏。

1. 主轴润滑

为了保证主轴有良好的润滑，减少摩擦发热，同时又能把主轴组件的热量带走，通常采用循环式润滑系统，即用液压泵供油强力润滑，在油箱中使用油温控制器控制油液温度。近年来，一部分数控机床的主轴轴承采用高级油脂封放式润滑，每加一次油脂可以使用 7～10 年，简化了结构，降低了成本且维护保养简单，但需防止润滑油和油脂混合，通常采用迷宫式密封方式。

为了适应主轴转速向更高速发展的需要，新的润滑冷却方式相继开发出来。这些新的润滑冷却方式不单要减小轴承温升，还要减小轴承内外圈的温差，以保证主轴的热变形小。油气润滑方式就是针对高速主轴而开发的新型润滑方式。

图 4.3.3 所示为油气润滑原理图，油箱中的油位开关和管路中的压力开关确保当油箱中无油或压力不足时，能自动切断主电动机电源。

2. 主轴密封

在密封件中，被密封的介质往往是以穿漏、渗透或扩散的形式越界泄漏到密封连接处的彼侧。造成泄漏的基本原因是流体从密封面的间隙中溢出，或是由于密封部件内外两侧密封介质的压力差或浓度差，致使流体向压力或浓度低的一侧流动。图 4.3.4 所示为一卧式加工中心主轴前支承的密封结构。

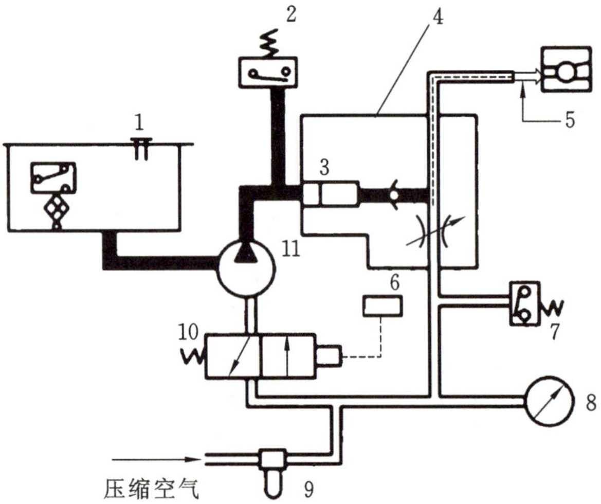

图 4.3.3 油气润滑原理图

1—油箱；2—压力开关；3—定量柱塞式分配器；
4—混合物形成阀；5—喷嘴 ϕ0.5～1.0 mm；
6—时间继电器；7—压力开关；8—压力表；
9—过滤器；10—电磁阀；11—泵

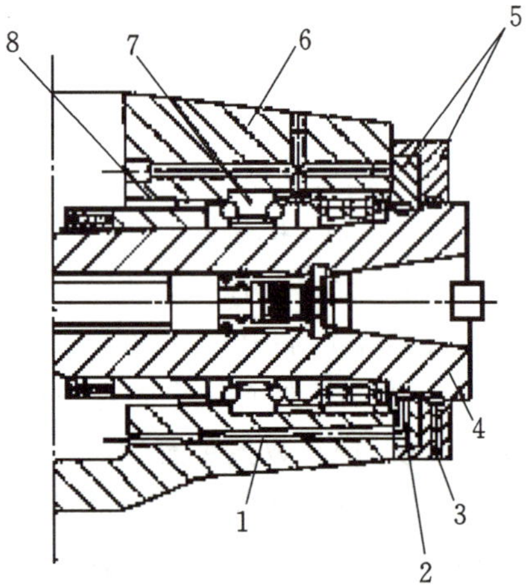

图 4.3.4 卧式加工中心主轴前支承的密封结构

1—泄油孔；2—回油斜孔；3—泄漏孔；
4—主轴；5—法兰盘；6—箱体；
7—轴承；8—进油孔

该卧式加工中心主轴前支承处采用的双层小间隙密封装置。主轴前端车出两组锯齿形护油槽，在法兰盘上开有沟槽及泄漏孔，当喷入轴承内的油液流出后被法兰盘内壁挡住，并经其下部的泄漏孔和箱体上的回油斜孔流回油箱，少量油液沿主轴流出时，在主轴护油槽处由于离心力的作用被甩至法兰盘的沟槽内，经回油斜孔流回油箱，达到防止润滑介质泄漏的目的。当外部切削液、切屑及灰尘等沿主轴与法兰盘之间的间隙进入时，经法兰盘的沟槽由泄漏孔排出，达到了主轴端部密封的目的。

要使间隙密封结构在一定的压力和温度范围内能具有良好的密封防漏性能，必须控制两法兰盘与主轴及轴承端面的配合间隙的大小。

五、主轴部件的冷却

由于主轴部件在加工中产生的切削热量对主轴部件影响很大，对主轴部件而言，降低影响的措施主要是以减少轴承发热、有效控制热源。

【效果评价】

评价表			
模块名称	加工中心结构分析	学生姓名	
任务名称	加工中心的主轴系统	分数	
考查内容		分值	考核得分
1. 对加工中心主轴部件的认知情况		10	
2. 对加工中心主轴刀具自动装卸机构的认知情况		20	
3. 对加工中心主轴定向装置的掌握情况		20	
4. 对加工中心主轴的润滑、密封和冷却的认知情况		10	
5. 编制学习汇报报告情况		30	
6. 基本素养考核情况		10	
总体得分		100	
教师简要评语： 教师签名：			

任务 4.4　刀库与自动换刀装置

【任务要求】

通过对本次任务的学习，掌握加工中心刀库的类型、容量、结构组成和选刀方式，熟悉机械手的常见形式，掌握加工中心自动换刀的过程。

【知识准备】

一、刀库

刀库是用来存储加工刀具及辅助工具的地方。由于多数加工中心的取送刀位置都是在刀库中的某一固定刀位，因此刀库还需要有使刀具运动及定位的机构来保证换刀的可靠性。刀库的动力可采用电动机或伺服电动机，如果需要的话，还要有减速机构。刀库的定位机构是用来保证要更换的每一把刀具和刀套都能准确地停在换刀位置上。其控制部分可以采用简易位置控制器或类似半闭环进给系统的伺服位置控制器，也可以采用电气和机械相结合的定位方式，一般要求综合定位精度达到 0.1～0.5 mm 即可。

1. 刀库的类型

加工中心上普遍采用的刀库是盘式刀库和链式刀库。密集型的鼓筒式刀库和格子式刀库虽然占地面积小，但是由于结构的限制，已很少应用于单机加工中心。密集型的固定刀库目前多用于柔性制造系统中的集中供刀系统。

1）盘式刀库

盘式刀库结构简单，应用较广，如图 4.4.1 所示。由于刀具环形排列，空间利用率低，因此出现了将刀具双环或多环排列的盘式刀库，以增加空间的利用率。但这样一来，刀库的外径会增大，转动惯量变大，选刀时间也变长，因此，盘式刀库一般用于刀具容量较少的刀库。

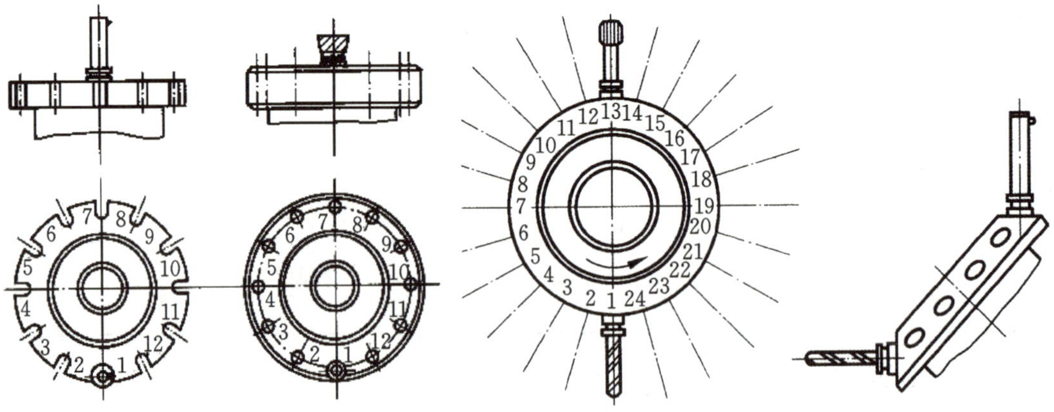

（a）径向取刀形式　（b）轴向取刀形式　（c）刀具径向安装　（d）刀具斜向安装

图 4.4.1　盘式刀库的形式

2）链式刀库

链式刀库的结构紧凑，刀库容量较大，链环的形状可以根据机床的布局配置成各种形状，也可以将换刀位突出以利于换刀，如图 4.4.2 所示。当链式刀库需增加刀具容量时，只需增加链条的长度和支承链轮的数目，在一定范围内，无须变更线速度及惯量。这些特点也为系列刀库的设计与制造带来了很大的便利，可以满足不同的使用条件。一般刀具数量为 30～120 把时，多采用链式刀库。

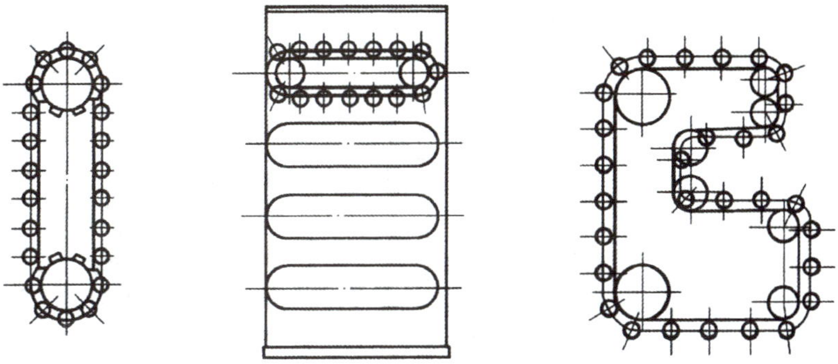

（a）单排链式刀库　（b）多排链式刀库　（c）加长链条的链式刀库

图 4.4.2　链式刀库的形式

2. 刀库的容量

刀库的容量并不是越大越好，太大会增加刀库的尺寸和占地面积，使选刀时间增长。设计时应根据广泛的工业统计，依照该机床大多数工件加工时需要的刀具数量来确定刀库容量。据资料分析，对于钻削加工，用 10 把刀具就能完成 80％的工件加工，用 20 把刀具就能完成 90％的工件加工；对于铣削加工，只需 4 把铣刀就可以完成 90％的铣削工艺；对于车削加工，只需 10 把刀具即可完成 90％的工艺加工。若考虑完成被加工工件的全部工序，得到的结果是大部分(超过 80％)的工件完成其全部工序只需 40 把左右刀具就足够了。因此从使用角度出发，刀库的容量一般为 10～40 把，盲目地加大刀库容量，会使刀库的利用率降低，结构过于复杂，而造成很大的浪费。

3. 刀库的结构

图 4.4.3 所示为 JCS-018A 型盘式刀库的结构图。

该盘式结构主要由直流伺服电动机 1、十字滑块联轴器 2、蜗轮 3、蜗杆 4、气缸 5、活塞杆 6、拨叉 7、螺杆 8、位置开关 9、定位开关 10、滚子 11、销轴 12、刀套 13、刀盘 14 等构件组成。当数控系统发出取刀指令，直流伺服电动机 1 经十字滑块联轴器 2、蜗杆 4、蜗轮 3 带动刀盘 14 以及安装其上的刀套 13(共 16 个刀套)选装相应的角度，完成选刀过程。

当待换刀具转到换刀位置时，刀套尾部的滚子 11 转入拨叉 7 的槽内。这时，气缸 5 的下腔通入压缩空气，活塞带动拨叉 7 上升，同时松开定位开关 10，用以断开相应电路，防止刀库、主轴等出现误动作。拨叉 7 上升，带动刀套 13 下翻 90°，使刀具轴线与主轴轴线平行，同时压下位置开关 9，发出信号使机械手抓刀。反之，拨叉 7 下降，带动刀套上翻 90°。

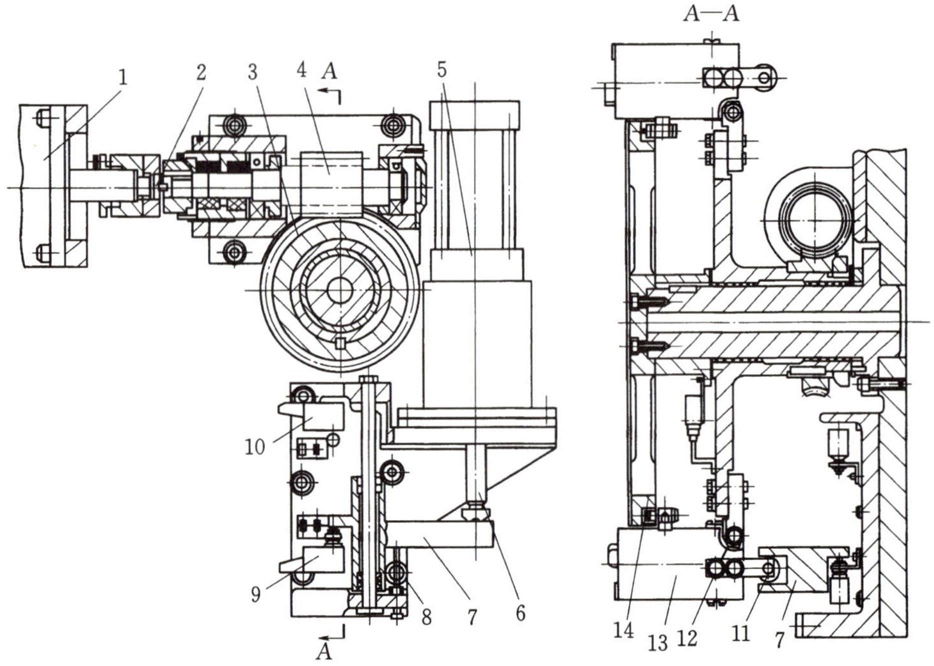

图 4.4.3　JCS-018A 型盘式刀库的结构

1—直流伺服电动机；2—十字滑块联轴器；3—蜗轮；4—蜗杆；5—气缸；6—活塞杆；7—拨叉；8—螺杆；9—位置开关；10—定位开关；11—滚子；12—销轴；13—刀套；14—刀盘

4. 刀库的选刀方式

1) 顺序选刀方式

顺序选刀方式是按照预定工序的先后顺序将所用刀具插入刀库刀座中，使用时按顺序转到取刀位置。由机械手将用过的刀具放回原来的刀座内。该法不需要刀具识别装置，驱动控制也较简单，工作可靠。但刀库中每一把刀具在不同的工序中不能重复使用。为了满足加工需要，多工序加工时只能增加刀具的数量和刀库的容量，这就降低了刀具和刀库的利用率。此外，装刀时必须十分谨慎，如果刀具不按顺序装在刀库中，将会造成严重的后果。因此，这种方式适合加工批量较大、工件品种较少的中小型自动换刀机床。

2) 任意选刀方式

任意选刀方式是根据程序指令的要求任意选择所需要的刀具，刀具在刀库中不必按照工件的加工顺序排列，可以任意存放。每把刀具(或刀座)都编上代码，自动换刀时刀库旋转，每把刀具(或刀座)都经过"刀具识别装置"接受识别。当某把刀具的代码与数控指令的代码相符合时，该刀具被选中，刀库将刀具送到换刀位置，等待机械手来抓取。任意选刀方式的优点是刀库中刀具的排列顺序与工件加工顺序无关，而且相同的刀具可重复使用。因此，任意选刀方式的刀具比顺序选刀方式的刀具可少一些，刀库也相应地小一些。

目前大多数数控系统都采用任意选刀方式，任意选刀主要有四种选刀方式：刀柄编码选刀、刀座编码选刀、编码附件选刀和软件选刀。

刀柄编码方式是对每把刀具刀柄进行编码，由于每把刀具都有自己的代码，因此，刀具可以存放于刀库的任一刀座中。这样刀具可以在不同的工序中多次重复使用，用过的刀具也不一定要放回原刀座中，避免了因刀具存放在刀库中的顺序差错而造成的事故。但因每把刀具上都带有专用的编码系统，导致刀具长度加长，因此制造困难，刚度降低，刀库和机械手的结构复杂。刀柄编码方式如图 4.4.4 所示。

刀座编码方式对每个刀座都进行编码，刀具也编号，并将刀具放到对应的刀座中，换刀时刀库旋转，使各个刀座依次经过识刀器，直至找到规定的刀座，刀库便停止旋转。由于这种编码方式取消了刀柄中的编码环，刀柄结构大为简化。因此，识刀器的结构不受刀柄尺寸的限制，而且可以放在较适当的位置。但这种编码方式使得在自动换刀过程中必须将用过的刀具放回原来的刀座中，增加了换刀动作。与顺序选刀方式相比，刀座编码的突出优点是刀具在加工过程中可重复使用。刀座编码方式如图 4.4.5 所示。

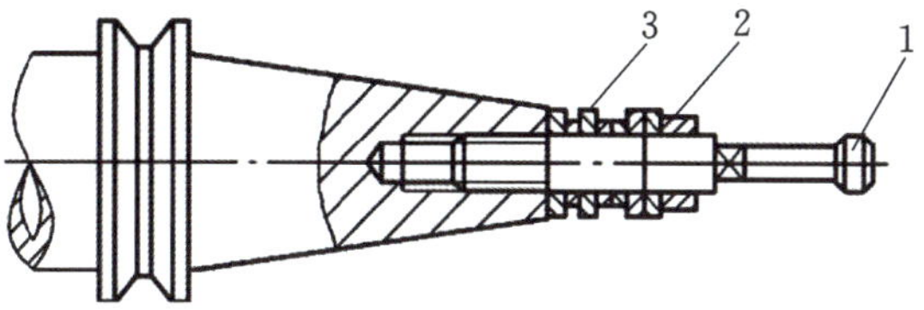

图 4.4.4　刀柄编码方式

1—拉紧螺杆；2—锁紧螺母；3—编码环

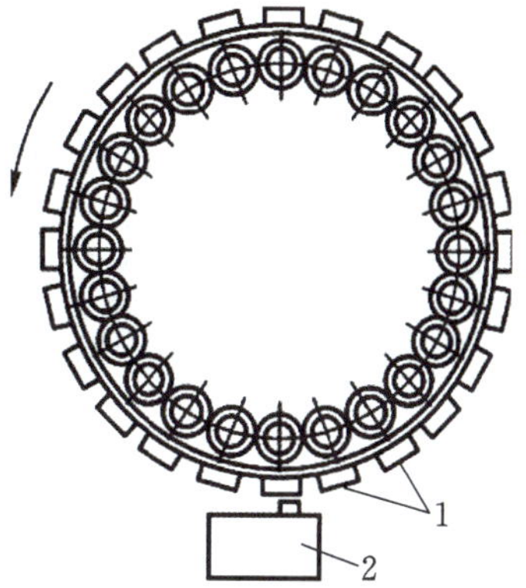

图 4.4.5　刀座编码方式

1—编码块；2—编码识别装置

编码附件可分为编码钥匙、编码卡片、编码杆和编码盘等，其中应用最多的是编码钥匙。这种方式是先给各刀具都附上一把表示该刀具号的编码钥匙，当把各刀具存放到刀库的刀座中时，将编码钥匙插进刀座旁边的钥匙孔中。这样就把钥匙的号码转记到刀座中，给刀座编上了号码。识别装置可以通过识别钥匙上的号码来选取该钥匙旁边刀座中的刀具。

随着计算机技术的发展，利用软件选刀逐渐代替了传统的编码环和识刀器。在软件选刀方式中，刀库中的刀具能与主轴上的刀具任意地直接交换，即随机换刀。目前在加工中心上绝大多数选用软件选刀方式，其工作原理是在刀库上安装位置检测装置（一般与电动机装在一起），刀库上每一个存刀位置（即地址）都可以通过位置检测装置测出，刀具本身不进行编码，只要把刀具号和刀库中地址（刀套位置）对应记忆在数控系统的 PLC 中。每次刀库分度、刀具交换的同时都改变存储器的内容，进而控制自动换刀装置，不论刀具放在哪里存储器都始终记忆着它的踪迹。

二、机械手

1. 机械手形式

采用机械手进行刀具交换的方式应用最为广泛，这是因为机械手换刀有很大的灵活性，并且可以减少换刀时间。在加工中心中，机械手的形式也是多种多样的，如图 4.4.6 所示。

1）单臂单爪回转式机械手

如图 4.4.6(a)所示，这种机械手的手臂可以回转不同的角度进行自动换刀，手臂上只有一个夹爪，不论在刀库上还是在主轴上，均靠这一个夹爪来装刀及卸刀，因此换刀时间较长。

2）单臂双爪摆动式机械手

如图 4.4.6(b)所示，机械手臂上有两个夹爪，各有所分工，一个夹爪只执行从主轴取下“旧刀”送回刀库的任务，另一个夹爪则执行从刀库取出“新刀”送到主轴的任务，其换刀时间较单爪回转式机械手要短。

3）单臂双爪回转式机械手

如图 4.4.6(c)左图所示，这种机械手的手臂两端各有一个夹爪，两个夹爪可同时抓取刀库及主轴上的刀具，回转 180°后又同时将刀具放回刀库及装入主轴。换刀时间较以上两种单臂机械手均短，是最常用的一种形式。右图所示机械手在抓取刀具或将刀具送入刀库及主轴时，两臂可伸缩。

4）双机械手

如图 4.4.6(d)所示，这种机械手相当于两个单臂单爪机械手，相互配合起来进行自动换刀。其中一个机械手从主轴上取下“旧刀”送回刀库；另一个机械手从刀库中取出“新刀”装入机床主轴。

5）双臂往复交叉式机械手

如图 4.4.6(e)所示，这种机械手的两手臂可以往复运动，并交叉成一定的角度。一个手臂从主轴上取下“旧刀”送回刀库，另一个机械手从刀库中取出“新刀”装入主轴。整个机械手可沿某导轨直线移动或绕某个转轴回转，以实现刀库与主轴间的换刀运动。

6）双臂端面夹紧式机械手

如图 4.4.6(f)所示，这种机械手只是在夹紧部位上与前几种不同。前几种机械手均靠夹紧刀柄的外圆表面以抓取刀具，这种机械手则夹紧刀柄的两个端面。

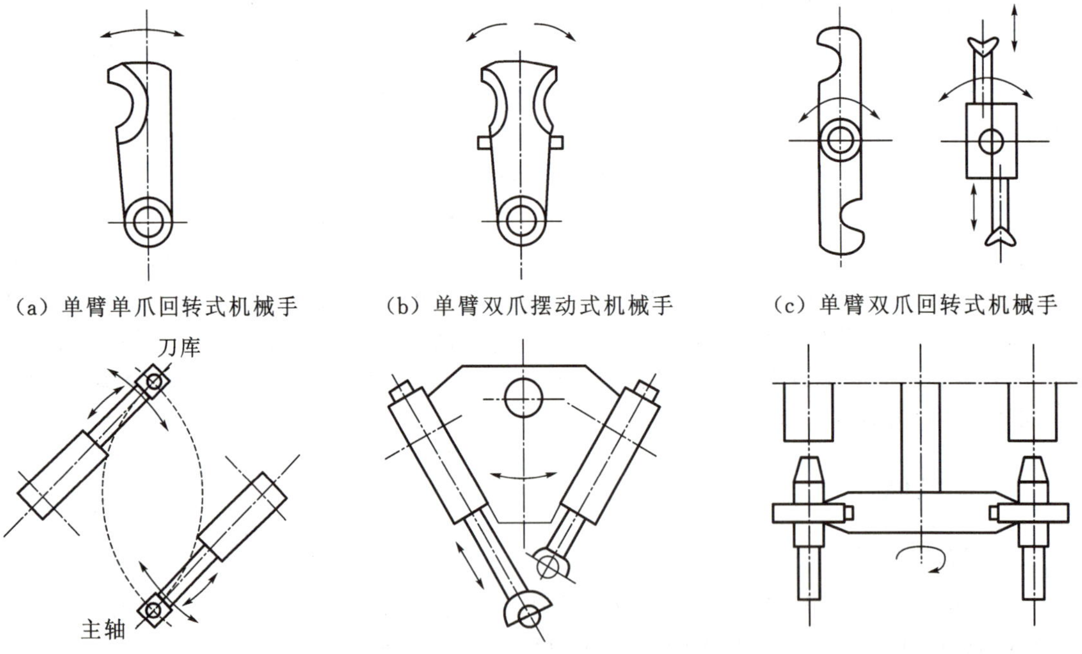

(a) 单臂单爪回转式机械手　(b) 单臂双爪摆动式机械手　(c) 单臂双爪回转式机械手
(d) 双机械手　(e) 双臂往复交叉式机械手　(f) 双臂端面夹紧式机械手

图 4.4.6　常见的机械手形式

2. 机械手结构

JCS-018A 型立式加工中心使用的换刀机械手为单臂双爪机械手，其动作全部由液压驱动，如图 4.4.7 所示。JCS-018A 型机械手主要由以下部件构成：

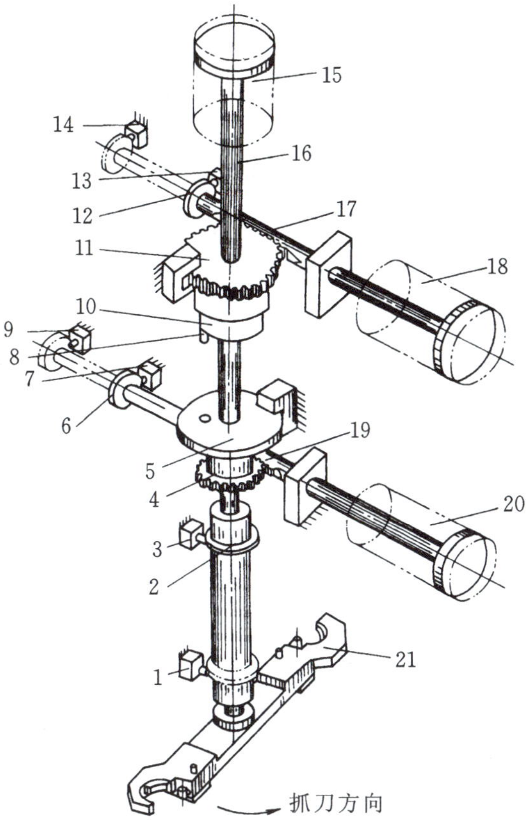

图 4.4.7 JCS-018A 型机械手传动结构示意图

1、3、7、9、13、14—行程开关；2、6、12—挡环；4、11—齿轮；5—连接盘；8—销子；
10—传动盘；15、18、20—液压缸；16—轴；17、19—齿条；21—机械手

1）驱动装置

驱动装置包括用于机械手回转 75°的液压缸 18，用于拔刀、装刀的液压缸 15，用于交换刀具（机械手旋转 180°）的液压缸 20。

2）传动装置

传动装置由齿轮 4、11，齿条 17、19，连接盘 5，传动盘 10，机械手臂轴 16 组成。其中只有传动盘 10 与轴 16 为花键连接，并能随轴 16 上下移动，能够直接随轴 16 旋转，其余的齿轮或连接盘必须借助于传动盘才能够旋转。

3）行程控制装置

行程控制装置包括挡环 2、6、12，行程开关 1、3、7、9、13、14。

4）执行机构

机械手 21 属于执行机构。

三、自动换刀装置

加工中心中用以实现刀库与主轴之间传递和装卸刀具的装置叫作自动换刀装置。自动换刀装置是加工中心区别于其他数控机床的特征结构。自动换刀装置具有根据工艺要求自动更换所需刀具的功能，即自动换刀(ATC)功能。

自动换刀装置应满足换刀时间短、刀具重复定位精度高、刀具存储量足、刀库占地面积小及安全可靠等基本要求。

加工中心自动换刀装置根据其组成结构可分为转塔式自动换刀装置、无机械手式自动换刀装置和有机械手式自动换刀装置。其中，转塔式不带刀库，而后两种带刀库。加工中心目前大多使用的是带有刀库的自动换刀装置。

1. 无机械手式自动换刀装置

无机械手式自动换刀装置，一般是把刀库放在主轴箱可以运动到的位置，或将整个刀库、某一刀位移动到主轴箱可以到达的位置。同时刀库中刀具的存放方向一般与主轴箱的装刀方向一致。

在无机械手换刀方式中，刀库本身起到了交换装置的作用。由主轴和刀库的相对运动进行换刀动作，利用主轴取走或放回刀具。图 4.4.8 所示为无机械手自动换刀的工作过程。

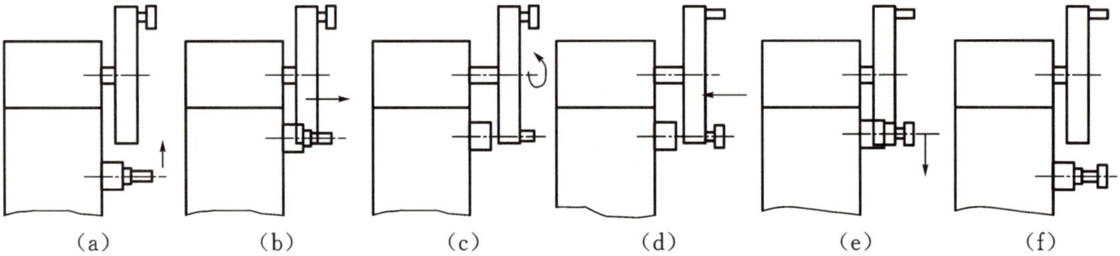

图 4.4.8　无机械手换刀的换刀过程

其换刀过程如下。

如图 4.4.8(a)所示，上一工步结束后，主轴准停定位，主轴箱上升。

如图 4.4.8(b)所示，主轴箱上升到顶部换刀位置，刀具进入刀库的交换位置(空位)后，被刀库上的固定钩固定，主轴上的刀具自动夹紧装置松开。

如图 4.4.8(c)所示为刀库前移，从主轴孔中把要更换的刀具拔出。

如图 4.4.8(d)所示为刀库转位，根据程序把下一工序要用的刀具转到换刀位置，同时主轴孔清洁装置清洁主轴上的刀具孔。

如图 4.4.8(e)所示为刀库后退，把需要的刀具装入主轴孔，主轴上的刀具夹紧装置动作，夹紧主轴中的刀具。

如图 4.4.8(f)所示，主轴箱下降到工作位置，开始进行下一步工作。

无机械手式换刀装置的优点是结构简单，成本低，换刀可靠性较高，其缺点是由于结构所限，刀库的容量不大，且换刀时间较长，一般需要 10～20 s，因此多为中小型加工中心所采用。

2. 有机械手式自动换刀装置

有机械手式自动换刀装置一般由机械手和刀库组成。其刀库的配置、位置及数量的选用要比无机械手式自动换刀装置灵活得多。它可以根据不同的要求配置不同形式的机械手,可以是单臂的,也可以是双臂的,甚至可以同时配置一个主机械手和一个辅助机械手。它能够配备多至数百把刀具的刀库。换刀时间可缩短到几秒甚至零点几秒。因此,目前大多数加工中心都装配了有机械手式自动换刀装置。由于刀库位置和机械手换刀动作的不同,其自动换刀装置的结构形式也多种多样。图 4.4.9 为双臂回转式机械手换刀的工作过程。

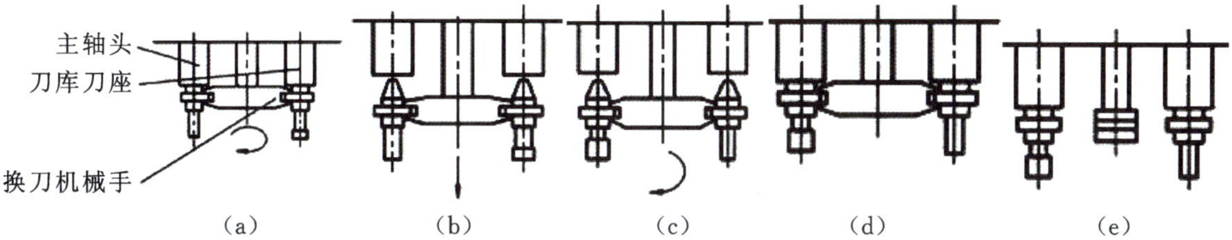

图 4.4.9 机械手换刀的工作过程

双臂回转式机械手能有效缩短换刀时间,这是因为机械手能同时抓住和传送位于主轴和刀库里的刀具。如图 4.4.9 所示,其换刀过程如下。

如图 4.4.9(a)所示,机械手从原来的位置转到工作位置,同时抓住主轴及刀库里的刀具。

如图 4.4.9(b)所示,主轴夹紧装置松开刀具,机械手同时把刀具从主轴及刀库中取出。

如图 4.4.9(c)所示,机械手转过 180°,完成新旧刀具交换。

如图 4.4.9(d)所示,机械手把新刀具装入主轴,把旧刀具装入刀库。

如图 4.4.9(e)所示,机械手转动到原来的位置,完成换刀。

3. 更换主轴换刀装置

更换主轴换刀是一种比较简单的换刀方式。这种机床的主轴头就是一个转塔刀库,主轴头有卧式和立式两种。八方形主轴头(转塔头)上装有 8 根主轴,每根主轴上装有一把刀具。根据各加工工序的要求按顺序自动地将所需要的刀具由其主轴转到工作位置,实现自动换刀,同时接通主传动。不处在工作位置的主轴便与主传动脱开。转塔头的转位由槽轮机构来实现,八轴转塔头的结构如图 4.4.10 所示,转塔头径向分布着 8 根结构完全相同的主轴,每次转位包括下列动作。

(1) 脱开主轴传动。液压缸 4 卸压,弹簧推动齿轮 1 与主轴上的齿轮 12 脱开。

(2) 转塔头抬起。当齿轮 1 脱开后,固定在其上的支板接通行程开关 3,控制电磁阀,使液压油进入液压缸 5 的左腔,液压缸活塞带动转塔头向右移动,直至活塞与液压缸端部相接触,固定在转塔头体上的鼠牙盘 10 便脱开。

(3) 转塔头转位。当鼠牙盘脱开后,行程开关发出信号启动转位电动机,经蜗杆 8 和蜗轮 6 带动槽轮机构的主动曲拐使槽轮 11 转过 45°,并由槽轮机构的圆弧槽来完成主轴头的

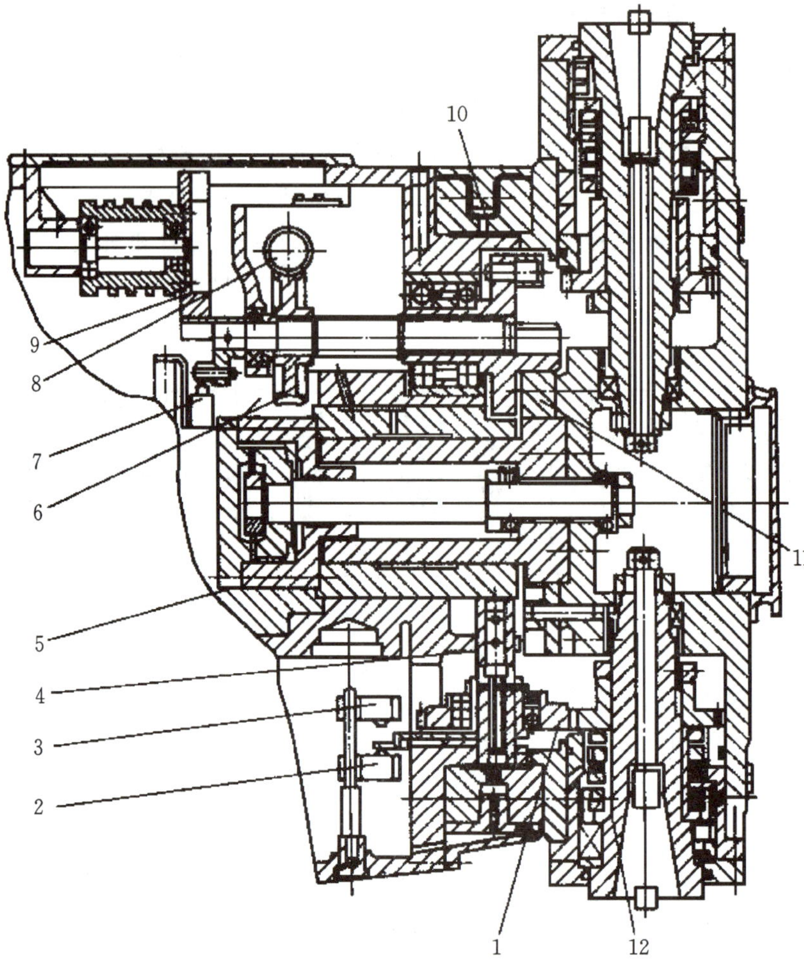

图 4.4.10　八轴转塔头结构

1、12—齿轮；2、3、7—行程开关；4、5—液压缸；6—蜗轮；8—蜗杆；9—盘；10—鼠牙盘；11—槽轮

分度位置粗定位。主轴号的选定是通过行程开关组来实现的，若处于加工位置的主轴不是所需要的，转位电动机继续回转，带动转塔头间歇地再转 45°，直至选中主轴为止。主轴选好后，由行程开关 7 关停转位电动机。

(4) 转塔头定位夹紧。通过电磁阀使压力油进入液压缸 5 的右腔，转塔头向左返回，由鼠牙盘 10 精定位，并利用液压缸 5 右腔的油压作用，将转塔头可靠地压紧。

(5) 主轴传动重新接通。由电磁阀控制压力油进入液压缸 4，压缩弹簧使齿轮 1 与主轴上的齿轮 12 啮合。此时转塔头转位、定位动作全部完成。

这种换刀装置的优点是省去了自动松、夹、卸刀、装刀以及刀具搬运等一系列的复杂操作，从而缩短了换刀时间，并提高了换刀的可靠性。但是由于空间位置的限制，主轴部件结构不能设计得十分稳固可靠，因而影响了主轴系统的刚度。为保证主轴的刚度，必须限制主轴数目，否则将使结构尺寸大大增加。由于这些结构上的原因，因此转塔主轴头通常只适用于工序较少、精度要求不太高的机床，如数控钻床。

【效果评价】

评价表			
模块名称	加工中心结构分析	学生姓名	
任务名称	刀库与自动换刀装置	分数	
考查内容		分值	考核得分
1. 对加工中心刀库的类型、容量、结构和选刀方式的认知情况		30	
2. 对加工中心机械手的认知情况		10	
3. 对加工工序换刀过程的理解与掌握情况		20	
4. 编制学习汇报报告情况		30	
5. 基本素养考核情况		10	
总体得分		100	
教师简要评语： 教师签名：			

任务 4.5　任务实训
——刀库及机械手的常见故障和维护

一、实训目的

（1）了解刀库的常见故障及维护方法；

（2）了解机械手的常见故障及维护方法。

二、相关知识

1. 刀库的常见故障

（1）刀库不能转动或转动不到位；

(2) 刀库的刀套不能夹紧;

(3) 刀具在刀库上安装不到位。

2. 机械手的常见故障

(1) 刀具夹不紧;

(2) 刀具夹紧后松开;

(3) 刀具从机械手中脱落;

(4) 刀具交换时掉刀;

(5) 机械手换刀时过快或过慢。

3. 刀库和机械手的维护要点

(1) 严禁把超重、超长的刀具装入刀库,防止在机械手换刀时掉刀或刀具与工件、夹具等发生碰撞。

(2) 顺序选刀方式必须注意刀具放置在刀库中的顺序,其他选刀方式也要注意所换刀具是否与所需刀具一致,防止换错刀具导致事故发生。

(3) 用手动方式往刀库上装刀时,要确保安装到位,安装牢靠,并检查刀座上的锁紧装置是否可靠。

(4) 经常检查刀库的回零位置是否正确,检查机床主轴回换刀点位置是否到位,发现问题要及时调整,否则不能完成换刀动作。

(5) 要注意保持刀具、刀柄和刀套的清洁。

(6) 开机时,应先使刀库和机械手空运行,检查各部分工作是否正常,特别是行程开关和电磁阀能否正常动作。检查机械手液压系统的压力是否正常,刀具在机械手上锁紧是否可靠,发现不正常时应及时处理。

三、实施步骤

查阅资料,根据如下故障说明(见表 4.5.1),写出刀库或机械手可能出现的故障原因及处理方法。

表 4.5.1 刀库和机械手的故障说明

名称	出现故障	故障原因	故障处理方法
刀库	刀库不能转动或转动不到位		
	刀库的刀套不能夹紧		
	刀具在刀库上安装不到位		
机械手	刀具夹不紧		
	刀具夹紧后松开		
	刀具从机械手中脱落		
	刀具交换时掉刀		
	机械手换刀时过快或过慢		

【效果评价】

评价表			
模块名称	加工中心结构分析	学生姓名	
任务名称	刀库及机械手的常见故障和维护	分数	
考查内容		分值	考核得分
1. 对刀库的常见故障的掌握情况		20	
2. 对机械手的常见故障的掌握情况		20	
3. 对刀库和机械手的维护要点的认知情况		20	
4. 编制学习汇报报告情况		20	
5. 基本素养考核情况		20	
总体得分		100	
教师简要评语： 教师签名：			

思考与练习

1. 加工中心的定义是什么？它应具有哪些功能？
2. 加工中心的种类有哪些？立式加工中心和卧式加工中心的主要区别是什么？
3. 加工中心的基本组成有哪几部分？
4. 主轴为何需要准停？
5. JCS-018A 型加工中心如何实现刀具的夹紧与松开？
6. 刀库的作用是什么？有哪些形式？
7. 常见的机械手有哪几种形式？
8. 自动换刀装置的形式有哪几种？
9. 说明 JCS-018A 型加工中心自动换刀的过程。
10. 加工中心主轴轴承配置形式有几种？各适用于什么场合？
11. 主轴轴承的润滑方式有哪几种？各有何特点？
12. 刀具的选择方式有几种？各适用于何种场合？

模块5

数控机床典型结构分析

模块导读

现代数控机床与普通机床相比，有着独特的机械结构。本模块主要讲述了数控机床上常用的一些典型部件，主要包括主传动系统、进给传动系统、床身与立柱、机床的导轨、位置检测装置和自动排屑装置等的结构、工作原理及作用。

学习目标

1. 掌握主传动的特点；
2. 掌握主轴的变速方式；
3. 了解主轴的配置形式；
4. 掌握主轴部件的作用和维护方法；
5. 掌握进给传动的特点；
6. 掌握进给传动形式；
7. 掌握滚珠丝杠副的传动特点、支承方式及预紧方法；
8. 掌握导轨的形式、作用及间隙调整方法；
9. 了解回转工作台的形式和工作过程；
10. 掌握几种典型的位置检测元件工作方式。

思政元素

在本模块的学习过程中，我们通过课堂上理论知识的学习，结合实训车间的躬行实践，可以将繁杂的机床结构理论讲解变成直观清晰的实地教学，更能激发学生对专业课的学习兴趣，真正达到知行合一的学习效果。针对机床典型位置检测元件的学习，让学生了解位置反馈的作用，树立学生为人民服务的思想；针对编码器的类型和特点，让学生体会加强国际合作和交流的意义。通过思政元素的融入，教育学生在学习过程中树立正确的人生观和爱国情怀。

知识架构

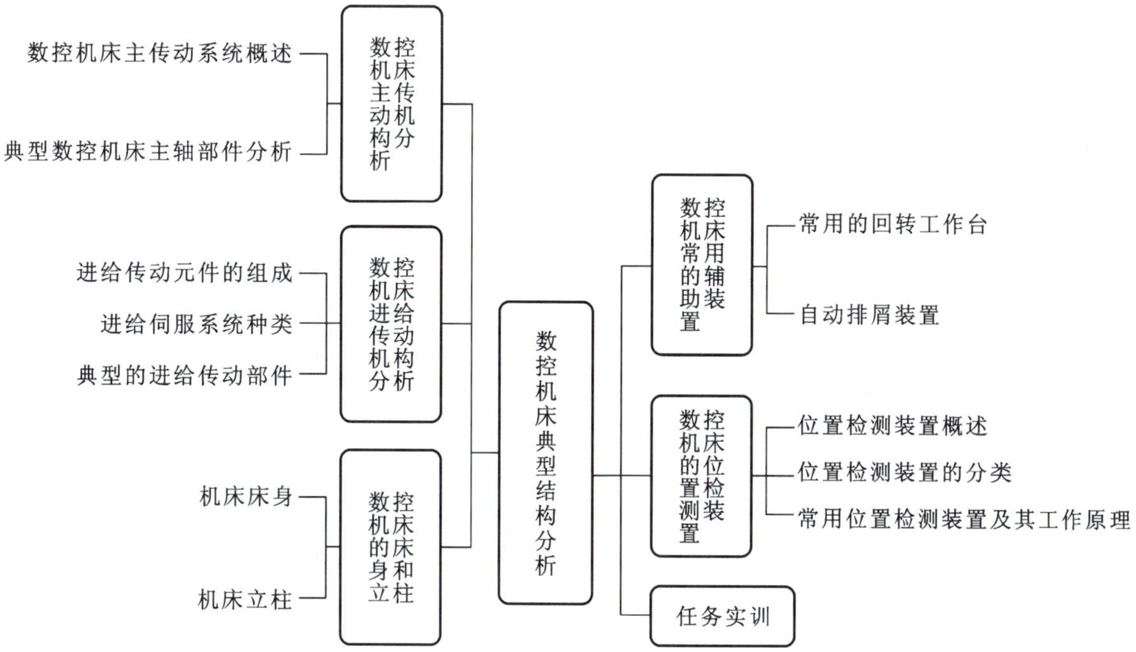

任务5.1　数控机床主传动机构分析

【任务要求】

通过对本次任务的学习，了解数控机床主传动的特点和主轴变速方式，掌握常见的主轴部件的作用及结构特点，了解电主轴的特点及维护知识。

【知识准备】

一、数控机床主传动系统概述

(一) 数控机床主传动的特点

数控机床与普通机床相比，具有以下特点：

(1) 转速高，功率大，能使数控机床进行大功率切削和高速切削，实现高效率加工。

(2) 主轴转速变换迅速可靠，并能自动无级变速，使切削始终处于最佳状态下进行。

(3) 为实现刀具的自动快速装卸，镗铣类数控机床的主轴还必须设计有刀具自动装卸装置、主轴定向停止装置和主轴孔内的切屑清除装置。

(二) 数控机床对主轴系统的要求

数控机床的主传动系统除了应满足普通机床的主传动要求外，还应满足如下要求：

（1）具有更大的调速范围并实现无级变速。为了保证数控机床加工时获得最高的生产率、加工精度和表面质量，主传动系统必须具有更高的转速和更大的调速范围。对于自动换刀的数控机床，工序集中，工件一次装夹，可完成多道工序，所以，为了适应各种工序和材质的要求，主运动的调速范围还应进一步扩大。

（2）具有较高的精度与刚度，传动平稳，噪声低。数控机床加工精度的提高，与主传动系统的刚度密切相关。主轴部件的精度包括回转精度和运动精度。回转精度指装配后，在低速、空载转动条件下主轴前端工作部位的径向和轴向跳动值。主轴部件的回转精度取决于部件中各零件的几何精度、装配精度和调整精度。运动精度指主轴在工作状态下的回转精度，这个精度通常和静止或低速状态下的回转精度有较大的差别，它表现在工作时主轴中心位置的不断变化，即主轴轴心漂移。运动状态下的回转精度取决于主轴的工作速度、轴承性能和主轴部件的平衡。通过对齿轮齿面进行高频感应加热淬火来增加耐磨性；最后一级采用斜齿轮传动，使传动平稳；采用高精度轴承及合理的支承跨距等，以提高主轴组件的刚性。

静态刚度反映了主轴部件抵抗静态外载的能力。数控机床多采用抗弯刚度作为衡量主轴部件刚度的指标。影响主轴部件抗弯刚度的因素很多，包括主轴的尺寸形状，主轴轴承的类型、数量、配置形式、预紧情况，主轴的支承跨距和主轴前端的悬伸量等。

（3）良好的抗振性。数控机床上一般既要进行粗加工，又要进行精加工；加工时由于断续切削、加工余量不均匀、运动部件不平衡以及切削过程中的自激振动等原因对主轴可能造成冲击力或交变力，进而引起主轴振动，从而影响加工精度和表面粗糙度，严重时甚至破坏刀具和零件，使加工无法正常进行。因此，在主传动系统中的各主要零部件不但要具有一定的静刚度，而且要求具有足够的抑制各种干扰引起振动的能力。

（4）良好的热稳定性。机床在切削加工中，主传动系统的发热使其中所有零部件产生热变形，破坏了零部件之间的相对位置精度和运动精度而造成加工误差，且热变形限制切削用量的提高，降低了传动效率，对生产率也有不利影响。为此，要求主轴部件具有较高的热稳定性，需要通过保持合适的配合间隙，并进行循环冷却保持热平衡等措施来实现。

（三）主轴变速方式

1. 简单无级变速

数控机床一般采用直流或交流主轴伺服电动机实现主轴无级变速，如图 5.1.1 所示。

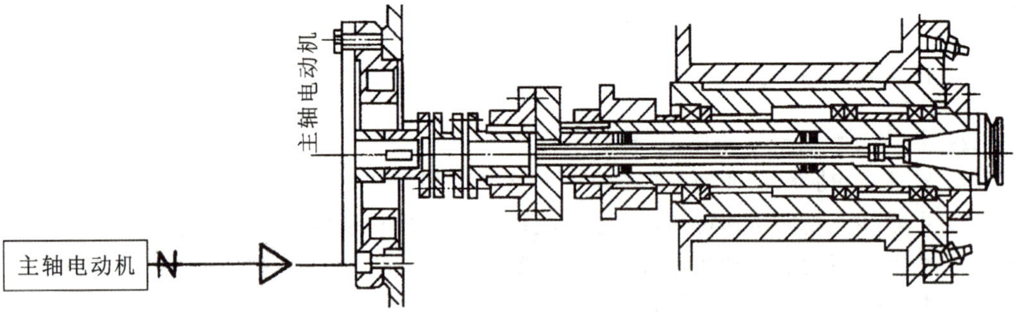

图 5.1.1　无级变速

2. 分段无级变速

有的数控机床在交流或直流电动机无级变速的基础上配以齿轮变速，使之成为分段无级变速，如图 5.1.2 所示。

分段无级变速有以下几种方式。

(1) 带有变速齿轮的主传动。如图 5.1.2(a)所示，这是大中型数控机床较常采用的配置方式，通过少数几对齿轮传动来扩大变速范围。滑移齿轮的移位大都采用液压拨叉或直接由液压缸带动齿轮来实现。

(2) 通过带传动的主传动。如图 5.1.2(b)所示，这种方式主要用在转速较高、变速范围不大的机床上，适用于高速、低转矩特性的主轴。主轴上常用的是同步带。

(3) 用两个电动机分别驱动主轴。如图 5.1.2(c)所示，高速时由一个电动机通过带传动驱动主轴，低速时由另一个电动机通过齿轮传动驱动主轴。两个电动机不能同时工作，也是一种浪费。

(4) 内装电动机主轴。这种主轴也称为电主轴，如图 5.1.2(d)所示，电动机转子固定在机床主轴上，结构紧凑，但需要考虑电动机的散热。

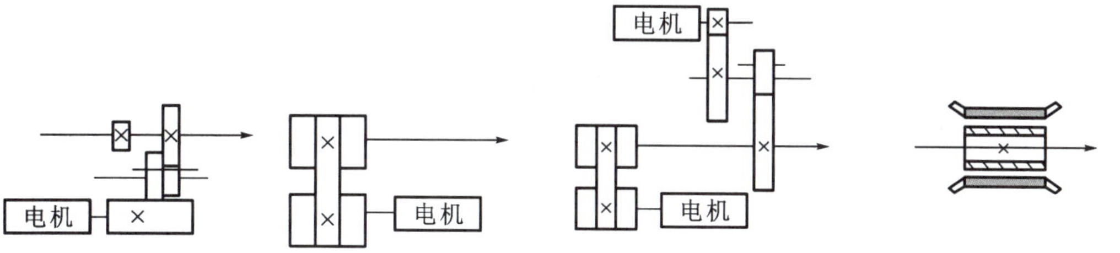

(a) 齿轮变速　(b) 带传动　(c) 两个电动机分别驱动　(d) 内装电动机主轴传动机构

图 5.1.2　分段无级变速方式

(四) 常见主轴部件及主轴轴承

1. 主轴部件组成

主轴部件是机床的一个关键部件，它包括主轴的支承、安装在主轴上的传动零件等，主轴上各部件的作用见表 5.1.1。主轴部件的好坏直接影响加工质量。无论哪种机床的主轴部件都应满足下述几个要求：主轴的回转精度高、部件的结构刚度高和抗振性好、运转热稳定性好以及部件的耐磨性和精度保持能力好等。对于数控机床尤其是自动换刀数控机床，为了实现刀具在主轴上的自动装卸与夹持，还必须有刀具的自动夹紧装置、主轴准停装置和主轴孔的切屑清除装置等结构。

表 5.1.1　主轴各部件作用

名称	图示	作用
主轴箱		主轴箱通常由铸铁铸造而成，主要用于安装主轴零件、主轴电动机、主轴润滑系统等

续表

名称	图示	作用
主轴头		主轴头下面与立柱的导轨连接，内部装有主轴，上面还固定了主轴电机、主轴松刀装置，用于实现 Z 轴移动、主轴旋转等功能
主轴		主轴是主传动系统最重要的零件，主轴材料的选择主要根据刚度、载荷特点、耐磨性和热处理变形等因素确定。对于数控铣床、加工中心来说，主轴用于装夹刀具，执行零件加工；对于数控车床、车削中心来说，主轴用于安装卡盘，装夹工件
轴承		支承主轴
同步带轮		同步带轮的主要材料为尼龙，固定在主轴上，与同步带啮合，起传动主轴的作用
同步带		同步带是主轴电动机与主轴的传动元件，主要是将电动机的转动传递给主轴，带动主轴转动，执行工作

续表

名称	图示	作用
主轴电动机		主轴电动机是机床加工的动力元件,电动机的功效直接关系到机床的切削力度
松刀缸		松刀缸主要用于数控铣床、加工中心,在换刀时起松刀作用。松刀缸由气缸和液压缸组成,气缸装在液压缸的上端。松刀缸工作时,气缸内的活塞被推进液压缸内,使液压缸内的压力增加,推动主轴内夹刀元件,从而达到松刀作用。其中液压缸起增压作用
润滑油管		主要用于对主轴进行润滑

2. 主轴轴承选型

1)常见滚动轴承形式

研究主轴部件,主要是研究主轴的支承部分。主轴支承分径向支承和推力(轴向)支承。角接触轴承(包括角接触球轴承和角接触圆锥滚子轴承)兼起径向支承和推力支承的作用。推力支承应位于前支承内,原因是数控机床的坐标原点常设定在主轴前端。为了减少热膨胀造成的坐标原点移位,应尽量缩短坐标原点至推力支承之间的距离。

主轴轴承,可选用圆柱滚子轴承、圆锥滚子轴承或角接触球轴承。圆锥滚子轴承由于滚子大端面与内圈挡边之间为滑动摩擦,发热较多,故转速受到限制。

由于滚动轴承有许多优点,加之制造精度的提高,因此,一般情况下数控机床应尽量采用滚动轴承。只有要求加工表面粗糙度数值很小,主轴又是水平的机床才用滑动轴承,或者主轴前支承用滑动轴承,后支承和推力轴承用滚动轴承。常见的滚动轴承形式如表5.1.2所示。

表 5.1.2　常见的滚动轴承形式

名称	形状	特点
双列圆柱滚子轴承	编号：NN3000K 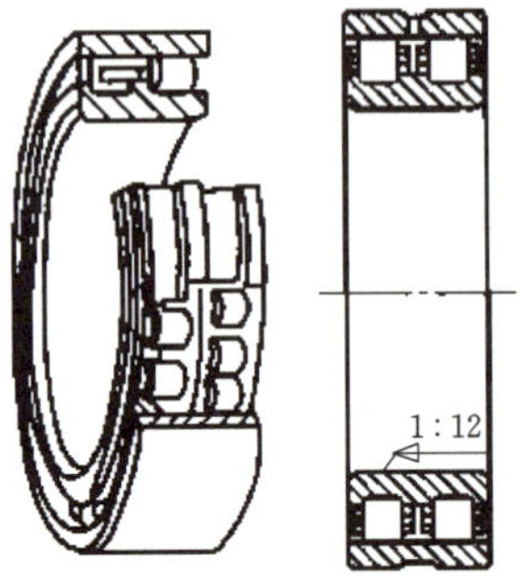	图示为特轻型双列圆柱滚子轴承，滚道挡边开在内圈上，滚动体、保持架与内圈成为一体，外圈可分离。多用于载荷较大、刚度要求较高、中等转速的场合
双向推力角接触球轴承	编号：234400 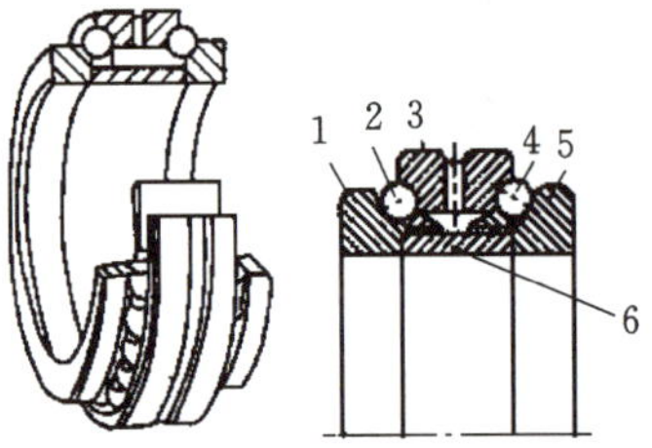 1—内圈；2、4—滚珠；3—外圈；5—右内圈；6—保持架	修磨隔套的厚度就能消除间隙进行预紧，它的公称外径与同孔径的双列圆柱滚子轴承相同，但外径公差带在零线的下方，与壳体之间有间隙，故不承受径向载荷，专门作推力轴承使用
角接触球轴承	编号：7000C 或 7190C 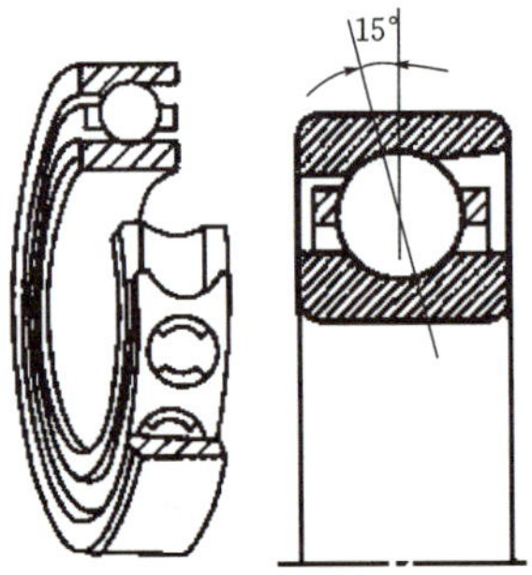	当 $\alpha=15°$ 时，允许的转速可更高些，但轴向刚度较低，常用于轴向载荷较小、转速较高的磨床主轴或不承受轴向载荷的车、镗、铣主轴
	编号：7000AC 或 7190AC 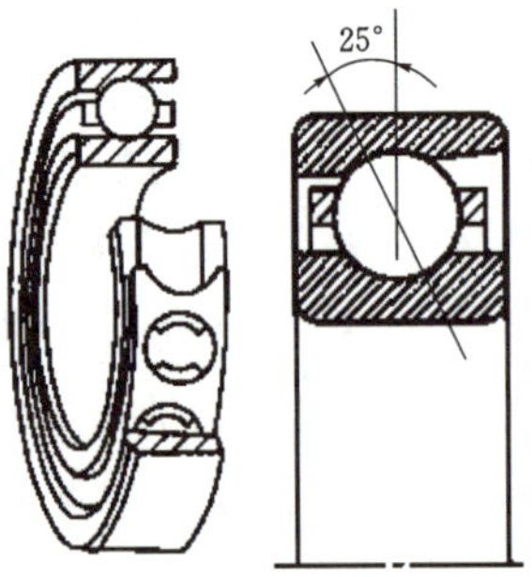	当 $\alpha=25°$ 时，轴向刚度较高，但径向刚度和允许的转速略低，多用于车床、镗床、铣床、加工中心等主轴

2）主轴轴承配置形式（如图 5.1.3 所示）

（1）前支承采用圆锥孔双列圆柱滚子轴承和 60°角接触球轴承组合，后支承采用成对角接触球轴承，如图 5.1.3(a)所示。这种配置形式使主轴的综合刚度得到大幅度提高，可以满足强力切削的要求，所以目前各类数控机床的主轴普遍采用这种配置形式。

（2）前轴承采用高精度双列（或三列）向心推力球轴承，后支承采用单列（或双列）角接触球轴承，如图 5.1.3(b)所示。角接触球轴承具有较好的高速性能，主轴最高转速可达 4000 r/min，但是这种轴承的承载能力小，因而适用于高速、轻载和精密的数控机床主轴。

（3）前、后轴承分别采用双列和单列圆锥滚子轴承，如图 5.1.3(c)所示。这种轴承径向和轴向刚度高，能承受重载荷，尤其能承受较大的动载荷，安装与调试性能好，但这种轴承配置形式限制了主轴的最高转速和精度，故适用于中等精度、低速、重载的数控机床主轴。

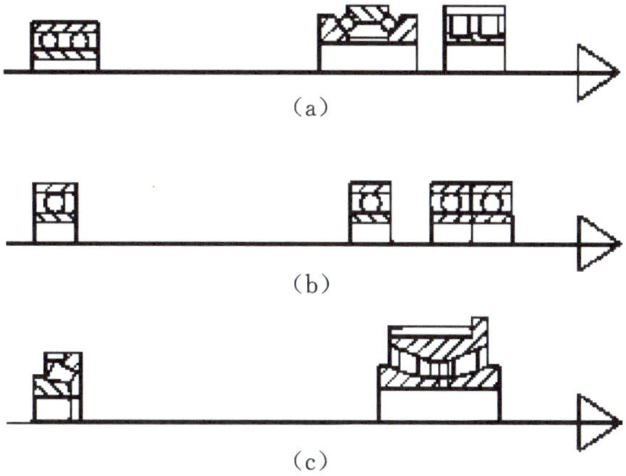

图 5.1.3　数控机床主轴轴承配置形式

3）主轴滚动轴承的预紧

轴承预紧，就是使轴承滚道预先承受一定的载荷，这样不仅能消除间隙而且使滚动体与滚道之间发生一定的变形，从而使接触面积增大，轴承受力时变形减小，抵抗变形的能力增大。因此，对主轴滚动轴承进行预紧和合理选择预紧量，可以提高主轴部件的旋转精度、刚度和抗振性。机床主轴部件在装配时要对轴承进行预紧，使用一段时间以后，间隙或过盈有了变化，还得重新调整预紧量，所以要求预紧结构便于进行调整。滚动轴承间隙的调整或预紧，通常是通过轴承内、外圈相对轴向移动来实现的。常用的方法有以下几种。

（1）轴承内圈移动。如图 5.1.4 所示，这种方法适用于锥孔双列圆柱滚子轴承。用螺母通过套筒推动内圈在锥形轴颈上做轴向移动，使内圈变形胀大，在滚道上产生过盈，从而达到预紧的目的。

图 5.1.4(a)所示的结构简单，但预紧量不易控制，常用于轻载机床的主轴部件。图 5.1.4(b)所示结构用右端螺母限制内圈的移动量，易于控制预紧量。图 5.1.4(c)所示结构在主轴凸缘上均布数个螺钉以调整内圈的移动量，调整方便，但是用几个螺钉调整易使垫圈歪斜。图 5.1.4(d)所示结构将紧靠轴承右端的垫圈做成两个半环，半环可以由径向取出，修磨其厚度可控制预紧量的大小，调整精度较高。

（2）修磨座圈或隔套。图 5.1.5(a)所示为轴承外圈宽边相对（背对背）安装，这时修磨轴

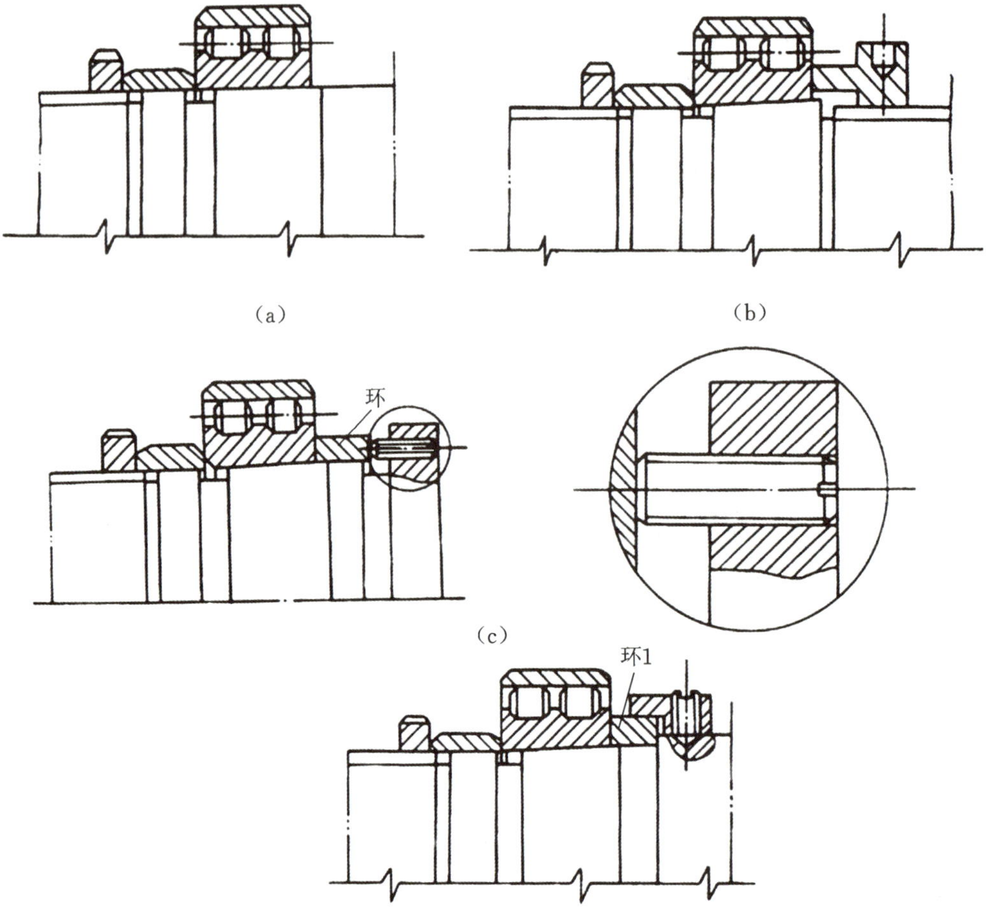

(a) (b) (c) (d)

图 5.1.4 轴承内圈移动

承内圈的内侧;图 5.1.5(b)所示为外圈窄边相对(面对面)安装,这时修磨轴承外圈的窄边。安装时应按图示的相对关系装配,并用螺母或法兰盖将两个轴承轴向压拢,使两个修磨过的端面贴紧,这样在两个轴承的滚道之间产生预紧。另一种方法是将两个厚度不同的隔套放在两轴承内、外圈之间,同样将两个轴承轴向相对压紧,使滚道之间产生预紧,如图 5.1.6(a)和图 5.1.6(b)所示。或在轴承外圈设隔套,如图 5.1.6(c)所示,装配时用螺母拧紧内圈获得所需预紧力。这种调整方法不必拆卸轴承,预紧力的大小全凭工人的经验确定。

(a) 外圈宽边相对安装　　(b) 外圈窄边相对安装

图 5.1.5 修磨座圈

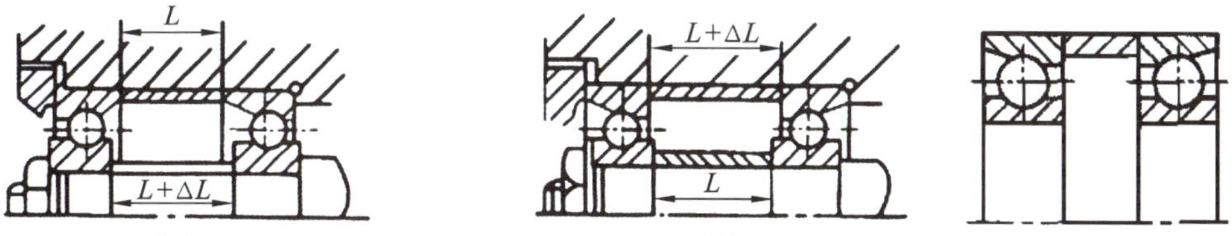

(a)　　(b)　　(c)

图 5.1.6　隔套的应用

(3) 螺纹预紧。转速较低且载荷较大的主轴部件,常采用双列圆柱滚子轴承与推力球轴承的组合,如图 5.1.7 所示。图 5.1.7(a)是用一个螺母调整径向和轴向间隙,结构比较简单,但不能分别控制径向和轴向的预紧力。

当双列圆柱滚子轴承尺寸较大时,调整径向间隙所需的轴向尺寸很大,易在推力球轴承的滚道上压出痕迹。因此,单个螺母调整主要用于中小型机床的主轴部件,在大型机床上一般采用两个螺母分别调整径向和轴向预紧力,如图 5.1.7(b)所示。用螺母调整间隙进行预紧,方便简单,但螺母拧在主轴上后,其端面必须与主轴轴线严格垂直,否则将把轴承压偏,影响主轴部件的旋转精度。造成轴承压偏的主要原因有:主轴螺纹轴线与轴颈的轴线不重合;螺母端面与螺纹轴线不垂直等。因此,除了在加工精度上给予保证外,可在结构方面也采取相应的措施。

(4) 自动预紧。自动预紧装置如图 5.1.8 所示,用沿圆周均布的弹簧来对轴承预加一个基本不变的载荷,轴承磨损后能自动补偿,且不受热膨胀的影响,缺点是只能单向受力。

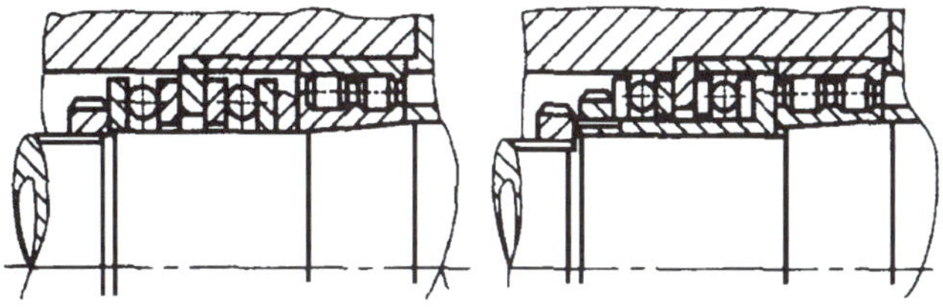

(a)　　(b)

图 5.1.7　双列短圆柱滚子轴承调节径向间隙的轴承

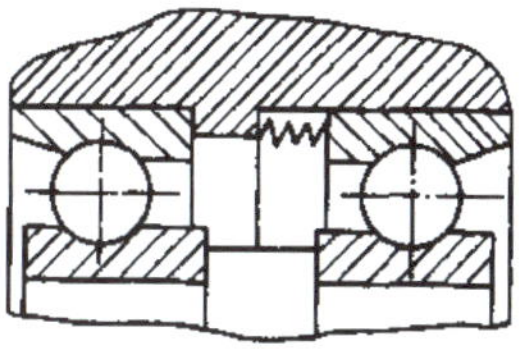

图 5.1.8　自动预紧装置

二、典型数控机床主轴部件分析

(一) 数控车床主轴部件

图 5.1.9 所示为 TND360 型数控车床主轴部件结构。其主轴为空心主轴,内孔直径为 $\phi 60$ mm,用于通过长棒料,也可用于通过气动、液压夹紧装置。主轴前端的短圆锥面以及端面用于安装卡盘或拨盘。主轴前后支承都采用角接触球轴承,前轴承有三个组配,轴承 4、轴承 5 大口朝向主轴前

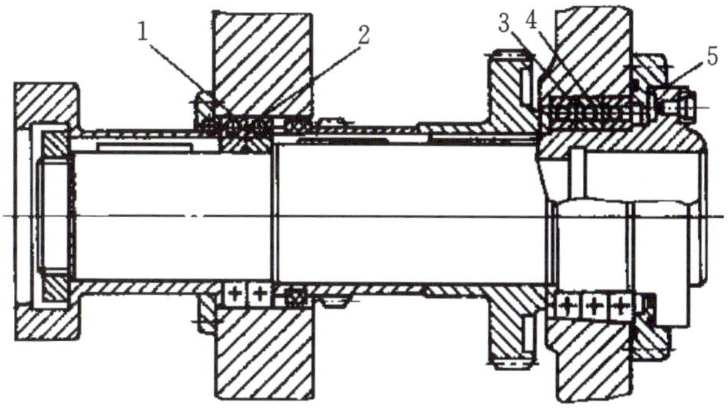

图 5.1.9　TND360 型数控车床主轴

1、2—后轴承;3、4、5—前轴承

端，轴承 3 大口朝向主轴后端。前轴承的内外圈轴向由轴肩和箱体孔的台阶固定，以承受轴向载荷。后轴承 1、2 小口相对，只承受径向载荷，并由后压套进行预紧。前后轴承都由轴承厂配好，成套供应，装配时不需修配。

（二）加工中心主轴部件

1. 主轴结构

某加工中心的主轴结构由如图 5.1.10 所示元件组成。刀柄采用 7∶24 的大锥度锥柄与主轴锥孔配合，既有利于定心，也为刀具松夹带来了方便。放松刀具时，液压油进入液压缸活塞 1 的左端，油压使活塞右移，推动拉杆 7 右移，同时碟形弹簧 8 被压缩，钢球 6 随拉杆一起右移，当钢球移至主轴孔径较大处时，便松开拉钉，机械手即可把刀柄连同拉钉从主轴锥孔中取出。夹紧刀具时，活塞左端无油压，螺旋弹簧 2 使活塞 1 退到最左端，拉杆 7 在碟形弹簧 8 的弹簧力作用下向左移动，钢球 6 被迫收拢，卡紧在拉杆 7 的环槽中。这样，拉杆通过钢球把拉钉向左拉紧，使刀柄外锥面与主轴锥孔内锥面相互压紧，刀具随刀柄一起被夹紧在主轴上。

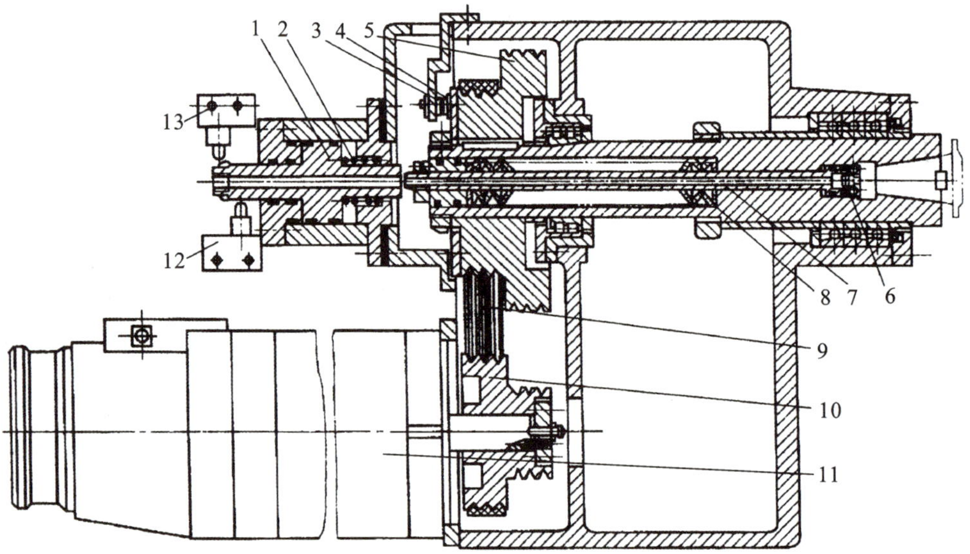

图 5.1.10 自动换刀机床主轴及准停机构

1—活塞；2—螺旋弹簧；3—磁传感器；4—永久磁铁；5、10—带轮；6—钢球；
7—拉杆；8—碟形弹簧；9—V 带；11—电动机；12、13—限位开关

限位开关 12 和 13 用于发出夹紧和放松刀柄的信号。刀具夹紧机构使用碟形弹簧夹紧、液压放松，可保证在工作中，刀柄不会因突然断电而自行脱落。

2. 主轴的定向停止机构

为了将主轴准确地停在某一固定位置上，以便在该处进行换刀等动作，要求主轴能定向控制。当加工精密的坐标孔时，由于每次都能在主轴的固定周向位置换刀，故能保证刀尖与主轴相对位置的一致性，从而减少被加工孔的尺寸分散度，这是主轴定向准停装置带来的好处之一。在自动换刀的数控机床上，每次自动装卸刀时，都必须使刀柄上的键槽对准主轴的

端面键，这就要求主轴具有准确定位的功能。传统的做法是采用机械挡块等来定向。而现代的数控机床一般都采用电气式主轴定向，只要数控系统发出指令信号，主轴就可以准确地定向。

主轴的准停装置设置在主轴的尾端（如图 5.1.10 所示）。交流调速电动机 11 通过多联 V 带 9 和带轮 10 带动主轴旋转，当主轴需要停车换刀时，发出降速信号，主轴箱自动改变传动路线，使主轴换到最低转速运转。由时间继电器延时数秒后，开始接通无触点开关。当凸轮上的感应片对准无触点开关时，发出准停信号，立即切断主轴电动机电源，脱开与主轴的传动联系，以排除传动系统中大部分回转零件的惯性对主轴准停的影响，使主轴做低速惯性空转。当位于带轮 5 左侧的永久磁铁 4 对准传感器 3 时，主轴准确停止，同时限位开关发出信号，表示已完成。

电气式主轴定向控制的特点是：无须机械部件，定向时间短，可靠性高，只需要简单的强电顺序控制，精度和刚度高。

3. 主轴内刀具的自动夹紧装置

在自动换刀的数控机床中，为了实现刀具在主轴内的自动装卸，其主轴必须设计刀具自动夹紧机构，如图 5.1.10 所示。刀杆采用的是 7∶24 的大锥度锥柄，这种锥柄不但有利于定心，也为松夹带来了方便。在锥柄的尾端轴颈被拉紧的同时，刀杆通过锥柄的定心和摩擦作用被夹紧于主轴的端部。在碟形弹簧 8 的作用下，拉杆 7 始终保持约 10 000 N 的拉力，并通过拉杆右端的钢球 6 将刀杆的尾部轴颈拉紧。换刀时首先将压力油注入主轴尾部的液压缸左腔，活塞 1 推动拉杆 7 向右移动，将刀柄松开，同时使碟形弹簧 8 压紧。拉杆 7 的右移使右端的钢球 6 位于套筒的喇叭口处，消除了刀杆上的拉力。当拉杆继续右移时，喷气嘴的端部把刀具顶松，使机械手方便地取出刀杆。机械手将应换刀具装入后，电磁换向阀动作使压力油注入液压缸右腔，活塞 1 向左退回原位，碟形弹簧复原又将刀杆拉紧。螺旋弹簧 2 使活塞 1 在液压缸右腔无高压油时也始终能退到最左端。当活塞处于左、右两个极限位置时，限位开关 12、13 相应发出松开和夹紧的信号。

4. 主轴的切屑清除装置

自动清除主轴孔内的灰尘和切屑是换刀过程中的一个不容忽视的问题。如果主轴锥孔中落入了切屑、灰尘或其他污物，在拉紧刀杆时，锥孔表面和刀杆的锥柄就会被划伤，甚至会使刀杆发生偏斜，破坏刀杆的正确定位，影响零件的加工精度，甚至会使零件超差报废。为了保持主轴锥孔的清洁，常采用的方法是使用压缩空气吹屑。图 5.1.10 所示活塞 1 的心部有压缩空气通道，当活塞向左移动时，压缩空气经过活塞由主轴孔内的空气嘴喷出，清理锥孔内的细微杂物。为了提高吹屑效率，喷气小孔要有合理的喷射角度，并均匀布置。

5. 刀柄拉紧机构

常用的刀柄拉紧机构如图 5.1.11 所示。图 5.1.11(a)所示为弹簧夹头结构，它有拉力放大作用，可用较小的液压推力产生较大的拉紧力。图 5.1.11(b)所示为钢球拉紧结构。用钢球拉紧拉钉方式的缺点是接触应力太大，易将主轴孔和拉钉压出坑来。新式的刀杆已改用弹力卡爪，它由两瓣组成，装在拉杆的左端，如图 5.1.11(a)所示。这种卡爪与刀杆的结合面及拉力垂直，故卡紧力较大；卡爪与刀杆为面接触，接触应力较小，不易压溃刀杆。

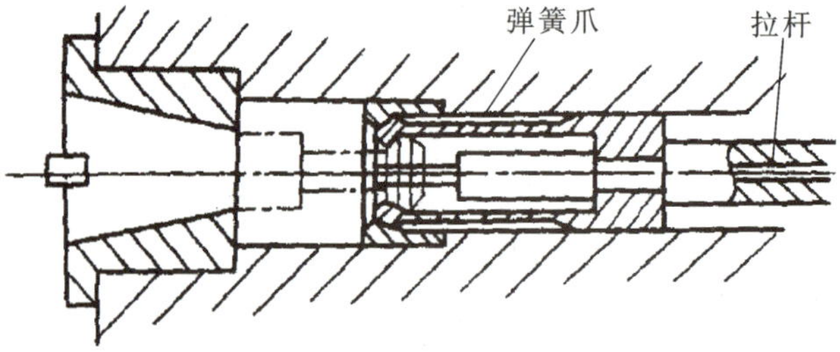

(a) 弹簧夹头结构

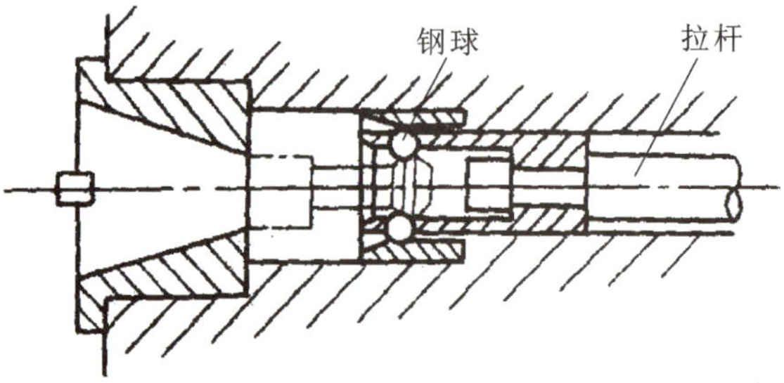

(b) 钢球拉紧结构

图 5.1.11　拉紧机构

6. 卸荷装置

图 5.1.12 所示为一种卸荷装置，液压缸 6 与连接座 3 固定在一起，但是连接座 3 由螺钉 5 通过弹簧 4 压紧在箱体 2 的端面上，连接座 3 与箱孔为滑动配合。当液压缸的右端通入高压油使活塞杆 7 向左推压拉杆 8 并压缩碟形弹簧时，液压缸的右端面也同时承受相同的液压力，故此，整个液压缸连同连接座 3 压缩弹簧 4 而向右移动，使连接座 3 上的垫圈 10 的右端面与主轴上的螺母 1 的左端面压紧，因此，松开刀柄时对碟形弹簧的液压力就成了在活塞杆 7、液压缸 6、连接座 3、垫圈 10、螺母 1、碟形弹簧、套环 9、拉杆 8 之间的内力，因而使主轴支承不致承受液压推力。

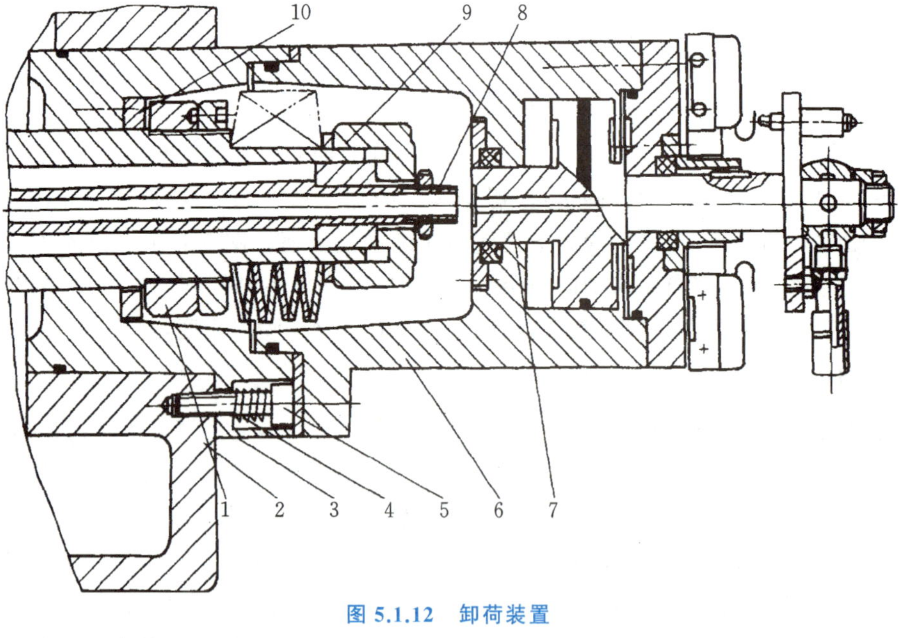

图 5.1.12　卸荷装置

1—螺母；2—箱体；3—连接座；4—弹簧；5—螺钉；6—液压缸；7—活塞杆；8—拉杆；9—套环；10—垫圈

7. 主轴的密封装置

主轴的密封形式分接触式和非接触式两种，如表 5.1.3 所示。

表 5.1.3 主轴的密封形式

形式	图示	特点
非接触式密封	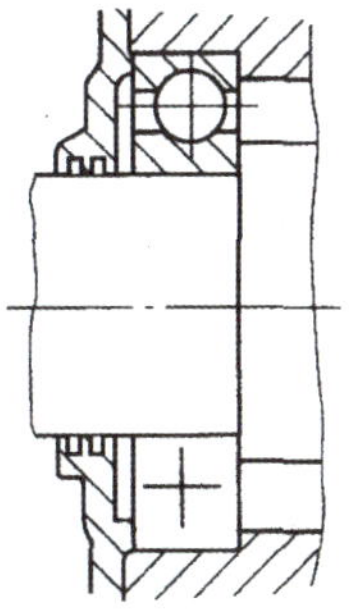 间隙密封	利用轴承盖与轴的间隙密封，轴承盖的孔内开槽是为了提高密封效果，这种密封用在工作环境比较清洁的油脂润滑处
	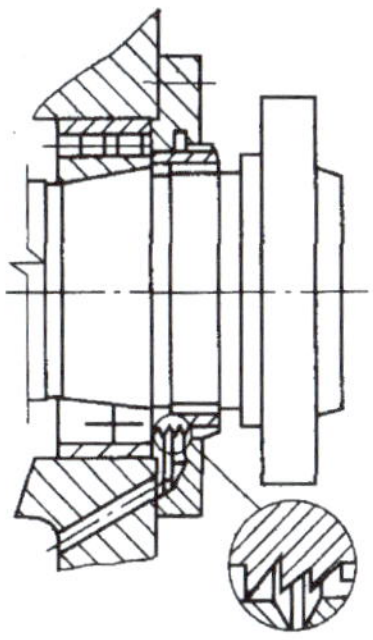 螺母密封	在螺母的外圆上开锯齿形环槽，当油向外流时，靠主轴转动的离心力把油沿斜面甩到端盖的空腔内，油液流回箱内。锯齿方向应逆着油的流向
	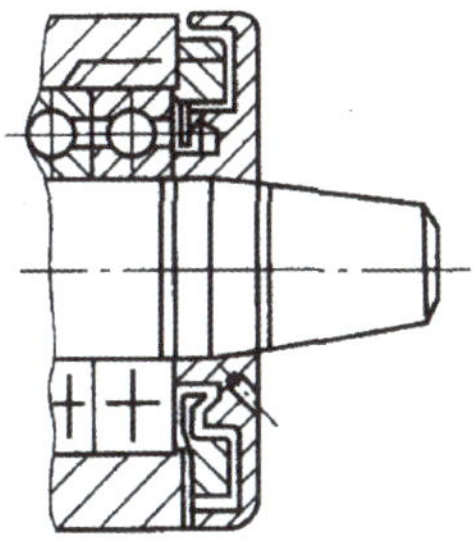 迷宫式密封	迷宫式密封结构，在切屑多、灰尘大的工作环境下可获得可靠的密封效果，这种结构适合用油脂或油液作为润滑材料
接触式密封	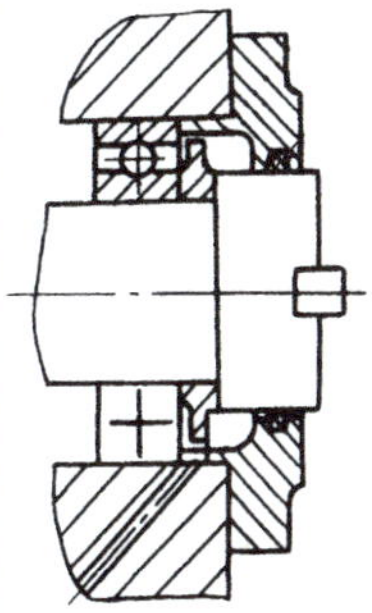 (a)油毡圈密封 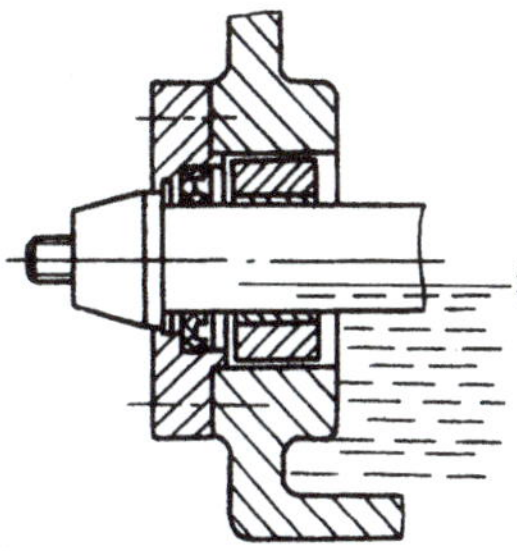 (b)耐油橡胶密封圈密封	接触式的弹性密封圈用耐油橡胶或尼龙制成，防尘效果比非接触式密封好，但因有接触压力，使摩擦力矩略有增加

（三）常见主轴准停装置

主轴准停功能又称为主轴定位功能，即当主轴停止时能控制其停于某固定位置。它是自动换刀所必需的功能。在自动换刀的镗铣加工中心上，切削的转矩通常是通过刀杆的端面键传递的。这就要求主轴具有准确定位于圆周上特定角度的功能，如图 5.1.13 所示。当加工阶梯孔或精镗孔后退刀时，为防止刀具与小阶梯孔碰撞或拉毛已精加工的孔表面，必须先让刀再退刀，而让刀时刀具必须具有准停功能，如图 5.1.14 所示。主轴准停可分为机械准停控制和电气准停控制。

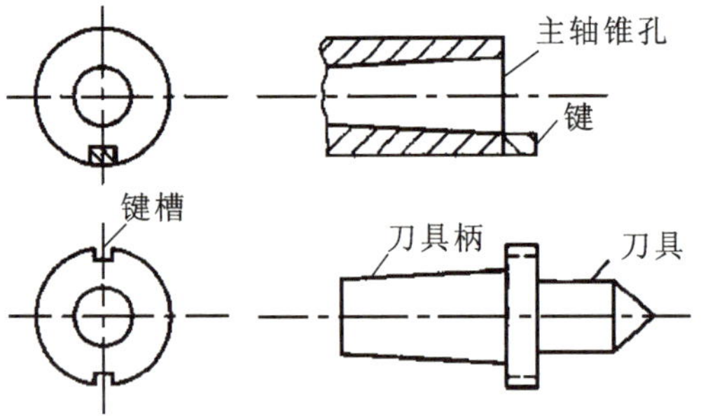

图 5.1.13　主轴准停换刀

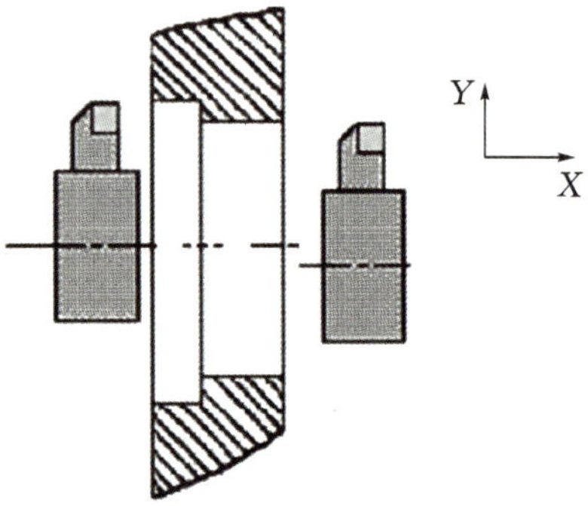

图 5.1.14　主轴准停镗孔

1. 机械准停控制

图 5.1.15 所示为典型的 V 形槽轮定位盘准停结构。带有 V 形槽的定位盘与主轴端面保持一定的位置关系，以确定定位位置。当指令为准停控制 M19 时，主轴立即减速至可以设定的低速转动，当检测到无触点开关有效信号后，主轴电动机立即停转，此时主轴电动机与主轴传动件依惯性继续空转，同时准停液压缸定位销伸出，并压向定位盘。当定位盘 V 形槽与定位销正对时，由于液压缸的压力，定位销插入 V 形槽中，LS_2 准停到位信号有效，表明准停动作完成。这里 LS_1 为准停释放信号。采用这种准停方式，必须有一定的逻辑互锁，即当 LS_2 有效时，才能进行换刀等动作。而只有当 LS_1 有效时，才能起动主轴电动机正常运转。准停功能通常由数控系统的可编程控制器完成。

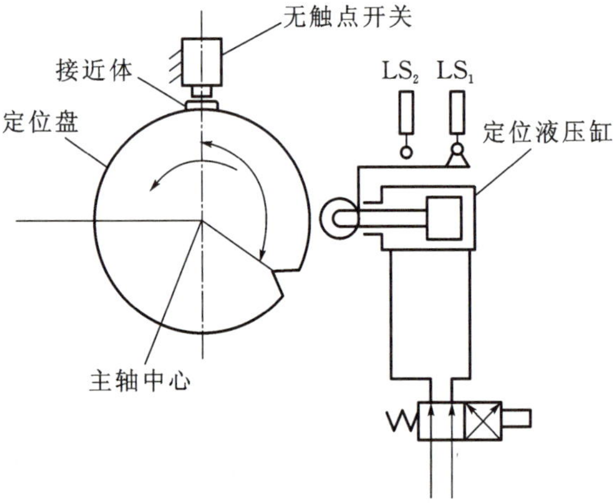

图 5.1.15　V 形槽轮定位盘准停结构

机械准停控制还有其他方式，如端面螺旋凸轮准停等，它们的基本原理是一样的。

2. 电气准停控制

目前国内外中高档数控系统均采用电气准停控制。采用电气准停控制有如下优点。

(1) 简化机械结构。与机械准停控制相比，电气准停控制只需在旋转部件和固定部件上安装传感器即可，机械结构比较简单。

(2) 缩短准停时间。准停时间包括在换刀时间内，而换刀时间是加工中心的重要指标。采用电气准停控制，即使主轴高速转动时也能快速定位于准停位置，大大节省了准停时间。

(3) 可靠性增加。由于无须复杂的机械、开关、液压缸等装置，也没有机械准停控制所形成的机械冲击，因而准停控制的寿命与可靠性大大增加。

(4) 性能价格比提高。由于简化了机械结构和强电控制逻辑，成本大大降低。目前，电气准停控制常作为选择功能，订购电气准停控制附件需另加费用。但从总体来看，性能价格比大大提高。

目前电气准停控制通常有磁传感器准停控制、编码器型准停控制和数控系统准停控制三种。

1) *磁传感器准停控制*

磁传感器准停控制由主轴驱动装置本身完成。当执行 M19 时，数控系统只需发出主轴准停起动命令 ORT 即可。主轴驱动完成准停后会向数控装置输出完成信号 ORE，然后数控系统再进行下面的工作。其基本结构如图 5.1.16 所示。

由于采用了传感器，故应避免产生磁场的元件（如电磁线圈、电磁阀等）与磁发体和磁传感器安装在一起。另外磁发体（通常安装在主轴旋转部件上）与磁传感器（固定不动）的安装有严格的要求，应按说明书要求的精度安装。磁发体与磁传感器在主轴上的位置如图 5.1.17 所示。

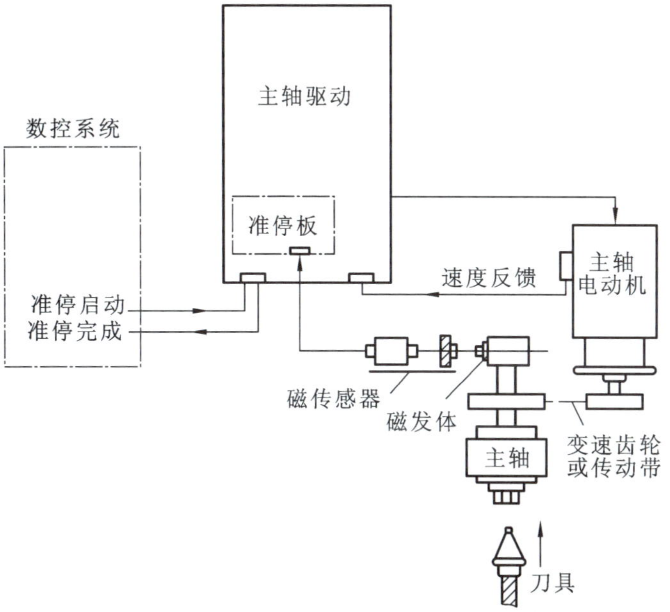

图 5.1.16 磁传感器准停控制

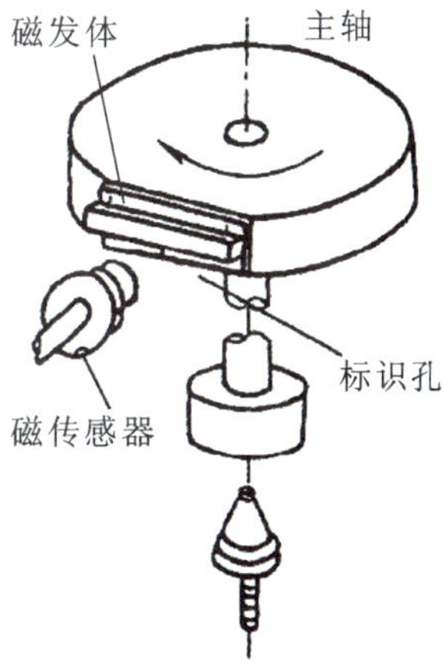

图 5.1.17 磁发体与磁传感器在主轴上位置示意图

采用磁传感器准停控制的步骤如下：当主轴转动或停止时，接收到数控装置发来的准停开关信号量 ORT，主轴立即加速或减速至某一准停速度（可在主轴驱动装置中设定）。主轴到达准停速度且到达准停位置时（即磁发体与磁传感器对准），主轴立即减速至某一爬行速度（可在主轴驱动装置中设定）。当磁传感器信号出现时，主轴驱动信号立即进入磁传感器作为反馈元件的位置闭环控制，目标位置为准停位置。准停完成后，主轴驱动装置输出准停完成信号 ORE 给数控装置，从而可进行自动换刀（ATC）或其他动作。准停控制的时序如图 5.1.18 所示。

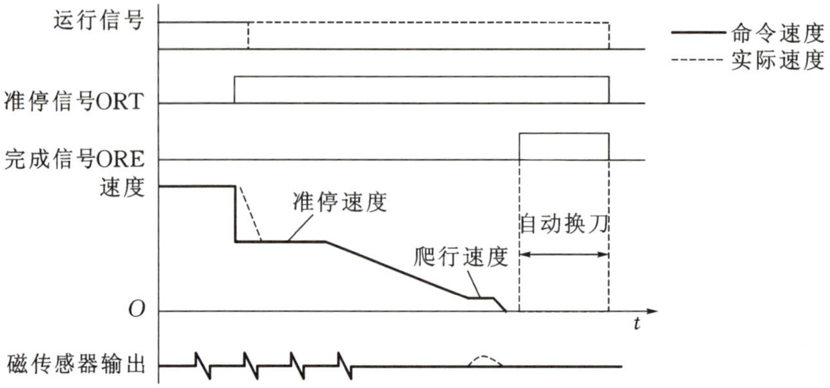

图 5.1.18　磁传感器准停控制的时序

2）编码器型准停控制

这种准停控制也是完全由主轴驱动完成的，CNC 机床只需发出准停命令 ORT 即可，主轴驱动完成准停后回答准停完成 ORE 信号。

图 5.1.19 所示为编码器主轴准停控制结构图。可采用主轴电动机内置安装的编码器信号（来自主轴驱动装置），也可在主轴上直接安装另一个编码器。采用前一种方式要注意传动链对主轴准停精度的影响。主轴驱动装置内部可自动转换，使主轴驱动处于速度控制或位置控制状态。采用编码器准停，准停角度可由外部开关量随意设定，这一点与磁传感器准停不同。磁传感器准停的角度无法随意指定，要想调整准停位置，只有调整磁发体与磁传感器的相对位置。

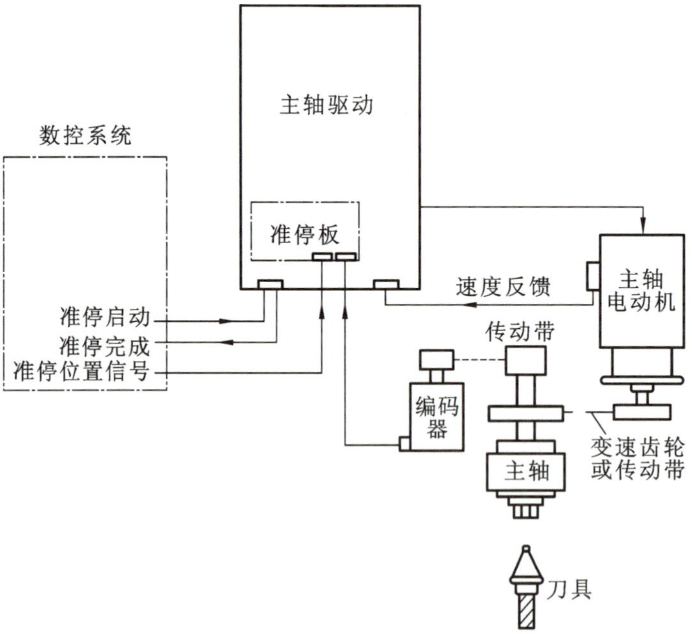

图 5.1.19　编码器主轴准停控制结构图

3）数控系统准停控制

这种准停控制方式是由数控系统完成的，其结构示意图如图5.1.20所示。

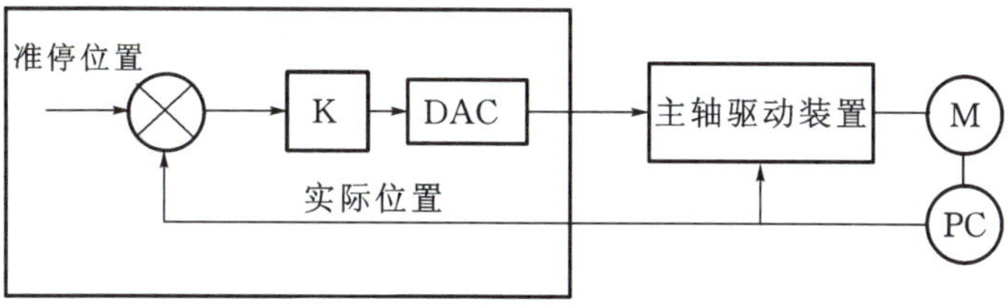

图5.1.20 数控系统控制主轴准停结构

采用这种准停控制方式需注意以下问题：

（1）数控系统须具有主轴闭环控制的功能。

（2）主轴驱动装置应有进入伺服状态的功能。通常为避免冲击，主轴驱动都具有软起动等功能，但这对主轴位置闭环控制产生不利影响。此时位置增益过低则准停精度和刚度（克服外界扰动的能力）不能满足要求，位置增益过高则会产生严重的定位振荡现象，因此必须使主轴驱动进入伺服状态，此时主轴特性与进给伺服装置相近，才可进行位置控制。

（3）通常为方便起见，均以电动机轴端编码器信号作为数控系统的反馈信号，这时主轴传动链精度可能对准停精度产生影响。

采用数控系统控制的主轴准停角度由数控系统内部设定，因此准停角度可更方便地设定。准停角度的设定步骤如下：

```
例如：M03  S1000     //主轴以1000 r/min正转
      M19            //主轴准停于默认位置
      M19  S100      //主轴准停转至100°处
      S1000          //主轴再次以1000 r/min正转
      M19  S200      //主轴准停至200°处
```

无论采用何种准停方案（特别对磁传感器主轴准停方式），当需在主轴上安装元件时，应注意动平衡问题。因为数控机床主轴精度很高，转速也很高，所以对动平衡要求严格。一般对中速以下的主轴来说，有一点不平衡还不至于有太大的问题，但当主轴高速旋转时，这一不平衡量可能会引起主轴振动。为适应主轴高速化的需要，国外已开发出整环式磁传感器主轴准停装置，由于磁发体是整环，因此动平衡性好。

【知识拓展】

随着电气传动技术的迅速发展和日趋完善，高速数控机床主传动的机械结构已得到了极大的简化，基本上取消了带轮传动和齿轮传动。机床主轴由内装式主轴电动机直接驱动，从而把机床主传动链的长度缩短为零，实现了机床的“零传动”。这种主轴电动机与机床主轴合二为一，使主轴部件从机床的传动系统和整体结构中相对独立出来，因此可做成主轴单元，俗称电主轴。由于没有中间传动环节，有时又称它为直接传动主轴。

1. 电主轴（motorized spindle）概述

电主轴是一种智能型功能部件，不但转速高、功率大，还有一系列控制主轴温升与振动的机床运行参数，以确保其高速运转的可靠性与安全性，其剖面图如图 5.1.21 所示。

图 5.1.21　电主轴

在高速加工时，电动机内置几乎是唯一的选择，也是最佳的选择。这是因为：

(1) 若仍采用带轮或齿轮等传动方式，则在高速运转时，产生的振动和噪声等问题很难解决，势必影响高速加工的精度、表面粗糙度，并导致环境质量的恶化。

(2) 高速加工的最终目的是提高生产率，相应地要求在最短时间内实现高转速的速度变化，也即要求主轴回转时具有极大的加、减速度。达到这个苛刻要求的最经济的办法是，将主轴传动系统的转动惯量尽可能地减至最小。而只有将电动机内置，省掉齿轮、带轮等一系列中间环节，才有可能达到这一目的。

(3) 电动机内置于主轴两支承之间，与用带轮、齿轮等作末端传动的结构相比，可提高主轴系统的刚度，也就提高了系统的固有频率，从而提高了其临界转速值。这样，电主轴即使在最高转速运转时，仍可确保低于其临界转速，保证高速回转时的安全。

(4) 由于没有中间传动环节的外力作用和冲击，因而传动更为平稳，轴承寿命延长。

当前，国内外专业的电主轴制造厂已可供应几百种规格的电主轴，其套筒直径从 32 mm 至 320 mm，转速从 10 000 r/min 到 150 000 r/min，功率从 0.5 kW 到 80 kW，转矩从 0.1 N·m 到几百 N·m，除可满足各类高速切削的要求外，还可供应用于普通加工中心、铣床、钻床作增速用的各种规格的电主轴。最近还出现轴承寿命更长的液体静压轴承电主轴、磁悬浮轴承电主轴以及交流永磁同步电动机电主轴。

2. 电主轴的基本参数与结构

1) 电主轴的基本参数

电主轴的基本参数和主要规格包括套筒直径、最高转速、输出功率、计算转速、计算转速转矩和刀具接口等。一般电主轴型号中含有套筒直径、最高转速和输出功率这 3 项参数。表 5.1.4 列出了德国 GMN 公司用于加工中心和铣床的电主轴的型号和主要规格。

表 5.1.4　德国 GMN 公司用于加工中心和铣床的电主轴的型号和主要规格

主要型号	套筒直径 /mm	最高转速 /(r/min)	输出功率 /kW	计算转速 /(r/min)	计算转速转矩 /(N·m)	润滑	刀具接口
HC120_42000/11	120	42000	11	30000	3.5	OL	SK_30
HC120_50000/11	120	50000	11	30000	3.5	OL	HSK_E25

续表

主要型号	套筒直径 /mm	最高转速 /(r/min)	输出功率 /kW	计算转速 /(r/min)	计算转速转矩 /(N·m)	润滑	刀具接口
HC120_60000/5.5	120	60000	5.5	60000	0.9	OL	HSK_E25
HCS150g_18000/9	150	18000	9	7500	11	G	HSK_A50
HCS170_24000/27	170	24000	27	18000	14	OL	HSK_A63
HC170_40000/60	170	40000	60	40000	14	OL	HSK_A50/E50
HCS170g_15000/15	170	15000	15	6000	24	G	HSK_A63
HCS170g_20000/18	170	20000	18	11000	14	G	HSK_F63
HCS180_30000/16	180	30000	16	15000	10	OL	HSK_A50/E50
HCS185g_8000/11	185	8000	11	2130	53	G	HSK_A63
HCS200_18000/15	200	18000	15	1800	80	OL	HSK_A63
HCS200_30000/15	200	30000	15	12000	12	OL	HSK_A50/E50
HCS200_36000/16	200	36000	16	6000	29	OL	HSK_A50/E50
HCS200_36000/76	200	36000	76	21000	29	OL	HSK_A50/E50
HCS200_12000/15	200	12000	15	1800	80	G	SK40
HCS230_18000/15	230	18000	15	1800	80	OL	HSK_A63
HCS230_18000/25	230	18000	25	3000	80	OL	HSK_A63
HCS230_24000/18	230	24000	18	3150	57	OL	HSK_A63
HCS230_24000/45	230	24000	45	7500	58	OL	HSK_A63
HCS230_12000/22	230	12000	22	2400	87	G	HSK_A63
HCS230_12000/25	230	12000	25	3000	80	G	HSK_A63
HCS232g_15000/9	230	15000	9	1220	70	G	HSK_A63
HCS275_20000/60	275	20000	60	10000	57	OL	HSK_A63
HCS285_12000/32	285	12000	32	1000	306	OL	HSK_A100
HCS300_12000/30	300	12000	30	1000	286	OL	HSK_A100
HCS300_14000/25	300	14000	25	1100	217	OL	HSK_A63
HCS300g_8000/30	300	8000	30	1000	286	G	HSK_A100

注:HCS—矢量驱动;OL—油气润滑;G—永久油脂润滑;SK—ISO 锥度。表中产品全部使用陶瓷球轴承。

2) *结构和布局*

高速电主轴的典型结构如图 5.1.22 所示,主轴由前、后两套滚珠轴承来支承。电动机的转子用压配合的方法安装在机床主轴上,处于前、后轴承之间,由压配合产生的摩擦力来实现大转矩的传递。由于转子内孔与主轴配合面之间有很大的过盈量,因此,在装配时必须在油浴中将转子加热到 200 ℃左右,迅速进行热压装配。电动机的定子通过一个冷却套安装在电主轴的壳体中。这样,电动机的转子就是机床的主轴,电主轴的套筒就是电动机座,成

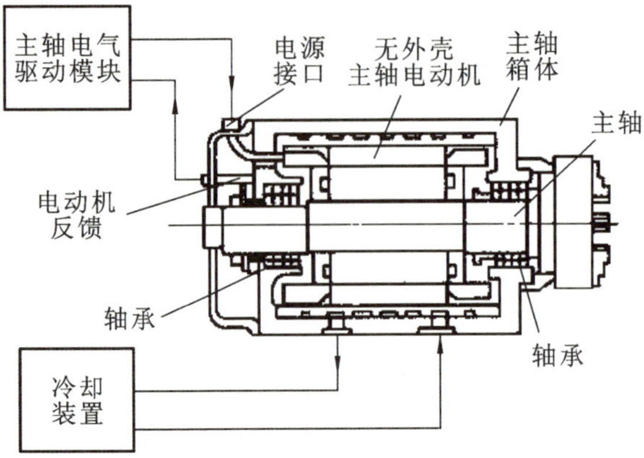

图 5.1.22　电主轴的典型结构

为一种新型主轴系统。在主轴的后部安装有齿盘，作为电感式编码器，以实现电动机的全闭环控制。主轴前端外伸部分的内锥孔和端面，用于安装和固定可换的刀柄。

3. 高速主轴维护

1）电主轴的润滑

电动机内置于主轴部件后，发热不可避免，从而需要设计专门用于冷却电动机的油冷或水冷系统。滚动轴承在高速运转时要给予正确的润滑，否则轴承会因过热而烧坏。

（1）油气润滑方式(见图 5.1.23)。用压缩空气把小油滴送进轴承空隙中，油量大小可达最佳值，压缩空气有散热作用，润滑油可回收，不污染周围空气。根据轴承供油量的要求，定时器的循环时间可设定为 1～99 min。

（2）喷注润滑方式(见图 5.1.24)。将较大流量的恒温油(每个轴承 3～4 L/min)喷注到主轴轴承，以达到冷却润滑的目的。回油则不是自然回流，而是用两台排油液压泵强制排油。

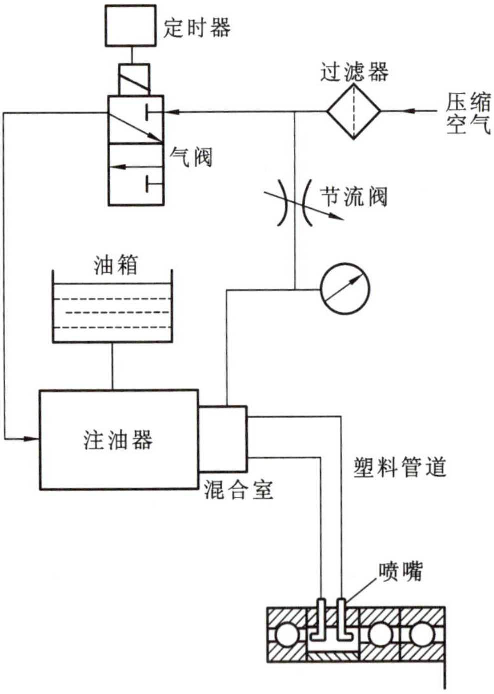

图 5.1.23　油气润滑方式

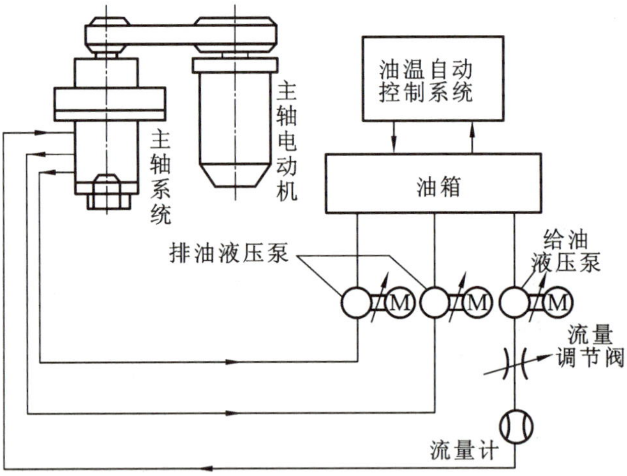

图 5.1.24　喷注润滑方式

（3）突入滚道式润滑方式。润滑油的进油口在内滚道附近，利用高速轴承的泵效应，把润滑油吸入滚道。若进油口较高，则泵效应差，当进油口接近外滚道时则成为排放口了，油液将不能进入轴承内部。突入滚道润滑用特种轴承如图 5.1.25 所示。

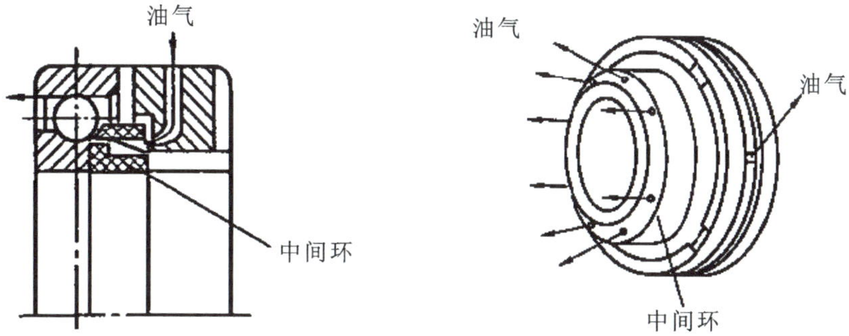

图 5.1.25 突入滚道润滑用特种轴承

2）电主轴的冷却

为了尽快使高速运行的电主轴散热，通常对电主轴使用冷却剂，而冷却剂的温度通过冷却装置来保持。高速电主轴的冷却主要依靠冷却剂的循环流动来实现，而且流动的冷却压缩空气也能起到一定的冷却作用。图 5.1.26 所示为某型号电主轴油水热交换循环冷却系统示意图。为了保证安全，对定子采用连续、大流量循环油冷。其输入端为冷却油，将电动机产生的热量从输出端带出，然后经逆流式冷却交换器将油温降到接近室温并回到油箱，再经液压泵增压输入到主轴输入端，从而实现电主轴的循环冷却。图 5.1.27 所示为电主轴冷却油流经路线。

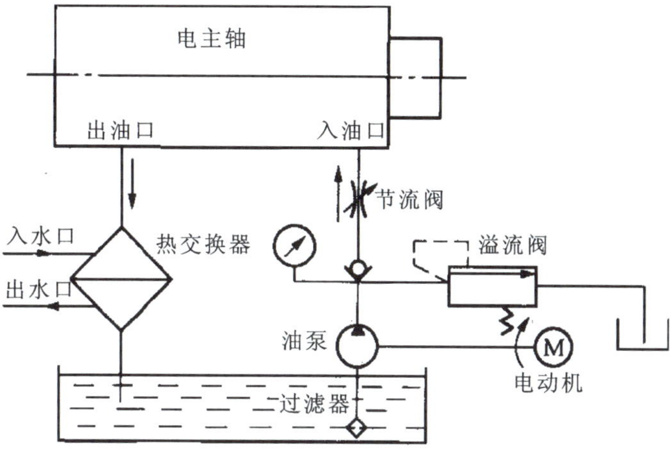

图 5.1.26 电主轴油水热交换循环冷却系统

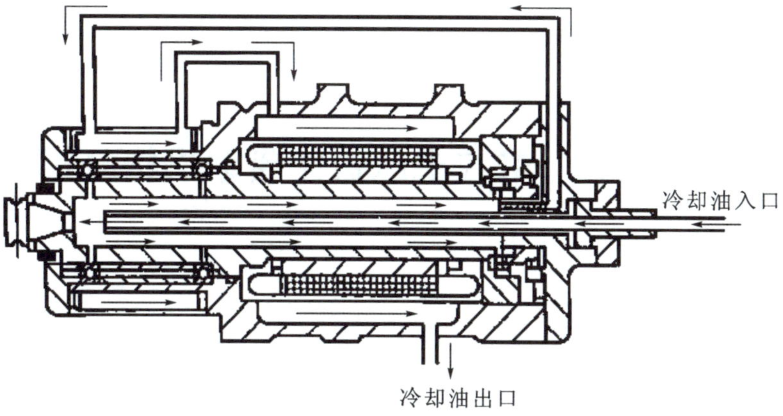

图 5.1.27 电主轴冷却油流经路线

3）电主轴的防尘与密封

电主轴是精密部件，在高速运转情况下，任何微尘进入主轴轴承都可能引起振动，甚至使主轴轴承咬死。由于电主轴电动机为内置式，过分潮湿会使电动机绕组绝缘性变差，甚至失效，以致烧坏电动机，因此，电主轴必须防尘与防潮。由于电主轴定子采用循环冷却剂冷却，主轴轴承采用油气润滑，因此，防止冷却介质及润滑介质进入电动机内部非常重要。另外，还要防止高速切削时的切削液进入主轴轴承，所以，必须做好主轴的密封工作。

【效果评价】

评价表			
模块名称	数控机床典型结构分析	学生姓名	
任务名称	数控机床主传动机构分析	分数	
考查内容		分值	考核得分
1. 对数控机床主轴传动特点的认知		10	
2. 小组计划执行情况		5	
3. 对典型主轴部件的结构特点和电主轴的了解		30	
4. 对主轴轴承类型及特点的掌握		40	
5. 编制学习汇报报告情况		10	
6. 基本素养考核情况		5	
总体得分		100	
教师简要评语： 教师签名：			

任务 5.2　数控机床进给传动机构分析

【任务要求】

通过对本次任务的学习，了解数控机床对进给传动系统的要求，掌握进给传动系统的种类，掌握典型传动部件的结构及特点。

【知识准备】

数控机床进给系统的机械传动机构是指将伺服电动机的旋转运动变为工作台或刀架的直线运动，以实现进给运动的整个机械传动部分，主要包括减速装置、丝杠螺母副、导向元件及其支承部件等。它的传动质量直接关系到机床的加工性能。数控机床通常对进给系统的要求有三点：传动精度高、系统的稳定性好和动态响应特性(灵敏度)好。

(1) 传动精度包括动态误差、稳态误差和静态误差，即伺服系统的输入量与驱动装置实际位移量的精确程度。

(2) 系统的稳定性是指系统在启动状态或受外界干扰作用下，经过几次衰减振荡后，能迅速地稳定在新的或原来的平衡状态的能力。

(3) 动态响应特性是指系统的响应时间以及驱动装置的加速能力。

为确保数控机床进给系统的传动精度、系统的稳定性和动态响应特性，通常做法是：

(1) 采用低摩擦的传动副，如滑动导轨、滚动导轨及静压导轨、滚珠丝杠等。

(2) 保证机械部件的精度，采用合理的预紧方式、合理的支承形式以提高传动系统的刚度。

(3) 选用最佳降速比以提高数控机床的分辨率，并使系统折算到驱动轴上的惯量减小。

(4) 尽量消除传动间隙，减小反向死区误差，提高位移精度等。

一、进给传动元件的组成

进给传动元件的典型组成形式是图 5.2.1 所示的同步齿形带传动。进给传动元件的作用与要求见表 5.2.1。

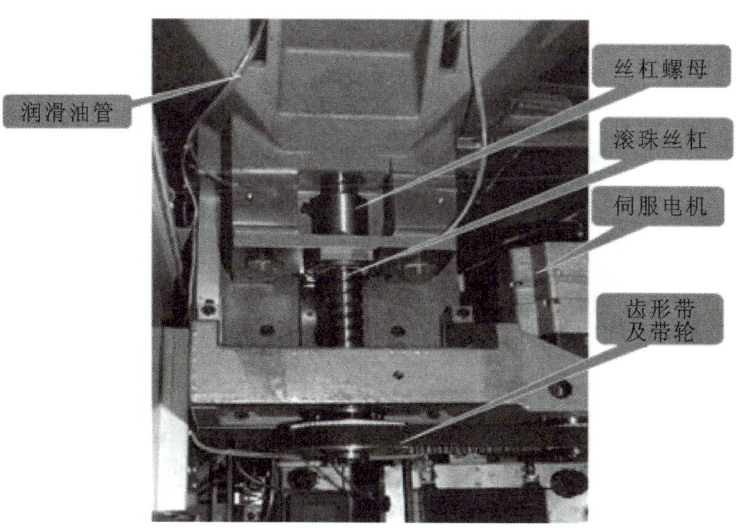

图 5.2.1 同步齿形带传动

表 5.2.1　进给传动元件的作用与要求

名称	图示	作用
导轨	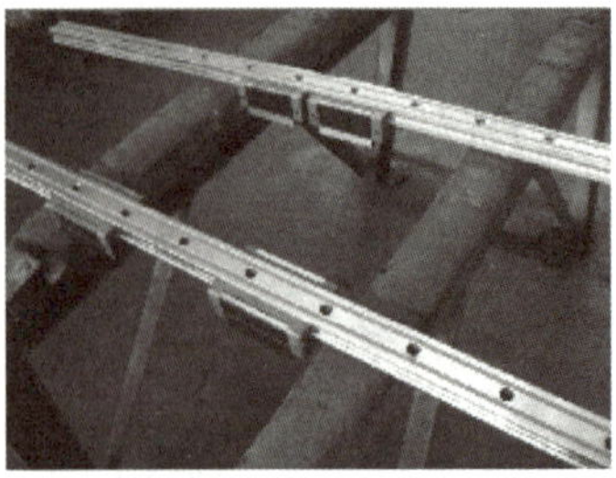	机床导轨的作用是支承和引导运动部件沿一定的轨道进行运动
丝杠	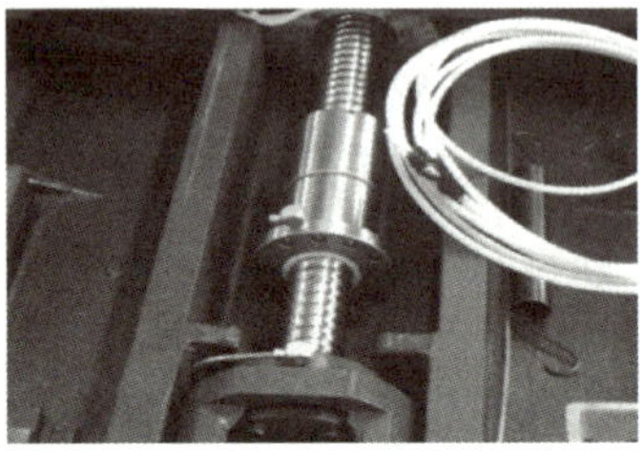	丝杠螺母副的作用是直线运动与回转运动相互转换
轴承		主要用于安装、支撑丝杠，使其能够转动，在丝杠的两端均要安装
丝杠支架	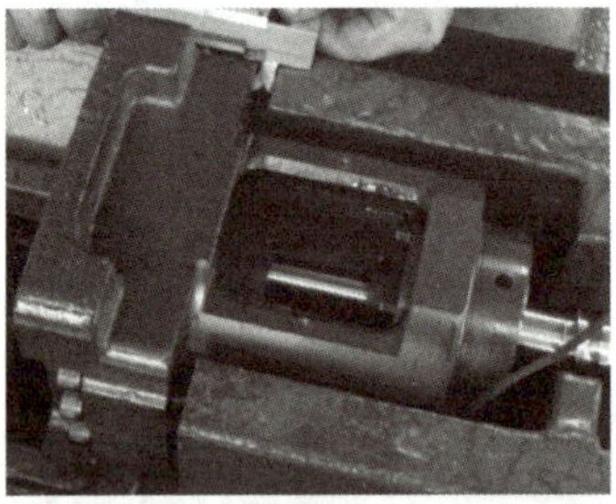	该支架内安装了轴承，在基座的两端均安装了一个，主要用于安装滚珠丝杠，传动工作台
联轴器		联轴器是伺服电动机与丝杠之间的连接元件，电动机的转动通过联轴器传给丝杠，使丝杠转动，移动工作台

续表

名称	图示	作用
伺服电动机		伺服电动机是工作台移动的动力元件，传动系统中传动元件的动力均由伺服电动机产生，每根丝杠都装有一个伺服电动机
润滑系统	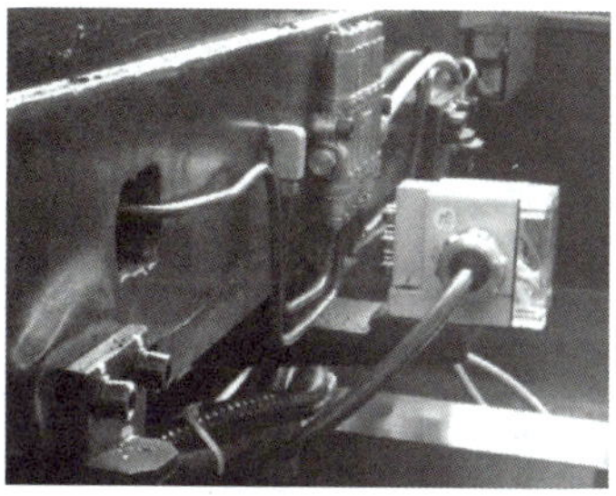	润滑系统可减少阻力和摩擦磨损，避免低速爬行，降低高速时的温升，并且可防止导轨面、滚珠丝杠副锈蚀

二、进给伺服系统种类

数控机床进给传动系统直接影响到机床加工的性能及精度，这里先了解数控机床上常见的进给伺服系统的种类，然后分析典型的进给驱动元件的结构及特点。

1. 步进伺服系统

步进伺服系统结构简单、控制容易、维修方便，如图 5.2.2 所示。

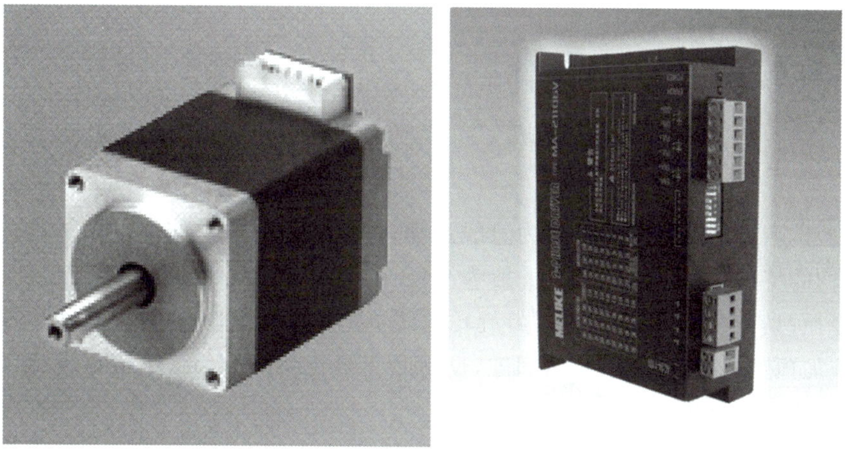

(a) 步进电机　　(b) 驱动器

图 5.2.2　步进伺服系统

随着计算机技术的发展,除功率驱动电路之外,其他部分均可由软件实现,从而进一步简化结构,因此,这类系统目前仍有相当的市场。目前步进电动机仅用于小容量、低速、精度要求不高的场合,如经济型数控机床以及打印机、绘图机等计算机的外部设备。

2. 直流伺服系统

直流伺服系统中直流电动机的工作原理是建立在电磁力定律基础上的,电磁力的大小正比于电动机中的气隙磁场,直流电动机的励磁绕组所建立的磁场是电动机的主磁场。按励磁绕组的励磁方式不同,直流电动机可分为他励式、并励式、串励式、复励式、永磁式。

3. 交流伺服系统

交流伺服系统如图 5.2.3 所示。交流伺服电动机与直流伺服电动机在同样体积下,交流伺服电动机的输出功率比直流电动机提高 10%～70%,且可达到的转速比直流电动机高。目前,交流伺服系统已经取代直流伺服系统成为最主流的数控机床伺服系统类型。

(a) 伺服驱动系统　　(b) 伺服电动机

图 5.2.3　交流伺服系统

交流伺服系统采用交流感应异步伺服电动机(一般用于主轴伺服系统)和永磁同步伺服电动机(一般用于进给伺服系统)。优点是结构简单,不需维护,适合于在恶劣环境下工作,且动态响应好,转速高,容量大。

三、典型的进给传动部件

(一) 滚珠丝杠螺母副

在数控机床上将旋转运动转换为直线运动,一般采用滚珠丝杠螺母副结构。滚珠丝杠螺母副结构的特点是:传动效率高,一般为 0.92～0.96;传动灵敏,不易产生爬行;使用寿命长,不易磨损;具有可逆性,不仅可以将旋转运动转变为直线运动,也可将直线运动转变成旋转运动;施加预紧力后,可消除轴向间隙,反向时无空行程;成本高,价格昂贵;不能自锁,垂直安装时需要有平衡装置。

滚珠丝杠螺母副结构如图 5.2.4 所示。

1. 滚珠丝杠螺母副结构形式

滚珠丝杠螺母副结构形式有很多,现国际上基本流行的结构有四种(见图 5.2.5)。滚珠

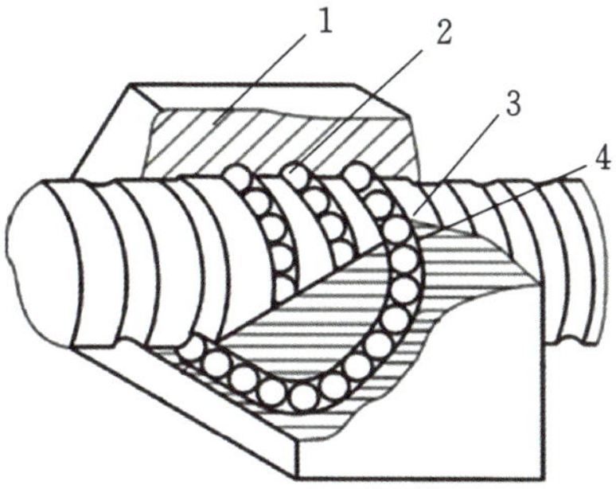

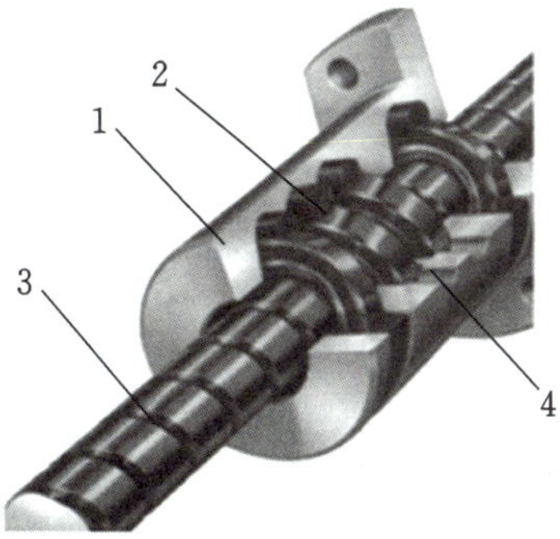

图 5.2.4 滚珠丝杠螺母副的结构

1—螺母；2—滚珠；3—丝杠；4—滚珠回路管道

丝杠螺母副的分类及特点见表 5.2.2。从表 5.2.2 中可以看出，四种结构各有优缺点，最常用的是外循环与内循环结构。

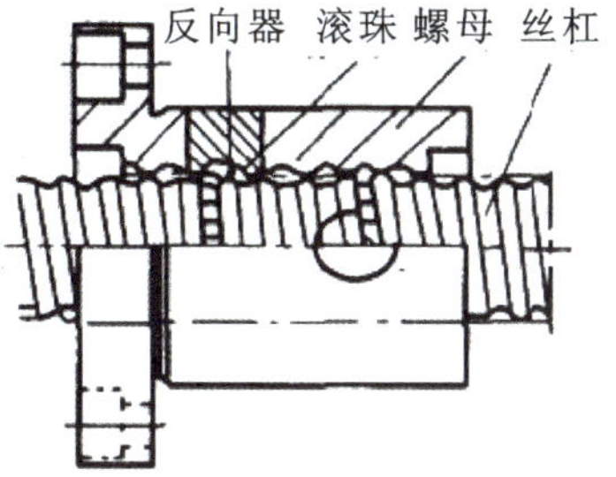

(a) 内循环结构

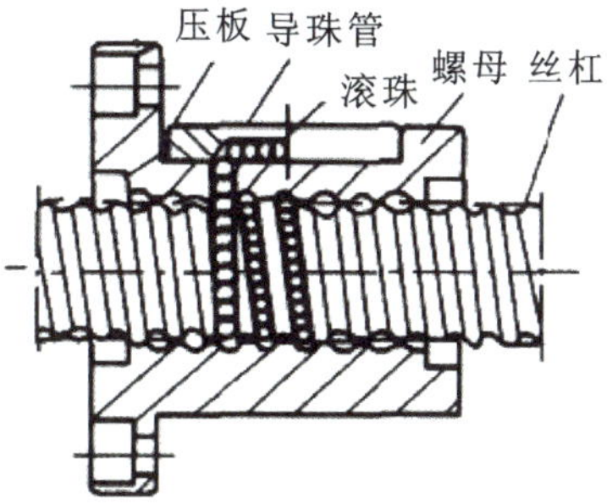

(b) 外循环结构

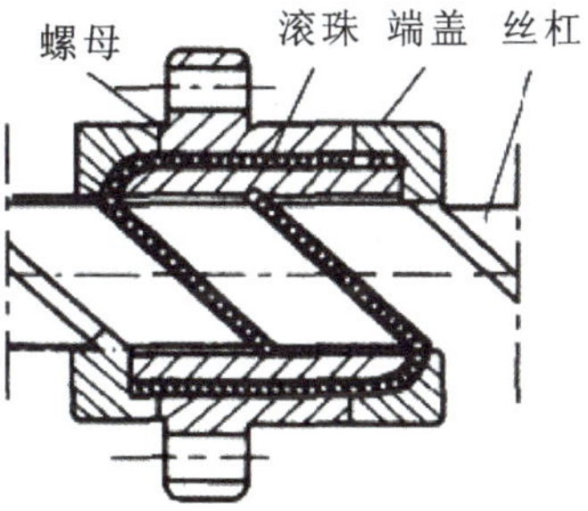

(c) 端盖结构

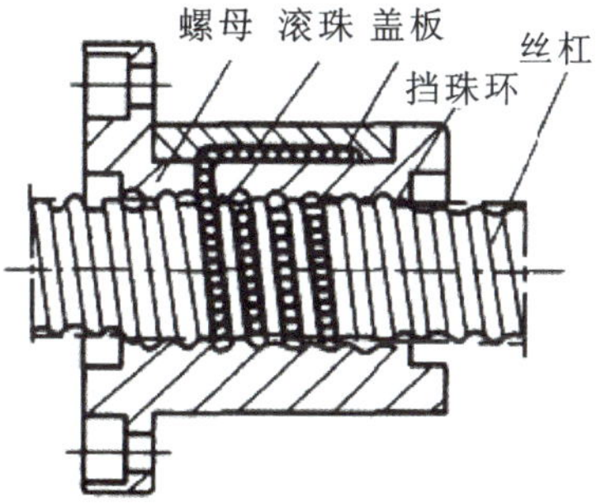

(d) 盖板结构

图 5.2.5 滚珠丝杠螺母副的结构形式

表 5.2.2 滚珠丝杠螺母副的分类及特点

种类	特点	圈数	列数	螺母尺寸
内循环结构	通过反向器组成滚珠循环回路，每一个反向器组成 1 圈滚珠链，因此承载小，适用于微型滚珠丝杠螺母副或普通滚珠丝杠螺母副	1	>2	小

续表

种类	特点	圈数	列数	螺母尺寸
外循环结构	通过导珠管组成滚珠循环回路，每一个导珠管至少形成 1.5 圈滚珠链，承载大，适应于小导程、一般导程、大导程与重型滚珠丝杠螺母副	>1.5	>1	大
端盖结构	通过螺母两端的端盖组成滚珠循环回路，每个回路至少形成 1 圈滚珠链，承载大，适应于多头大导程、超大导程滚珠丝杠螺母副	>1	>2	小
盖板结构	通过盖板组成滚珠循环回路，每个螺母一个板，每个盖板至少组成 1.5 圈滚珠链，适用于微型滚珠丝杠螺母副	>1.5	1	中

1）外循环滚珠丝杠

图 5.2.6 所示为外循环滚珠丝杠螺母副结构，在丝杠和螺母上各加工有圆弧形螺旋槽，将它们套装起来便形成了螺旋形滚道，在滚道内装满滚珠。当丝杠相对于螺母旋转时，丝杠的旋转面经滚珠推动螺母轴向移动，同时滚珠沿螺旋形滚道滚动，使丝杠和螺母之间的滑动摩擦转变为滚珠与丝杠、螺母之间的滚动摩擦。螺母螺旋槽的两端用导珠管连接起来，使滚珠能够从一端重新回到另一端，构成一个闭合的循环回路。外循环时滚珠在循环过程中有时是与丝杠脱离接触的。

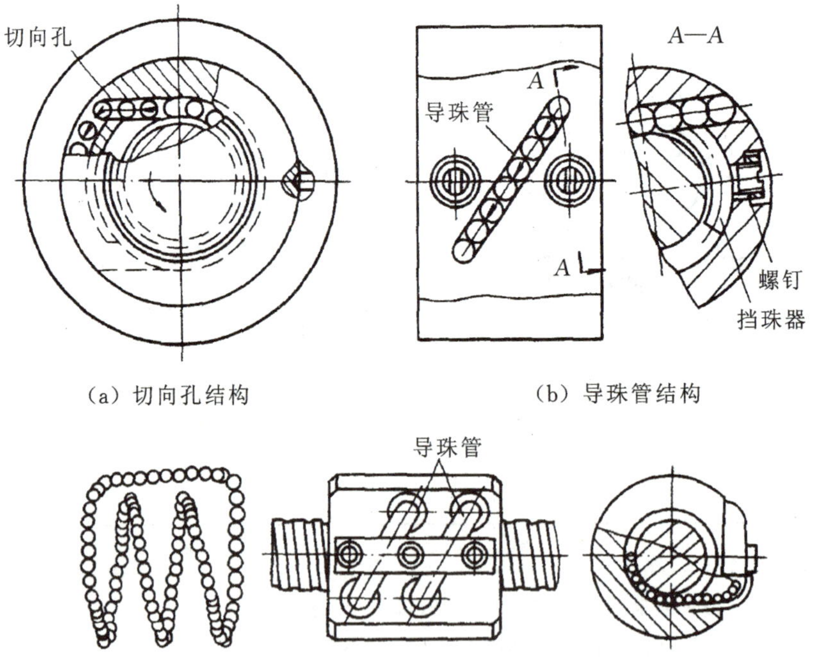

（a）切向孔结构　（b）导珠管结构

（c）滚珠的运动轨迹

图 5.2.6　外循环滚珠丝杠

2）内循环滚珠丝杠

图 5.2.7 所示为内循环滚珠丝杠螺母副结构。在螺母的侧孔中装有圆柱凸轮式反向器，反向器上铣有 S 形回珠槽，将相邻两螺纹滚道连接起来。滚珠从螺纹滚道进入反向器，借助反向器迫使滚珠越过丝杠牙顶进入相邻滚道，实现循环。

2. 滚珠丝杠螺母副间隙调整

为了保证滚珠丝杠螺母副的反向传动精度和轴向刚度，必须消除轴向间隙。常采用双螺母施加预紧力的办法消除轴向间隙，但必须注意预紧力不能太大，预紧力过大会造成传动效率降低，摩擦力增大，磨损增大，使用寿命降低等副作用。常用的消除间隙的方法有如下几种。

1）垫片调整间隙法

如图 5.2.8 所示，调整垫片 4 的厚度，使左右两螺母 1、2 产生轴向位移，从而消除滚珠丝杠螺母副的间隙进而产生预紧力。这种方法简单、可靠，但调整费时，适用于一般精度的传动。

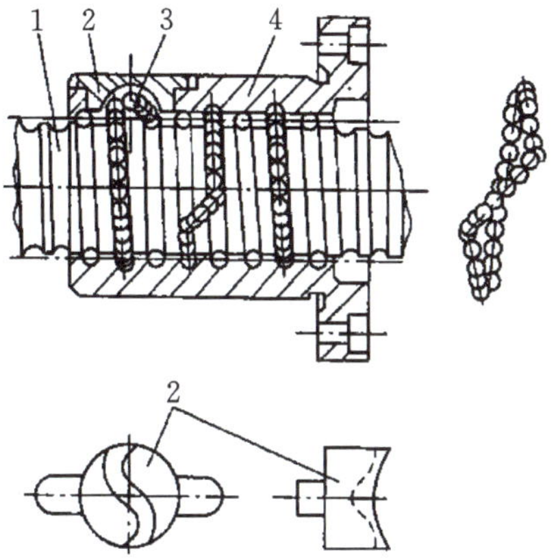

图 5.2.7 内循环滚珠丝杠

1—丝杠；2—反向器；3—滚珠；4—螺母

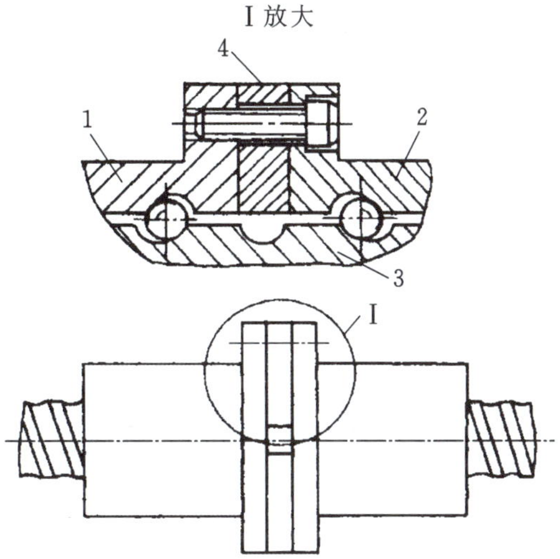

图 5.2.8 垫片调隙式

1、2—螺母；3—丝杠；4—垫片

2）齿差调整间隙法

如图 5.2.9 所示，在两个螺母的凸缘上各制有圆柱外齿轮，分别与固紧在套筒两端的内齿圈相啮合，其齿数分别为 z_1 和 z_2，并相差一个齿。调整时，先取下内齿圈，让两个螺母相对于套筒同方向各转动一个齿，再插入内齿圈，两个螺母便产生相对角位移，其轴向位移量 $s=(1/z_1-1/z_2)P_n$。例如：$z_1=80$，$z_2=81$，滚珠丝杠的导程 $P_n=6$ mm 时，$s=6/6480\approx0.001$ mm。

3）螺纹调整间隙法

如图 5.2.10 所示，右螺母 2 外圆上有普通螺纹，并用两螺母 4、5 固定。调整圆螺母 4 时，即可调整轴向间隙，然后用锁紧螺母 5 锁紧。这种方法结构紧凑，工作可靠，滚道磨损后可随时调整，但预紧力不准确。

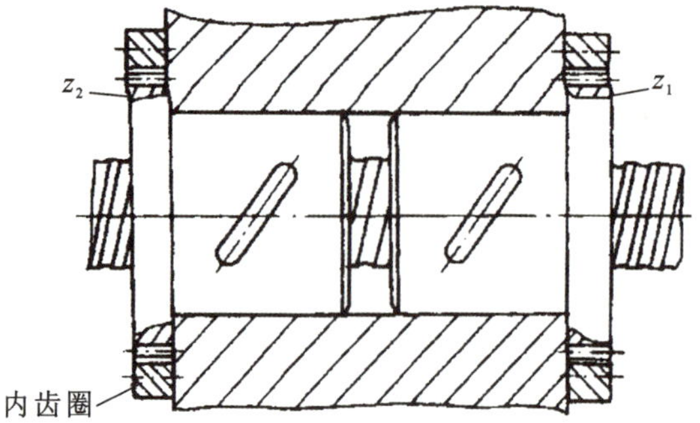

图 5.2.9　齿差调隙式

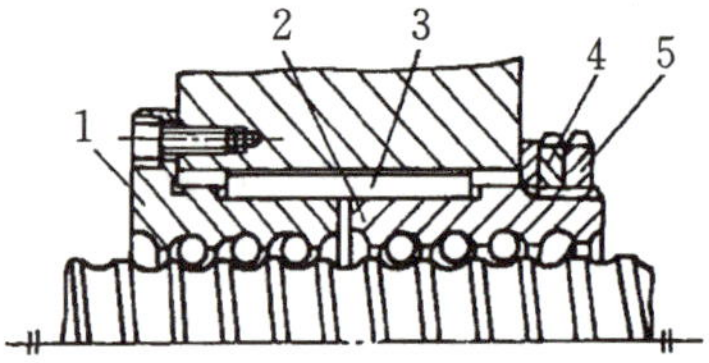

图 5.2.10　螺纹调隙式

1、2—螺母；3—平键；4—圆螺母；5—锁紧螺母

3. 滚珠丝杠螺母副的支承

数控机床的进给系统要获得较高的传动刚度，除了加强滚珠丝杠螺母副本身的刚度外，滚珠丝杠螺母副的正确安装及支承结构的刚度也是不可忽视的因素。例如，为减少受力后的变形，螺母座应有加强肋，增大螺母座与机床的接触面积，并且要连接可靠。同时，也可以采用高刚度的推力轴承来提高滚珠丝杠的轴向承载能力。

图 5.2.11(a)所示是一端安装推力轴承的方式。这种安装方式只适用于行程小的短丝杠，其承载能力小，轴向刚度低，一般用于数控机床的调整环节或升降台式数控铣床的垂直进给传动结构。

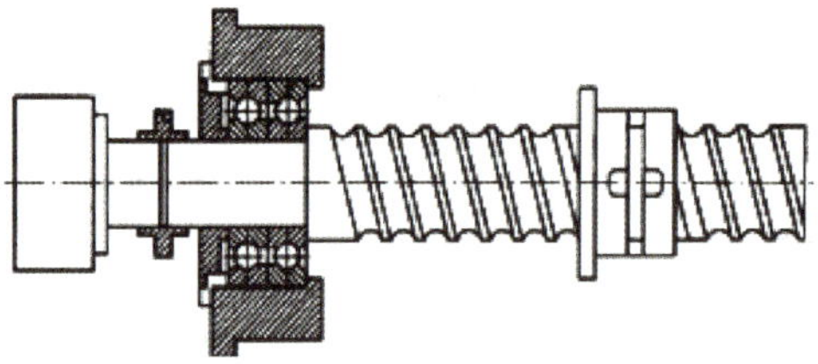

(a) 一端装推力轴承

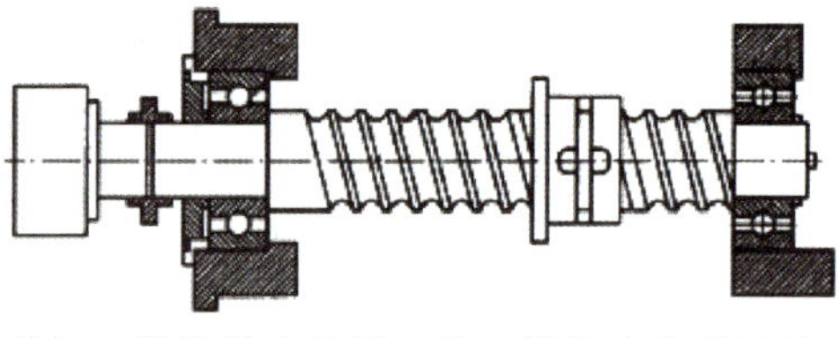

(b) 一端装推力轴承，另一端装向心球轴承

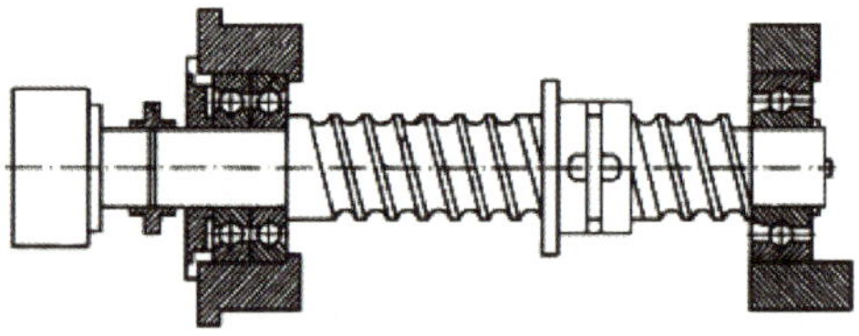

(c) 两端装推力轴承

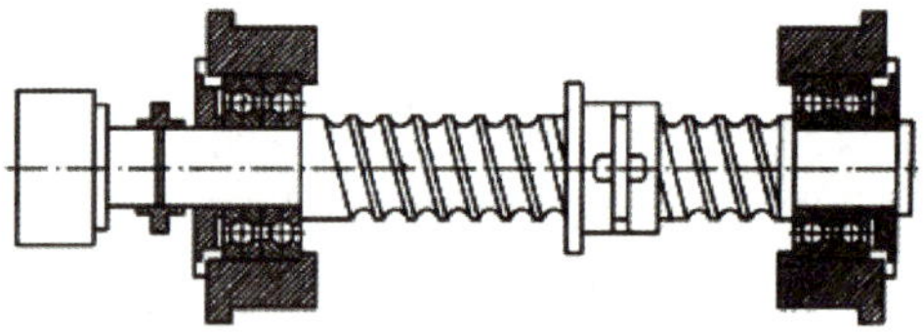

(d) 两端装推力轴承及向心球轴承

图 5.2.11　滚珠丝杠螺母副的支承方式

图 5.2.11(b)所示为一端安装推力轴承，另一端安装向心球轴承的方式。这种方式用于丝杠较长的情况，当热变形造成丝杠伸长时，其一端固定，另一端能做微量的轴向移动。为减少丝杠热变形的影响，安装时应使电动机热源和丝杠工作时的常用段远离止推端。

图 5.2.11(c)所示为两端安装推力轴承的方式。把推力轴承安装在滚珠丝杠的两端，并

施加预紧力，可以提高轴向刚度，但这种安装方式对丝杠的热变形较为敏感。

图 5.2.11(d)所示为两端安装推力轴承和向心球轴承的方式。它的两端均采用双重支承并施加预紧力，使丝杠具有较大的刚度。这种方式还可使丝杠的温度变形转化为推力轴承的预紧力，但设计时要求提高推力轴承的承载能力和支架的刚度。

4. 滚珠丝杠螺母副的制动

由于滚珠丝杠螺母副的传动效率高，无自锁作用(特别是滚珠丝杠螺母副处于垂直传动时)，为防止主轴箱因自重下降，故必须装有制动装置。

图 5.2.12(a)所示为数控卧式镗床主轴箱进给丝杠制动装置的示意图。机床工作时，电磁铁通电，使摩擦离合器脱开。运动由步进电动机经减速齿轮传给丝杠，使主轴箱上下移动。当加工完毕或中间停车时，步进电动机和电磁铁同时断电，借压力弹簧作用合上摩擦离合器，使丝杠不能转动，主轴箱便不会下落。也可以采用带制动器的伺服电动机进行制动，图 5.2.12(b)所示为 FANUC 公司伺服电动机带制动器的示意图。机床工作时，在制动器电磁线圈 7 电磁力的作用下，外齿轮 8 与内齿轮 9 脱开，弹簧受压缩，当停机或停电时，电磁铁失电，在弹簧恢复力作用下，齿轮 8、9 啮合，齿轮 9 与电动机端盖为一体，故与电动机轴连接的丝杠得到制动。这种电磁制动器装在电动机壳内，与电动机形成一体化结构。

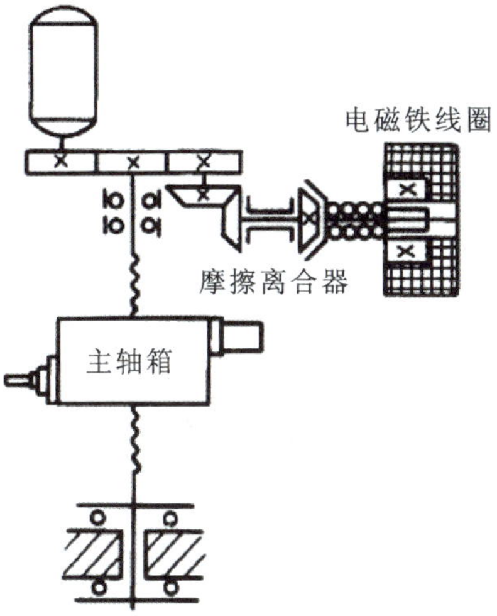

(a)

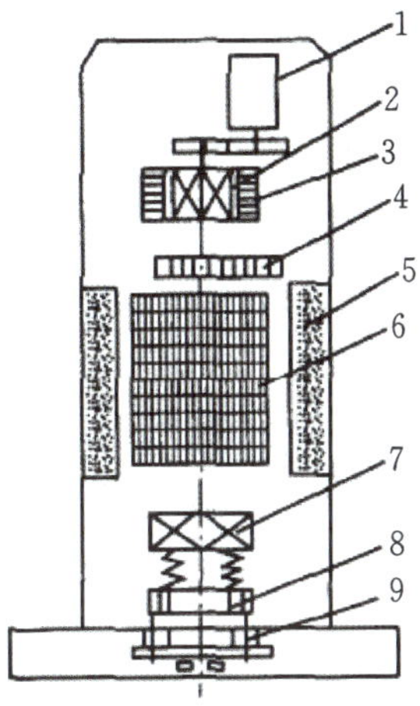

(b)

图 5.2.12 滚珠丝杠的制动

1—旋转变压器；2—测速发电机转子；3—测速发电机定子；4—电刷；5—永久磁铁；6—伺服电动机转子；7—电磁线圈；8—外齿轮；9—内齿轮

5. 滚珠丝杠的预拉伸

滚珠丝杠在工作时会发热，其温度高于床身。丝杠的热膨胀使导程加大，影响定位精度。为了补偿热膨胀，可将丝杠预拉伸。预拉伸量应略大于热膨胀量。发热后，热膨胀量抵消了部分预拉伸量，使丝杠内的拉应力下降，但长度却没有变化。需进行预拉伸的丝杠在制造时应使其目标行程(螺纹部分在常温下的长度)等于公称行程(螺纹部分的理论长度等于公称导程乘以丝杠上的螺纹圈数)减去预拉伸量。拉伸后恢复公称行程。减去的量称为“行程补偿值”。

图 5.2.13 是丝杠预拉伸的一种结构图。丝杠 2 两端有推力轴承 6 和滚针轴承 3，拉伸力通过螺母 8、推力轴承 6、静圈 5、调整套 4 作用到支座上，当丝杠装到两个支座 1、7 上之后，拧紧螺母 8 使滚针轴承 3 靠在丝杠的台肩上，再压紧压盖 9，使调整套 4 两端顶紧在支座 7 和静圈 5 上，用螺钉和销子将支座 1、7 定位在床身上，然后卸下支座 1、7，取出调整套 4，换上加厚的调整套，加厚量等于预拉伸量，再照样装好支座，将其固定在床身上。

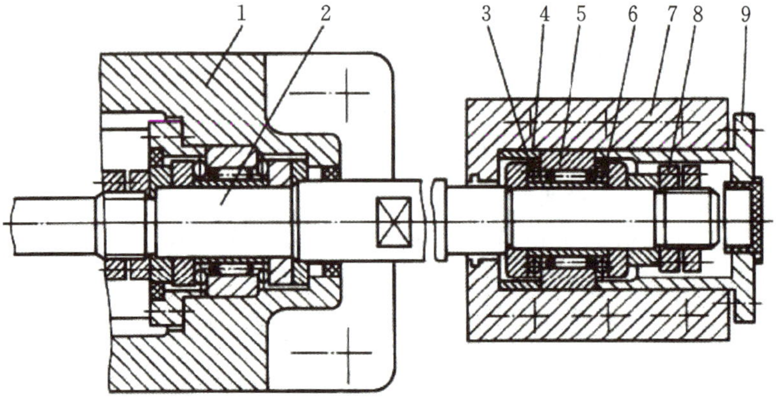

图 5.2.13　丝杠的预拉伸

1、7—支座；2—丝杠；3—滚针轴承；4—调整套；5—静圈；6—推力轴承；8—螺母；9—压盖

6. 滚珠丝杠螺母副的维护

1）防护罩防护

若滚珠丝杠螺母副在机床上外露，应采用封闭的防护罩，见表 5.2.3。常采用螺旋弹簧钢带套管、伸缩套管、锥形套筒以及折叠式（风琴式）的塑料或人造革等形式的防护罩，以防止尘埃和磨粒黏附到丝杠表面。安装时将防护罩的一端连接在滚珠螺母的端面，另一端固定在滚珠丝杠的支承座上。防护罩的材料必须具有防腐蚀及耐油的性能。

表 5.2.3　防护套（防护罩防护）种类

名称	实物	名称	实物
伸缩套管	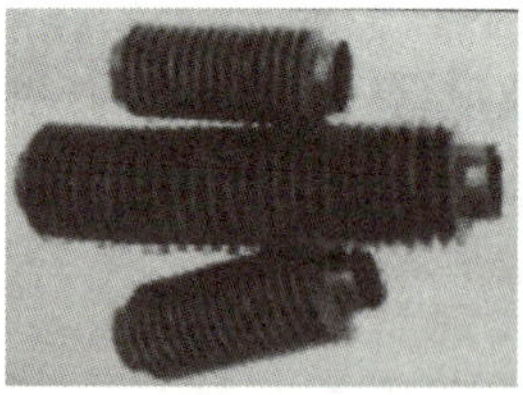	折叠式的塑料或人造革	
锥形套筒	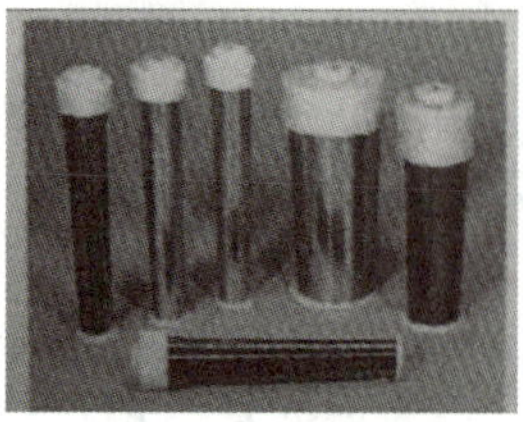		

图 5.2.14 所示是螺旋弹簧钢带套管的结构，防护装置和螺母一起固定在滑板上，整个装置由支承滚子 1、张紧轮 2 和钢带 3 等零件组成。钢带的两端分别固定在丝杠的外圆表面。防护装置中的钢带绕过支承滚子，并靠弹簧和张紧轮将钢带张紧。当丝杠旋转时，工作台(或滑板)相对丝杠做轴向移动，丝杠一端的钢带按丝杠的螺距被放开，而另一端则以同样的螺距将钢带缠卷在丝杠上。由于钢带的宽度正好等于丝杠的螺距，因此螺纹槽被严密地封住。还因为钢带的正反面始终不接触，钢带外表面黏附的脏物就不会被带到内表面去，使内表面保持清洁。这是其他防护装置很难做到的。

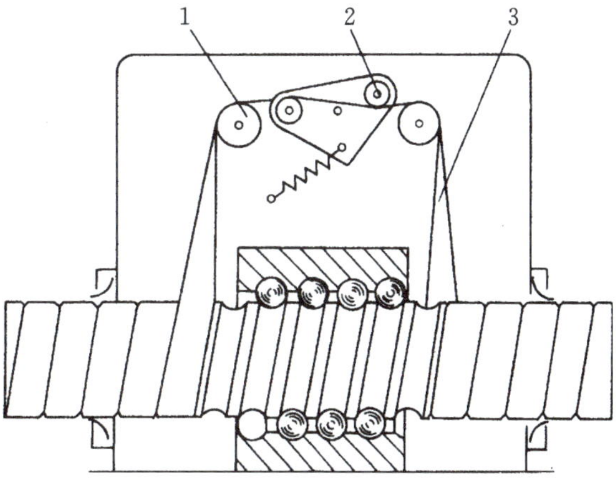

图 5.2.14 螺旋弹簧钢带套管防护

1—支承滚子；2—张紧轮；3—钢带

2) 密封圈防护

如图 5.2.15 所示，如果滚珠丝杠螺母副处于隐蔽的位置，可采用密封圈对螺母进行密封，密封圈厚度为螺距的 2～3 倍，装在滚珠螺母的两端。接触式的弹性密封圈用耐油橡胶或尼龙制成，其内孔做成与丝杠螺纹滚道相配的形状。接触式密封圈的防尘效果好，但因有接触压力，使摩擦力矩略有增加。非接触式密封圈用聚氯乙烯等塑料制成，又称迷宫式密封圈，其内孔形状与丝杠螺纹滚道的形状相反，并略有间隙，这样可避免摩擦力矩，但防尘效果较差。

图 5.2.15 密封圈防护

3) 滚珠丝杠螺母副的润滑

滚珠丝杠螺母副也可用润滑剂来提高耐磨性及传动效率。润滑剂可分为润滑油和润滑脂两大类。润滑油为一般机油或 90～180＃透平油、140＃或 N15 主轴油，而润滑脂一般采用锂基润滑脂。润滑脂通常加在螺纹滚道和安装螺母的壳体空间内，而润滑油则是经过壳体上的油孔注入螺母的内部。通常每半年应对滚珠丝杠螺母副上的润滑脂更换一次，清洗丝杠上的旧润滑脂，涂上新的润滑脂。润滑脂的给脂量一般为螺母内部空间容积的 1/3，滚珠丝杠螺母副出厂时在螺母内部已加注锂基润滑脂。用润滑油润滑的滚珠丝杠螺母副，则可在每次机床工作前加油一次，给油量随使用条件等的不同而有所变化。

（二）齿轮传动间隙消除结构

在数控机床上，齿侧间隙会导致进给运动反向时丢失指令脉冲，并产生反向死区，影响加工精度，因此在齿轮传动中必须消除间隙。

1. 直齿圆柱齿轮传动间隙的消除

直齿圆柱齿轮传动间隙的消除方法主要有轴向垫片调整法、偏心套调整法和双片薄齿轮错齿调整法等。

1）轴向垫片调整法

如图 5.2.16 所示，两个齿轮沿齿宽方向稍有锥度，当齿轮 1 不动时，调整轴向垫片 3 的厚度，使齿轮 2 做轴向位移从而减小啮合间隙。这种方法的结构简单，传动刚性好，但调整后的间隙不能自动补偿。

2）偏心套调整法

如图 5.2.17 所示，电动机通过偏心套 2 安装在壳体上。转动偏心套 2 就能调整两圆柱齿轮的中心距，从而减小齿轮的侧隙。这种方法的结构也简单，传动刚性好，调整后的间隙也不能自动补偿。

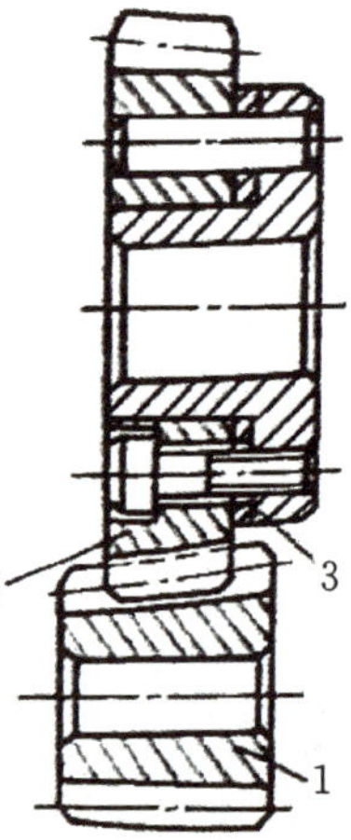

图 5.2.16　轴向垫片调整法

1、2—齿轮；3—垫片

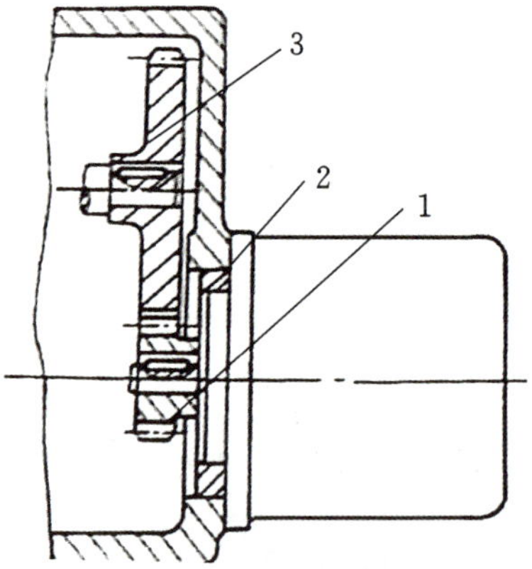

图 5.2.17　偏心套调整法

1、3—齿轮；2—偏心套

3）双片薄齿轮错齿调整法

如图 5.2.18 所示，相互啮合的一对齿轮中的一个被做成两个薄片齿轮 7 和 8，两薄片齿轮套装在一起，彼此可做相对转动。两个薄片齿轮的端面上，分别装有螺纹凸耳 5 和螺纹凸耳 6，拉簧 1 的一端钩在螺纹凸耳 5 上，另一端钩在穿过螺纹凸耳 6 的调节螺钉 4 上。在拉簧的拉力作用下，两个薄片齿轮的轮齿相互错位，分别贴紧在与之啮合的齿轮（图中未画出）左、右齿廓面上，消除了它们之间的齿侧间隙。拉簧 1 的拉力大小可由螺母 2 调整，螺母 3 为锁紧螺母。这种方法能自动补偿间隙，但结构复杂，且传动刚性差，能传递的转矩较小。

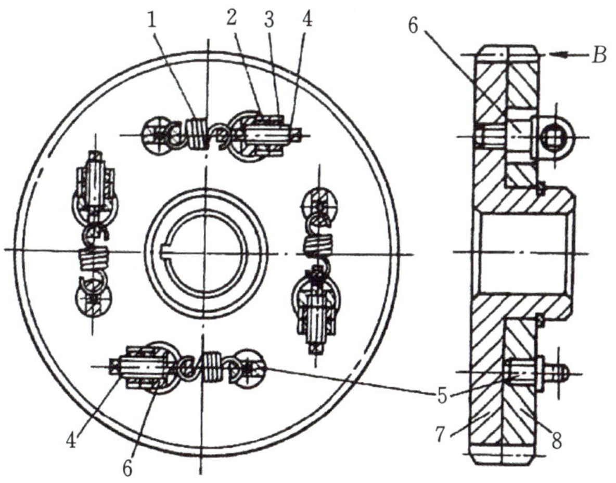

图 5.2.18 双片薄齿轮错齿调整法

1—拉簧；2—调整螺母；3—锁紧螺母；4—调节螺钉；5、6—螺纹凸耳；7、8—薄片齿轮

2. 斜齿圆柱齿轮传动间隙的消除

斜齿圆柱齿轮传动间隙的消除方法主要有垫片调整法、轴向压簧调整法等。

1）垫片调整法

如图 5.2.19 所示，在两个薄片斜齿轮 3 和 4 中间，加一个垫片 2，垫片 2 使齿轮 3 和 4 的螺旋线错位，从而消除齿侧间隙。

2）轴向压簧调整法

如图 5.2.20 所示，两个薄片斜齿轮 1 和 2 用滑键套在轴 5 上，螺母 4 可调整弹簧 3 对齿轮 2 的轴向压力，使齿轮 1 和 2 的齿侧分别贴紧宽齿轮 6 的齿槽两侧面以消除间隙。

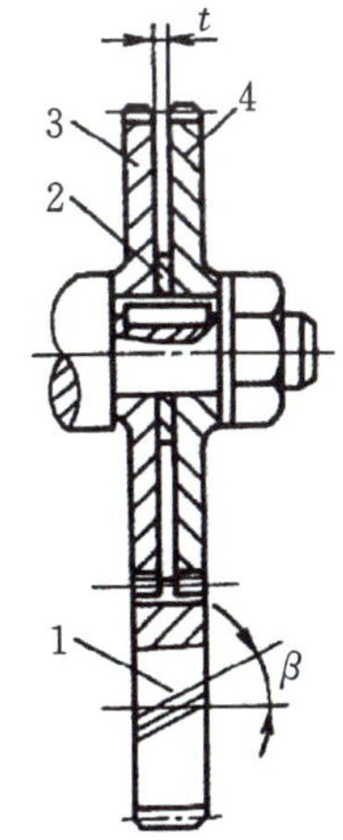

图 5.2.19 斜齿轮垫片调整间隙

1—宽齿轮；2—垫片；3、4—薄片斜齿轮

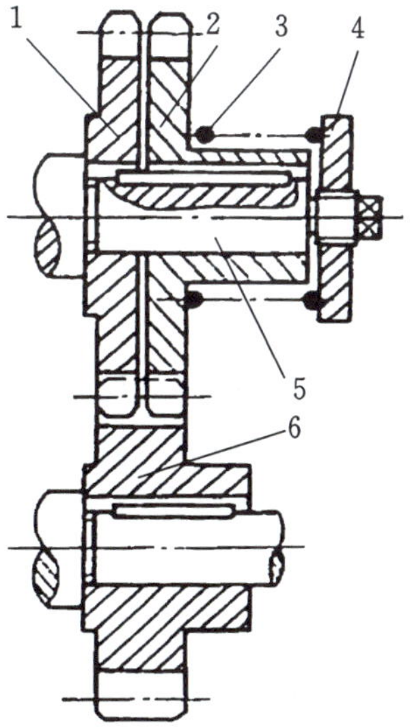

图 5.2.20 斜齿轮压簧调整间隙

1、2—薄片斜齿轮；3—弹簧；4—螺母 5—轴；6—宽齿轮

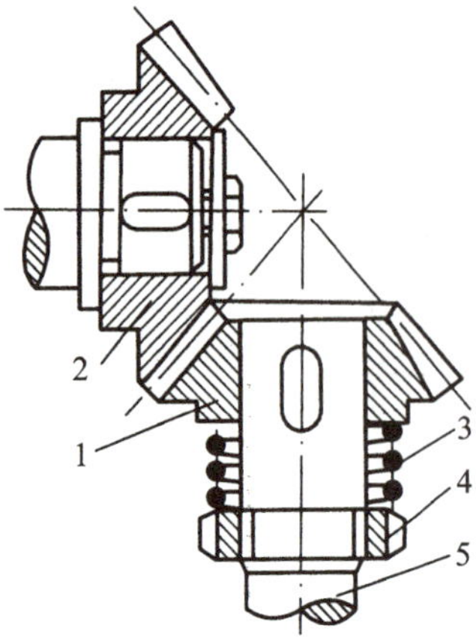

图 5.2.21　锥齿轮齿侧间隙的消除

1、2—锥齿轮；3—弹簧；4—螺母；5—轴

3. 锥齿轮齿侧间隙的消除

锥齿轮齿侧间隙可以采用轴向压簧法消除。如图 5.2.21 所示，锥齿轮 1 和 2 相啮合，在装锥齿轮 1 的轴 5 上装有弹簧 3，螺母 4 用来调整弹簧 3 的弹力，锥齿轮 1 在弹簧力作用下稍有轴向移动，就能消除锥齿轮 1 和 2 的间隙。

（三）机床导轨

不论是普通机床还是数控机床，导轨的作用都是为了导向和支承，也即支承运动部件并保证其能在外力的作用下准确地沿着规定的方向运动。导轨的精度以及它的性能直接影响机床的加工精度和承载能力。

数控机床常用的导轨按其接触面间摩擦性质的不同，可以分为滚动导轨、塑料滑动导轨、静压导轨和磁力导轨等。

1. 导轨的要求

(1) 导向精度高。导向精度是指机床的运动部件沿导轨移动时的直线性和与有关基准面之间的相互位置的准确性。无论在空载或切削状态下导轨都应有足够的导向精度。影响导轨精度的主要原因除制造精度外，还有导轨的结构形式、装配质量、导轨及其支承件的刚度和热变形等。

(2) 耐磨性好。导轨的耐磨性是指导轨在长期使用过程中保持一定的导向精度的能力。因导轨在工作过程中有磨损，故应力求减少磨损量，并在磨损后能自动补偿或便于调整。

(3) 足够的刚度。导轨受力变形会影响部件之间的导向精度和相对位置，故要求导轨应有足够的刚度。为了减轻或平衡外力的影响，数控机床常采用加大导轨面的尺寸来提高刚度。

(4) 低速运动平稳性。应使导轨的摩擦阻力小，运动轻便，低速运动时无爬行现象。

(5) 结构简单、工艺性好。所设计的导轨应使制造和维修方便，在使用时便于调整和维护。

2. 导轨的截面形状

滑动导轨常见的截面形状如图 5.2.22 所示。其各个平面所起的作用各不相同。在矩形和三角形导轨中，M 面主要起支撑作用，N 面是保证直线移动精度的导向面，J 面是防止运动部件抬起的压板面；而在燕尾形导轨中，M 面起导向和压板作用，J 面起支撑作用。

(1) 矩形导轨[图 5.2.22(a)]。这种截面导轨承载能力强，易加工制造，水平方向和垂直方向上的位置精度各不相关。其侧面间隙不能自动补偿，因此必须设置间隙调整机构。

(2) 三角形导轨[图 5.2.22(b)]。三角形导轨有 2 个导向面，同时控制了垂直方向和水平方向的导向精度。这种导轨在载荷的作用下，自行补偿消除间隙，导向精度较其他导轨高。

(3) 燕尾形导轨[图 5.2.22(c)]。这种截面导轨结构紧凑，高度值最小，能承受颠覆力矩，但摩擦阻力较大，刚性较差，制造、检修不方便，因此多用于高度小且导向精度不太高的情况。

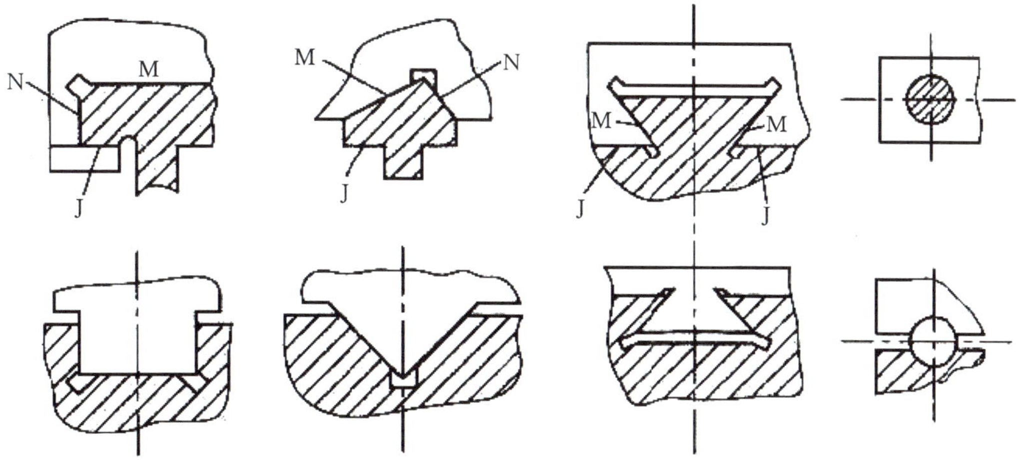

(a) 矩形导轨　(b) 三角形导轨　(c) 燕尾形导轨　(d) 圆柱形导轨

图 5.2.22　滑动导轨常见的截面形状

(4) 圆柱形导轨[图 5.2.22(d)]。这种截面导轨制造简单,刚度高,可以做到精密配合,但对温度变化较敏感,小间隙时很易卡住,大间隙时导向精度差,且磨损后调整间隙困难。它与上述几种截面比较,应用较少。

以上截面形状的导轨有凸形(上排)和凹形(下排)两类。凹形容易存油,但也容易积存切屑和尘粒,因此适用于具有良好防护的环境。凸形适用于具有良好润滑条件的环境。矩形导轨也称为平导轨。三角形导轨在凸形时可称为山形导轨,在凹形时可称为 V 形导轨。

3. 塑料滑动导轨

为进一步减少导轨的磨损和提高运动性能,近年来出现了两种广泛应用的塑料滑动导轨:聚四氟乙烯导轨软带和环氧型耐磨导轨涂层。

滑动导轨具有结构简单、制造方便、接触刚度大的优点。但传统滑动导轨摩擦阻力大,磨损快,动、静摩擦因数差别大,低速时易产生爬行现象。除简易型数控机床外,在其他数控机床上已不采用。在数控机床上常用带有耐磨粘贴带覆盖层的滑动导轨和新型塑料滑动导轨,它们具有良好的摩擦性能及使用寿命长的特点。

1) 聚四氟乙烯(PTIFE)导轨软带

聚四氟乙烯导轨软带是用于塑料导轨最成功的一种,这种导轨软带以聚四氟乙烯为基体,加入青铜粉、二硫化钼和石墨等填充剂混合烧结,并做成软带状。这类导轨软带有 Shamban 公司生产的 Turcite-B 导轨软带,Dixon 公司生产的 Rulon 导轨软带,国内生产的 TSF 导轨软带。TSF 导轨软带的主要技术性能指标见表 5.2.4。

表 5.2.4　TSF 导轨软带的主要技术性能指标

技术性能	指标
密度/(g/cm^3)	2.9
拉伸强度/MPa	13.8

续表

技术性能		指标
压缩变形（比压 30Pa）	总变形/(%)	0.9
	永久变形/(%)	0.5
磨损系数/[cm^3 · min/(MPa · m · h)]		5.6×10^{-9}
比磨损率/[mm^3/(MPa · km)]		9.4×10^{-5}
极限 PV 值/(MPa · m/min)		300

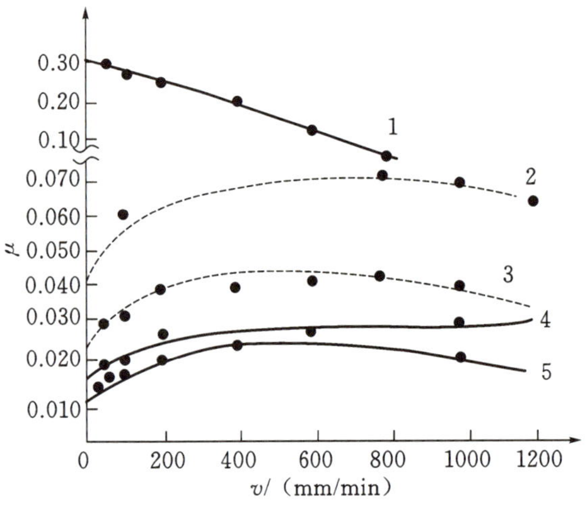

图 5.2.23　摩擦-速度曲线

1—铸铁-铸铁(30＃机油)；2—Turcite-B-铸铁(干摩擦)；3—Turcite-B-铸铁(30＃机油)；4—TSF-铸铁(干摩擦)；5—TSF-铸铁(30＃机油)

(1) 导轨软带的特点。

a. 摩擦性能好。铸铁淬火导轨副的静摩擦因数、动摩擦因数相差较大，几乎相差一倍，而金属聚四氟乙烯导轨软带的静、动摩擦因数基本不变。图 5.2.23 所示为三种不同摩擦副试验测得的摩擦速度曲线。由图看出，铸铁-铸铁的摩擦速度曲线斜率为负值；而 TSF-铸铁摩擦副和 Turcite-B-铸铁摩擦副的曲线为正斜率，对干摩擦或机油润滑情况是相同的，而且摩擦因数 μ 很低，比铸铁导轨副约低一个数量级。这种良好的摩擦性能可防止低速爬行，使运动平稳并获得较高的定位精度。

b. 耐磨性好。除摩擦因数低外，聚四氟乙烯导轨软带材质中含有青铜、二硫化钼和石墨，因此，本身具有润滑作用，对润滑油的供油量要求不高，采用间歇式供油即可。此外塑料质地较软，即使嵌入金属碎屑、灰尘等，也不至损伤金属导轨面和软带本身，可延长导轨副的使用寿命。

c. 减振性好。塑料有很好的阻尼性能，其减振消声的性能对提高摩擦副的相对运动速度有很大意义。

d. 工艺性好。可降低对粘贴塑料的金属导轨基体的硬度和表面质量要求，而且塑料易于加工(铣、刨、磨、刮)，可使导轨副接触面获得优良的表面质量。

此外，还有化学稳定性好、维修方便、经济性好等优点。

(2) 导轨软带使用工艺。

首先将导轨粘贴面加工至表面粗糙度 $Ra\,3.2\sim1.6\ \mu m$，有时为了起定位作用，要将导轨粘贴面加工成 0.5～1 mm 深的凹槽，如图 5.2.24 所示。用汽油(或金属清洗液、丙酮)清洗导轨粘贴面后，用胶粘剂粘合导轨软带，初加压固化 1～2 h 后再合拢到配对的固定导轨或专用夹具上施以一定的压力，并在室温下固化 24 h，取下并清除余胶，即可开油槽和进行精加工。由于这类导轨用粘贴方法制成，习惯上称为贴塑导轨。如图 5.2.25 所示为几种贴塑导轨的结构。

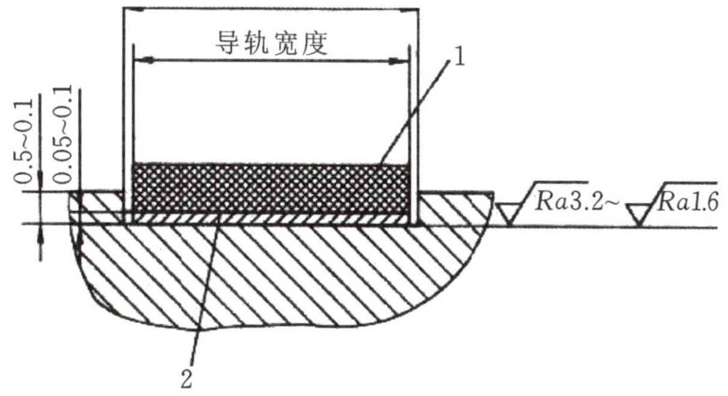

图 5.2.24　软带导轨的粘贴

1—导轨软带；2—粘接材料

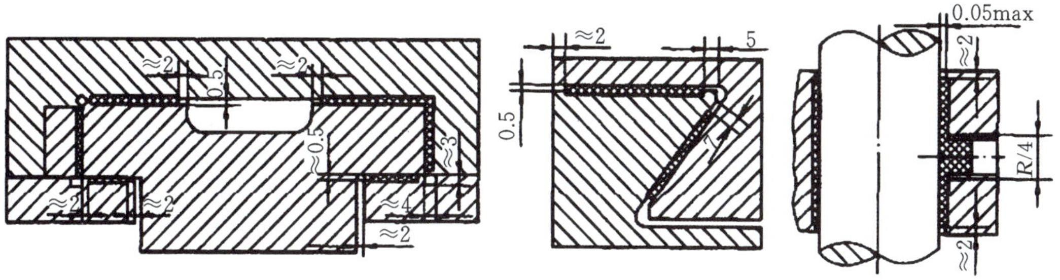

（a）矩形导轨　（b）燕尾导轨　（c）圆柱导轨

图 5.2.25　贴塑导轨的结构

2）环氧型耐磨导轨涂层

环氧型耐磨导轨涂层是另一类成功地用于金属-塑料导轨的材质，它是以环氧树脂和二硫化钼为基体，加入增塑剂，混合成液状或膏状作为一组分和固化剂为另一组分的双组分塑料涂层。这类涂层有 Cleitbelag-Technik 公司生产的 SKC3 导轨涂层、Diamant-Kitte-Schulz 公司生产的 Moglice 钻石牌导轨涂层和国产的 HNT 导轨涂层。SKC3 导轨涂层有多种不同的相对密度，分别适用于各种比压的机床导轨，主要技术指标见表 5.2.5。

表 5.2.5　不同的 SKC3 导轨涂层对应的技术指标

技术参数	指标			
相对密度/(g/cm³)	1.8	1.62	2.1	2.1
滑动条件下最高许用比压/Pa	5	12.5	20	40
静态条件下最高许用比压/Pa	75	95	165	385
使用温度/℃	80	−40～125	−40～125	−40～125
耐腐蚀性	能耐水、海水、矿油及合成润滑油，弱酸和弱碱，原油和汽油、酒精以及各种润滑冷却液等的腐蚀；不耐丙酮、苯、甲苯等的腐蚀			
吸水性	不吸水			
固化收缩率	很小，测不出			
固化时间	室温 18 ℃以下，固化时间为 24～36 h			

(1) SKC3 导轨涂层的特点。

导轨涂层材质有良好的可加工性，可经车、铣、刨、钻、磨削和刮削；有良好的摩擦特性和耐磨性；其抗压强度比聚四氟乙烯导轨软带要高；固化时体积不收缩，尺寸稳定；可在调整好固定导轨和运动导轨间的相关位置精度后注入涂料，可节省许多加工时间；特别适用于重型机床和不能用导轨软带的复杂配合型面。

(2) 导轨耐磨涂层使用工艺。

涂层使用工艺很简单。以导轨副为例，首先将导轨涂层面粗刨或粗铣成如图 5.2.26 所示的粗糙表面，以便保证有良好的附着力。图中导轨面刀纹宽度 1 mm，刀纹深 0.5～0.8 mm，两侧凸台宽 2 mm，凸台高 1.5 mm，与塑料导轨相配的金属导轨面（或模具）用溶剂清洗后涂上一薄层硅油或专用脱模剂，以防导轨与耐磨导轨涂层粘结。将按配方加入固化剂的耐磨涂层材料涂抹于导轨面，然后叠合在金属导轨面（或模面）上进行固化。叠合前可放置成形油槽、油腔用模板。固化 24 h 后，即可将两导轨分离。涂层硬化两三天后可进行下一步的加工。图 5.2.26 为注塑后的导轨示意图。从图中可以看出，塑料导轨面宽度与贴塑导轨一样，需小于相配的金属导轨面。空隙处需用密封胶条堵住。涂层面的厚度以及导轨面与其他表面（如工作台面）的相对位置精度可借助高等级或专用夹具保证。由于这类涂层导轨采用涂刮或注入膏状塑料的方法制成，国内习惯上称为涂塑导轨或注塑导轨。

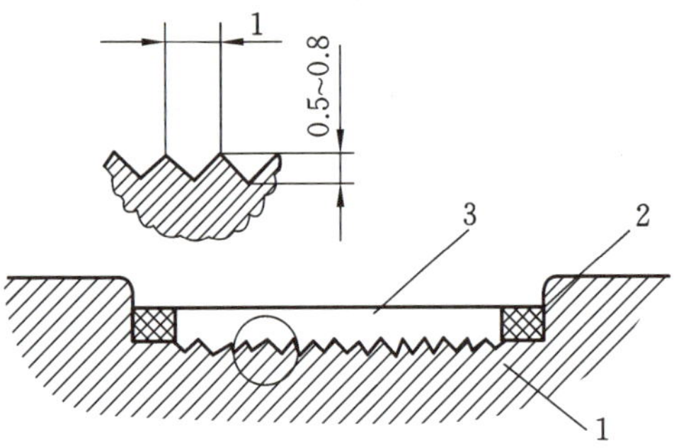

图 5.2.26　注塑导轨

1—滑座；2—胶条；3—注塑层

4. 滚动导轨

滚动导轨是在导轨面之间放置滚珠、滚柱或滚针等滚动体，使导轨面之间为滚动摩擦而不是滑动摩擦。滚动导轨的灵敏度高，摩擦因数小，且其动、静摩擦因数相差很小，因而运动均匀；尤其是在低速移动时，不易出现爬行现象；定位精度高，重复定位精度可达 0.2 μm；牵引力小，移动轻便；磨损小，精度保持性好，使用寿命长。但滚动导轨的抗振性差，对防护要求高，结构复杂，制造困难，成本较高。根据滚动体的种类，滚动导轨可以分为下列几种类型。

1) 滚珠导轨

这种导轨的承载能力小，刚度低。为了防止在导轨面上产生压坑，导轨面一般采用淬火钢制成。滚珠导轨适用于运动部件重量轻、切削力不大的数控机床，如图 5.2.27 所示。

2) 滚柱导轨

这种导轨的承载能力和刚度都比滚珠导轨大，适用于载荷较大的数控机床，如图 5.2.28 所示。但对于安装的偏斜反应大，即使支承的轴线与导轨的平行度误差不大也会引起偏移和侧向滑动，从而使导轨磨损加快、精度降低。小滚柱（小于 ϕ10 mm）比大滚柱（大于 ϕ25 mm）对导轨面不平行性更敏感，但小滚柱的抗振性高。

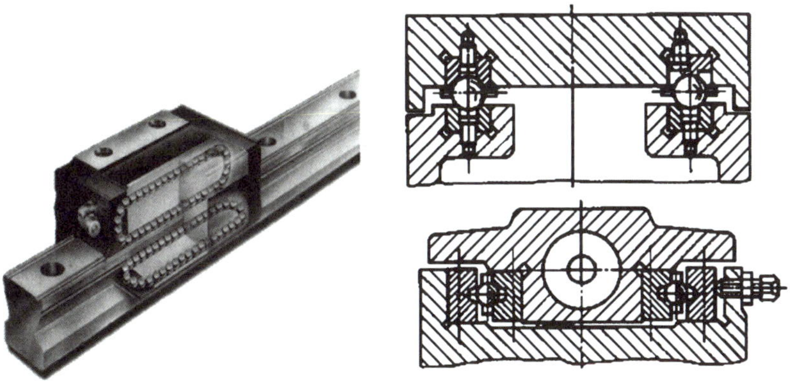

(a) 实物图　　　　(b) 结构图

图 5.2.27　滚珠导轨

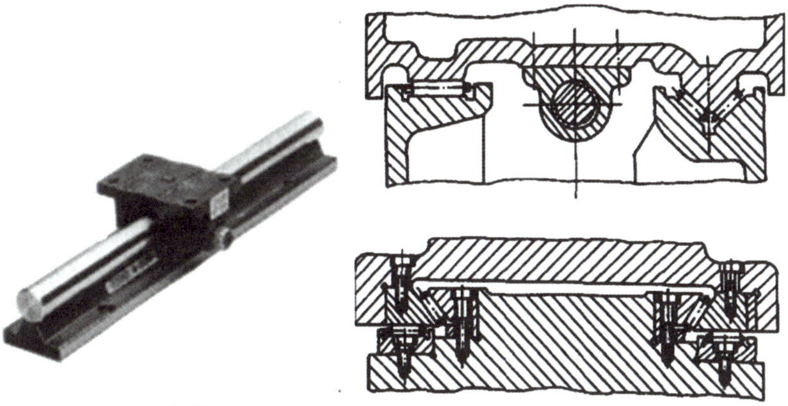

(a) 实物图　　　　(b) 结构图

图 5.2.28　滚柱导轨

3) 滚针导轨

滚针导轨的滚针比滚柱的长径比大,滚针导轨的特点是尺寸小、结构紧凑,主要适用于导轨尺寸受限制的数控机床,如图 5.2.29 所示。

4) 直线滚动导轨(简称为直线导轨)

图 5.2.30 所示是直线滚动导轨副的外形图,直线滚动导轨由一根长导轨(导轨条)和一个或几个滑块组成。图 5.2.31 是直线滚动导轨副的结构图,当滑块 10 相对于导轨条 9 移动时,每一组滚珠(滚柱)都在各自的滚道内循环运动,其所受的载荷形式与滚动轴承类似。

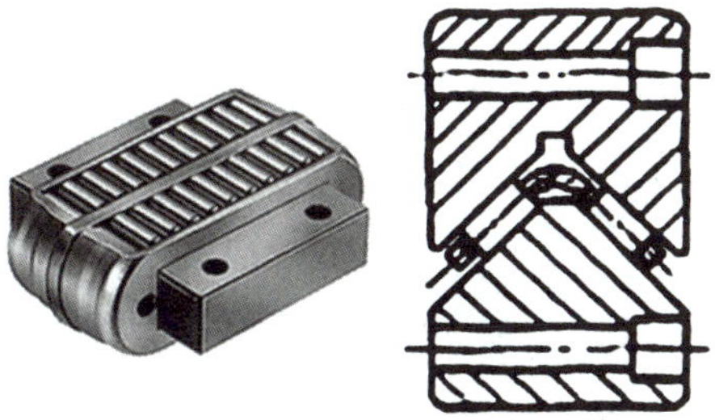

(a) 实物图　　　　(b) 结构图

图 5.2.29　滚针导轨

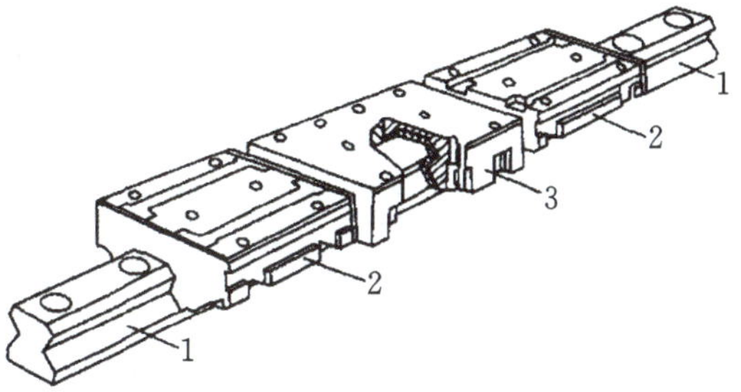

图 5.2.30　带阻尼器的直线滚动导轨副的外形

1—导轨条;2—循环滚柱滑座;3—抗振阻尼滑座

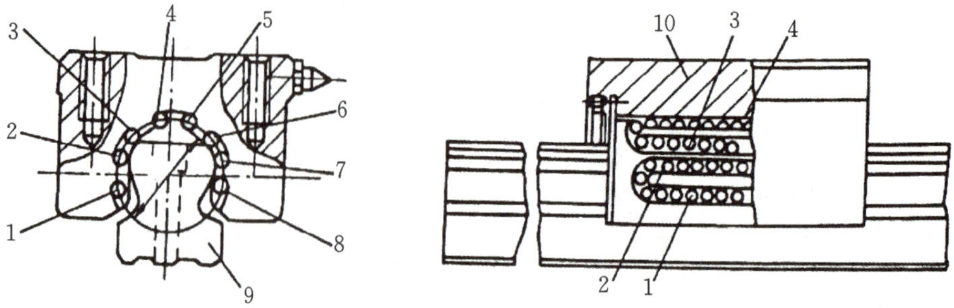

图 5.2.31　直线滚动导轨副的结构

1、4、5、8—回珠(回柱);2、3、6、7—负载滚珠(滚柱);9—导轨条;10—滑块

直线滚动导轨的特点是摩擦因数小,精度高,安装和维修都很方便。由于直线滚动导轨是一个独立的部件,对机床支承导轨部分的要求不高,既不需要淬硬也不需要磨削或刮研,只需精铣或精刨。因为这种导轨可以预紧,所以其刚度高。

直线滚动导轨通常两条成对使用,可以水平安装,也可以竖直或倾斜安装,当长度不够时可以多根接长安装。为保证两条或多条导轨平行,通常把一条导轨作为基准导轨,安装在床身的基准面上,其底面和侧面都有定位面,另一条导轨为非基准导轨,床身上没有侧面定位面。这种安装形式称为单导轨定位,如图 5.2.32 所示。单导轨定位容易安装,便于保证平行,对床身没有侧面定位面的平行要求。

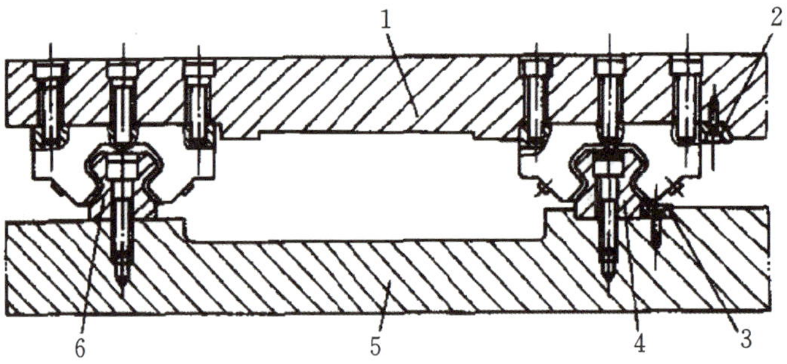

图 5.2.32　单导轨定位的安装

1—工作台;2、3—楔块;4—基准导轨;5—床身;6—非定位导轨

当振动和冲击较大,精度要求较高时,两条导轨的侧面都要定位,称双导轨定位。双导轨定位要求定位面平行度高,如图 5.2.33 所示。

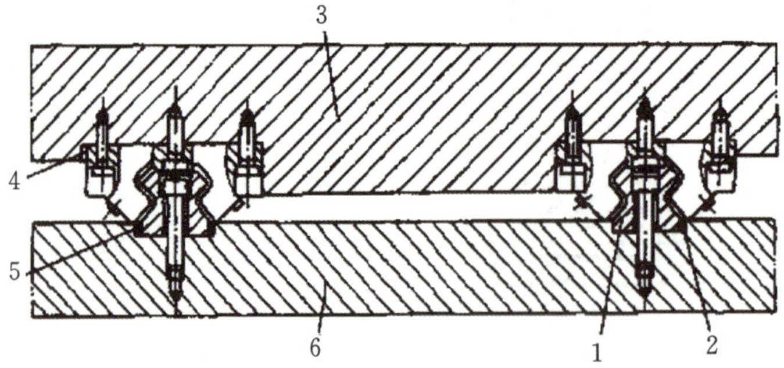

图 5.2.33　双导轨定位的安装

1—基准导轨;2、4、5—调整垫;3—工作台;6—床身

5. 静压导轨

液体静压导轨是将具有一定压力的油液，经节流器输送到导轨面上的油腔中，形成承载油膜，将相互接触的导轨表面隔开，实现液体摩擦。这种导轨的摩擦因数小(一般为 0.0005～0.001)，机械效率高，能长期保持导轨的导向精度。承载油膜有良好的吸振性，低速下不容易产生爬行。这种导轨的缺点是结构复杂，且需一套液压系统，成本高，油膜厚度难以保持恒定不变。

1) 静压导轨的结构

静压导轨可以分为开式和闭式两种。图 5.2.34 所示为开式静压导轨的工作原理图。来自液压泵的压力油(压力 p_s)经节流阀 4 后，压力降至 p_b，进入导轨面，借助压力将运动导轨浮起，使导轨面之间以一层厚度为 h_0 的油膜隔开，油腔中的油不断地经过各封油间隙流回油箱。当运动导轨受到外负荷 F 作用时，运动导轨产生一个向下位移，导轨间隙由 h_0 减小至 h，使油腔回油阻力增大，油压增大，以平衡负载，使导轨仍在纯液体摩擦下工作。

图 5.2.35 所示为闭式静压导轨的工作原理图。闭式静压导轨的各个方向的导轨面上均加工有油腔，所以闭式静压导轨具有承受各方向载荷的能力。设油腔各处的压力分别为 p_1、p_2、p_3、p_4、p_5、p_6，当受到力矩 M 时，p_1、p_6 处间隙变小，则 p_1、p_6 压力增大，p_3、p_4 处间隙变大，则 p_3、p_4 压力变小。这样就形成了一个与力矩 M 反向的力矩，从而使导轨保持平衡。

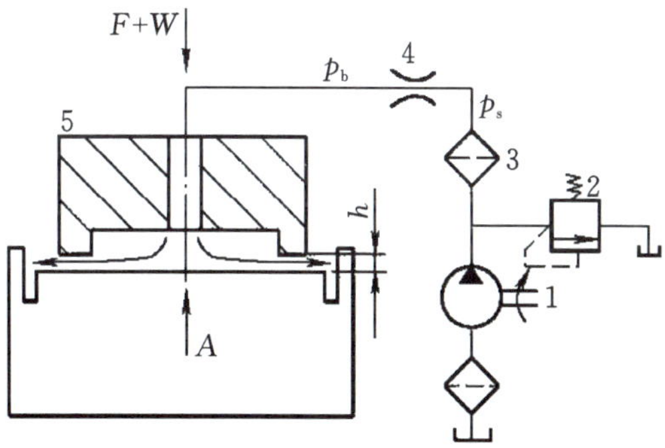

图 5.2.34　开式静压导轨工作原理

1—油泵；2—溢流阀；3—滤油器；
4—节流阀；5—运动导轨

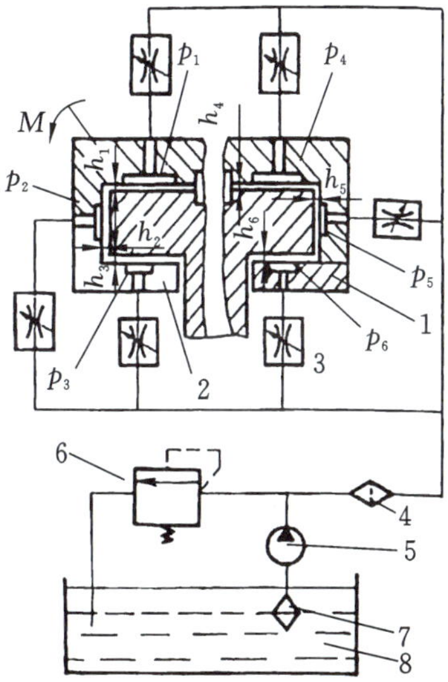

图 5.2.35　闭式静压导轨工作原理

1、2—导轨；3—节流阀；4、7—过滤器；
5—液压泵；6—溢流阀；8—油箱

液体静压导轨的尺寸不受限制，可根据具体需要确定，但要考虑载荷的性质、大小与使用情况灵活选用油腔的形状、数目及配置方式。因此液体静压导轨的设计主要是确定导轨油腔结构参数、节流器参数以及供油系统的压力、流量等参数。

2）油腔结构

（1）油腔的形状和尺寸。

导轨油腔的形状一般有矩形油腔和油槽形油腔，其中油槽形油腔包括直油槽形油腔、二字形油槽油腔、口字形油槽油腔和三字形油槽油腔，如图 5.2.36 所示。不管油腔的形状如何，只要支座的 L、B 和油腔的 l、b 等尺寸相等，各种形状的油腔具有相同的承载面积。油腔尺寸一般要按导轨宽度（B）选择，见表 5.2.6。

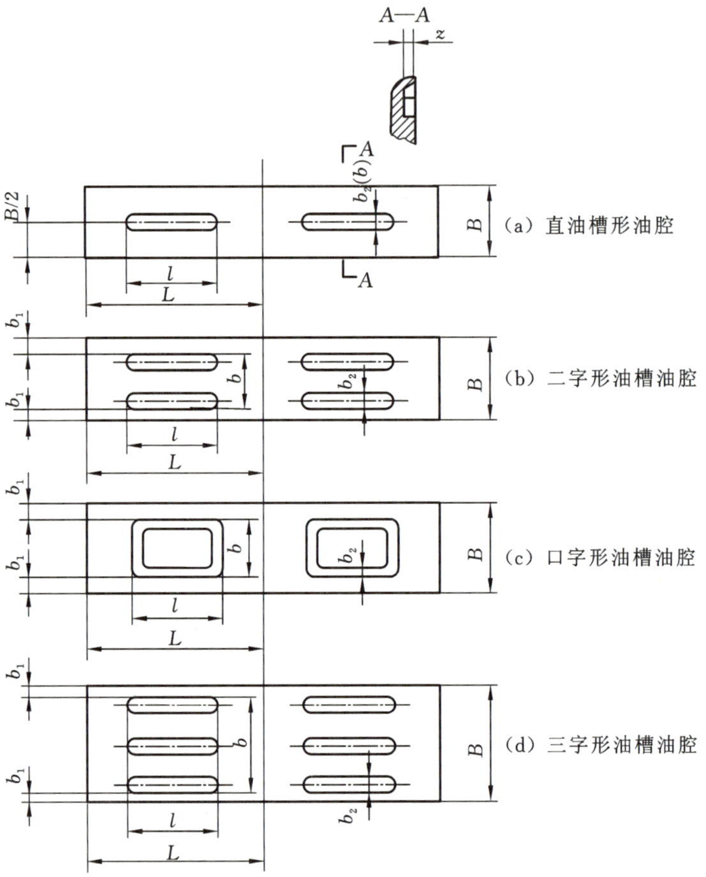

图 5.2.36　油槽形油腔形状

表 5.2.6　油腔结构尺寸

单位：mm

B	l/b	b_1	b_2	z	油槽形式
40～50	>4	15	8	4	图 5.2.36(a)
60～70			8	4	图 5.2.36(b)
80～100	>4	20	10	5	图 5.2.36(b)
	<4				图 5.2.36(c)
110～140	>4	30	12	6	图 5.2.36(b)
	<4				图 5.2.36(c)

续表

B	l/b	b_1	b_2	z	油槽形式
150～190		30	12	6	图 5.2.36(d)
200		40	15	6	图 5.2.36(d)

(2) 油腔数量和布置。

每条导轨不得少于两个油腔。油腔的数量可按如下原则选择：

a. 运动部件(工作台)的长度在 2 m 以下时，在运动部件的长度内取 2～4 个油腔。

b. 运动部件(工作台)的长度在 2 m 以上时，每个油腔的长度取 0.5～2 m。

c. 机床或机械设备的刚性较好、载荷分布均匀时，油腔长度可取较大值，油腔数目可以取少一些。对于刚性较差、载荷分布不均匀的机床或机械设备，油腔长度可取较小值，油腔数目则要多一些。

d. 一般情况下，做直线运动的静压导轨，其油腔应开在移动部件(工作台)上，固定部件(机座)应有足够的长度，保证移动部件在运动过程中不露出，使油腔建立正常压力。对于回转运动静压导轨，工作台在运动过程中不会外露，为了进油方便，油腔一般开在固定部件(机座)上。

e. 对于载荷分布不均匀的静压导轨，如工作台自身重力不均匀，可以在同一导轨面上采用不等面积的油腔，承受较大载荷的油腔采用较大的油腔截面，承受较小载荷的油腔采用较小的油腔截面。

3) 导轨间隙和节流形式

(1) 导轨间隙。静压导轨的间隙代表了润滑油膜的厚度，间隙越大，流量越大，则刚性越小，且导轨容易出现漂移。导轨的间隙小，流量也小，刚性则增大。但是导轨间隙受到导轨几何精度、零部件刚性以及最小节流器最小尺寸的限制，所以导轨间隙不能取得太小。

对于中小型机床和机械设备，空载时的导轨间隙一般取：$h_0=0.01\sim0.025$ mm。

对于大型机床和机械设备，空载时的导轨间隙一般取：$h_0=0.03\sim0.08$ mm。

(2) 节流形式。液体静压导轨的节流形式与静压轴承基本相同，分定压式供油系统和定量式供油系统两种。在大型机床和机械设备中采用定量式供油(即单腔单泵)可获得大的刚性，且载荷越大，刚性也越大，导轨油腔与泵之间直接连接无须再串节流器。液体静压导轨常用的定压式供油系统的节流器有两种。

a. 毛细管节流器。毛细管节流器多采用节流长度可调整的螺旋槽结构，如图 5.2.37 所示。这是因为导轨各油腔压力往往大小不一，而进油压力 p 又要求一样，这就要使毛细管的节流长度能够在一定范围内调整，以适应各油腔的不同需要。

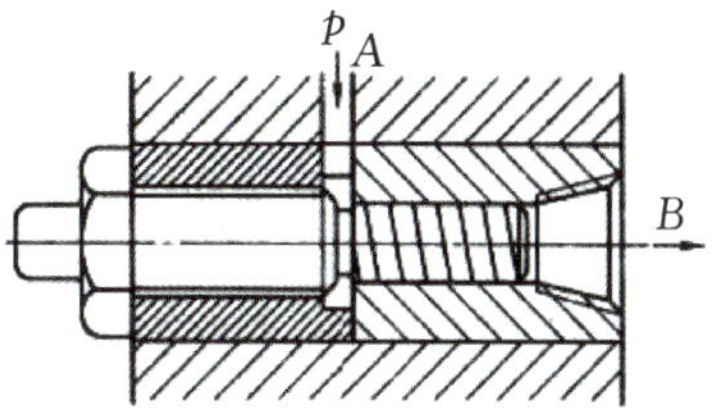

图 5.2.37 可调毛细管节流器

A—进油；B—出油

为了结构紧凑，静压导轨常将多个毛细管组合在一起，如图 5.2.38 所示。组合式毛细管节流器静压导轨多用于中小型机床和机械设备，也适用于载荷变化范围不大的大型机床和机械设备。

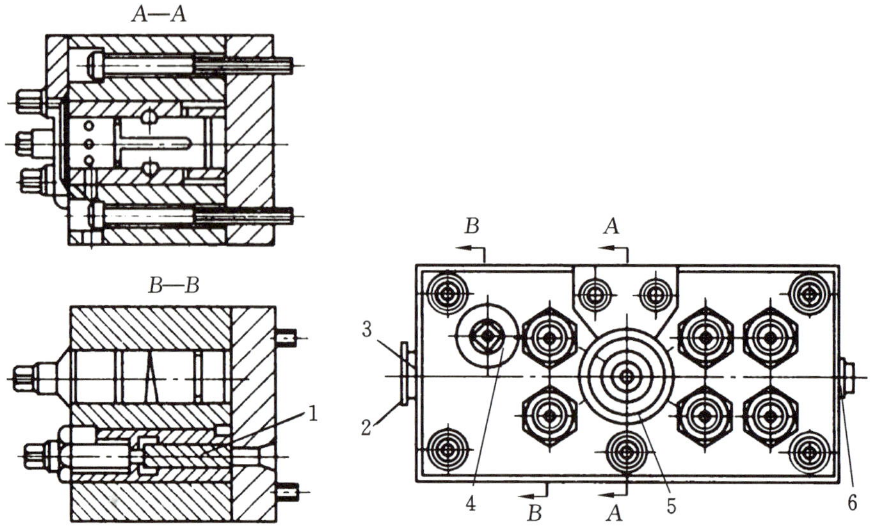

图 5.2.38　组合式毛细管节流器

1—螺旋槽毛细管；2—进油管接头；3—油腔压力表座；4—节流阀；5—分配阀；6—供油压力表阀

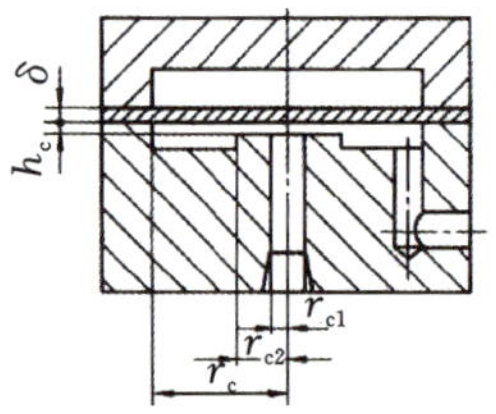

图 5.2.39　节流间隙不可调整的单面薄膜反馈节流器

b. 薄膜反馈节流器。薄膜反馈节流器的结构有单面和双面两种。双面薄膜反馈节流器结构同静压轴承完全一样。

单面薄膜反馈节流器有节流间隙不可调整式(图 5.2.39)和节流间隙可调整式两种，在节流间隙可调整的结构中又有弹簧压紧式和阀芯移动式两种(图 5.2.40)。

单面薄膜反馈节流器多用于开式静压导轨。双面薄膜反馈节流器多用于闭式静压导轨。薄膜反馈节流静压导轨，多用于载荷不均匀、偏载引起的颠覆力矩较大、载荷变化范围大的大型机床和机械设备。

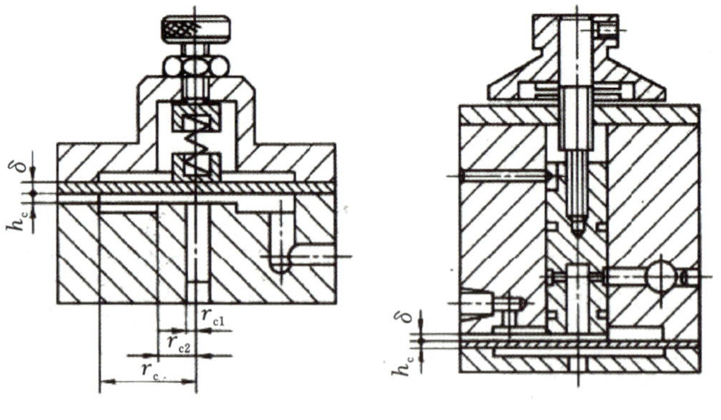

(a) 弹簧压紧调整间隙　　(b) 阀芯移动调整间隙

图 5.2.40　节流间隙可调整的单面薄膜反馈节流器

6. 导轨副的维护

1）间隙调整

导轨的结合面之间的间隙大小直接影响导轨的工作性能。若间隙过小，不仅会增加运动阻力，且会加速导轨磨损；若间隙过大，又会导致导向精度降低，还易引起振动。因此，导轨必须设置间隙调整装置，以利于保持合理的导轨间隙。常用压板和镶条来调整导轨间隙。

（1）压板调整间隙。图 5.2.41 所示的是矩形导轨常用的几种压板调整间隙的装置。图 5.2.41(a)所示的是在压板 3 的顶面用沟槽将 d 面、e 面分开。若导轨间隙过大，可修磨或刮研 d 面；若间隙过小，可修磨或刮研 e 面。这种结构刚性好，结构简单，但调整费时，适用于不经常调整间隙的导轨。如图 5.2.41(b)所示，在压板和动导轨结合面之间放几片垫片 4，调整时根据情况更换或增减垫片数量。这种结构调整方便，但刚度较差，且调整量受垫片厚度限制。如图 5.2.41(c)所示，在压板和支承导轨面之间装一平镶条 5，通过拧动带锁紧螺母的调整螺钉 6 来调整间隙。这种方法调整方便，但由于镶条与螺钉只是几个点接触，刚度较差，多用于需要经常调整间隙且刚度要求不高的场合。

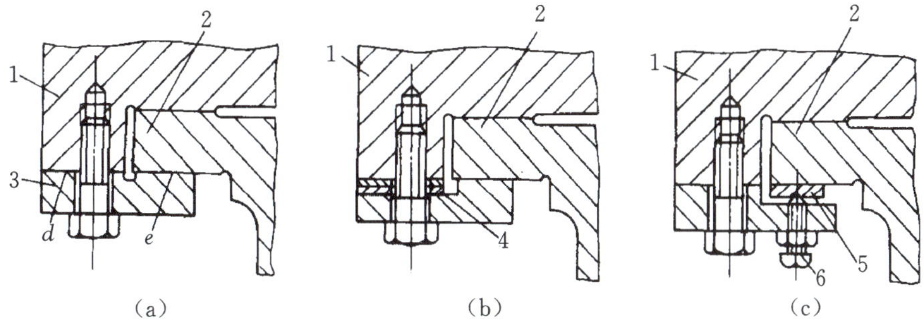

图 5.2.41 压板

1—动导轨；2—支承导轨；3—压板；4—垫片；5—平镶条；6—螺钉

（2）镶条调整间隙。为了保证平导轨具有较高的导向精度，常采用平镶条或斜镶条进行间隙调整，如图 5.2.42 所示。

图 5.2.43 所示是用来调整矩形导轨和燕尾形导轨间隙的平镶条的两种形式。平镶条全长厚度相等，横截面为平行四边形（用于燕尾导轨）或矩形，通过侧面的调节螺钉和螺母锁紧，

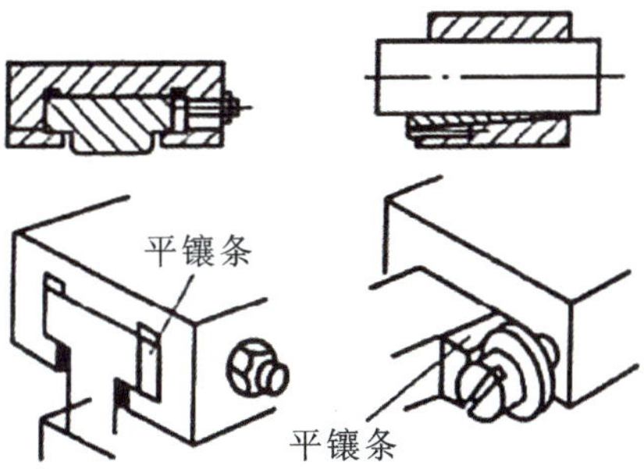

图 5.2.42 镶条调整间隙

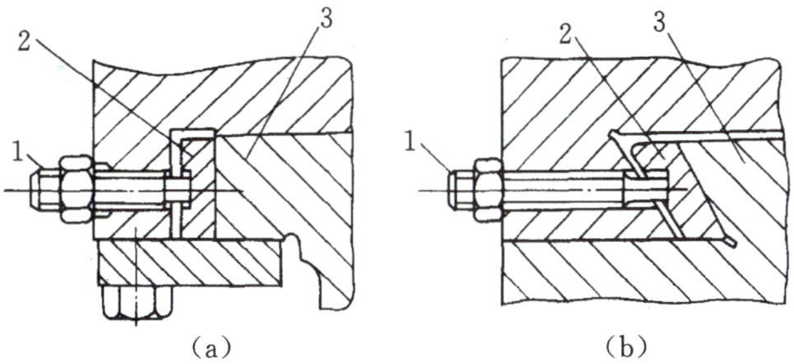

图 5.2.43 平镶条

1—螺钉；2—平镶条；3—支承导轨

可以改变其横向位移来调整间隙。拧紧调节螺钉时必须从导向滑块两端向中间对称且均匀地进行。

图 5.2.44 所示是斜镶条的三种结构。斜镶条的斜度在 1∶100～1∶40 之间选取，镶条长，可选较小斜度；镶条短，则选较大斜度。图 5.2.44(a)所示的结构是用螺钉 1 推动镶条 2 移动来调整间隙的。其结构简单，但螺钉 1 头部凸肩与镶条 2 上的沟槽的间隙会引起镶条在运动中窜动，从而影响导向精度和刚度。为防止镶条窜动，可在导轨另一端再加一个与图示结构相同的调整结构。图 5.2.44(b)所示的结构是通过修磨开口垫圈 3 的厚度来调整间隙的。这种方法的缺点是调整麻烦。图 5.2.44(c)所示的结构用螺母 6、7 来调整间隙，用螺母 5 锁紧。其特点是工作可靠，调整方便。斜镶条两侧面分别与动导轨和支承导轨均匀接触，故刚度比平镶条高，但制造工艺性较差。

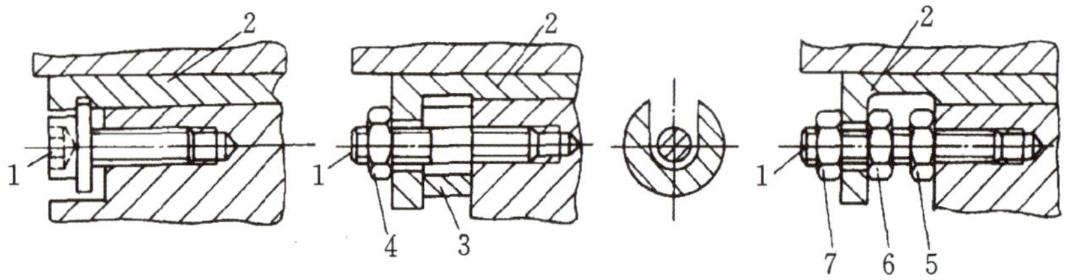

图 5.2.44 斜镶条

1—螺钉；2—镶条；3—开口垫圈；4、5、6、7—螺母

(3) 压板镶条调整间隙。如图 5.2.45 所示，T 形压板用螺钉固定在运动部件上，运动部件内侧和 T 形压板之间放置斜镶条，镶条不是在纵向有斜度，而是在高度方向做成倾斜的。调整时，借助压板上几个推拉螺钉，使镶条上下移动，从而调整间隙。

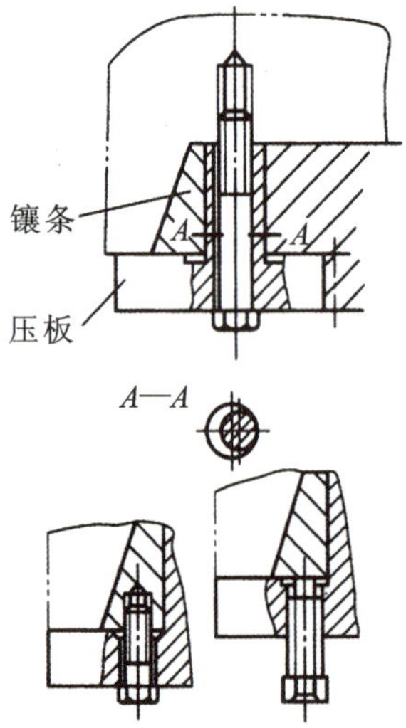

图 5.2.45 压板镶条调整间隙

2) 滚动导轨的预紧

为了提高滚动导轨的刚度，对滚动导轨应进行预紧。预紧可提高接触刚度和消除间隙，在立式滚动导轨上，预紧可防止滚动体脱落和歪斜。常见的预紧方法有以下两种：

(1) 采用过盈配合。如图 5.2.46(a)所示，在装配导轨时，量出实际尺寸 A，再刮研压板与滑板的接合面或通过改变其间垫片的厚度，使之形成 δ(为 2～3μm)大小的过盈量。

(2) 调整法。如图 5.2.46(b)所示，拧动调整螺钉 3，即可调整导轨体 1 及 2 的距离而预加负载。也可以改用斜镶条调整，这种情况下过盈量沿导轨全长的分布较均匀。

3) 导轨副的润滑

导轨副表面进行润滑后，可降低其摩擦因数，减少磨损，并且可防止导轨面锈蚀。滚动导轨副的润滑如图 5.2.47 所示。

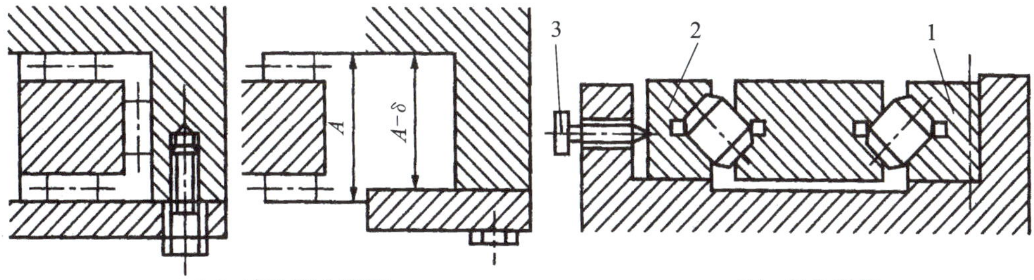

（a）过盈配合预紧　　（b）调整预紧

图 5.2.46　滚动导轨的预紧

1、2—导轨体；3—调整螺钉

导轨副常用的润滑剂有润滑油和润滑脂，滑动导轨一般用润滑油润滑，而滚动导轨则两种都用。滚动导轨低速（$v<15$ m/min）时推荐用锂基润滑脂润滑。

（1）导轨副最简单的润滑方法是人工定期加油或用油杯供油。这种方法简单，成本低，但不可靠，一般用于调节用的辅助导轨及运动速度低、工作不频繁的滚动导轨。

（2）在数控机床上，对运动速度较高的导轨主要采用压力润滑，一般常采用压力循环润滑和定时定量润滑两种方式，且多数采用润滑泵提供压力油强制润滑。这样不但可连续或间歇供油给导轨进行润滑，而且可利用油的流动冲洗和冷却导轨表面。为实现强制润滑，必须备有专门的供油系统。

常用的全损耗系统用油（俗称机油）型号有 L-AN10、15、32、42、68，精密机床导轨油为 L-HG68，汽轮机油为 L-TSA32、46 等。油液牌号不能随便选，要求润滑油黏度随温度的变化要小，以保证有良好的润滑性能和足够的油膜刚度，且油中杂质应尽可能少以不侵蚀机件。

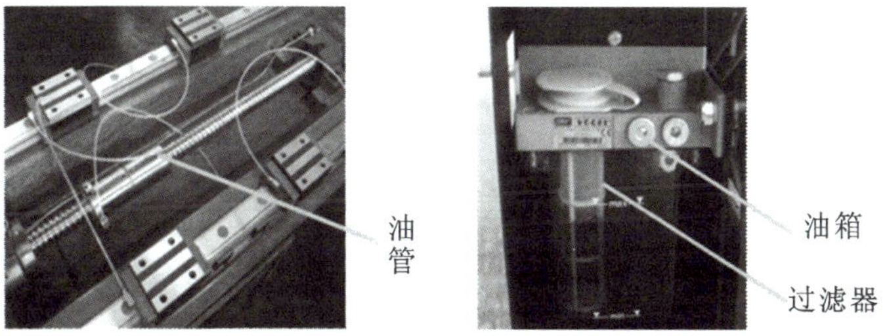

图 5.2.47　滚动导轨副的润滑

4）导轨副的防护

为了防止切屑、磨粒或冷却液散落在导轨面上而引起磨损、擦伤和锈蚀，导轨面上应有可靠的防护装置。常用的刮板式、卷帘式和叠层式防护罩，大多用于长导轨机床上，如龙门刨床、导轨磨床等。另外，还有手风琴式的伸缩式防护罩等。在机床使用过程中应防止损坏防护罩，对叠层式防护罩应经常用刷子蘸机油清理移动接缝，以避免发生碰壳现象。常见的导轨副的防护类型如图 5.2.48 所示。

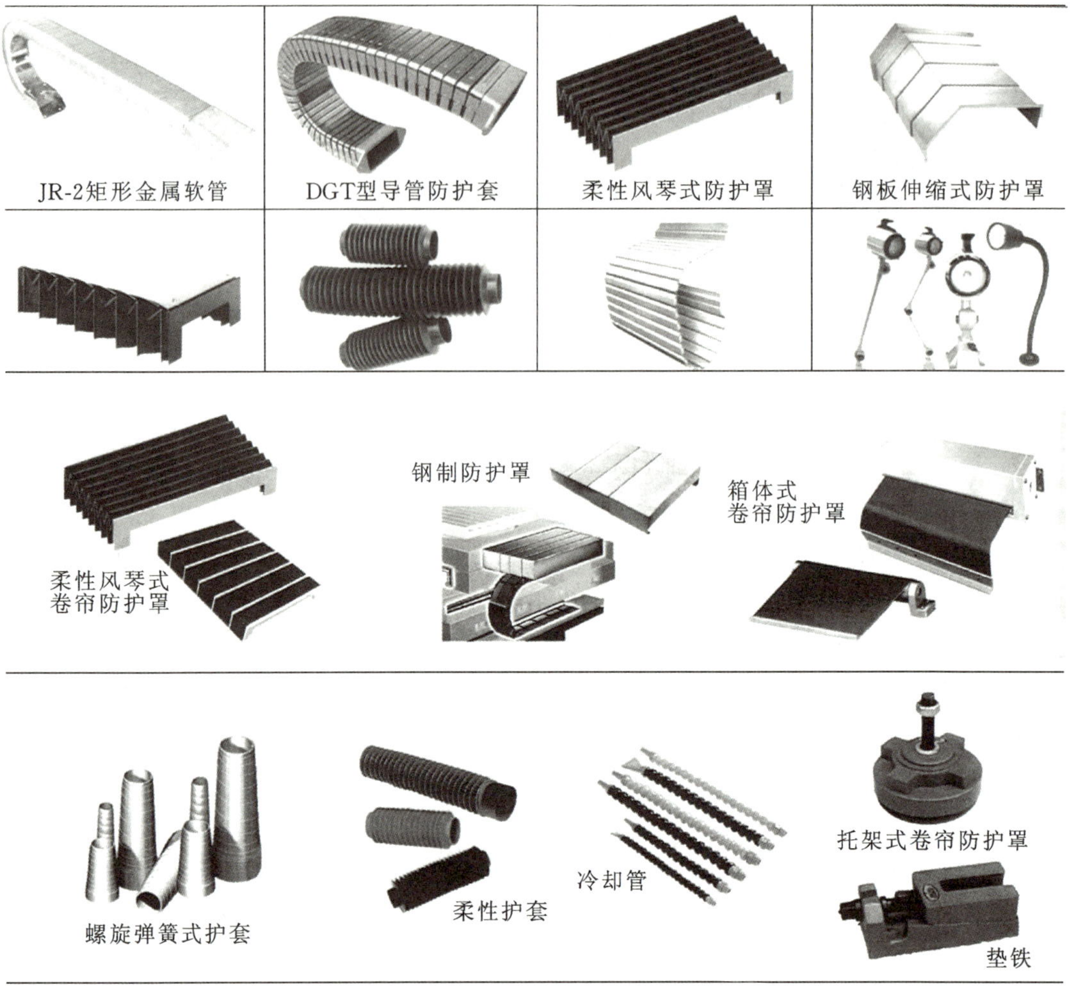

图 5.2.48　导轨副的防护类型

【效果评价】

评价表			
模块名称	数控机床典型结构分析	学生姓名	
任务名称	数控机床进给传动机构分析	分数	
考查内容		分值	考核得分
1. 对数控机床进给传动系统的认知		10	
2. 小组计划执行情况		5	
3. 对典型进给传动元件的结构特点的掌握		50	
4. 对进给传动元件的维护的了解		20	

5. 编制学习汇报报告情况	10	
6. 基本素养考核情况	5	
总体得分	100	
教师简要评语： 教师签名：		

任务 5.3 数控机床的床身和立柱

【任务要求】

通过对本次任务的学习，掌握数控机床床身和机床立柱的机构类型和特点。

【知识准备】

一、机床床身

（一）对床身结构的基本要求

机床床身是整个机床的基础支承件，一般用来放置导轨、主轴箱等重要部件。为了满足数控机床高速度、高精度、高生产率、高可靠性和高自动化程度的要求，数控机床床身需满足以下三个方面的要求。

（1）很高的精度和精度保持性。在床身上有很多安装零部件的加工面和运动部件的导轨面，这些面本身的精度要求和相互位置精度要求都很高，而且要能长时间保持。

（2）应具有足够的静、动刚度。静刚度包括床身的自身结构刚度、局部刚度和接触刚度，对这些性能都应该采取相应的措施，最后达到较高的刚度-质量比。动刚度直接反映机床的动态特性，为了保证机床在交变载荷作用下具有较高的抵抗变形的能力和抵抗受迫振动及自激振动的能力，可以通过适当增加阻尼、提高固有频率来避免共振及减小因薄壁振动而产生的噪声。

（3）较好的热稳定性。对数控机床来说，热稳定性已成为一个突出问题，必须在设计上做到使整机的热变形较小，或使热变形对加工精度的影响较小。

（二）床身的结构形式

为满足数控机床的床身要求，数控机床的床身多采用整体结构，其结构形式有固定立柱式和移动立柱式两种。

1. 固定立柱式结构

固定立柱式结构一般适应于中小型立式或卧式加工中心，它一般采用整体结构，如图 5.3.1所示。

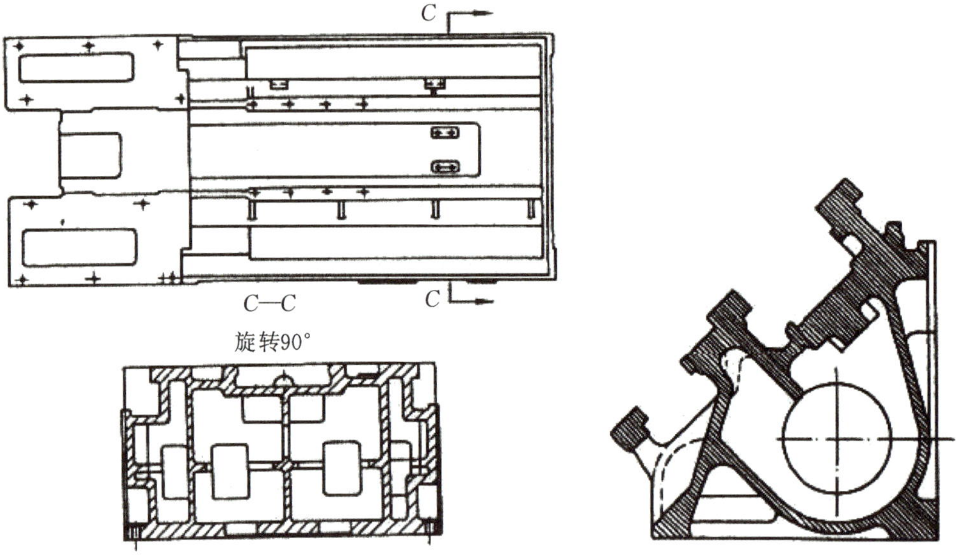

(a) 固定立柱式卧式床身　　(b) 斜床身

图 5.3.1　固定立柱式卧式床身与斜床身

图 5.3.2 所示为某数控车床底座和床身示意图。其底座内所填充的混凝土的内摩擦阻力较高，再配上封泥芯的床身，使机床有较高的抗振性。该机床为四面密封结构，中间导轨后有纵向肋条，纵向每隔 250 mm 有一横隔板。床身封闭截面可提高抗弯和抗扭刚度，纵向肋条可提高中间导轨的局部刚度，隔板可减小截面的变形。

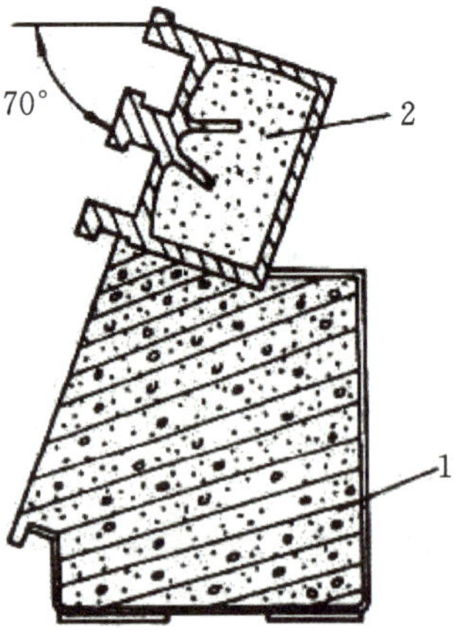

图 5.3.2　某数控车床底座和床身示意图

1—实心混凝土底座；2—内封泥芯的铸铁床身

2. 移动立柱式卧式床身

移动立柱式卧式床身通常采用 T 形床身。它由横置的前床身(又叫横床身)和与它垂直的后床身(又叫纵床身)组成。T 形床身有整体式和分离式两种。图 5.3.3 所示为某卧式加工中心分离式 T 形床身。图 5.3.4 所示为某卧式加工中心前床身截面。它采用箱体结构,床身截面布置肋板以提高床身的抗弯、抗扭能力。

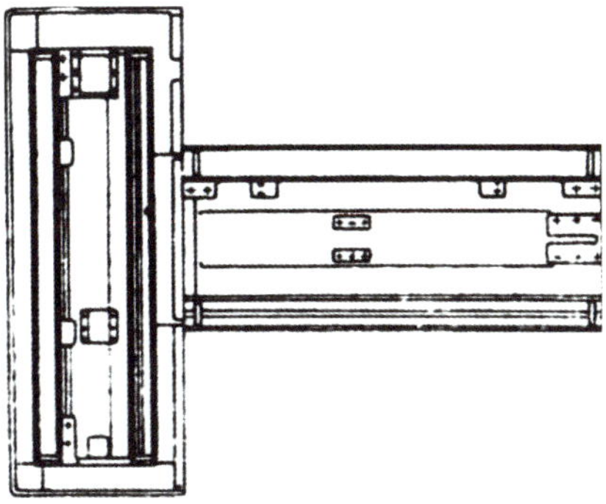

图 5.3.3 T 形床身

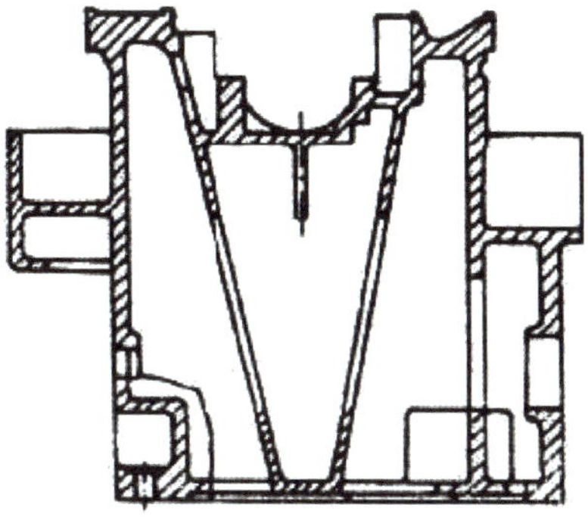

图 5.3.4 前床身截面

(三) 床身的截面形状

数控机床的床身通常为箱体结构,合理设计床身的截面形状及尺寸,采用合理布置的肋板结构,可以在较小质量下获得较高的静刚度和适当的固有频率。床身中常用的几种截面肋板布置如图 5.3.5 所示。

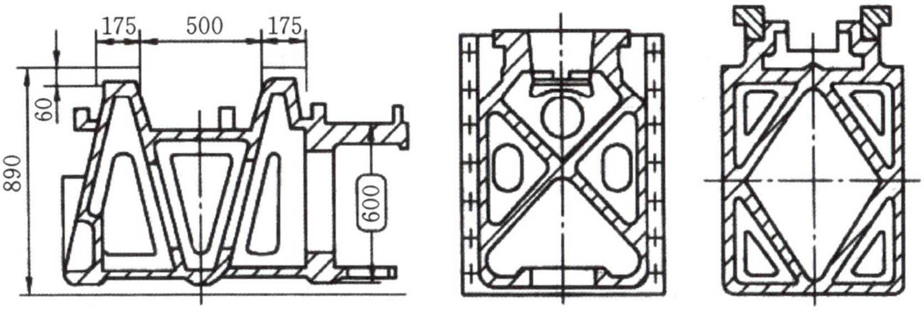

(a) V形肋 (b) 对角肋 (c) 斜方肋

图 5.3.5 床身截面肋板布置

床身肋板通常是根据床身结构和载荷分布情况进行设计的,目的是满足床身刚度和抗振性要求。V 形肋有利于加强导轨支承部分的刚度,斜方肋和对角肋结构可明显增强床身的抗扭刚度,并且便于设计成全封闭的箱体结构。

此外,还有纵向肋板和横向肋板,分别对抗弯刚度和抗扭刚度的增强有显著效果;米字形肋板和井字形肋板的抗弯刚度也较高,尤其是米字形肋板更高。

(四) 床身的焊接结构

随着焊接技术的发展和焊接质量的提高,焊接结构的床身在数控机床中应用越来越多。而轧钢技术的发展,提供了多种形式的型钢。焊接结构床身的突出优点是制造周期短,一般比铸铁结构的制造周期快 1.7～3.5 倍，省去了制作木模和铸造工序，不易出废品。焊接结构设计灵活，便于产品更新、改进结构。焊接件能达到与铸件相同，甚至更好的结构特性，可提高抗弯截面惯性矩，减小质量。

采用钢板焊接结构能够按刚度要求布置肋板的形式，充分发挥壁板和肋板的承载和抗变形作用。另外，焊接床身采用钢板，其弹性模量 $E=2\times10^5$ MPa，而铸铁的弹性模量 $E=1.2\times10^5$ MPa，两者几乎相差一倍。因此采用钢板焊接结构的床身有利于提高固有频率。

（五）床身的刚度

1. 肋板结构对床身刚度的影响

根据床身所受载荷性质的不同，床身刚度分为静刚度和动刚度。床身的静刚度直接影响机床的加工精度及其生产率。静刚度和固有频率是影响动刚度的重要因素。合理设计床身的肋板结构，可提高床身的刚度。表 5.3.1 列出了肋板布置对封闭式箱体结构刚度的影响数据。

表 5.3.1　肋板布置对封闭式箱体结构刚度的影响

序号	模型	抗弯刚度指数	抗扭刚度指数
1	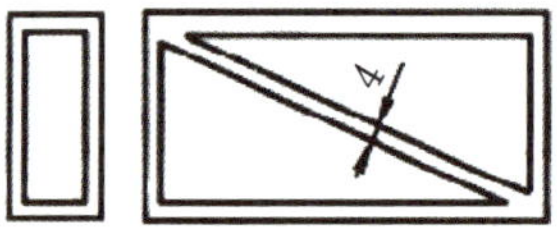	1.0	1.0
2		1.16	1.44
3	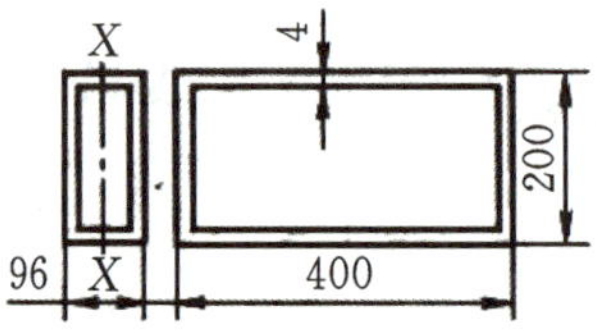	1.02	1.33
4	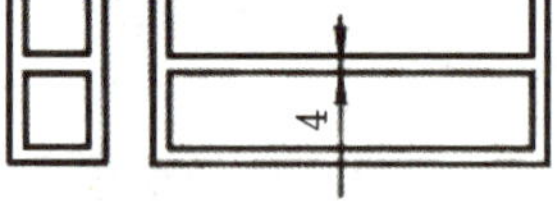	1.11	1.67
5	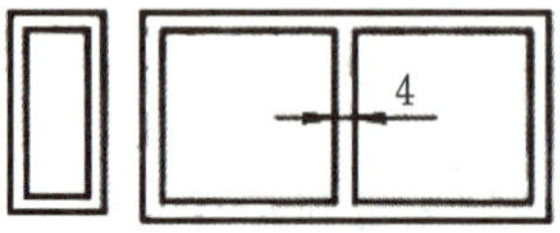	1.13	2.02

2. 床身箱体封砂结构

床身箱体封砂结构是利用肋板隔成封闭箱体结构，如图 5.3.6 所示。将大件的泥芯留在铸件中不清除，利用砂粒良好的吸振性能，可以提高结构件的阻尼比，有明显的消振作用。由刚度和质量的关系式 $K=m\omega_0$（ω_0 为系统无阻尼振动时的固有频率）可以看出，增加质量 m 可以提高静刚度。

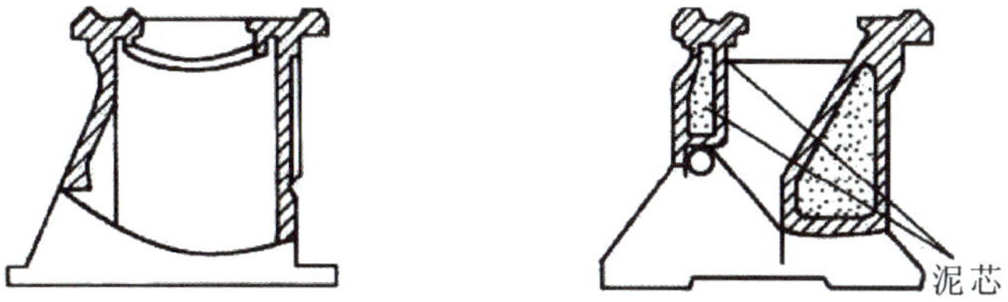

（a）旧结构　　（b）新结构

图 5.3.6　铸造床身的封砂结构

对于焊接结构的床身，可在床身内腔填充泥芯和混凝土等阻尼材料，当振动时，利用相对摩擦来耗散振动能量。

封砂结构降低了床身的重心，有利于床身结构的稳定性，可提高床身的抗弯和抗扭刚度。

（六）人造花岗石床身

AG（人造花岗石）材质是一种新型床身材质，它除了具有好的阻尼性能（阻尼为灰铸铁的 8～10 倍）外，还具有尺寸稳定性好、抗腐蚀性强、制造成本低等优点。与灰铸铁比，它的热容量大，热导率低，构件的热变形小；AG 床身的后期加工量很少，这样可以大大减少加工时间和加工成本，并能节约大量金属，如一个磨床床身就可以节约 90%左右的金属材料。

AG 床身的结构形式一般可以分为以下三种：

1）整体结构［图 5.3.7(a)］

这种结构除了一些金属预埋件外，其余部分均为 AG 材质，适用于形状较简单的中小型机床床身。其中导轨部分，可以是金属预埋件，在床身上直接浇铸成型；也可以是复合材质，导轨本身是 AG 材质，而采用耐磨的非金属材质作为导轨面。

2）框架结构［图 5.3.7(b)］

这种结构的边缘是由金属型材质焊接而成的，其内浇铸的是 AG 材质。这是因为 AG 材质较脆，若使用 AG 材质作为结构边缘，则其边角易因受冲撞而破坏。它适合于结构简单的大中型机床床身。

3）分块结构［图 5.3.7(c)］

对于结构形状较复杂的大型床身构件，可以把它分成几个形状简单、便于浇铸的部分，分别浇铸后，再用黏结剂或其他方法连接起来，这样可使浇铸模具的结构设计简化。

由于 AG 材质抗弯强度较低，弹性模量较小（为灰铸铁的 1/3～1/4），因此它多用于制造床身或支承件。从结构设计来看，灰铸铁床身为带肋的薄壁结构，而 AG 床身的截面形状多以矩形为主，壁厚设计得较厚，为灰铸铁的 3～5 倍。当然，在满足床身足够的强度和刚度的

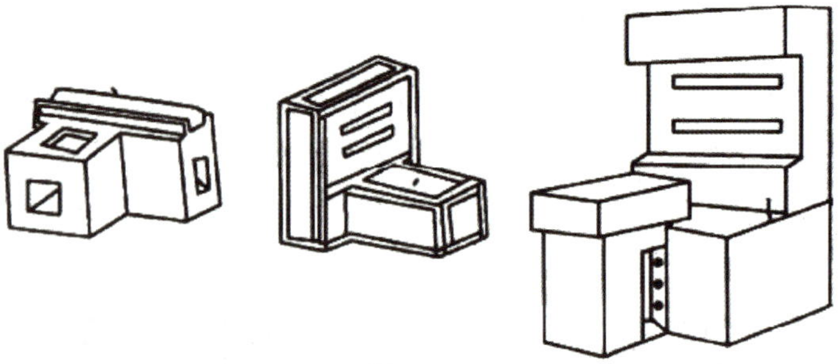

（a）整体结构　　（b）框架结构　　（c）分块结构

图 5.3.7　AG 床身的结构形式

前提下，也应尽量节省 AG 材料的用量，如设置空腔、凹槽等，以减少床身的质量和制造成本。

AG 床身和其他金属零部件的连接一般是通过和预埋件的机械连接来实现的（如图 5.3.8 所示）。多块金属预埋件经过加工后，通过一定的连接方式固定其他零部件（如导轨等）。

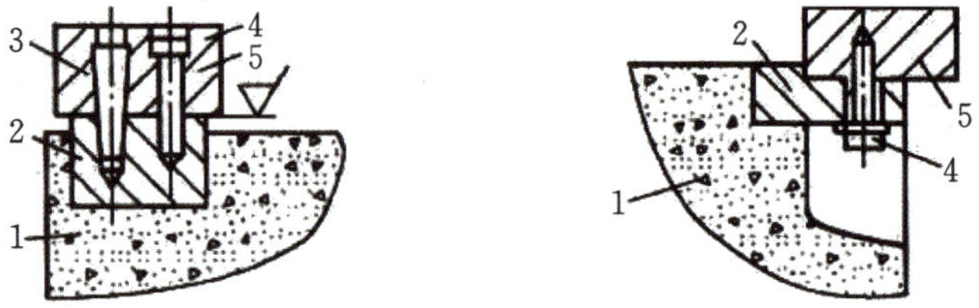

图 5.3.8　AG 床身与其他金属零部件的连接

1—AG 材料；2—预埋件；3—销钉；4—螺钉；5—被连接件

二、机床立柱

机床立柱是机床上重要的结构件，起着机床上下运动及支承作用。由于机床布局不一样，立柱的特点也就不同。

1. 卧式机床的立柱

卧式机床的立柱目前大部分采用的是如图 5.3.9 所示的双立柱框架结构形式。

大、中型卧式机床的移动立柱固定于滑座上，而小型卧式机床的立柱则直接固定于床身上。主轴箱装在双立柱的中间，沿立柱导轨上下运动。

这类立柱结构的优点是：

（1）刚性高。机床切削时，主轴所受的力的作用点在立柱的中央，加之立柱为对称形状，则立柱受扭矩力的可能性小，从而大大加强了刚度。

（2）热对称性强。因为主轴箱处在立柱的中央，而主轴箱又是机床的主要热源，立柱便成为热对称结构，所以减少了热变形的影响。

（3）稳定性好。由于立柱内部肋板采用框架结构箱型布置，因此立柱的抗弯、抗扭刚度，以及构件的固有频率都得到了提高。图 5.3.10 所示为卧式加工中心双立柱的横向截面。

这类立柱结构的缺点是制造工艺性差，装配、调试不方便。

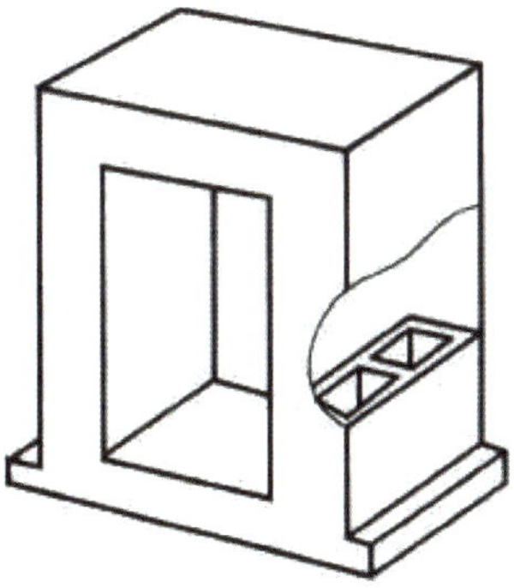

图 5.3.9　双立柱框架结构

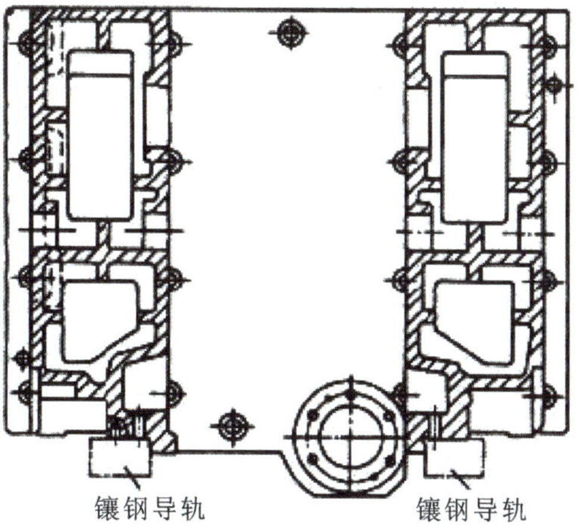

图 5.3.10　卧式加工中心双立柱的横向截面

2. 立式机床的立柱

立式机床的立柱也有单立柱和双立柱之分，单立柱机床主轴箱悬挂在立柱一侧，所以一般采用封闭的箱体结构和米字形的内部肋板；又因为米字形肋板铸造时比较困难，所以有些立柱仍采用井字形的肋板。由于采用平衡锤平衡主轴箱的重量，因此平衡锤一般设在立柱内腔里，并随主轴箱的升降而升降。采用这种平衡方式的立式机床立柱，其内腔是中空的。为加强立柱的刚性也可以采用斜方双层壁立柱和对角线交叉立柱，如图 5.3.11 所示。双立柱机床热稳定性、抗弯刚度和抗扭刚度都比单立柱机床好。图 5.3.12 所示是加工中心双立柱结构。

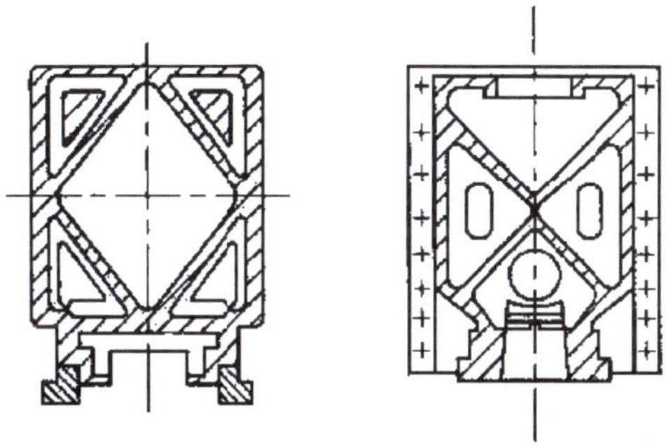

(a) 斜方双层壁立柱　(b) 对角线交叉立柱

图 5.3.11　斜方双层壁立柱和对角线交叉立柱

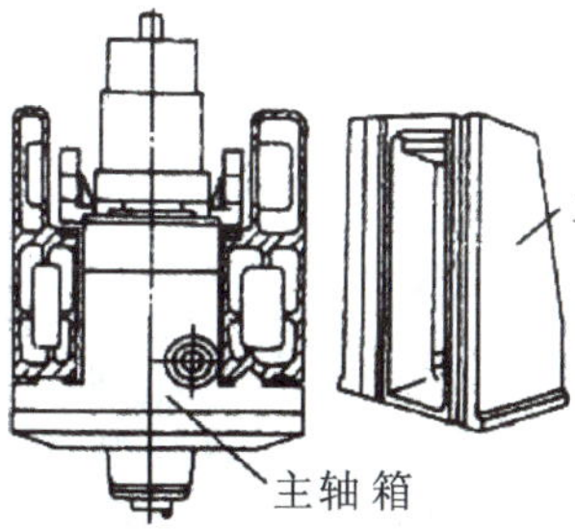

图 5.3.12　加工中心双立柱结构

【效果评价】

评价表			
模块名称	数控机床典型结构分析	学生姓名	
任务名称	数控机床的床身和立柱	分数	

考查内容	分值	考核得分
1. 对机床床身的要求的认知	20	
2. 对机床床身结构形式的了解	20	
3. 对机床立柱结构形式的了解	20	
4. 编制学习汇报报告情况	20	
5. 基本素养考核情况	20	
总体得分	100	
教师简要评语： 教师签名：		

任务 5.4　数控机床常用的辅助装置

【任务要求】

通过对本次任务的学习，掌握数控机床常用回转工作台的工作原理及结构特点，掌握典型自动排屑装置的结构形式。

【知识准备】

数控机床是一种装有程序控制系统的自动化机床，能够根据已编好的程序，使机床动作并加工零件。而数控机床辅助装置是保证充分发挥数控机床功能所必需的配套装置，常用的辅助装置包括气动液压装置，排屑装置，冷却润滑装置，回转工作台和数控分度头，防护装置，照明装置等。这里对数控机床上常用的几种辅助装置进行结构分析。

一、常用的回转工作台

为了扩大数控机床的工艺范围，数控机床除了沿 X、Y、Z 三个坐标轴做直线进给外，往往还需要有绕 X、Y 或 Z 轴的圆周进给运动。数控机床的圆周进给运动一般由回转工作台来实现。回转工作台除了用于进行各种圆弧加工与曲面加工外，还可以实现精确的自动分度。对于加工中心，回转工作台已成为一个不可缺少的部件。数控机床中常用的回转工作台有分度工作台和数控回转工作台。图 5.4.1 所示为各种数控转台的实物图。

(a) 等分转台

(b) 任意分度转台

(c) 液压转台

(d) 电动转台

(e) 卧式转台

(f) 立式转台

(g) 可倾转台

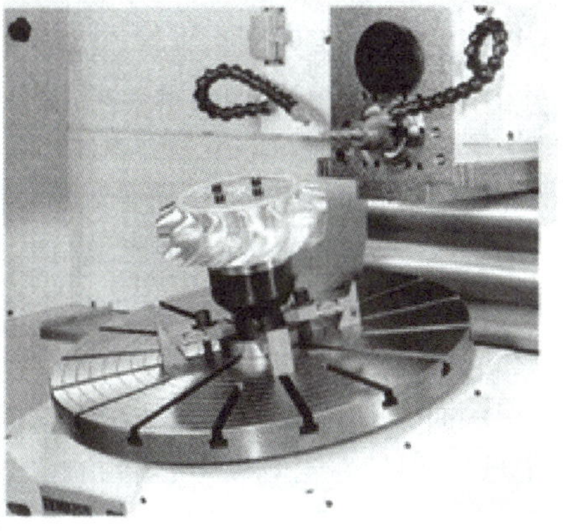

(h) 多轴转台

图 5.4.1　数控转台实物图

(一) 分度工作台

分度工作台只能完成分度运动，不能实现圆周进给，它是按照数控系统的指令，在需要分度时将工作台连同零件回转一定的角度(分度工作台一般只能回转规定的角度，如 90°、60°和 45°等)。分度时也可以采用手动分度。数控机床中，分度工作台按定位机构的不同，分为定位销式分度工作台和鼠牙盘式分度工作台。

1. 定位销式分度工作台

图 5.4.2 所示为某加工中心的分度工作台，这种工作台的定位分度主要靠定位销和定位孔来实现。分度工作台 1 嵌在长方形工作台 10 之中。在不单独使用分度工作台时，两个工作台可以作为一个整体使用。

回转分度时，工作台须经过松开、回转、分度定位、夹紧四个过程。在分度工作台 1 的底

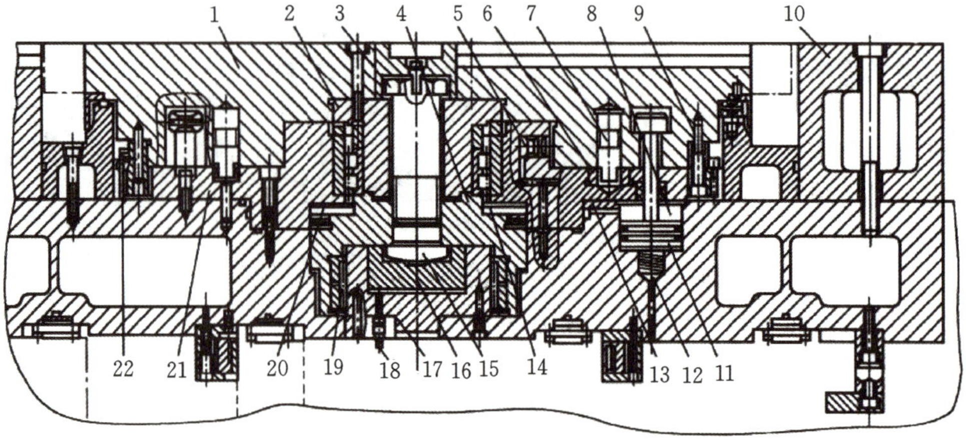

图 5.4.2　定位销式分度工作台的结构

1—分度工作台；2—锥套；3—螺钉；4—支座；5—消隙液压缸；6—定位孔衬套；7—定位销；8—锁紧液压缸；9—大齿轮；10—长方形工作台；11—活塞；12—弹簧；13—油槽；14、19、20—轴承；15—螺栓；16—活塞；17—中央液压缸；18—油管；21—底座；22—挡块

部均匀分布着 8 个圆柱定位销 7，在底座 21 上有一个定位孔衬套 6 及供定位销移动的环形槽。其中只有一个定位销 7 进入定位孔衬套 6 中，其他 7 个定位销则都在环形槽中。因为定位销之间的分布角度为 45°，因此分度工作台只能做 2、4、8 等分的分度运动。

（1）松开。分度时机床的数控系统发出指令，由电气控制的液压缸使 6 个均布的锁紧液压缸 8 中的压力油，经环形油槽 13 流回油箱，活塞 11 被弹簧 12 顶起，分度工作台 1 处于松开状态。同时消隙液压缸 5 卸荷，液压缸中的压力油经回油路流回油箱。油管 18 中的压力油进入中央液压缸 17，使活塞 16 上升，并通过螺栓 15、支座 4 把推力轴承 20 向上抬起 15 mm，顶在底座 21 上。分度工作台 1 用 4 个螺钉与锥套 2 相连，而锥套 2 用六角螺钉 3 固定在支座 4 上，所以当支座 4 上移时，通过锥套 2 使分度工作台 1 抬高 15 mm，固定在分度工作台面上的定位销 7 从定位孔衬套 6 中拔出，做好回转准备。

（2）回转。当分度工作台抬起之后发出信号，液压马达便驱动减速齿轮（图中未示出），带动固定在分度工作台 1 下面的大齿轮 9 转动，进行分度运动。

（3）分度定位。分度工作台的回转速度由液压马达和液压系统中的单向节流阀来调节，分度工作台快速转动，在将要到达规定位置前减速，减速信号由固定在大齿轮 9 上的挡块 22（共 8 个，呈周向均布）碰撞限位开关发出。当挡块碰到第一个限位开关时，发出信号使工作台降速，碰到第二个限位开关时，分度工作台停止转动。此时，相应的定位销 7 正好对准定位孔衬套 6。

（4）夹紧。分度定位完毕后，数控系统发出信号使中央液压缸 17 卸荷，油液经管道 18 流回油箱，分度工作台 1 靠自重下降，定位销 7 插入定位孔衬套 6 中。定位完毕后消隙液压缸 5 通压力油，活塞顶向分度工作台 1，以消除径向间隙。经油槽 13 来的压力油进入锁紧液压缸 8 的上腔，推动活塞 11 下降，通过 11 上的 T 形头将工作台锁紧。至此分度工作进行完毕。

分度工作台 1 的回转部分支承在加长型双列圆柱滚子轴承和滚针轴承 19 上，轴承 14 的内孔带有 1∶12 的锥度，用来调整径向间隙。轴承内环固定在锥套 2 和支座 4 之间，并可带着滚柱在加长的外环内做 15 mm 的轴向移动。轴承 19 装在支座 4 内，能随支座 4 做上下移动并作为另一端的回转支承。支座 4 内还装有端面滚柱轴承 20，保证分度工作台回转平稳。

定位销式分度工作台的定位精度取决于定位销和定位孔的精度，最高可达±5″。定位销和定位孔衬套的制造和装配精度要求都很高，硬度的要求也很高，而且耐磨性要好。

2. 鼠牙盘式分度工作台

1）主要结构

鼠牙盘式分度工作台是目前应用较多的一种精密的分度定位机构，主要由工作台、底座、夹紧液压缸、分度液压缸及鼠牙盘等零件组成，如图 5.4.3 所示。

2）工作原理

鼠牙盘是保证分度精度的关键零件，在每个齿盘的端面有数目相同的三角形齿。当两个齿盘啮合时，能自动确定周向和径向的相对位置。

① 分度准备。机床需要分度时，CNC 就发出分度指令，由电磁铁控制液压阀（图中未示出），使压力油经管道 23 至分度工作台 7 中央的夹紧液压缸下腔 10，推动活塞 6 上移，经推力轴承 5 使分度工作台 7 抬起，上鼠牙盘 4 和下鼠牙盘 3 脱离啮合。工作台上移的同时带动内齿圈 12 上移并与齿轮 11 啮合，完成了分度前的准备工作。

② 分度工作台松开并转动。当分度工作台 7 向上抬起时，推杆 2 在弹簧作用下向上移动，使推杆 1 在弹簧的作用下右移。松开微动开关 S_2 的触头，控制电磁阀（图中未示出）使压力油从管道 21 进入分度液压缸的左腔 19 内，推动活塞齿条 8 右移，与它相啮合的齿轮 11 做逆时针方向转动。根据设计要求，当活塞齿条 8 移动 113 mm 时，齿轮 11 回转 90°，因这时内齿圈 12 已与齿轮 11 啮合，故分度工作台 7 也转动了 90°。分度运动的速度由节流阀控制活塞齿条 8 的运动速度来间接控制。

③ 分度工作台分度。当齿轮 11 转过 90°时，它上面的挡块 17 压推杆 16，微动开关 S_3 的触头被压紧。电磁铁控制液压阀（图中未示出），使压力油经管道 22 流入夹紧液压缸上腔 9，活塞 6 向下移动，分度工作台 7 下降，于是上鼠牙盘 4 及下鼠牙盘 3 又重新啮合，并定位夹紧，分度工作完毕。

④ 分度工作台下降并夹紧。当分度工作台 7 下降时，推杆 2 被压下，推杆 1 左移，微动开关 S_2 的触头被压下，电磁铁控制液压阀，使压力油从管道 20 进入分度液压缸的右腔 18，推动活塞齿条 8 左移，使齿轮 11 向顺时针方向旋转。它上面的挡块 17 离开推杆 16，微动开关 S_3 的触头被放松。因工作台下降，夹紧后齿轮 11 已与内齿圈 12 脱开，故分度工作台不转动。当活塞齿条 8 向左移动 113 mm 时，齿轮 11 就沿顺时针方向转动 90°，齿轮 11 上的挡块 14 压下推杆 15，微动开关 S_1 的触头又被压紧，齿轮 11 停止在原始位置，为下一次分度做好准备。

3）特点

鼠牙盘式分度工作台的优点是分度精度高，可达±0.5″～±3″，定位刚性好，只要分度数能除尽鼠牙盘齿数，都能分度。其缺点是鼠牙盘的制造比较困难，不能进行任意角度的分度。

（二）数控回转工作台

数控回转工作台外观上与分度工作台相似，但内部结构和功能与分度工作台大不相同。数控回转工作台的主要作用是根据数控装置发出的指令脉冲信号完成圆周进给运动，进行各种圆弧加工或曲面加工。数控回转工作台也可以进行分度工作。

图 5.4.4 所示为某加工中心用的数控回转工作台，它主要由传动系统、间隙消除装置和蜗轮夹紧装置等部分组成。该数控回转工作台由电液脉冲马达 1 驱动，经齿轮 2 和 4 带动蜗杆 9，通过蜗轮 10 使工作台回转。为了消除传动间隙，齿轮 2 和 4 相啮合的侧隙是靠调

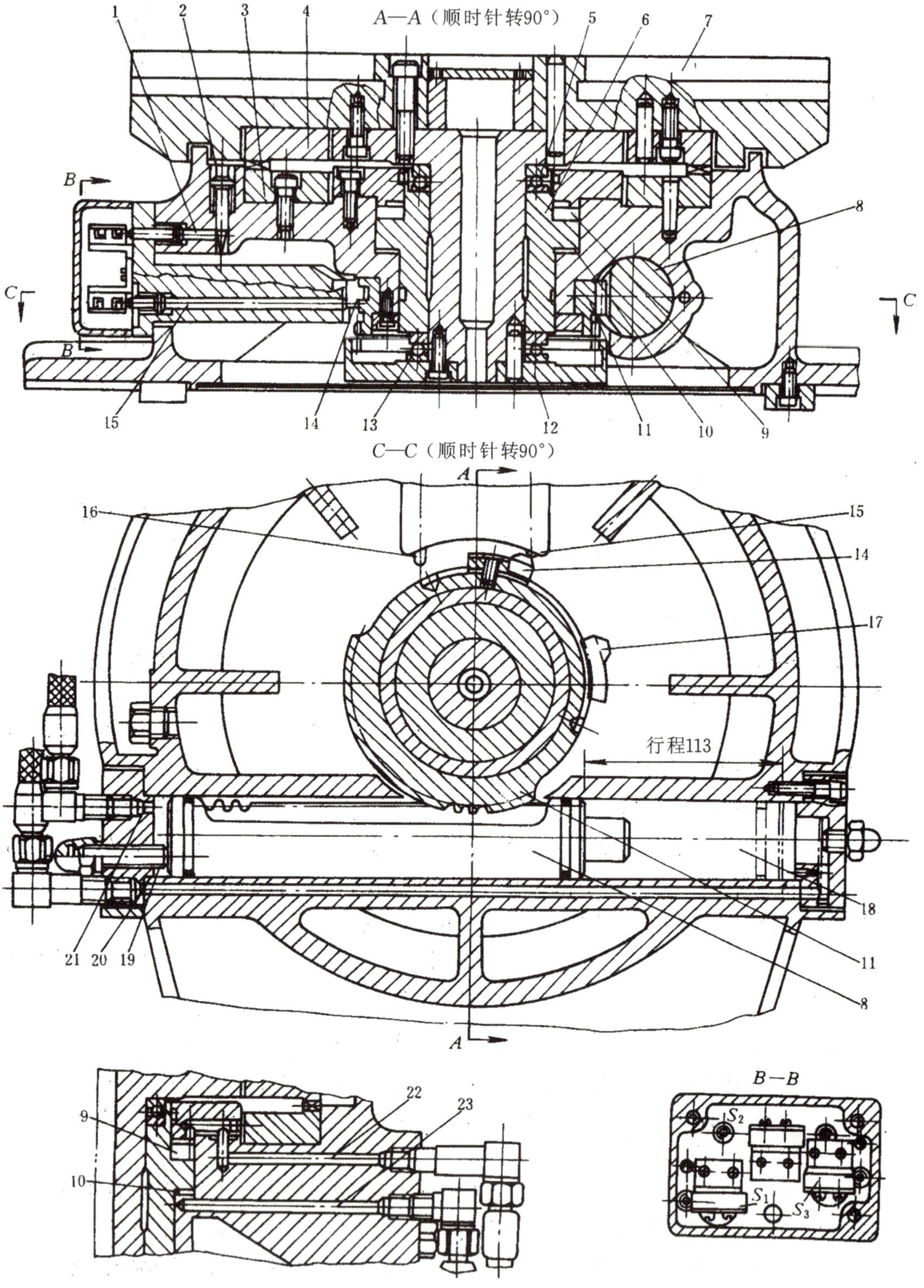

图 5.4.3　鼠牙盘式分度工作台

1、2、15、16—推杆；3—下鼠牙盘；4—上鼠牙盘；5、13—推力轴承；6—活塞；7—分度工作台；8—活塞齿条；9—夹紧液压缸上腔；10—夹紧液压缸下腔；11—齿轮；12—内齿圈；14、17—挡块；18—分度液压缸右腔；19—分度液压缸左腔；20、21—分度液压缸进回油管道；22、23—升降液压缸进回油管道

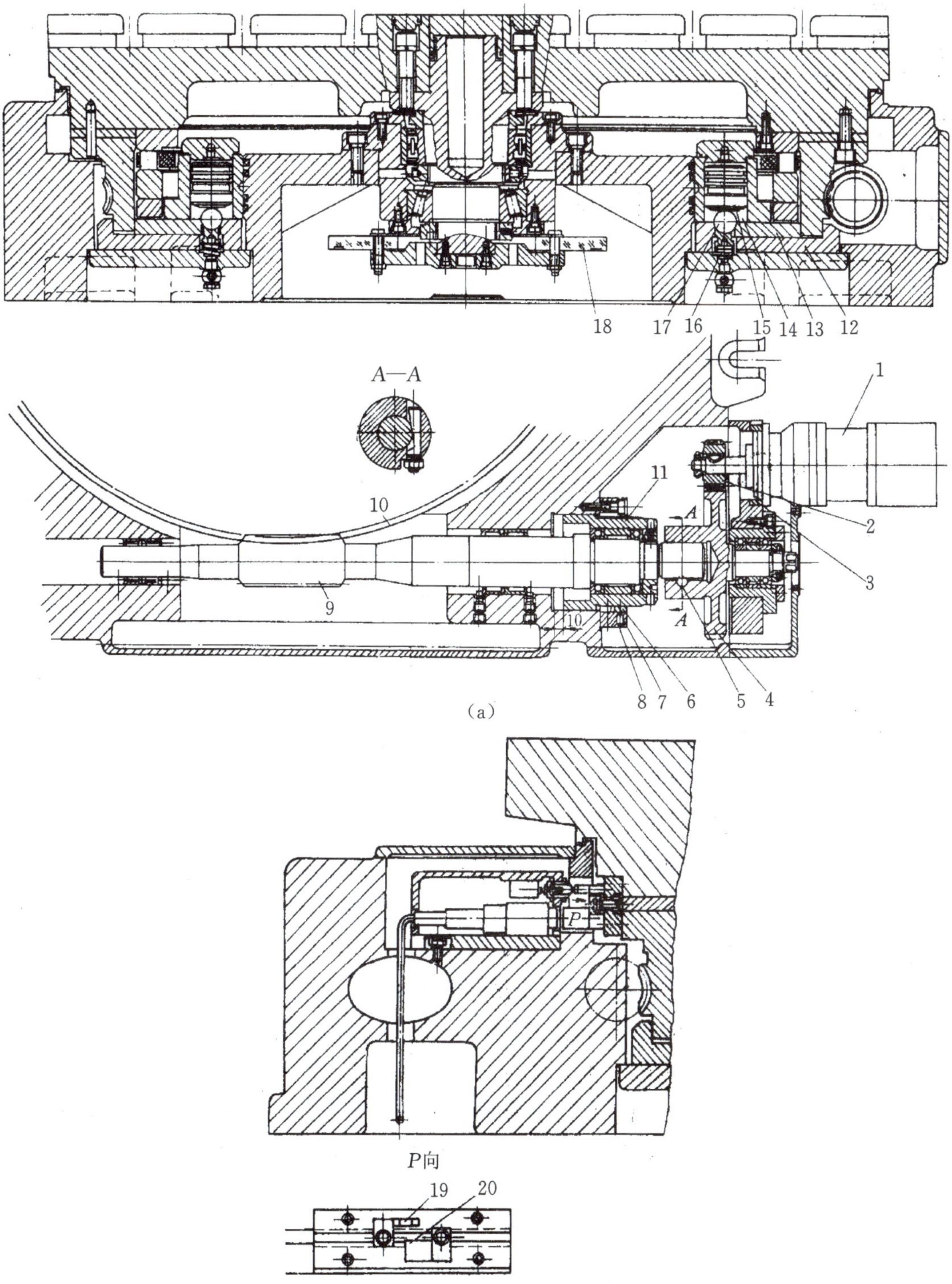

图 5.4.4　数控回转工作台

1—电液脉冲马达；2、4—齿轮；3—偏心环；5—楔形拉紧圆柱销；6—压块；7—螺母；8—锁紧螺钉；9—蜗杆；10—蜗轮；11—调整套；12、13—夹紧块；14—夹紧液压缸；15—活塞；16—弹簧；17—钢球；18—圆光栅；19—撞块；20—感应块

整偏心环 3 来消除的。齿轮 4 与蜗杆 9 靠楔形拉紧圆柱销 5 来连接，这种连接方式能消除轴与套的配合间隙。蜗杆 9 是双导程渐厚蜗杆，这种蜗杆左右两侧面具有不同的导程，因此蜗杆齿厚从一端向另一端逐渐增厚，可用轴向移动蜗杆的方法来消除蜗轮副的传动间隙。调整时先松开螺母 7 上的锁紧螺钉 8，使压块 6 与调整套 11 松开，同时将楔形拉紧圆柱销 5 松开，然后转动调整套 11，带动蜗杆 9 做轴向移动。根据设计要求，蜗杆有 10 mm 的轴向移动调整量，这时蜗轮副的侧隙可调整 0.2 mm。调整后锁紧调整套 11 和楔形拉紧圆柱销 5，蜗杆的左右两端都有双列滚针轴承支承。左端为可以伸缩的自由端以消除温度变化的影响，右端装有双列推力轴承，能轴向定位。

回转工作台用沿其圆周方向分布的 8 个夹紧液压缸 14 进行夹紧。当回转工作台不回转时，夹紧液压缸 14 的上腔进入压力油，使活塞 15 向下运动，通过钢球 17、夹紧块 13 及 12 将蜗轮夹紧。当回转工作台需要回转时，数控系统发出指令，使夹紧液压缸 14 上腔的压力油流回油箱。由于弹簧 16 的作用，钢球 17 被向上抬起，夹紧块 12 及 13 松开蜗轮，然后由电液脉冲马达 1 通过传动装置使蜗轮和回转工作台按控制系统的指令做回转运动。

数控回转工作台设置有零点，返回零点时分两步完成：首先由安装在蜗轮上的撞块 19 撞击行程开关减速；再通过感应块 20 和无触点开关准确地停在零点位置上。

该数控工作台可做任意角度回转和分度，可利用圆光栅 18 进行读数，圆光栅 18 在圆周上有 21600 条刻线，通过 6 倍频电路，使刻度分辨率为 10″，故分度精度可达±10″。

二、自动排屑装置

（一）自动排屑装置作用

数控机床加工效率高，单位时间内数控机床的金属切削量高于普通机床，这使工件上的多余金属变成切屑后所占的空间也成倍增大。这些切屑占用加工区域，如果不及时清除，必然会覆盖或缠绕在工件上，使自动加工无法继续进行。此外，热切屑还会向机床或工件散发热量，使机床或工件产生变形，影响加工精度。因此，迅速、有效地排除切屑对数控机床加工来说十分重要，而排屑装置的主要作用是将切屑从加工区域排出到数控机床之外。另外，排屑装置必须将切屑从其中分离出来，送入切屑收集箱或小车里，而将切屑液回收到冷却液箱。

（二）典型自动排屑装置

自动排屑装置的安装位置一般都尽可能靠近切削区域。如车床的自动排屑装置装在旋转工件下方，铣床和加工中心的自动排屑装置装在床身的回水槽上或工作台边侧位置，以利于简化机床和排屑装置结构，减小机床占地面积，提高排屑效率。排出的切屑一般都落入切屑收集箱或小车中，有的则直接排入车间排屑系统。

自动排屑装置的种类繁多，下面是几种常见的自动排屑装置。

1. 平板链式排屑装置

平板链式排屑装置[图 5.4.5(a)]以滚动链轮牵引钢质平板链带在封闭箱中运转，加工中的切屑落到链带上被带出机床。这种装置能排除各种形状的切屑，电动机有过载保护装置，运转平稳可靠。平板链带输送的速度范围较大，输送效率高，噪声小，适应性强，各类机床都能采用。在车床上使用时多与机床冷却液箱合为一体，以简化结构。

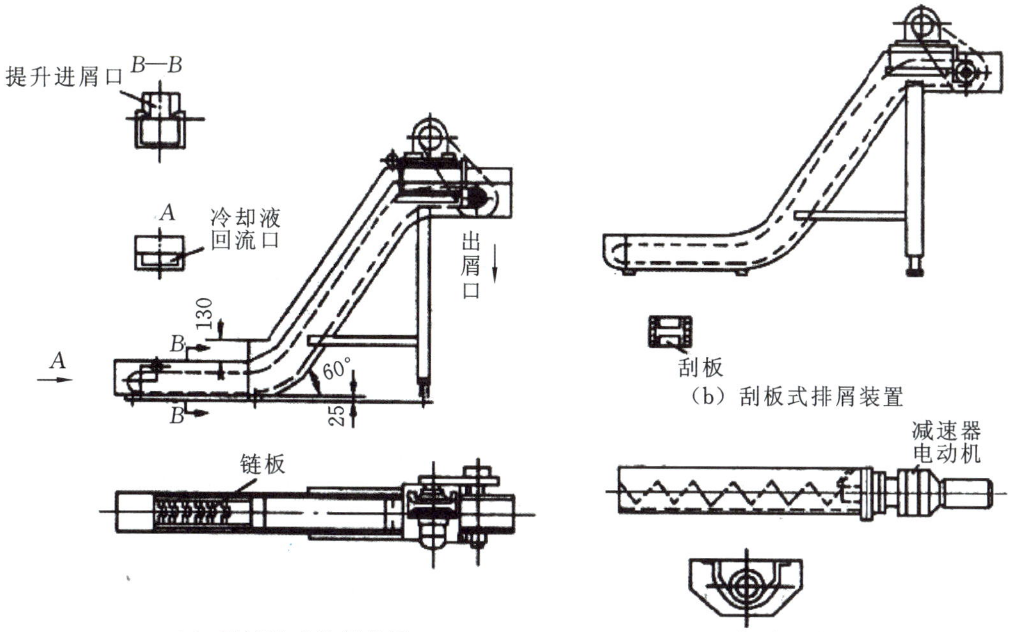

（a）平板链式排屑装置　（b）刮板式排屑装置　（c）螺旋式排屑装置

图 5.4.5　常见的自动排屑装置

2. 刮板式排屑装置

刮板式排屑装置[图 5.4.5(b)]的传动原理与平板链式排屑装置的基本相同，只是链板不同，它的链板带有刮板。这种装置不受切屑种类的限制，对金属、非金属切屑均可适用，有过载保护装置，运转平稳可靠，运动机构为敞开式，保养维修方便，排屑能力较强，因负载大故需采用较大功率的驱动电动机。

3. 螺旋式排屑装置

螺旋式排屑装置主要用于颗粒状、粉状、块状及卷状切屑的输送，可用于数控车床、加工中心或其他机床安装空间比较狭窄的地方，与其他排屑装置联合使用可组成不同结构形状的排屑系统，如图 5.4.5(c)所示。该装置是利用电动机经减速装置驱动安装在沟槽中的一根长螺旋杆进行工作的。螺旋杆转动时，沟槽中的切屑由螺旋杆推动连续向前运动，最终排入切屑收集箱。螺旋杆有两种结构形式，一种是用扁形钢条卷成螺旋弹簧状，另一种是在轴上焊有螺旋形钢板。螺旋式排屑装置结构简单，排屑性能良好，但只适用于沿水平或小角度倾斜的直线方向排运切屑，不能大角度倾斜、提升或转向排屑。

4. 倾斜式床身及切屑传送带自动排屑装置

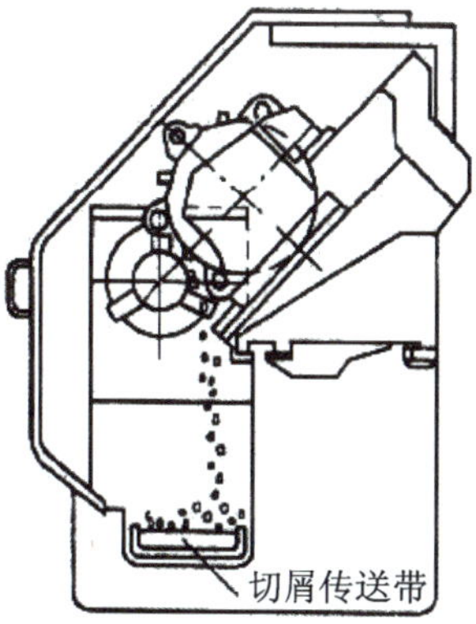

图 5.4.6　倾斜式床身及切屑传送带自动排屑装置

图 5.4.6 所示是倾斜式床身及切屑传送带自动排屑装置，为防止切屑滞留在滑动面上，床体上的床身倾斜布置，

加工中的切屑落到传送带上就会被带出机床。倾斜式床身及切屑传送带自动排屑装置广泛用于中、小型数控车床。

5. 旋转式交换工作台自动排屑系统

图 5.4.7 所示是一种包含切屑清理、清扫工作台和工作台自动交换功能的旋转式交换工作台自动排屑系统的工作过程示意图。

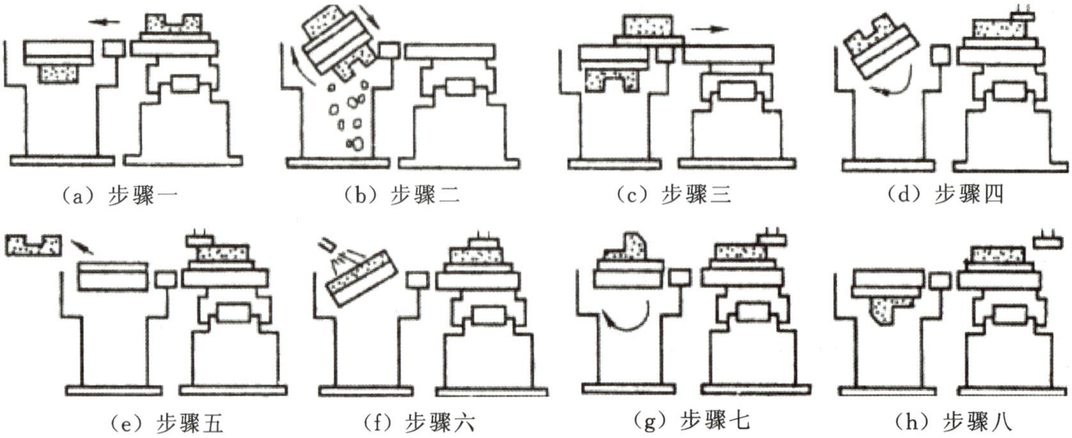

图 5.4.7 旋转式交换工作台自动排屑系统工作过程示意图

【效果评价】

评价表			
模块名称	数控机床典型结构分析	学生姓名	
任务名称	数控机床常用的辅助装置	分数	
考查内容		分值	考核得分
1. 对定位销式分度工作台的工作过程及结构的了解		20	
2. 对鼠牙盘式分度工作台的工作过程及结构的了解		20	
3. 对数控回转工作台的工作过程及结构的了解		20	
4. 编制学习汇报报告情况		20	
5. 基本素养考核情况		20	
总体得分		100	
教师简要评语： 教师签名：			

任务 5.5　数控机床的位置检测装置

【任务要求】

通过对本次任务的学习，掌握数控机床位置检测装置的作用及种类，掌握脉冲编码器的工作原理和应用，掌握光栅尺的工作原理及应用维护。

【知识准备】

一、位置检测装置概述

检测元件是闭环、半闭环伺服系统的重要组成部分。在闭环数控系统中，必须利用位置检测装置把机床运动部件的实际位移量随时检测出来，与给定的控制值(指令信号)进行比较，从而控制驱动元件准确运转，使工作台(或刀具)按规定的轨迹和坐标移动。因此，位置检测装置是数控机床的关键部件之一，它的精度直接影响数控机床的定位精度和加工精度。一般要求检测元件的分辨率在 0.0001～0.1 mm，测量精度为 ±(0.001～0.02) mm/m。系统分辨率的提高，对机床加工精度有一定的影响，但不宜过小，分辨率的选取和脉冲当量的选择方法一样，按机床加工精度的 1/10～1/3 选取。

为此，对位置检测装置提出如下要求：

(1) 高可靠性和高抗干扰性；

(2) 满足精度和速度要求；

(3) 使用、维护方便，适合机床的运行环境；

(4) 成本低，寿命长。

二、位置检测装置的分类

按工作条件和测量要求的不同，测量方式亦有不同的划分方法，位置检测装置分类如表 5.5.1所示。

表 5.5.1　位置检测装置分类

按检测信号的类型分类	数字式测量	光栅，光电码盘，接触式码盘
	模拟式测量	旋转变压器，感应同步器，磁栅
按测量装置编码方式分类	增量式测量	光栅，增量式光电码盘
	绝对式测量	接触式码盘，绝对式光电码盘
按检测方式分类	直接测量	光栅，感应同步器，编码盘(测回转运动)
	间接测量	编码盘，旋转变压器

1. 数字式测量和模拟式测量

数字式测量是将被测量单位量化以后用数字形式来表示的。数字测量的输出信号一般是电脉冲，可以把它直接送到数控装置(计算机)进行比较、处理。光栅位移测量装置就是典型的数字式测量。数字式测量的特点是：

(1) 被测量转化成脉冲个数，便于显示和处理；

(2) 测量精度取决于测量单位，与量程基本无关(当然也有积累误差)；

(3) 测量装置比较简单，抗干扰能力强。

模拟式测量是将被测量用连续的变量(如相位变化、电压幅值变化)来表示的。在数控机床上，模拟式测量主要用于小量程的测量，例如感应同步器的一个线距内的信号相位变化等。模拟式测量的特点是：

(1) 直接测量被测量，无须变换；

(2) 在小量程内可以实现高精度测量，如旋转变压器、感应同步器等。

2. 增量式测量和绝对式测量

增量式测量只测量位移增量，每移动一个测量单位就发出一个测量信号。其优点是检测装置简单，任何一个对中点都可以作为测量起点，在轮廓控制数控机床上大都采用这种测量方式。但在此系统中，移距是通过对测量信号计数后读出的，一旦计数有误，后面的测量结果将全错。发生事故后不能找到事故前的位置，事故排除后，必须将工作台移到起点重新计数才能找到事故前的正确位置。

绝对式测量可以避免上述缺点，对于被测量的任意一点位置均由固定的零点作基准，每一被测点都有一个相应的测量值。这种方式对分辨率要求越高，结构越复杂。

3. 直接测量和间接测量

直接测量是将检测装置直接安装在执行部件上。测量直线位移量常用光栅、感应同步器等检测装置。其优点是直接反映工作台的直线位移量，测量精度高；缺点是检测装置要和行程等长，这对大型数控机床是一个很大的限制。

间接测量是通过测量与工作台直线运动相关联的回转运动，间接地测量工作台的直线位移，检测装置常用旋转变压器等。间接测量使用可靠方便，无长度限制；其缺点是测量信号加入了直线运动转变为回转运动的传动链误差，从而影响测量精度。

数控机床伺服系统中采用的位置检测装置基本分为直线型和旋转型两大类。直线型位置检测装置主要用来检测运动部件的直线位移量；旋转型位置检测装置主要用来检测回转部件的转动位移量。数控机床中常用的位置检测元器件见表 5.5.2。

表 5.5.2　数控机床中常用的位置检测元器件

类型	数字式		模拟式	
	增量式	绝对式	增量式	绝对式
回转型	增量式光电脉冲编码器、圆光栅	绝对式光电脉冲编码器	旋转变压器、圆形感应同步器、圆形磁尺	多级旋转变压器、三速圆形感应同步器
直线型	计量光栅、激光干涉仪	多通道透射光栅	直线型感应同步器、磁尺	三速直线型感应同步器、绝对值式磁尺

除以上位置检测装置以外，伺服系统中往往还包括检测速度的元件，用以检测和调节电机的转速。常用的测速元件是测速发动机。

三、常用位置检测装置及其工作原理

（一）旋转变压器

旋转变压器是一种控制用的微电动机，它能将机械转角变换成电信号输出。旋转变压器在结构上与两相式异步电动机相似，由定子和转子组成。定子绕组为变压器的初级，转子绕组为变压器的次级，励磁电压接到定子绕组上。旋转变压器结构简单，动作灵敏，对环境无特殊要求，维护方便，抗干扰性强，工作可靠，因此在数控机床上广泛应用。

旋转变压器的转子绕组有两种不同的引出方式。根据转子绕组两种不同的引出方式，旋转变压器分为有刷式和无刷式两种结构形式。

有刷式旋转变压器如图 5.5.1 所示，它的转子绕组通过滑环和电刷直接引出，其特点是结构简单，体积小，但因电刷与滑环是机械滑动接触的，所以有刷式旋转变压器的可靠性差，寿命也较短。而无刷式旋转变压器避免了上述缺陷，在此仅介绍无刷式旋转变压器。

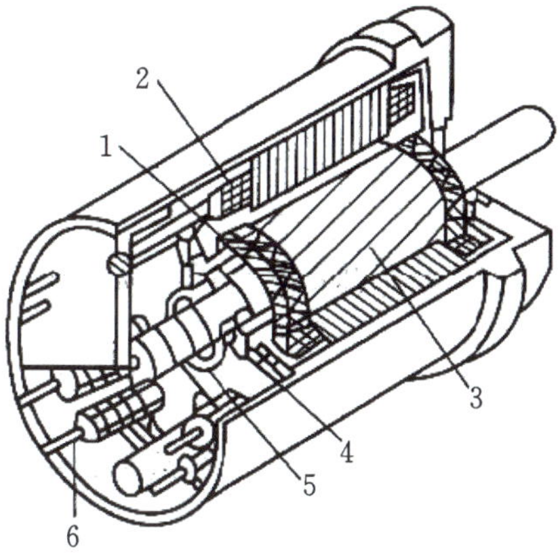

图 5.5.1 有刷式旋转变压器

1—转子绕组；2—定子绕组；3—转子；4—整流子；5—电刷；6—接线柱

1. 旋转变压器的结构和工作原理

图 5.5.2 所示是一种无刷式旋转变压器的结构，左边为分解器，右边为变压器。变压器的作用是将分解器转子绕组上的感应电动势传输出来，这样就省掉了电刷和滑环。分解器定子绕组为旋转变压器的原边，分解器转子绕组为旋转变压器的副边，励磁电压接到原边，励磁频率通常为 400 Hz、500 Hz、1000 Hz、5000 Hz。无刷式旋转变压器结构简单，动作灵敏，对环境无特殊要求，维护方便，输出信号的幅度大，抗干扰性强，工作可靠。由于无刷式旋转变压器具有上述特点，可完全替代光电编码器，因此被广泛应用在伺服控制系统、机器人系统、机械工具、汽车等领域的角度位置检测系统中。

旋转变压器是根据互感原理工作的。它在结构上保证了定子与转子之间空隙内的磁通分布呈正（余）弦规律，当定子绕组上加交流励磁电压时，通过互感在转子绕组中产生感应电动势，如图 5.5.3 所示。

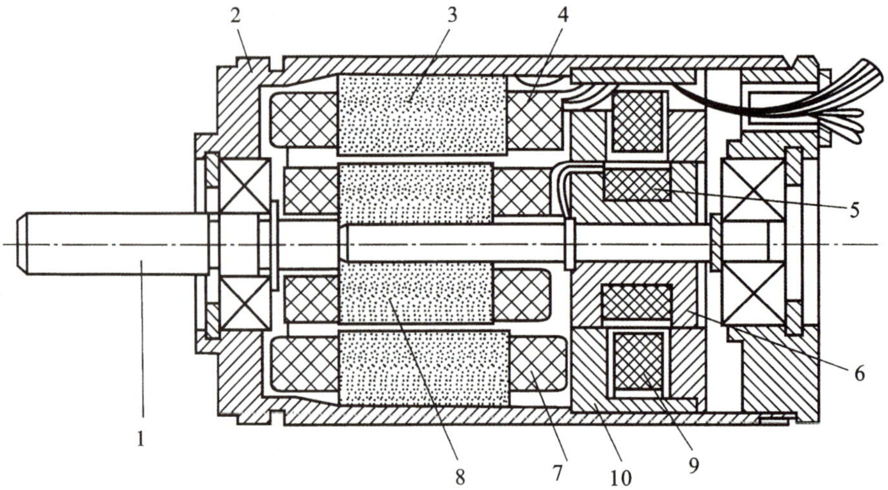

图 5.5.2　无刷式旋转变压器的结构图

1—电动机轴；2—外壳；3—分解器定子；4—变压器定子绕组；5—变压器转子绕组；6—变压器转子；7—变压器定子；8—分解器转子；9—分解器定子绕组；10—分解器转子绕组

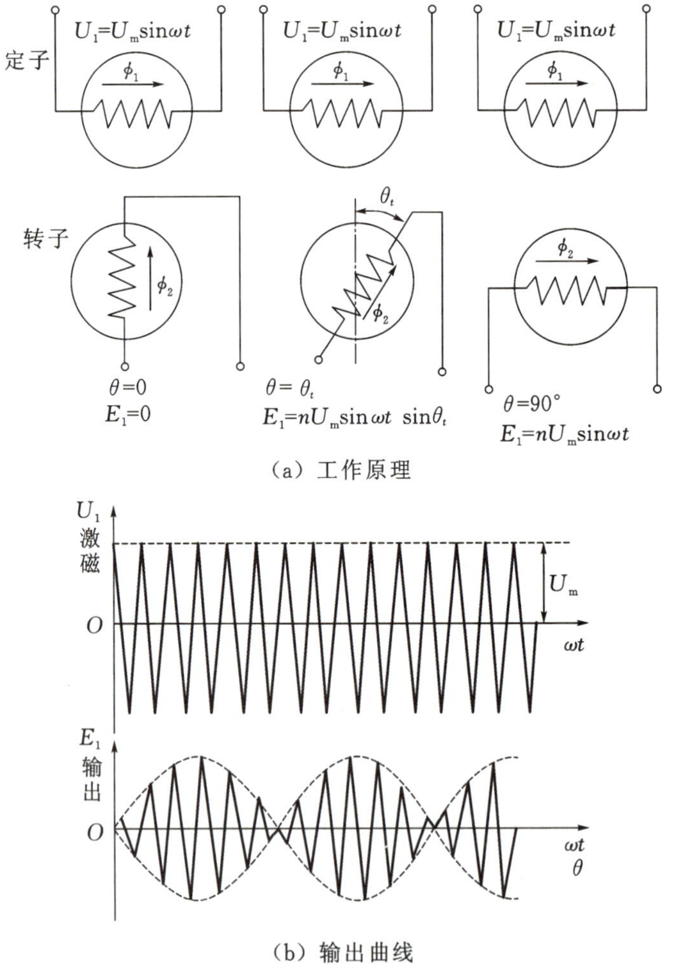

图 5.5.3　两级旋转变压器的工作原理

其输出电压的大小取决于定子与转子两个绕组轴线在空间的相对位置夹角。两者平行时互感最大，副边的感应电动势也最大；两者垂直时互感为零，感应电动势也为零。感应电动势随着转子偏转的角度 θ 呈正（余）弦变化，故有

$$U_2 = KU_1\cos\theta = KU_m\sin\omega t\cos\theta$$

式中，U_2 为转子绕组感应电势；U_1 为定子的励磁电压；U_m 为定子励磁电压的幅值；θ 为两绕组轴线之间的夹角；K 为变压比，即两个绕组匝数比 N_1/N_2。

2. 旋转变压器的应用

使用旋转变压器作位置检测元件，有两种方法：鉴相型应用和鉴幅型应用。一般采用的是正弦、余弦旋转变压器，其定子和转子中各有互相垂直的两个绕组，如图 5.5.4 所示。

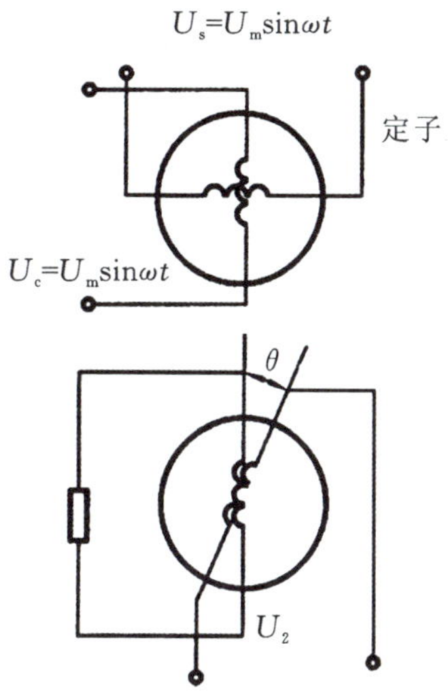

图 5.5.4 旋转变压器

1）鉴相型应用

在这种状态下，旋转变压器定子的两相正交绕组即正弦绕组 s 和余弦绕组 c 中分别加上幅值相等、频率相同而相位相差 90°的正弦交流电压，如图 5.5.4 所示，即

$$U_s = U_m\sin\omega t$$

$$U_c = U_m\cos\omega t$$

因为此两相励磁电压会产生旋转磁场，所以在转子绕组中（另一绕组短接），感应电动势为

$$U_2 = U_s\sin\theta + U_c\cos\theta$$

上式可变换为

$$U_2 = KU_m\sin\omega t \cdot \sin\theta + KU_m\cos\omega t \cdot \cos\theta = KU_m\cos(\omega t - \theta)$$

测量转子绕组输出电压的相位角 θ，便可测得转子相对于定子的空间转角位置。在实际应用时，将对定子正弦绕组励磁的交流电压相位作为基准相位，转子绕组输出电压相位与基准相位做比较，即可确定转子转角的位移。

2）鉴幅型应用

在这种应用中，定子两相绕组的励磁电压为频率相同、相位相同而幅值分别按正弦、余弦规律变化的交变电压，即

$$U_s = U_m\sin\theta\ \sin\omega t$$

$$U_c = U_m\cos\theta\ \sin\omega t$$

定子励磁信号产生的合成磁通在转子绕组中产生感应电动势 U_2，其大小与转子和定子的相对位置 θ_m 有关，并与励磁电压的幅值 $U_m\sin\theta$ 和 $U_m\cos\theta$ 有关，即

$$U_2 = KU_m\sin(\theta - \theta_m)\sin\omega t$$

如果 $\theta_m = \theta$，则 $U_2 = 0$。

在实际应用中，根据转子误差电压的大小，不断修改定子励磁信号的 θ（即励磁幅值），使其跟踪 θ_m 的变化。当感应电动势 U_2 的幅值 $KU_m\sin(\theta - \theta_m)$ 为零时，说明夹角的大小就是被测角位移 θ_m 的大小。

（二）感应同步器

感应同步器是一种电磁式位置检测元件，按其结构特点一般分为直线式和旋转式两种。直线式感应同步器由定尺和滑尺组成；旋转式感应同步器由转子和定子组成。前者用于直线位移测量，后者用于角位移测量。它们的工作原理都与旋转变压器相似。感应同步器具有检测精度比较高、抗干扰性强、寿命长、维护方便、成本低、工艺性好等优点，广泛应用于数控机床及各类机床数显改造。本节仅以直线式感应同步器为例，对其结构特点和工作原理进行介绍。

1. 感应同步器的结构和工作原理

直线式感应同步器主要部件包括定尺和滑尺，其结构如图 5.5.5 所示。

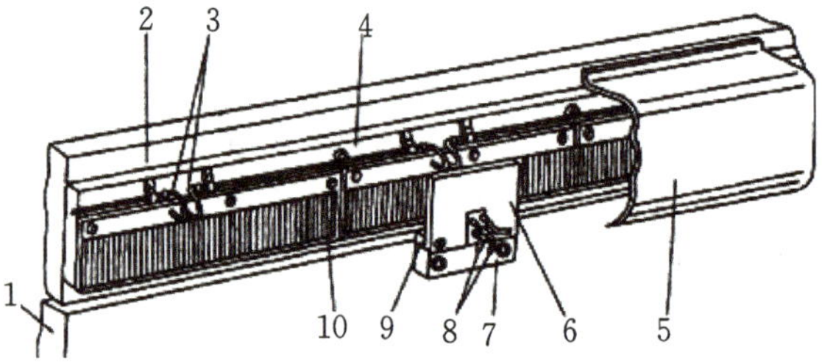

（a）外观及安装形式

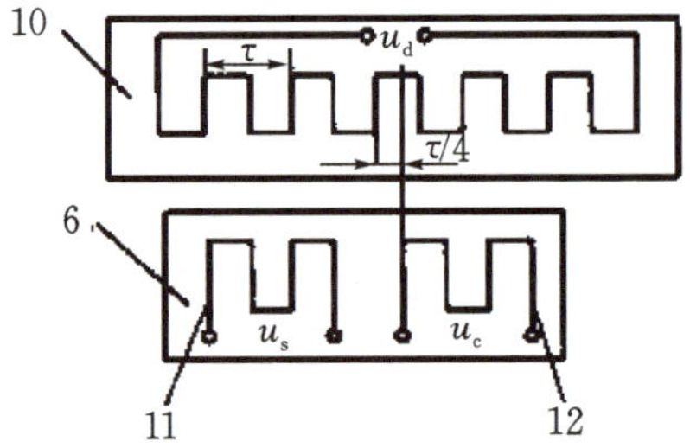

（b）绕组

图 5.5.5　直线式感应同步器结构示意图

1—固定部件（床身）；2—运动部件（工作台或刀架）；3—定尺绕组引线；4—定尺座；5—防护罩；6—滑尺；7—滑尺座；8—滑尺绕组引线；9—调整垫；10—定尺；11—正弦励磁绕组；12—余弦励磁绕组

定尺和滑尺分别安装在机床床身和移动部件上，并随工作台一起移动，两者平行放置，并保持 0.2～0.3 mm 的间隙。标准的感应同步器定尺长 250 mm，尺上是单向、均匀、连续的感应绕组；滑尺长 100 mm，尺上有两组励磁绕组，一组为正弦励磁绕组 u_s，一组为余弦励磁绕组 u_c。滑尺绕组的节距与定尺绕组的节距相同，均为 2 mm，用 τ 表示。当正弦励磁绕组与定尺绕组对齐时，余弦励磁绕组与定尺绕组相差 $\tau/4$。由于定尺绕组是均匀的，故滑尺上的两个绕组在空间位置上相差 $\tau/4$，即 $\pi/2$ 相位角。

感应同步器可以采用多块定尺接长，通过调整相邻定尺间隔，使总长度上的累积误差不大于单块定尺的最大偏差。在行程为几米到几十米的中型或大型机床中，工作台位移的直线测量大多采用感应同步器来实现。当励磁绕组与感应绕组间发生相对位移时，由于电磁耦合的变化，感应绕组中的感应电压随位移的变化而变化，感应同步器就是利用这个特点来进行测量的。

感应同步器的工作原理如图 5.5.6 所示，它说明了定尺感应电压与定、滑尺绕组的相对位置关系。若向滑尺上的正弦绕组通以交流励磁电压，则在定子绕组中产生励磁电流，因而绕组周围产生了旋转磁场。这时，如果滑尺处于图中 A 点位置，即滑尺绕组与定尺绕组完全对应重合，则定尺上的感应电压最大。随着滑尺相对定尺做平行移动，感应电压逐渐减小。当滑尺移动至图中 B 点位置时，即与定尺绕组刚好错开 $\tau/4$ 时，感应电压为零。滑尺再继续移至 $\tau/2$ 处，即图中 C 点位置时，感应电压为最大的负值电压（即感应电压的幅值与 A 点相同但极性相反）。滑尺再移至 $3\tau/4$，即图中 D 点位置时，感应电压又变为零。当滑尺移动到一个节距位置即图中 E 点，又恢复初始状态，即与 A 点情况相同。显然，在定尺和滑尺的相对位移中，感应电压呈周期性变化，其波形为余弦函数。在滑尺移动一个节距的过程中，感应电压变化了一个余弦周期。

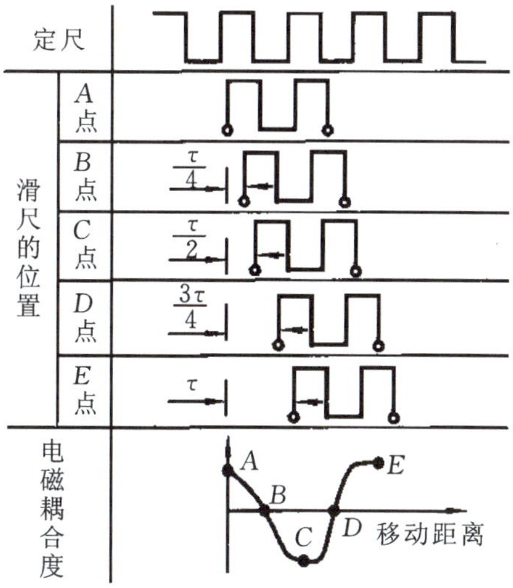

图 5.5.6　感应同步器的工作原理图

同样，若向滑尺的余弦绕组通以交流励磁电压，也能得出定尺绕组中感应电压与两尺相对位移的关系曲线，它们之间为正弦函数关系。

2. 感应同步器的应用

根据励磁绕组中励磁供电方式的不同，感应同步器可分为鉴相工作方式和鉴幅工作方式。鉴相工作方式即将正弦绕组和余弦绕组分别通以频率相同、幅值相同但相位角相差$\pi/2$的交流励磁电压；鉴幅工作方式，则是将滑尺的正弦绕组和余弦绕组分别通以相位相同、频率相同但幅值不同的交流励磁电压。

1）鉴相方式

给滑尺的正弦绕组和余弦绕组分别通以频率相同、幅值相同但相位角相差 90°的交流励磁电压，即

$$U_s = U_m \sin\omega t$$

$$U_c = U_m \sin(\omega t + \pi/2) = U_m \cos\omega t$$

当滑尺移动 X 距离时，定尺绕组中的感应电压为

$$U_d = kU_m \sin(\omega t - \theta) = kU_m \sin(\omega t - 2\pi X/\tau)$$

式中，U_m 为励磁电压幅值；k 为电磁耦合系数；θ 为电气相位角；X 为滑尺移动距离；τ 为节距。

从上式可以看出，定尺的感应电压与滑尺的位移量有严格的对应关系，通过测量定尺感应电压的相位，即可测得滑尺的位移量。

2）鉴幅方式

给滑尺的正弦绕组和余弦绕组分别通以频率相同、相位相同但幅值不同的交流励磁电

压，即

$$ZU_s = U_{sm}\sin\omega t$$

$$U_c = U_{cm}\ \sin\omega t$$

其中，U_{sm}、U_{cm}幅值分别为

$$U_{sm} = U_m\sin\theta_1$$

$$U_{cm} = U_m\cos\theta_1$$

式中，θ_1 为电气给定角。

当滑尺移动时，定尺上的感应电压为

$$U_d = kU_m\sin(\theta_1 - \theta) = kU_m\sin\omega t\ \ \sin\Delta\theta$$

当 $\Delta\theta$ 很小时，定尺上的感应电压可近似表示为

$$U_d = kU_m\sin\omega t \cdot \Delta\theta$$

又因为

$$\Delta\theta = 2\pi\Delta X/\tau$$

则：

$$U_d = kU_m(2\pi/\tau)\Delta X\sin\omega t$$

式中，ΔX 为滑尺位移增量。

由此可以看出，当滑尺位移增量 ΔX 很小时，感应电压的幅值和 ΔX 成正比，因此，可以通过测量 U_d 的幅值来测定位移量 ΔX 的大小。

（三）光栅

光栅分为物理光栅和计量光栅。物理光栅刻线细密，主要用于光谱分析和光波波长的测定。比较而言，计量光栅刻线较粗，栅距也较小，一般在 0.004～0.25 mm 之间，主要用于数字检测系统。光栅传感器为动态测量元件，按运动方式可分为长光栅和圆光栅。长光栅主要用来测量直线位移；圆光栅主要用来测量角度位移。根据光线在光栅中的运动路径可分为透射光栅和反射光栅。一般光栅传感器都是做成增量式的，也可以做成绝对值式的。目前，光栅传感器主要应用在高精度数控机床的伺服系统中，其精度仅次于激光式测量。

1. 光栅结构

光栅是利用光的透射、衍射现象制成的光电检测元件，它主要由光栅尺（包括标尺光栅和指示光栅）和光栅读数头两部分组成，如图 5.5.7 所示。通常，标尺光栅固定在机床的运动部件（如工作台或丝杠）上，光栅读数头安装在机床的固定部件（如机床底座）上，两者随着工作台的移动而相对移动。在光栅读数头中，安装了一个指示光栅，当光栅读数头相对于标尺光栅移动时，指示光栅便在标尺光栅上移动。安装光栅时，要严格保证标尺光栅和指示光栅的平行度以及两者的间隙（一般取 0.05 mm 或 0.1 mm）要求。

光栅尺是用真空镀膜的方法光刻上均匀密集线纹的透明玻璃片或长条形金属镜面。对于长光栅，这些线纹相互平行，各线纹之间的距离相等，称此距离为栅距。对于圆光栅，这些线纹是等栅距角的向心条纹。栅距和栅距角是决定光栅光学性质的基本参数。常见的长光

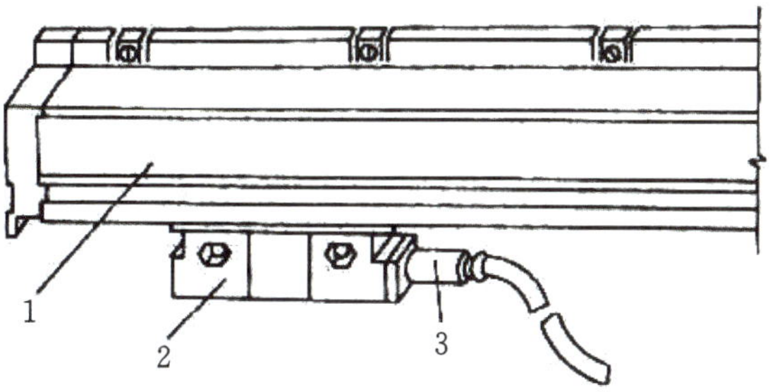

图 5.5.7 光栅在机床上的安装

1—光栅尺;2—光栅读数头;3—电缆

栅的线纹密度为 25、50、100、250 条/mm。对于圆光栅,若直径为 70 mm,一周内刻线达 100～768 条;若直径为 110 mm,一周内刻线达 600～1024 条,甚至更高。同一个光栅元件,其标尺光栅和指示光栅的线纹密度必须相同。

2. 光栅工作原理

光栅读数头由光源、透镜、标尺光栅、指示光栅、光敏元件和驱动电路组成,如图 5.5.8 所示。读数头的光源经过透镜后变成平行光束,照射在光栅尺上。光敏元件是一种将光强信号转换为电信号的光电转换元件,它接收透过光栅尺的光强信号,并将其转换成与之成比例的电压信号。由于光敏元件产生的电压信号一般比较微弱,在长距离传送时很容易被各种干扰信号所淹没、覆盖,造成传送失真。为了保证光敏元件输出的信号在传送中不失真,应首先对该电压信号进行功率和电压放大,然后进行传送。驱动电路就是实现对光敏元件输出信号进行功率和电压放大的电路。

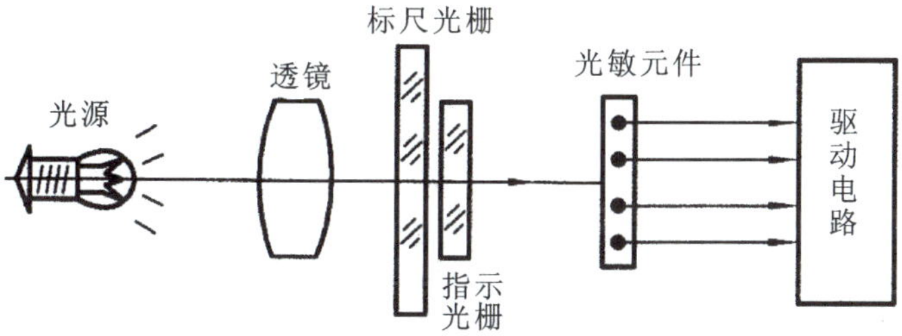

图 5.5.8 光栅读数头

如果将指示光栅在其自身的平面内转过一个很小的角度 β,这样两块光栅的刻线相交,当平行光线垂直照射标尺光栅时,则在相交区域出现明暗交替、间隔相等的粗大条纹,称为莫尔条纹。由于两块光栅的刻线密度相等,即栅距 λ 相等,故产生的莫尔条纹的方向与光栅刻线方向大致垂直。其几何关系如图 5.5.9 所示。

莫尔条纹具有以下特点:

(1) 放大作用。当两光栅尺线纹之间的夹角 β 很小时,莫尔条纹的节距 P 和栅距 λ 之间的关系为

$$P=\frac{\lambda}{\beta}$$

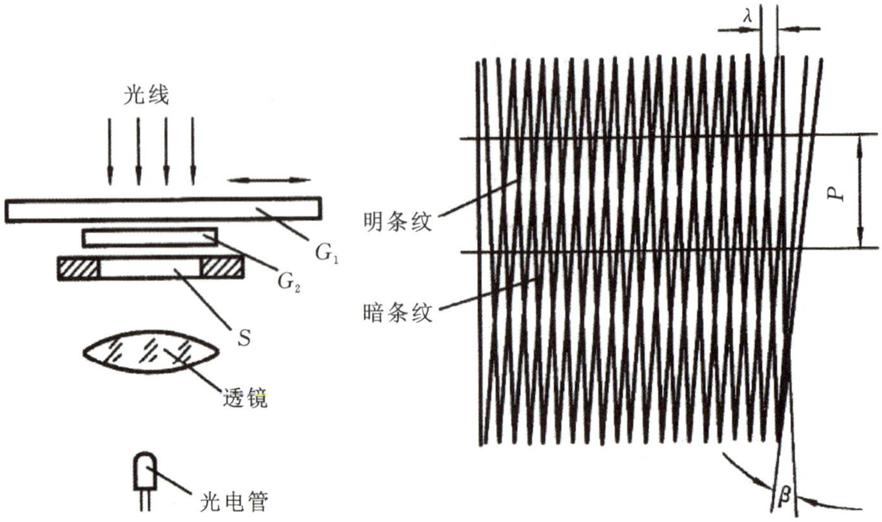

图 5.5.9　光栅的工作原理

这表明，莫尔条纹的节距是栅距的 $1/\beta$ 倍。因为 β 很小，所以 $P \gg \lambda$，即莫尔条纹具有放大作用。若设 $\lambda=0.01$ mm，$\beta=0.01$ rad，可得 $P=1$ mm，从而把光栅的栅距转换成放大 100 倍的莫尔条纹的宽度。

(2) 平均效应。莫尔条纹由许多明暗相间的条纹组成，如 100 条/mm 的光栅，10 mm 宽的莫尔条纹就由 1000 条线纹组成，这样对个别线纹的间距误差就不敏感，这在很大程度上消除了栅距刻制不均匀造成的误差。

(3) 信息变换作用。莫尔条纹的移动与栅距之间的移动成比例。当光栅向左或向右移动一个栅距 λ 时，莫尔条纹也相应地向上或向下准确地移动一个节距 P。根据光栅栅距的位移和莫尔条纹位移的对应关系，只要测量出莫尔条纹移过的距离，就可以得出光栅移动的微小距离。

(4) 光强分布规律。当用平行光束照射光栅时，就会形成明、暗相间的莫尔条纹。由亮纹到暗纹，再由暗纹到亮纹，光强分布近似余弦函数。光栅测量系统的组成如图 5.5.10 所示，由光电元件变为同频率电压信号，经光栅位移数字变换电路放大、整形、微分，最后输出脉冲。每产生一个脉冲，就代表移动了一个栅距，通过对脉冲计数便可得到工作台的移动距离。

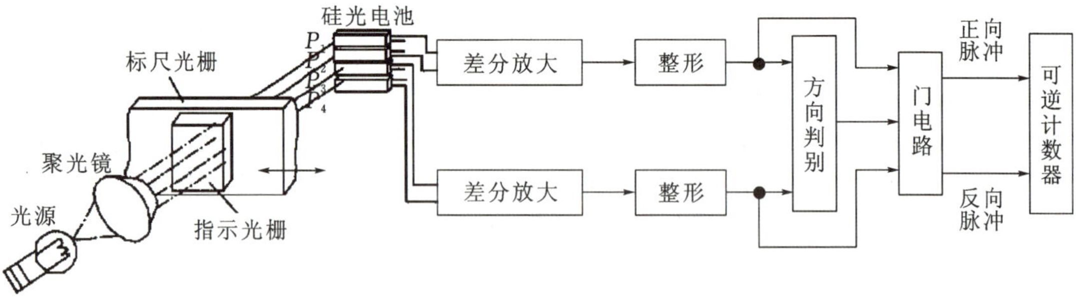

图 5.5.10　光栅测量系统的组成示意图

(四) 光电脉冲编码器

编码器又称编码盘或码盘，它能把机械转角转换成电脉冲，是一种常用的角位移测量装置。编码器分为光电式、接触式和电磁感应式三种,光电式的精度和可靠性都优于其他两种,因而广泛用于数控机床。

光电脉冲编码器可分为增量式和绝对式两种。增量式光电脉冲编码器能够把回转件的旋转方向、旋转角度和旋转角速度准确地测量出来。绝对式光电脉冲编码器可将被测转角转换成相应的代码来指示绝对位置而没有累计误差,是一种直接编码式测量装置。下面重点介绍增量式光电脉冲编码器。

1. 增量式光电脉冲编码器的结构

图 5.5.11 所示为增量式光电脉冲编码器的结构,它由电路板、圆光栅、指示光栅、轴、光敏元件、光源和连接法兰等组成。圆光栅是在一个圆盘的圆周上刻制相等间距的线纹后制成的,分为透明的和不透明的部分,圆光栅与工作轴一起旋转。与圆光栅相对平行放置的是一个固定的扇形薄片,称为指示光栅,上面刻有相差 1/4 倍节距的两个狭缝和一个零位狭缝(一转发出一个脉冲)。光电脉冲编码器通过十字连接头或键与伺服电机相连。它的法兰固定在电机端面上,罩上防尘罩,即可构成一个完整的检测装置。

2. 增量式光电脉冲编码器的工作原理

当圆光栅旋转时,光线透过两个光栅的线纹部分,形成明暗相间的条纹。光电元件接收这些明暗相间的光信号,并将其转换为交替变化的电信号,该信号为两路近似于正弦波的电流信号 A 和 B,如图 5.5.12 所示。A 和 B 信号相位相差 90°,经放大和整形变成方波。通过光栅的两个电流信号,还有一个"一转脉冲",称为 Z 相脉冲,该脉冲也是通过上述处理得来的。A 脉冲用来产生机床的基准点。

从图 5.5.12 可看出,根据信号 A 和信号 B 的发生顺序,即可判断光电脉冲编码器轴的正反转。若 A 相超前于 B 相,则为正转;若 B 相超前于 A 相,则为反转。数控系统正是利用这一相位关系来判断方向的。

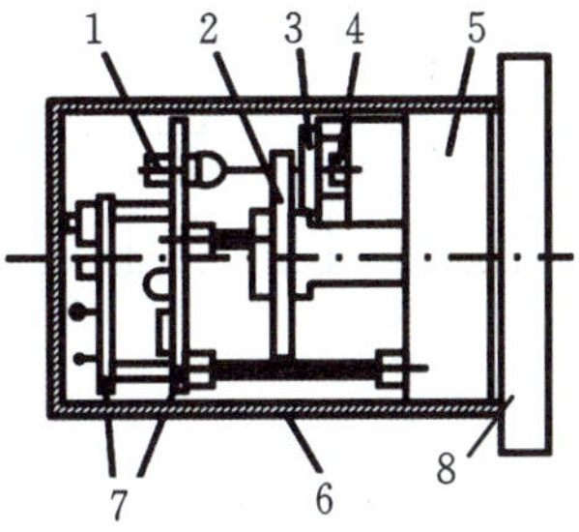

图 5.5.11 增量式光电脉冲编码器的结构示意图

1—光源;2—圆光栅;3—指示光栅;4—光敏元件;
5—机械部件;6—护罩;7—电路板;8—连接法兰

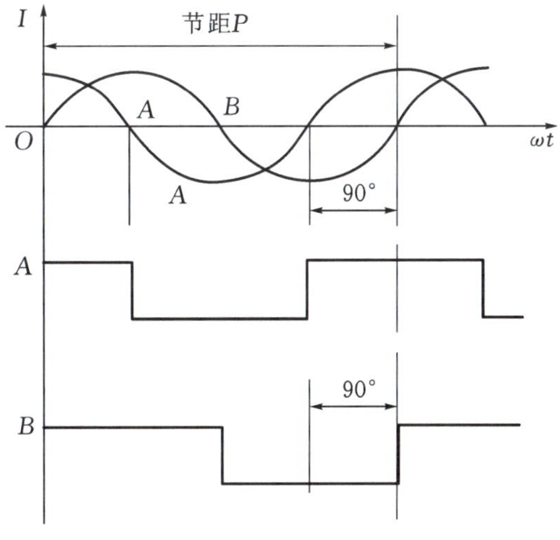

图 5.5.12 脉冲编码器输出的波形

在应用时，从光电脉冲编码器输出的 A、B 和经反相后的 $\overline{A}$、$\overline{B}$ 四个方波被引入位置控制回路，经辨向和乘以倍率后，形成代表位移的测量脉冲，然后经频率-电压变换器变成正比于频率的电压，电压作为速度反馈信号，反馈给速度控制单元，进行速度调节。

光电脉冲编码器的输出信号 A、$\overline{A}$、B 和 $\overline{B}$ 为差动信号。差动信号大大提高了传输的抗干扰能力。在数控机床上对上述信号进行倍频处理，可以进一步提高分辨率。

3. 光电脉冲编码器的应用

1）位置测量

在数控机床上，光电脉冲编码器常被用在数字比较的伺服系统中作为位置检测装置，将检测信号反馈给数控装置。

图 5.5.13(a)和图 5.5.13(b)所示分别为光电脉冲编码器信号处理电路和输出波形，脉冲编码器输出脉冲信号 A、$\overline{A}$、B、$\overline{B}$，经过差分驱动和差分接收进入数控装置，再经过整形放大电路 变为 A_1、B_1 两路脉冲。对 A_1 脉冲和它的反向信号 $\overline{A}_1$ 脉冲进行微分(图中为上升沿微分)，将其作为加减计数脉冲。B_1 路脉冲信号被用作加减计数脉冲的控制信号，正走时(A 脉冲超前 B 脉冲)，由 y_2 门输出加计数脉冲，此时 y_1 门输出为低电平；反走时(B 脉冲超前 A 脉冲)，由 y_1 门输出减计数脉冲，此时 y_2 门输出为低电平。

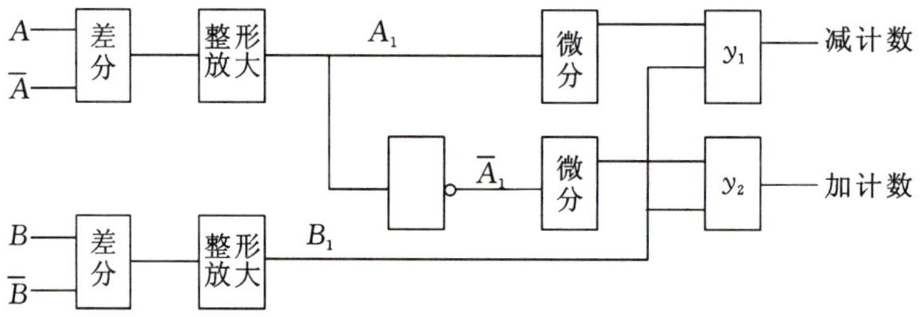

(a) 信号处理电路

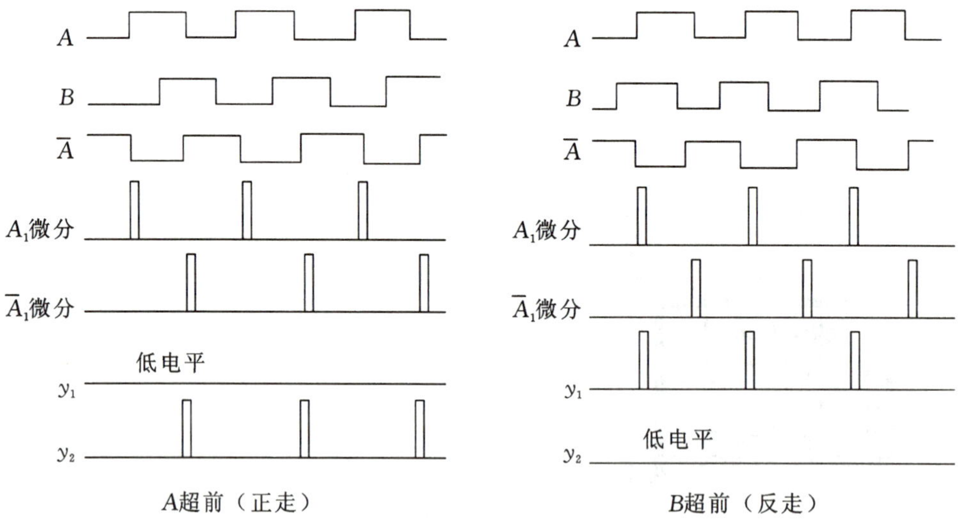

(b) 输出波形

图 5.5.13　光电脉冲编码器信号处理电路和输出波形

把输出的脉冲输入带加减计数要求的可逆计数器进行计数，即可检测出脉冲的数量，用这个数量乘以脉冲当量就可得出光电盘的转角。

在进行直线距离测量时，可将光电编码器装到伺服电机轴上，因伺服电机轴与滚珠丝杠相连，所以当伺服电机转动时，由滚珠丝杠带动工作台或刀具移动。这时光电编码器的转角对应直线移动部件的移动量，因此可根据滚珠丝杠的导程来计算移动部件的位移量。

2）转速测量

转速可由光电编码器发出的脉冲频率或周期进行测量。

用脉冲频率法测转速，是在给定的时间内对光电编码器发出的脉冲计数，然后由下式求出在 t 时间内平均转速 n，即

$$n=\frac{N_1}{N}\times\frac{60}{t}\ (\mathrm{r/min})$$

式中，t 为测速采样时间，单位为 s；N_1 为 t 时间内测得的脉冲数；N 为编码器每转脉冲数。

【效果评价】

评价表			
模块名称	数控机床典型结构分析	学生姓名	
任务名称	数控机床的位置检测装置	分数	
考查内容		分值	考核得分
1. 对位置检测装置分类的掌握		10	
2. 对旋转变压器的结构及工作原理的了解		10	
3. 对光栅尺和脉冲编码器的结构及工作原理的掌握		40	
4. 编制学习汇报报告情况		20	
5. 基本素养考核情况		20	
总体得分		100	
教师简要评语： 教师签名：			

任务 5.6 任务实训

——数控车床 Z 轴安装检测

一、实训要求

(1) 认识数控车床 Z 轴的传动组成元件；

(2) 掌握常见的传动轴装配工具的使用方法；

(3) 掌握 Z 轴推力轴承的拆卸顺序以及齿轮的装配顺序。

二、相关知识

1. Z 轴传动部件的特点

数控车床一般都是通过滚珠丝杠副将伺服电机的旋转运动变为工作台或刀架的直线运动的。滚珠丝杠副作为数控机床主要的传动部件，具有传动效率高、传动灵敏、稳定性好、高刚度、高寿命等特点。目前滚珠丝杠副已经实现专业化生产，其本身的制造精度已经相当高。但它安装与调试的好坏将直接影响到数控机床的定位精度和重复定位精度，最后影响机床的加工精度。

2. 支承部件的特点

支承部件主要由支承丝杠的轴承座和轴承组成。在精度要求高的数控机床中广泛采用的轴承是推力角接触球轴承和深沟球轴承。有时也将两种轴承组合使用。

Z 轴主要作用是驱动床鞍进行纵向进给运动，行程相对长。横向进给轴主要是驱动刀塔(或工作台)进行横向进给运动，行程较短，且一般安装在纵向床鞍上面，所以 Z 向进给轴的安装与检测方法具有一定代表性。

三、实施步骤

图 5.6.1 所示是 Z 向进给轴的装配图。Z 向进给轴的安装检测步骤如下。

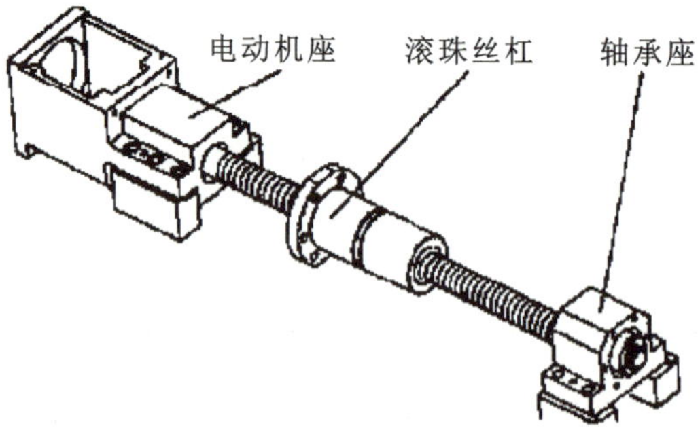

图 5.6.1 Z 向进给轴的装配图

（1）将电机座、轴承座清洗干净。

（2）将两根测试棒分别放在前后两端电机座、轴承座中，并分别盖上压盖，测试棒大端直径为 12.5 mm，小端直径为 11.6 mm。

（3）将前后端电机座、轴承座分别安装在机床床身上。使用扭力扳手进行锁紧时，必须按照对角方式进行锁紧。

（4）将两根测试棒分别放置在电机座、轴承座中并盖上压盖。

（5）将装有千分表和磁性座的滑动平板固定于基准导轨上，如果是线轨就锁在滑块上。

（6）将千分表测头分别触及两根测试棒的表面，使其在测试棒轴向垂直平面内的母线和水平面的母线上移动，由一端向另一端平顺移动平板。检测两测试棒对床身导轨的平行度。测量过程见图 5.6.2，测量项目见表 5.6.1。

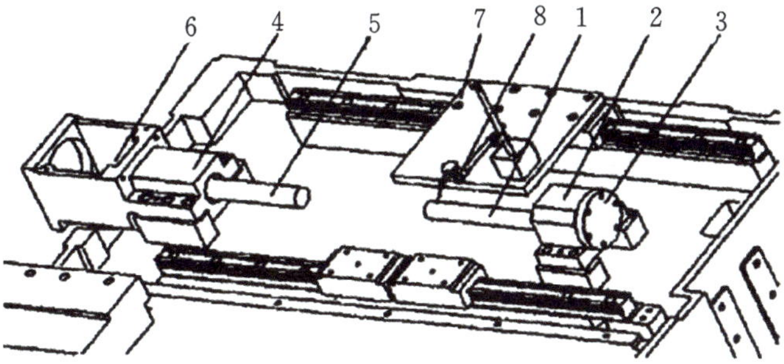

图 5.6.2 进给轴的检测过程图

1、5—测试棒；2、4—轴承座；3、6—压盖；7—测量平板；8—千分表

表 5.6.1 测量项目数值表

次序	查验项目	平行度/mm
1	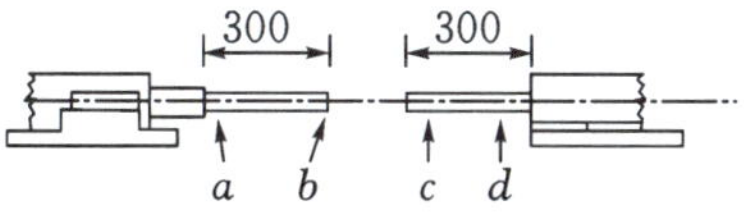 Z 轴电机座与轴承座垂直向平行度要求（b、c 端不下垂）	$a<b$ 0.01/300
		$c<d$ 0.01/300
		a 与 b 0.01/300
2	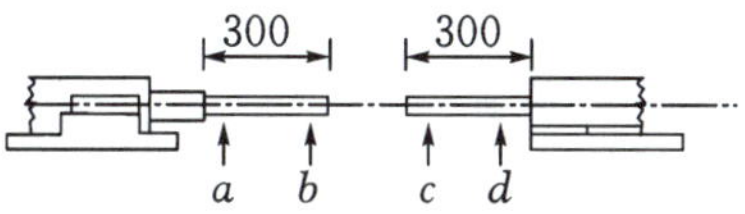 Z 轴电机座与轴承座水平向平行度	a 与 b 0.01/300
		c 与 d 0.01/300
		a 与 d 0.01/300

（7）不断校正电机座、轴承座在轴向垂直平面和水平面内对导轨的平行度，直到保证均在 0.01/300 mm 以内为止，并固定铲刮后的轴承座。

（8）各电机座、轴承座找好精度后，配作定位锥销孔。一般为 4 处，钻铰孔径为 10 mm。保证两结合处的锥销接触率为 60%。

（9）合格后填写数控车床检验记录表。

【效果评价】

评价表			
模块名称	数控机床典型结构分析	学生姓名	
任务名称	数控车床 Z 轴安装检测	分数	
考查内容		分值	考核得分
1. 对 Z 轴传动特点的了解情况		10	
2. 小组计划执行情况		5	
3. 对 Z 轴的安装检测过程的掌握程度		45	
4. 编制学习汇报告情况		20	
5. 基本素养考核情况		20	
总体得分		100	
教师简要评语： 教师签名：			

思考与练习

1. 数控机床对主传动系统有哪些要求？
2. 主传动变速有几种方式？各有何特点？各应用于何处？
3. 主轴端部有哪些结构？各有何特点？
4. 主轴轴承的配置形式有几种？各有何优缺点？
5. 主轴轴承为什么要预紧？有哪些方法可以实现预紧？
6. 举例说明数控车床主轴部件的结构。
7. 举例说明加工中心主轴部件的结构。
8. 主轴为何需要“准停”？如何实现“准停”？

9. 简述高速电主轴的结构特点。
10. 举例说明主轴部件调整时应注意的问题。
11. 数控机床对进给传动系统的要求是什么?
12. 滚珠丝杠螺母副的循环方式有几种?为何要预紧?预紧的方法有哪些?
13. 滚珠丝杠支承的方式有哪些?各有什么特点?应用在什么场合?
14. 导轨滑块副有哪些种类?各有什么特点?
15. 如何降低滚动导轨副在运动中产生的噪声?
16. 简述绝对式和增量式编码器各自的优缺点。
17. 编码器是如何实现旋转方向判别的?
18. 说明提高光栅尺分辨率的方法及原理。

模块6 数控电火花加工机床结构分析

模块导读

电火花加工也称为放电加工或电蚀加工(electrical discharge machining,EDM),在20世纪40年代开始研究并逐步用于生产,属于特种加工方法(利用热能、电能、声能、光能、化学能、电化学能去除材料的新颖加工方法)中的一种。它能对具有高硬度、高韧性、高强度、高脆性等难以加工的材料,以及精密细小、形状复杂和结构特殊的模具零件进行加工,并且能获得用传统切削加工方法很难达到的精度、表面粗糙度和生产率。本模块主要讲述数控电火花加工的基本原理和用途;数控电火花成形机床的组成部分及应用;数控电火花线切割机床的分类和基本结构。

学习目标

1. 掌握数控电火花加工的基本原理和用途;
2. 了解数控电火花成形机床的组成及应用;
3. 了解电火花加工的特点、分类和基本组成;
4. 了解电火花加工机床的主要附件;
5. 掌握数控电火花线切割的特点及应用;
6. 了解数控电火花线切割机床的分类;
7. 了解数控电火花线切割机床的结构部件;
8. 了解数控电火花加工机床的维护内容。

思政元素

电火花加工属于特种加工的一种,应用范围很广。本模块通过列举电火花加工的工艺范围,让学生感受我国电火花加工机床的发展以及在国际上的地位,开展爱国主义教育,增强学生的民族自豪感;通过电火花机床实验操作,让学生在实践中树立安全生产的责任意识和良好的职业道德，明确自己作为生产责任人的社会责任；通过机床维护的理论学习，培养学生良好的职业习惯和诚信意识；在线切割加工实训中，通过工件的装夹找正、工艺参数的设定及加工尺寸的检验，教育学生在工作中要注重细节，时刻保持认真、严谨的工作作风，努力追求“工匠精神”。

知识架构

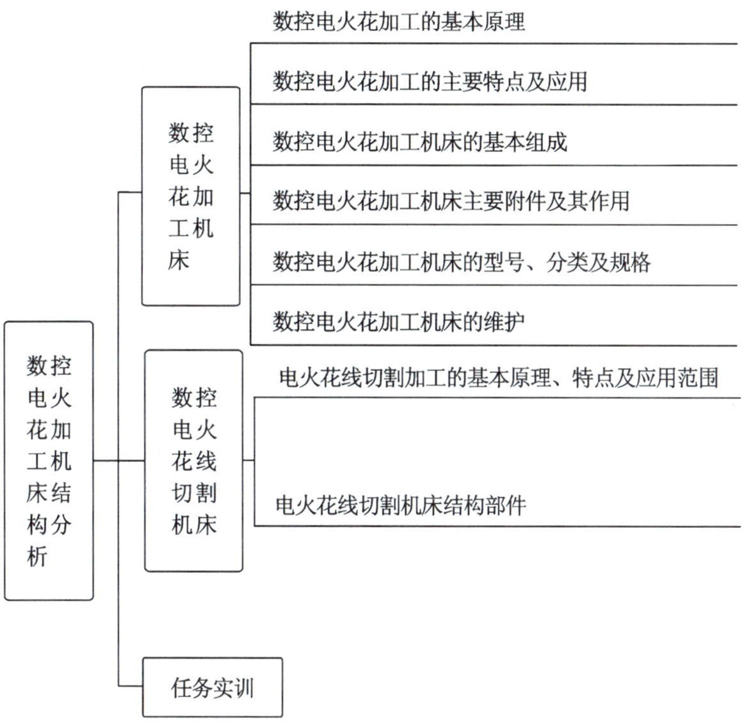

任务 6.1 数控电火花加工机床

【任务要求】

通过对本次任务的学习，掌握电火花加工的特点和加工过程，掌握电火花加工机床的基本组成及其附件的作用。

【知识准备】

一、数控电火花加工的基本原理

电火花加工建立在电蚀现象的基础上，在一定介质中通过工具电极和工件之间脉冲性火花放电的电腐蚀作用来蚀除多余的金属，从而获得所需零件的尺寸、形状及表面质量。

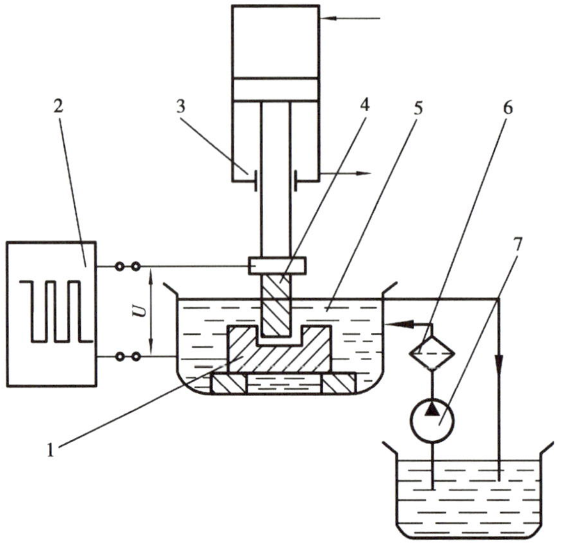

图 6.1.1　电火花加工的原理图

1—工件；2—脉冲电源；3—自动进给调节装置；4—工具电极；5—工作液；6—过滤器；7—工作泵

图 6.1.1 所示是电火花加工的原理图。由脉冲电源 2 输出的电压加在液体介质中的工件 1 和工具电极（亦称电极）4 上，自动进给调节装置 3（图中仅为该装置的执行部分）使电极和工件间保持一定的放电间隙。当电压升高时，会在某一间隙最小处或绝缘强度最低处击穿介质，产生火花放电，瞬时高温使电极和工件表面都被蚀除（熔化或汽化）一小块材料，各自形成一个小凹坑，如图 6.1.2 所示。电火花加工实际是电极和工件间的连续不断的火花放电的过程，电极和工件由于电腐蚀而产生不同程度的损耗，电极不断地向工件进给，工件不断产生电腐蚀，就可将电极的形状复制在工件上，加工出所需要的成形表面，整个加工表面将由无数个小凹坑组成，如图 6.1.2(b)所示。

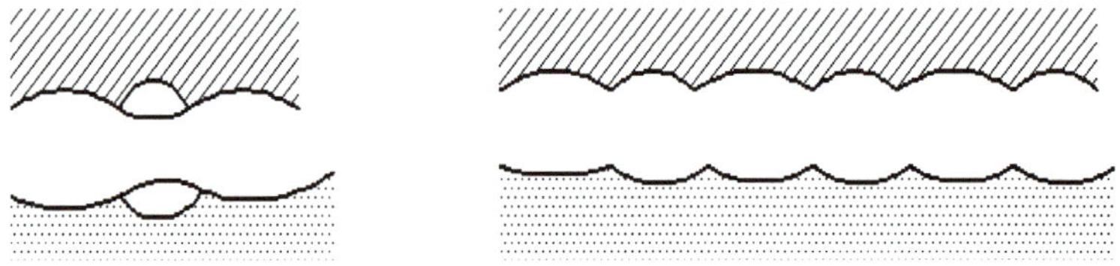

（a）单脉冲电蚀　　（b）连续脉冲电蚀

图 6.1.2　电火花加工表面形状示意图

二、数控电火花加工的主要特点及应用

1. 电火花加工的优点

（1）电火花加工适合于用传统机械加工方法难以加工的特殊材料，包括各种淬火钢、硬质合金、耐热合金等任何硬、脆、韧、高熔点的导电材料。

（2）加工时工具电极与工件不接触，有利于加工那些传统机械切削方法难以加工或无法加工的形状复杂的工件和具有特殊工艺要求的工件，如薄壁、窄槽、各种型孔、立体曲面等。

（3）脉冲宽度可以调节，在同一台机床上能连续进行粗、半精、精加工。

（4）直接利用电能加工，便于实现自动控制和加工自动化。

（5）可用于加工整体结构，这样既减少了加工工时和装配工时，又延长了工件的使用寿命。

2. 电火花加工的缺点

(1) 必须制作工具电极。因此它增加了制作电极的费用和时间。

(2) 加工部分形成残留变质层。这种变质层容易造成加工部位的碎裂与崩刃。

(3) 放电间隙使加工误差增大。

(4) 加工精度受到电极损耗的影响。电极在加工过程中同样会受到电腐蚀而损耗,如果电极损耗不均匀,就会影响加工精度。

3. 电火花加工在模具制造中的应用

自从电火花加工发明以来,它在金属加工领域已成为不可缺少的加工工艺之一。首先获得大量应用的就是模具制造行业,最初是冲裁模的加工,后来在成形模具的加工方面也得到了广泛的应用。

电火花加工在模具制造中的应用,主要有以下几个方面。

(1) 加工各种模具零件的型孔。如冲裁模、复合模、连续模等各种冲模的凹模,凹凸模、固定板、卸料板等零件的型孔,拉丝模、拉深模等具有复杂型孔的零件等。

(2) 加工形状复杂的型腔。如锻模、塑料模、压铸模、橡皮模等各种模具的型腔加工。

(3) 加工小孔。对各种圆形、异形孔的加工,如线切割的穿缝孔、喷丝板型孔等。

(4) 电火花磨削。如对淬硬钢件、硬质合金工件进行平面磨削、内外圆磨削、坐标孔磨削以及成形磨削等。

(5) 强化金属表面。如对凸模和凹模进行电火花强化处理后,可提高其耐用度。

(6) 其他加工。如刻文字、刻花纹、电火花攻螺纹等。

三、数控电火花加工机床的基本组成

电火花加工机床的基本结构如图 6.1.3 所示,它由机床本体、脉冲电源、自动调节系统和工作液循环系统等四大部分组成。

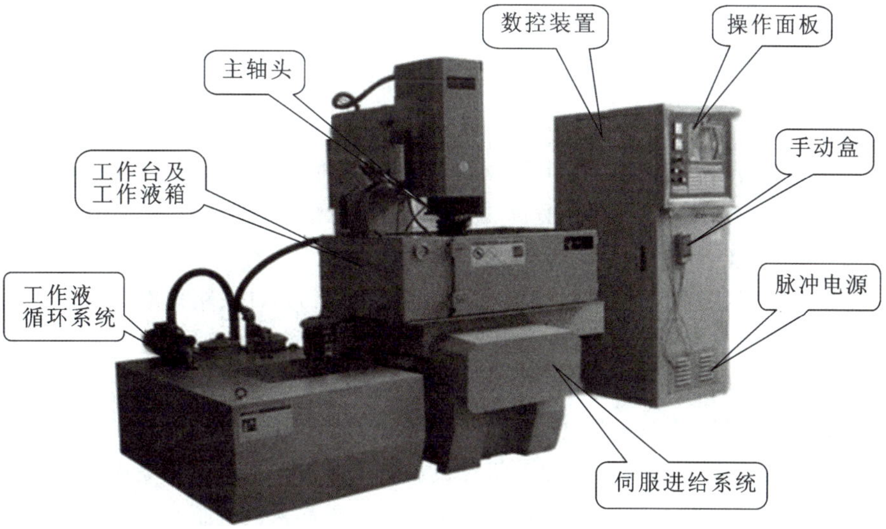

图 6.1.3 电火花加工机床的基本结构

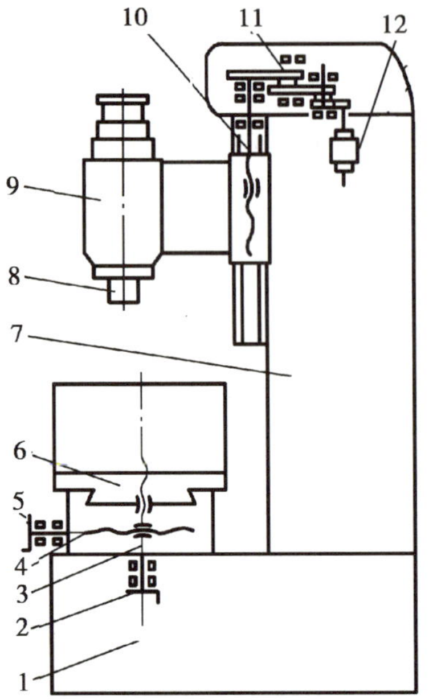

图 6.1.4　电火花加工机床的机床本体和机械传动系统

1—床身；2、5—手柄；3、4、10—丝杠；6—纵横工作台；7—立柱；8—主轴头；9—主轴座；11—齿轮系统；12—电动机

1. 机床本体

电火花加工机床本体的作用是保证工具电极与工件之间的相互位置尺寸要求。它主要包括床身、立柱、工作台和主轴头。图 6.1.4 所示是典型的电火花加工机床的机床本体和机械传动系统。

1）床身和立柱

床身和立柱是机床的主要基础件，要有足够的刚度。床身、工作台与立柱导轨之间有一定的垂直度要求，它们的刚度、精度和耐磨性对电火花加工质量有直接影响。

2）工作台

工作台是用来支承和安装工件的。工作液槽安装在工作台上，通过转动纵、横手轮，带动丝杠来移动纵、横工作台，从而改变工具电极和工具的位置。

3）主轴头

主轴头是电火花加工机床的一个关键部件，它是自动调节系统的执行机构，控制工具电极与工件的间隙，主轴头的性能和质量对电火花加工工艺指标起着重大的影响。对主轴头有如下要求：结构简单，传动链短，传动间隙小，有一定的轴向和侧向刚度及精度，有足够的进给和回升速度；主轴运动的直线性和防扭性能好，灵敏度高，无爬行现象；有足够的负载电极重量的能力。普通电火花加工机床的主轴头多为液压式主轴头。

2. 脉冲电源

电火花加工机床脉冲电源的作用是将工频交流电转变成一定频率的单向脉冲电流，以提供电火花加工所需要的能量。脉冲电源的性能直接影响到电火花加工的生产效率、加工稳定性、电极损耗、加工精度和表面粗糙度。因此，脉冲电源输入为 380 V、50 Hz 的交流电，其输出应满足如下要求：

（1）要有足够的脉冲放电能量，保持一定的生产效率，否则金属只能被加热而不能被瞬时熔化和汽化。

（2）脉冲波形基本上是单向脉冲，以便充分利用极性效应来减少电极的损耗。

（3）脉冲电源的主要参数（脉冲宽度、脉冲间隙和峰值电流）应该有较宽的调节范围，以满足粗、半精及精加工的需要。

（4）工具电极损耗要小，粗规准时相对损耗要小于 0.5%，中、精规准时应该更小。

（5）脉冲电压波形的前后沿应该较陡，这样才能减少电极间隙的变化及油污程度等对脉冲放电宽度和能量等参数的影响，使工艺过程较稳定。因此，一般采用矩形波脉冲电源。

（6）性能稳定可靠，结构简单，操作和维修方便。

电源的好坏直接关系到电火花加工机床的性能，所以电源往往是电火花机床制造厂商的核心机密之一。目前普及型（经济型）电火花加工机床都采用高低压复合的晶体管脉冲电源，中、高档电火花加工机床都采用微机数字化控制的脉冲电源，而且微机内部存有电火花加工规准的数据库，可以通过微机设置和调用各挡粗、中、精加工规准参数。例如汉川机床厂、沙迪克公司的电火花加工机床，这些机床的加工规准用 C 代码(例如 C320)表示和调用，三菱公司则用 E 代码表示。

3. 自动调节系统

在电火花加工中，工件与电极之间发生火花放电时要保持一定的距离，这段距离称为放电间隙。放电间隙随粗、精加工所选用的电参数的不同而有所变化，以满足不同加工的需要。电火花加工是个动态过程，工件和电极都有一定的损耗，这就使得放电间隙逐渐增大。当间隙大到不足以维持放电时，加工便告以停止。为了使加工能继续进行，电极必须不断地、及时地进给，以维持所需的放电间隙。当外来的干扰使放电间隙发生变化(如排屑不良而造成短路)时，电极的进给也应随之做相应的变化，以保持最佳放电间隙。

电火花成形加工的自动进给调节系统，主要包含伺服进给系统和参数控制系统。伺服进给系统主要用于控制放电间隙的大小，而参数控制系统主要用于控制电火花成形加工中的各种参数(如放电电流、脉冲宽度、脉冲间隔等)，以便能够获得最佳的加工工艺指标等。

1) 伺服进给系统的作用及要求

在电火花成形加工中，为保持一定的放电间隙，必须采用伺服进给系统进行控制。这种不等速的伺服进给系统也称为自动进给调节系统。

伺服进给系统一般有如下要求：

(1) 有较广的速度调节跟踪范围；

(2) 有足够的灵敏度和快速性；

(3) 有较高的稳定性和抗干扰能力。

伺服进给系统种类较多，下面简单介绍电液压式伺服进给系统的原理，其他的伺服进给系统可参考其他相关资料。

2) 电液压式伺服进给系统

图 6.1.5 所示为 DYT-2 型液压主轴头的喷嘴-挡板式调节系统的工作原理。电动机 4 驱动叶片泵 3 从油箱中压出压力油，由溢流阀 2 保持恒定压力，压力油经过滤油器 6 后分两路，一路进入下油腔，另一路经节流阀 7 进入上油腔。进入上油腔的压力油从喷嘴 8 与挡板 12 的间隙中流回油箱，上油腔的压力 R 随此间隙的大小而变化。电-机械转换器 9 主要由动圈(控制线圈)10 与静圈(励磁线圈)11 等组成。动圈处在励磁线圈的磁路中，与挡板 12 连成一体。改变输入动圈的电流，可使挡板随动圈动作，从而改变挡板与喷嘴的间隙。当放电间隙短路时，动圈两端电压为零，此时动圈不受电磁力的作用，挡板受弹簧力处于最高位置Ⅰ，喷嘴与挡板门开口为最大，使工作液流经喷嘴的流量为最大，上油腔的压力下降到最小值，致使上油腔压力小于下油腔压力，故活塞杆带动工具电极上升。当放电间隙开路时，动圈两端电压最大，挡板被磁力吸引下移到最低位置Ⅲ，喷嘴被封闭，上、下油腔压强相等，但因下油腔工作面积小于上油腔工作面积，活塞上的向下作用力大于向上作用力，活塞杆下降。当放电间隙最佳时，电动力使挡板处于平衡位置Ⅱ，活塞处于静止状态。

在电液自动进给调节系统中，液压缸、活塞是执行机构。由于传动链短及液体的基本不可压缩性，因此传动链中无间隙、刚度大、不灵敏区小；又因为加工时进给速度很低，所以正、反向惯性很小，反应迅速，特别适合于电火花加工的低速进给。故 20 世纪 80 年代，电液自

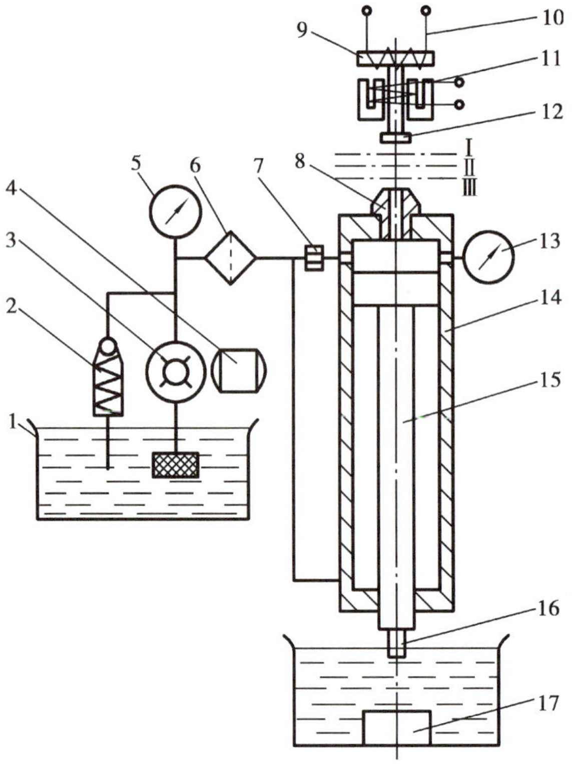

图 6.1.5　喷嘴-挡板式调节系统的工作原理

1—油箱；2—溢流阀；3—叶片泵；4—电动机；5—压力表；6—滤油器；7—节流阀；8—喷嘴；9—电-机械转换器；10—动圈；11—静圈；12—挡板；13—压力表；14—液压缸；15—活塞；16—工具电极；17—工件

动进给调节系统就得到了广泛的应用，但它有漏油、油泵噪声大、占地面积较大等缺点。

4. 工作液循环系统

电火花加工用的工作液循环系统包括工作液泵、容器、过滤器及管道等，它能使工作液强迫循环。冲、抽油方式如图 6.1.6 所示。冲油是把经过过滤的清洁工作液经油泵加压，强迫冲入电极与工件之间的放电间隙里，并将放电蚀除的电蚀残物随同工作液一起从放电间隙中排除，以达到稳定加工的目的。在加工时，冲油的压力可根据不同工件和几何形状及加工的深度随时改变，一般为0～200 kPa。抽油则是从电极间隙抽出工作液，将使用过的工作液连同电蚀产物一起经工件待加工面排出。对盲孔加工采用如图 6.1.6(b)和图 6.1.6(d)所示的方式。从图 6.1.6 中可看出，采用冲油方式的循环效果比抽油式的更好，特别是在型腔加工中，采用冲油方式的循环系统可以改善加工的稳定性。

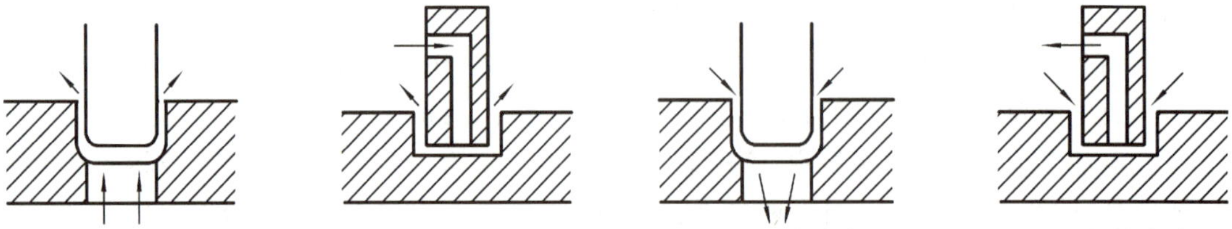

(a) 下冲油式　(b) 上冲油式　(c) 下抽油式　(d) 上抽油式

图 6.1.6　冲、抽油方式

图 6.1.7 是工作液循环系统油路，它既能实现冲油，又能实现抽油。其工作过程是：储油箱的工作液首先经粗过滤器 1、单向阀 2 吸入涡旋油泵 3，这时高压油经过不同形式的精过滤器 7 输向机床工作液槽。溢流安全阀 5 控制系统的压力不超过 400 kPa。快速进油控制阀 11 为快速进油用，待油注满油箱时，可及时调节冲油选择阀 10。压力调节阀 8 用来控制工作液的循环方式及压力，当冲油选择阀 10 在冲油位置时，补油和冲油都通，这时油杯中油的压力由压力调节阀 8 控制。当冲油选择阀 10 在抽油位置时，补油和抽油两路都通，这时压力工作液穿过射流抽吸管 9，利用流体速度产生负压，达到实现抽油的目的。

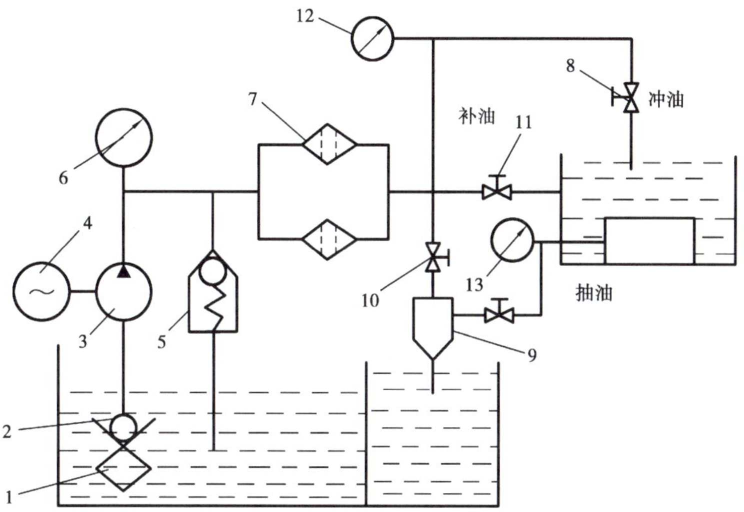

图 6.1.7 工作液循环系统油路

1—粗过滤器；2—单向阀；3—涡旋油泵；4—电极；5—溢流安全阀；6—压力表；7—精过滤器；8—压力调节阀；9—射流抽吸管；10—冲油选择阀；11—快速进油控制阀；12—冲油压力表；13—抽油压力表

当前我国的电火花加工所用工作液主要是煤油，由于加工中电蚀残物的颗粒很小，这些小颗粒存在于放电间隙中，使加工处于不稳定状态，这就直接影响到了生产率和零件的光洁度。为了解决这些问题，人们采用了介质过滤的方法。

介质过滤器广泛采用木屑、黄砂或棉纱等作为介质，其优点是材料来源广泛，可以就地取材，缺点是过滤能力有限，不适于大流量、粗加工，且每次更换介质要消耗大量煤油。故新式机床中，介质过滤器目前已被纸过滤器所代替。

纸过滤器的优点是过滤的精度较高，阻力小，更换方便，本身的耗油量比木屑等介质过滤器的耗油量少，特别适合中、大型电火花加工机床，一般可连续应用 250～500 h 之多，用后经反冲或清洗，仍可继续使用，而且有专业纸过滤器芯生产厂可供订购，故现已被大量应用。

四、数控电火花加工机床主要附件及其作用

机床配备有各种附件，并根据不同的生产需要来进行配置。常见的机床附件有可调节工具电极角度的夹头、平动头和油杯。

1. 可调节工具电极角度的夹头

装夹在主轴下的工具电极，在加工前需要调节到与工件基准面垂直，称为垂直转角调

节。在加工型腔时，还需要在水平面内调节工具电极的角度，将夹头转动一个角度使工具电极的界面形状与工件型腔预定的位置一致。垂直转角调节功能常用球面铰链来实现；水平转角调节功能靠主轴与工具电极安装面的相对转动机构来调节。垂直与水平转角调节正确后，都应用螺钉卡紧(见图 6.1.8)。此外，机床主轴、床身在电路上连成一体，而装工具电极的夹持调节部分应单独绝缘。这种有绝缘层的主轴夹头如图 6.1.9 所示。

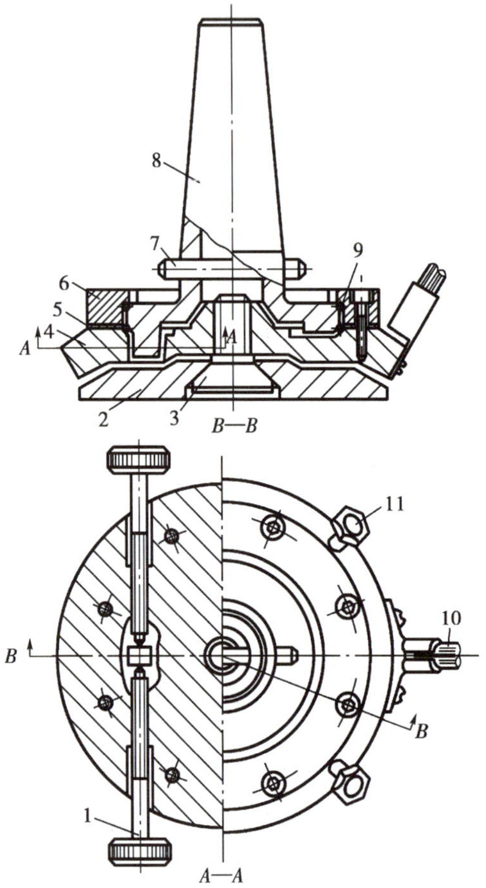

图 6.1.8 垂直和水平转角调节装置的夹头

1—调节螺钉；2—摆动法兰盘；3—球面螺钉；4—调角校正架；5—调整垫；6—上压板；7—销钉；8—锥柄座；9—滚珠；10—电源线；11—垂直调节螺钉

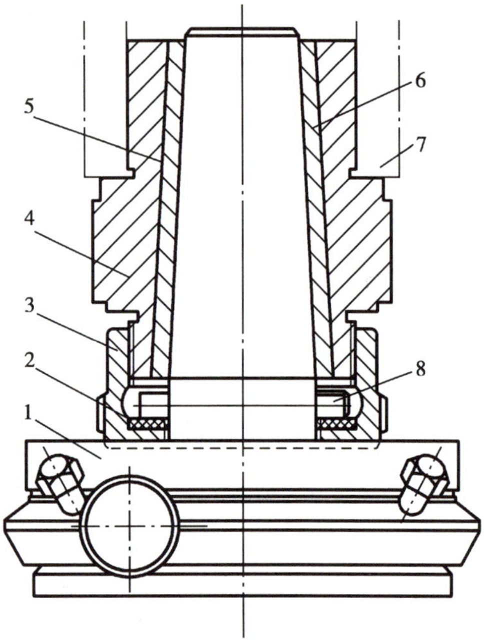

图 6.1.9 带有绝缘层的主轴夹头

1—夹头；2—绝缘垫圈；3—紧固螺母；4—主轴端盖；5—环氧树脂绝缘层；6—锥套；7—滑枕(主轴)；8—固定销钉

图 6.1.10 数控平动头外形图

2. 平动头

平动头是电火花加工机床最重要的主轴头附件，也是实现单电极型腔电火花加工所必备的工艺装备。在加工大间隙冷冲模和零件上的异形孔等方面，平动头也经常得到应用。数控平动头外形图如图 6.1.10 所示。

1) 平动头的作用

我们知道，电火花加工时粗加工的火花间隙比半精加工的要大，而半精加工的火花间隙比精加工的又要大一些。当用一个电极进行粗加工时，工件的大部分余量被蚀除掉后，工件底面和侧壁四周的表面粗糙度值很大，为了将其修光，就得转换规准逐挡进行修整。由于后挡规准的放电间隙比前一挡小，因此，对工件底面可通过控制主轴进给进行修光，而四周侧壁就无法修光了。平动头就是为解决修光侧壁和提高其尺寸精度而设计的。图 6.1.11 所示是平动头加工过程示意图。

(a) 修光侧壁　(b) 加工内螺纹　(c) 任意角度的侧向加工　(d) 配上旋转头后可加工内圆周面

图 6.1.11　平动头加工过程示意图

2) 平动头的动作原理

利用偏心机构将伺服电机的旋转运动通过平动轨迹保持机构转化成电极的圆周运动，这样电极上每一个质点都能围绕其原始位置在水平面内做平面小圆周运动。这样，许多小圆的外包络线就形成了加工表面。平动加工时电极的运动轨迹如图 6.1.12 所示。电极的运动半径 Δ 通过调节可由零逐步增大，以补偿粗、半精、精加工的火花放电间隙 δ 之差，从而达到修光型腔的目的。其中，每个质点运动轨迹的半径就称为平动量。

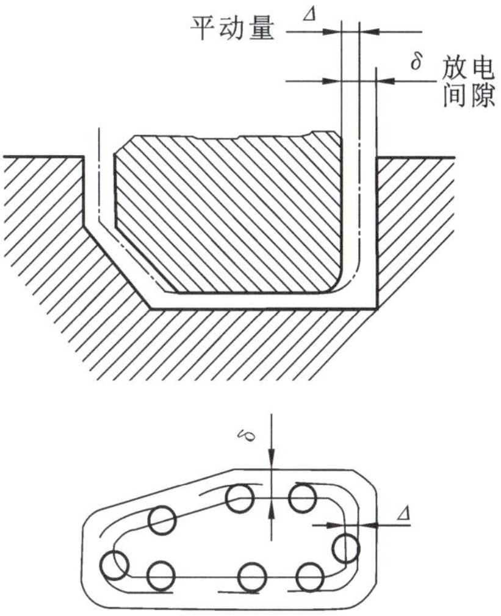

图 6.1.12　平动加工时电极的运动轨迹

3. 油杯

图 6.1.13 所示为一种油杯的结构。在电火花加工中，油杯是实现工作液冲油或抽油强迫循环的一个主要附件，其侧壁和底边上开有冲油和抽油孔。在放电加工时，可使电蚀残物及时排出，因此，油杯的结构好坏对加工效果有很大影响。放电加工时，工件也会分解产生气体，这种气体如不及时排出，就会积存在油杯里。当这种气体被电火花放电引燃时，将会产生放炮现象，造成电极与工件位移，给加工带来很大麻烦，从而影响被加工工件的尺寸精度。因此，对油杯的应用要注意以下几点：

(1) 油杯要有合适的高度，应具备冲、抽油的条件，但不能在顶部积聚气泡。

(2) 油杯的刚度和精度要好，油杯的两端面不平度应小于 0.01 mm，同时密封性要好，以防止漏油现象的发生。

(3) 图 6.1.13 中油杯底部的抽油孔，如在底部安装不方便，也可安置在靠底部的侧面，或省去抽油气管 4 和底板 5，而直接安装在油杯侧面的最上部。

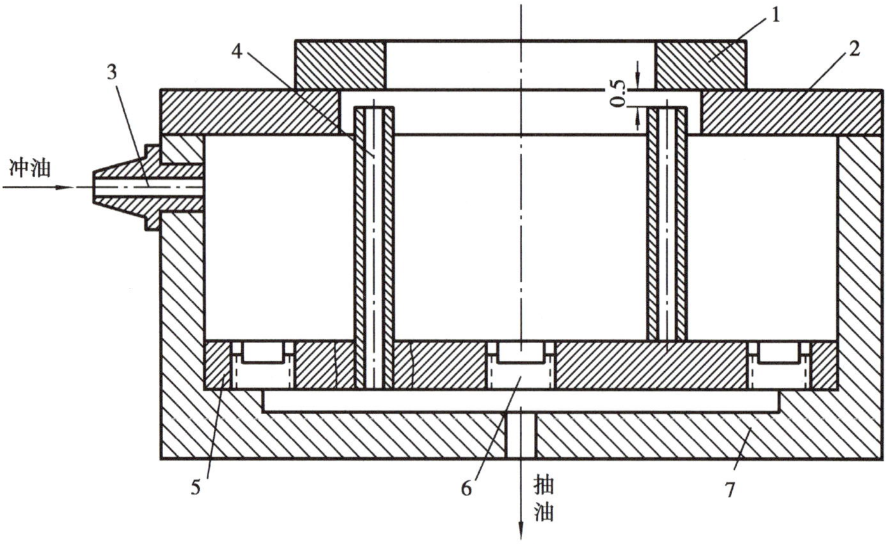

图 6.1.13　油杯结构

1—工件；2—油杯盖；3—管接头；4—抽油气管；5—底板；6—油塞；7—油杯体

五、数控电火花加工机床的型号、分类及规格

1. 型号

我国国家标准规定，电火花加工机床均用 D71 加上机床工作台面宽度的 1/10 表示。例如，D7132 中，D 表示电加工机床（若该机床为数控电加工机床，则在 D 后加 K，即 DK）；71 表示电火花加工机床；32 表示机床工作台的宽度为 320 mm。

2. 分类

数控电火花加工机床根据加工方法大致可以分为电火花穿孔成形加工、电火花线切割、电火花磨削、电火花同步共轭回转加工、电火花高速小孔加工、电火花表面强化与刻字等类型。在模具制造中常用的有电火花穿孔成形加工和电火花线切割加工，它们是目前模具成形表面的重要加工工艺方法。

3. 规格

电火花加工机床按其大小可分为小型（D7125 以下）、中型（D7125～D7163）和大型（D7163 以上）；按数控程度分为非数控、单轴数控和三轴数控。随着科学技术的进步，国外已经大批生产三坐标数控电火花加工机床，以及带有工具电极库、能按程序自动更换电极的电火花加工中心，我国的大部分电加工机床厂也正开始研制生产三坐标数控电火花加工机床。数控电火花加工机床的主要参数标准见表 6.1.1。

表 6.1.1　电火花加工机床的主要参数标准（GB/T 5290.1—2001）

<table>
<tr><td>参数</td><td colspan="20">指标</td></tr>
<tr><td>台面宽度 B/mm</td><td colspan="2">160</td><td colspan="2">200</td><td colspan="2">250</td><td colspan="2">320</td><td colspan="2">400</td><td colspan="2">500</td><td colspan="2">630</td><td colspan="2">800</td><td colspan="2">1000</td><td colspan="2">1250</td></tr>
<tr><td>台面长度 L/mm</td><td>250</td><td>320</td><td>320</td><td>400</td><td>400</td><td>500</td><td>500</td><td>630</td><td>630</td><td>800</td><td>800</td><td>1000</td><td>1000</td><td>1250</td><td>1250</td><td>1600</td><td>1600</td><td>2000</td><td>2000</td><td>2500</td></tr>
</table>

续表

参数	指标									
最大工件质量/kg	25	50	100	200	400	800	1500	3000	6000	8000
Y 轴行程/mm	80、100、125、160、200、250、320、400、500、630、800、1000									
X 轴行程/mm	125、160、200、250、320、400、500、630、800、1000、1250									
Z 轴伺服行程/mm	80、100、125、160、200、250、320、400、500、630、800、1000									
电极安装板至台面距离 H/mm	160、200、250、320、400、500、630、800、1000、1250、1600									
最大电极质量/kg	5、10、20			50、100			250、500			

六、数控电火花加工机床的维护

(1) 每次加工完毕后，应将工作液槽的煤油泄放回工作液箱内，将工作台面用棉纱擦拭干净。

(2) 定期对摩擦部件加注润滑油，防止灰尘和加工液等进入丝杠、螺母和导轨等部件中。

(3) 加工过程中，必须对电蚀物进行过滤。若工作液过滤器过滤阻力增大或过滤效果变差，以及工作液浑浊不清，则应及时更换。

(4) 应注意避免脉冲电源中的电气元件受潮。特别是在遇到南方的梅雨天气或较长时间不用时，应安排定期人为开机加热。夏天高温季节要防止变压器、限流电阻、大功率晶体管过热，加强通风冷却，并防止通风口过滤网被灰尘堵塞，要定期检查和清扫过滤网。

(5) 若工作液泵的电动机或主轴电动机部分为立式安装的，电动机端部冷却风扇的进风口朝上，则很容易落入螺钉、螺母或其他细小杂物，造成电动机"卡壳""憋车"甚至损坏，因此要在此类立式安装电动机的进风端盖上加装保护网罩。

(6) 操作者应注意机床周围的环境，杜绝明火，并对机床的使用情况建立档案，及时反馈机床的运行情况。

【效果评价】

评价表			
模块名称	数控电火花加工机床结构分析	学生姓名	
任务名称	数控电火花加工机床	分数	

考查内容	分值	考核得分
1. 对数控电火花加工的认知情况	10	
2. 小组计划执行情况	5	
3. 对数控电火花加工机床结构的认知情况	40	
4. 对数控电火花加工机床的维护的了解情况	30	
5. 编制学习汇报报告情况	10	
6. 基本素养考核情况	5	
总体得分	100	
教师简要评语： 教师签名：		

任务 6.2　数控电火花线切割机床

【任务要求】

通过对本次任务的学习，了解电火花线切割加工与电火花成形加工的区别，熟悉电火花线切割机床的结构部件及其作用。

【知识准备】

电火花线切割加工(wire cut electron discharge machining，WEDM)是在电火花加工的基础上于 20 世纪 50 年代末最早在苏联发展起来的一种新型的工艺形式。虽然它也是利用电腐蚀原理来加工金属的，但其加工方式与电火花成形加工不同。电火花线切割加工可以弥补电火花成形加工的不足，不用电极就能实现微细加工，而且比电火花机床操作更方便，效率更高。电火花线切割机床配有电子计算机进行数字程序控制，能按加工要求自动切割任意角度的直线和圆弧。它主要用于切割淬火钢、硬质合金等特殊材料，加工一般金属切割机床难以正常加工的细缝、槽或形状复杂的零件，因此在模具行业中的应用非常广泛。

一、电火花线切割加工的基本原理、特点及应用范围

（一）基本原理

电火花线切割加工的基本原理是利用移动的细金属丝（铜丝或钼丝）作为工具电极（接高频脉冲电源的负极），对工件（接高频脉冲电源的正极）进行脉冲火花放电，实现切割成形加工。

图 6.2.1 所示为高速走丝电火花线切割加工原理。利用细钼丝 4 作为工具电极进行切割，储丝筒 7 使钼丝做正反向交替移动，加工能量由脉冲电源 3 供给。脉冲电源发出连续的高频脉冲电压，加到工件电极和工具电极（电极丝）上，同时在电极丝与工件之间注有足够的具有一定绝缘性能的工作液，当电极丝与工件间的距离小到一定程度时（通常认为电极丝与工件之间的放电间隙 $\delta=0.01$ mm 左右），工作液介质被击穿，电极丝与工件之间形成瞬时火花放电，产生瞬间高温，使工件表面的金属局部熔化甚至汽化，再加上工作液介质的冲洗作用，使得金属被蚀除下来。这就是电火花线切割机床的加工原理。

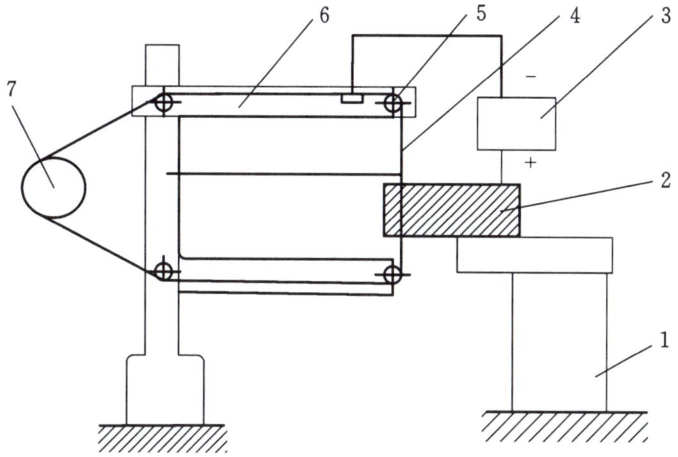

图 6.2.1 高速走丝电火花线切割加工原理图

1—绝缘底板；2—工件；3—脉冲电源；4—钼丝；5—导向轮；6—支架；7—储丝筒

（二）工艺特点

电火花线切割加工具有电火花加工的共性，金属材料的硬度和韧性并不影响加工速度，常用来加工淬火钢和硬质合金。对于非金属材料的电火花加工，也正在开展研究。当前绝大多数的线切割机床都采用数字程序控制，其工艺特点如下。

（1）不像电火花加工那样需要制造特定形状的工具电极，而是采用直径不等的细金属丝（铜丝或钼丝等）作为工具电极，因此切割用的刀具简单，大大降低了生产准备工时；

（2）利用计算机辅助制图自动编程软件，可方便地加工形状复杂的直纹表面；

（3）电极丝直径较细（$\phi0.025\sim\phi0.3$ mm），切缝很窄，这样不仅有利于材料的利用，而且适合细小零件的加工；

（4）电极丝在加工中是移动的，不断更新（低速走丝）或往复使用（高速走丝），可以完全

或短时间内不考虑电极丝损耗对加工精度的影响；

(5) 依靠计算机对电极丝轨迹的控制和对偏移轨迹的计算，可方便地调整凹凸模具的配合间隙，依靠锥度切割功能，有可能实现凹凸模一次加工成形；

(6) 对于粗、半精、精加工，只需调整电参数即可，操作方便，自动化程度高；

(7) 加工对象主要是平面形状，还无法加工台阶盲孔型零件，当机床加上能使电极丝做相应倾斜运动的功能后，就可实现锥面加工；

(8) 当零件无法从周边切入时，工件上需钻穿丝孔。

(三) 应用范围

(1) 加工模具。适用于各种形状的冲模，通过调整不同的间隙补偿量，只需一次编程就可以切割凸模、凸模固定板、凹模及卸料板等。还可以用于加工挤压模、粉末冶金模、弯曲模和塑料模等带锥度的模具。

(2) 加工电火花加工用的电极。一般穿孔加工用的电极和带锥度型腔加工用的电极，以及合金之类的电极材料，都可以用线切割机床来加工。另外线切割机床也适用于加工微细复杂形状的电极。

(3) 加工零件。试制新产品时，直接用线切割在坯料上切割零件，不需要另行制造模具，大大缩短了生产周期，降低了成本。可用于加工品种多、数量少的零件，特殊难加工材料的零件，材料试验样件，各种型孔、特殊齿轮凸轮、样板和成形刀具。同时还可进行微细加工，以及异形槽和标准缺陷的加工等。

(四) 分类方式和主要技术参数

1. 分类方式

(1) 数控电火花线切割机床按控制方式分，可分为靠模仿形控制电火花线切割机床、光电跟踪控制电火花线切割机床、数字程序控制电火花线切割机床等。

(2) 数控电火花线切割机床按加工特点分，可分为大型电火花线切割机床、中型电火花线切割机床、小型电火花线切割机床及普通直壁电火花线切割机床与锥度电火花线切割机床。

(3) 数控电火花线切割机床按走丝速度分，可分为高速走丝(快走丝，WEDM-HS)电火花线切割机床和低速走丝(慢走丝，WEDM-LS)电火花切割机床。电极丝运动速度为 8～10 m/s 的是高速走丝，低于 0.2 m/s 的为低速走丝。二者的加工特点见表 6.2.1。

表 6.2.1　高速走丝与低速走丝电火花线切割机床的特点

项目	高速走丝	低速走丝
走丝速度	8～12 m/s	小于 0.2 m/s
电极丝材料	钼丝、钨钼丝	黄铜丝、铜合金及其镀覆材料
精度保持	电极丝抖动大，精度较难保持	走丝平稳，精度容易保持
电极丝的工作状态	循环重复使用	一次性使用

续表

项目	高速走丝	低速走丝
工作液	特制乳化油水溶液	去离子水
工作液绝缘强度/(kΩ·cm)	0.5～50	10 ～100
最高切割速度/(mm^2·min^{-1})	150	300(国外)
最高尺寸精度/mm	0.01	0.002
最低表面粗糙度 Ra/μm	0.8	0.5
数控装置	开环、步进电动机	闭环、半闭环、伺服电动机
程序形式	3B、4B 程序,5 单位纸带	国际 ISO 代码程序,8 单位纸带

2. 主要技术参数

数控电火花线切割机床的主要技术参数包括工作台行程(纵向行程和横向行程)、最大切割厚度、加工表面粗糙度、加工精度、切割速度及数控系统的控制功能等。表 6.2.2 为 DK77 系列数控电火花线切割机床的主要型号及技术参数。

表 6.2.2　DK77 系列数控电火花线切割机床的主要型号及技术参数

技术指标	机床型号						
	DK7716	DK7720	DK7725	DK7732	DK7740	DK7750	DK7763
加工精度/mm	0.01	0.015	0.012	0.015	0.025	0.01	0.02
切割速度/(mm^2·min^{-1})	70	80	80	100	120	120	120
加工锥度	3°～60°,依各厂家的型号不同而不同						
控制方式	各种型号均由单片机或微型计算机控制						
工作台行程/(mm×mm)	200×160	250×200	320×250	500×320	500×400	800×500	800×630
最大切割厚度/mm	100	200	140	300 (可调)	400 (可调)	300	150
加工表面粗糙度 Ra/μm	2.5	2.5	2.5	2.5	6.3～3.2	2.5	2.5

二、电火花线切割机床结构部件

数控电火花线切割机床如图 6.2.2 所示,它由脉冲电源、机床本体、工作液循环系统和数字程序控制系统四大部分组成。

1. 脉冲电源

电火花线切割加工的脉冲电源与电火花成形加工的脉冲电源在原理上相同,不过受加工表面粗糙度和电极丝允许承载电流的限制,电火花线切割加工脉冲电源的脉宽较窄(2～60 μs),单个脉冲能量、平均电流一般较小(1～5 A),频率较高,峰值电流较大,因此电火花线切割总是采用正极性加工。

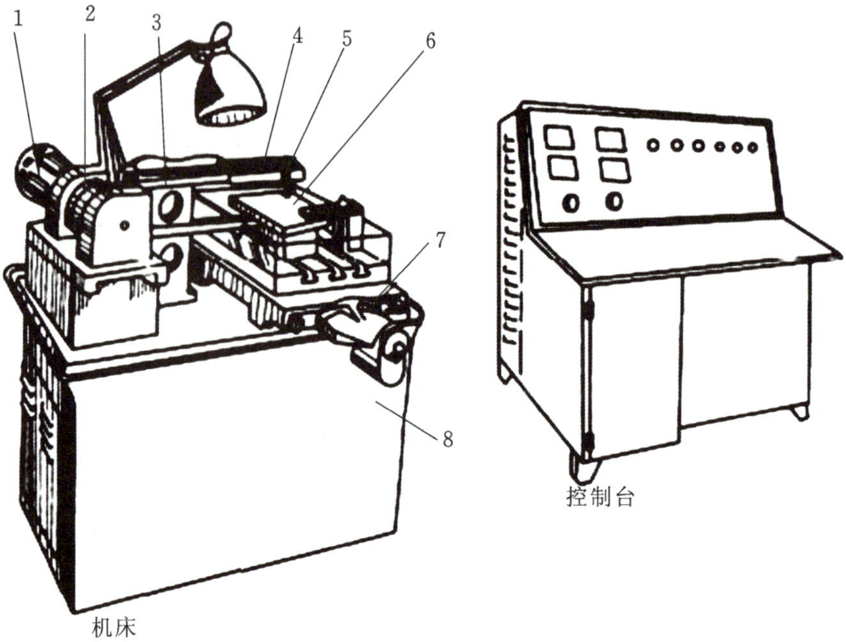

图 6.2.2 数控电火花线切割机床

1—电动机;2—储丝筒;3—钼丝;4—丝架;5—导轮;6—工件;7—十字托板;8—床身

2. 机床本体(这里我们以 DK7725 型线切割机床为例)

机床本体由床身、工作台、储丝走丝部件、丝架、导轮部件、锥度切割装置、走丝机构、导轨、工作液箱、附件和夹具等几部分组成。

1) 床身

床身是机床本体的基础,用于支承和安装坐标工作台、绕丝机构及丝架,应该有足够的强度和刚度。一般电火花线切割机床的床身为铸造箱式结构和焊接箱式结构,精密电火花线切割机床也有采用大理石结构的。床身内部安置电源和工作液箱,考虑电源的发热和工作液泵的振动,也有机床将电源和工作液箱搬移出床身外另行安置的。

2) 工作台

DK7725 型线切割机床工作台的结构如图 6.2.3 所示。工作台分上、下拖板(上拖板为工作台面),均可独立前后运动,下拖板 21 移动表示横向运动(Y 坐标),上拖板 3 移动表示纵向运动(X 坐标),如同时运动可形成任意复杂图形。工作台移动由步进电机 16 带动无间隙精密双齿轮 14 通过丝杠 7 和滚动导轨实现 X、Y 方向的伺服进给运动,当电极丝和工件间维持一定间隙时,即产生火花放电。工作台的定位精度和灵敏度是影响加工曲线轮廓精度的重要因素。为了保证工作台的移动精度,本机床采用复合螺母自动消除丝杠与螺母的间隙,使其失动量小于 0.004 mm。工作台移动的灵敏度取决于中间放有高精度滚柱的 V 形平台导轨。

切割工件前需使手轮刻度盘对零,对零时可松开手轮端面前的滚花螺钉,转动刻度盘使“0”线对准刻度盘的标记,再拧紧滚花螺钉即可。

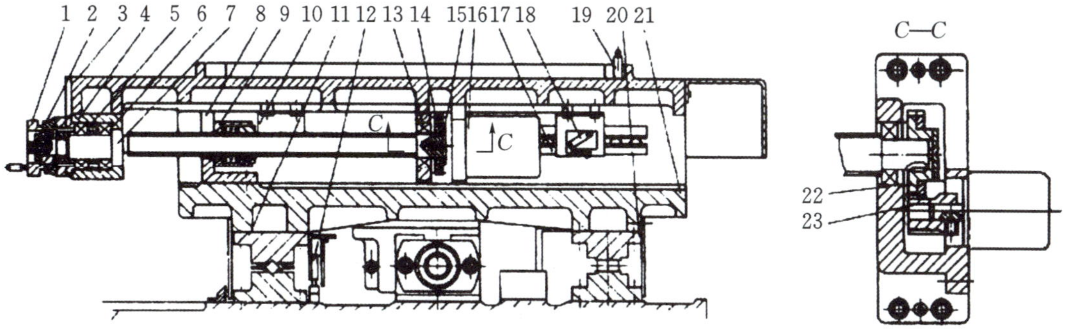

图 6.2.3　DK7725 型线切割机床工作台的结构

1—手轮；2—刻度盘；3—上拖板；4—轴承座；5—内外隔板；6—轴承；7—丝杠；8—螺母座；9—调整螺母；10—限位开关挡块；11—V 形导轨；12—限位开关；13—轴承；14—精密双齿轮；15—端盖；16—步进电机；17—上 V 形导轨；18—限位开关；19—接线柱；20—平导轨；21—下拖板；22—电机座；23—小齿轮

3）储丝走丝部件

DK7725 型线切割机床的储丝走丝部件如图 6.2.4 所示，它由储丝筒组合件、上下拖板、齿轮副、丝杠副、换向装置和绝缘件等部分组成。

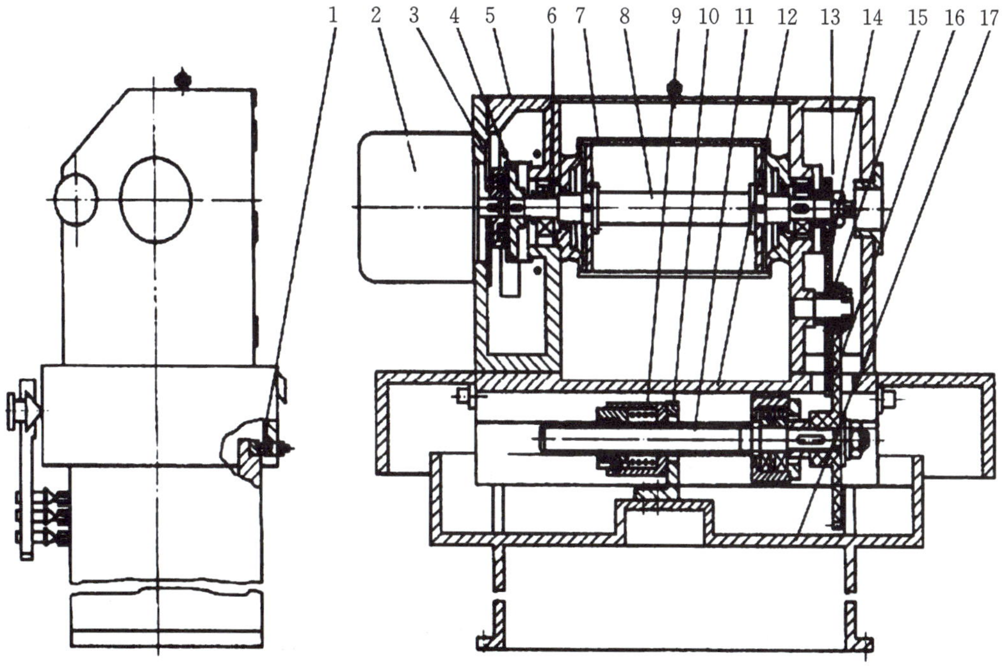

图 6.2.4　DK7725 型线切割机床的储丝走丝部件

1—V 形滚动导轨；2—电机；3—电机架；4—联轴器；5—左轴承座；6—轴承；7—储丝筒；8—轴；9—调整螺母；10—底座；11—丝杠；12—拖板；13—齿轮（$z=34$）；14—大齿轮（$z=102$）；15—小齿轮（$z=34$）；16—齿轮（$z=95$）；17—上底座

储丝筒组合件的主要结构如图 6.2.5 所示，储丝筒 1 由电动机 2 通过简单型弹性圆柱销联轴器 3 带动，以 1450 r/min 的转速正反向转动。储丝筒另一端通过三对齿轮，齿轮减速后带动滚珠丝杠 4 旋转并移动。储丝筒、电动机、齿轮都安装在两个支架 5 及 6 上。支架及丝杠则安装在拖板 7 上，螺母 9 装在底座 8 上，拖板在底座上来回移动。为了减少电动机反转时丝杠和螺母配合间隙所产生的空行程，避免拖板的动作落后于数控指令，螺母副采用双螺母结构消除间隙，齿轮副的传动比及丝杠螺距的选择应保证使滚筒每旋转一圈拖板移动的距离略大于电极丝的直径，避免电极丝重叠。若齿轮与丝杠螺距的搭配为滚筒每旋转一圈拖板移动 0.275 mm，则该储丝筒适用于 ϕ0.25 mm 以下的钼丝。

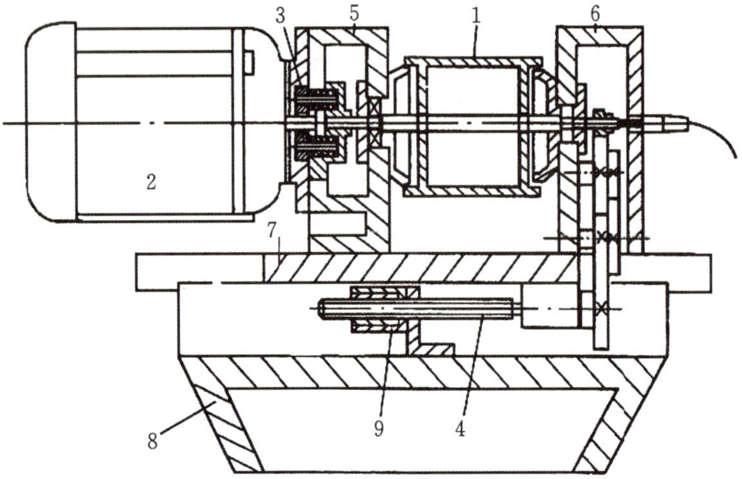

图 6.2.5 储丝筒组合件的主要结构

1—储丝筒；2—电动机；3—联轴器；4—滚珠丝杠；5、6—支架；7—拖板；8—底座；9—螺母

走丝机构中运动组合件的电动机轴与储丝筒中心轴，一般采用联轴器将二者连在一起。由于储丝筒运行时频繁换向，联轴器瞬间受到很大的正反剪切力，因此多用弹性联轴器和摩擦锥式联轴器。

弹性联轴器的结构如图 6.2.6 所示，它具有结构简单、惯性力矩小、换向较平稳、无金属撞击声、可减小对储丝筒中心轴的冲击等特点。其弹性材料以橡胶、塑料或皮革为主。这种联轴器的优点是对电动机轴与储丝筒轴的同轴度和平行度要求不高(如最大不同轴度允许为 0.2～0.5 mm，最大不平行度为 1°)，缺点是由它连接的两根轴在传递转矩时会有相对转动。

摩擦锥式联轴器的结构如图 6.2.7 所示，它可带动转动量较大的大、中型机床储丝筒旋转组合件。此种联轴器可传递较大的扭矩，同时在传动负荷超载时，摩擦面之间的滑动还可起过载保护作用。因为锥形摩擦面会对电动机和储丝筒产生轴向力，所以在电动机主轴的滚动支承中，应选用向心止推轴承和单列圆锥滚子轴承。

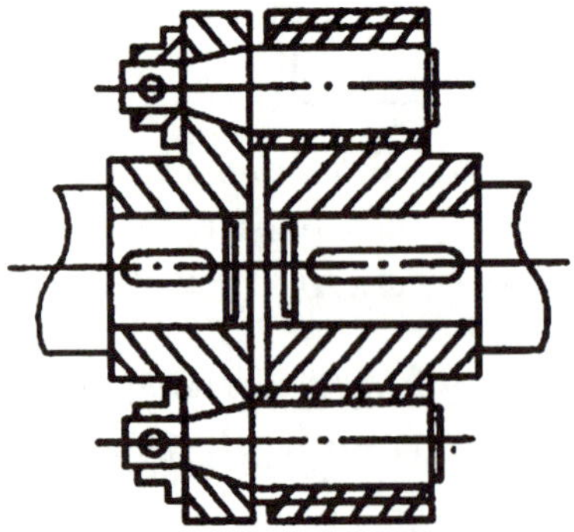

图 6.2.6 弹性联轴器的结构图

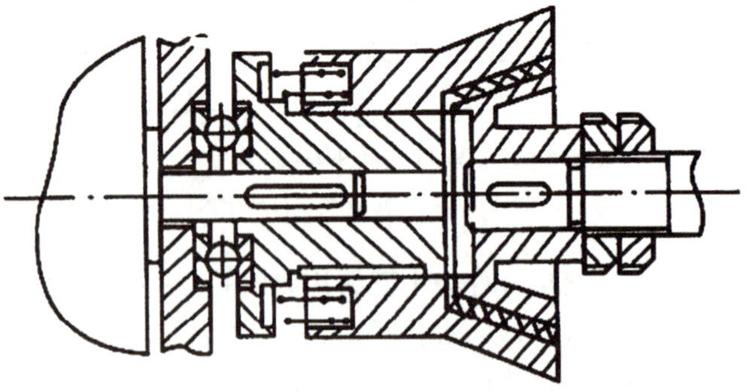

图 6.2.7 摩擦锥式联轴器的结构图

另外,还要正确选用弹簧规格。弹力过小,摩擦面打滑,传动扭矩小并使传动不稳定或摩擦面过热烧伤;弹力过大,会增大轴向力,影响中心轴的正常转动。

4）丝架和导轮部件

DK7725 型线切割机床的丝架和导轮部件如图 6.2.8 所示。上丝架 3 与立柱连接,下丝架 6 固定不动;上丝架可以转动立柱上方的手轮使其在 200 mm 的范围内自由调节,下丝架有两个导轮。导轮座用金属材料制作,内装精密型轴承用于支承导轮。在丝架上的两个前导轮座装配过程中,导轮座用于调整钼丝在 X 向的垂直度。Y 向垂直度的调整只需平移下丝架上的两个前导轮座即可。钼丝与工作台面的调整是否合适,可采用钼丝垂直度量具(测量杯)进行透光法检查。

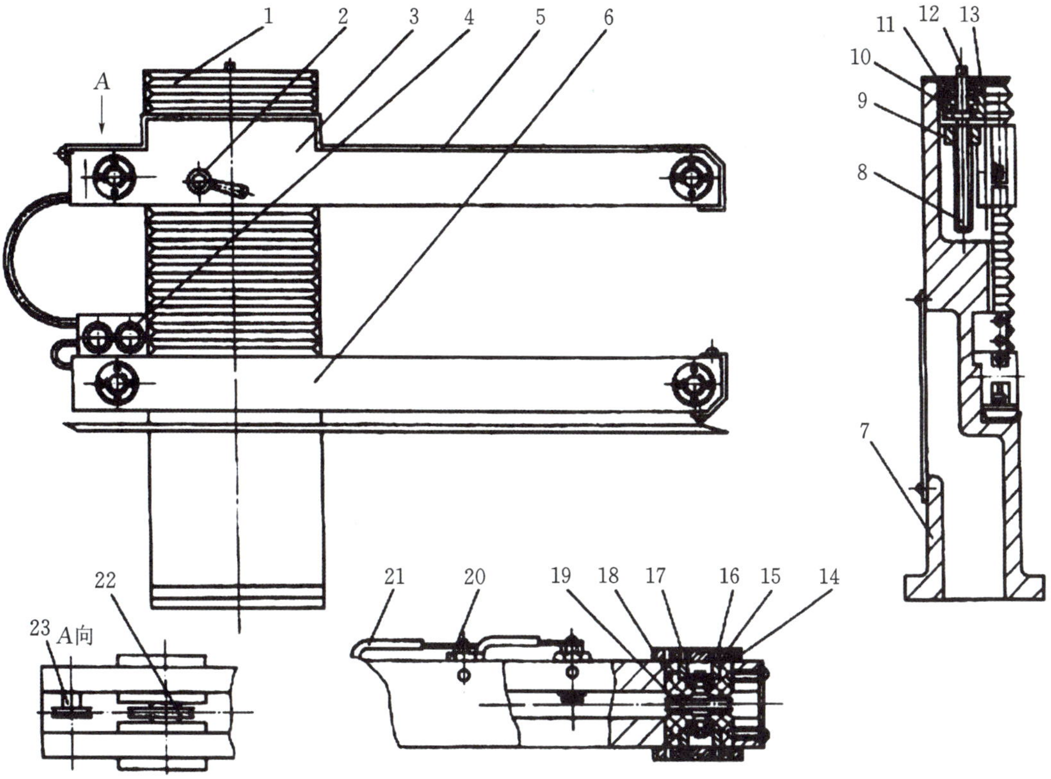

图 6.2.8 DK7725 型线切割机床的丝架和导轮部件

1—防护罩;2—锁紧手柄;3—上丝架;4—冷却液调节阀;5—护板;6—下丝架;7—立柱;8—丝杠;9—螺母;10—轴承;11—法兰盖;12—螺帽;13—轴承座;14—圆螺母;15—压紧螺母;16—小圆螺母;17—轴承;18—导轮座;19—前导轮;20—接线柱;21—高频进线;22—后导轮;23—过渡轮

(1) 丝架。丝架的作用是通过丝架上的两个导轮来支承电极丝,并使电极丝工作部分与工作台面保持一定的几何角度,如垂直或倾斜一定角度,即切割直壁时,电极丝与工作台面垂直;切割带有锥度的斜壁时,电极丝与工作台面保持一定的倾斜角度。丝架与走丝机构组成了电极丝的运动系统。可调式丝架的结构如图 6.2.9 所示。

切割直壁用的丝架多采用固定式结构。丝架安装在储丝筒与工作台之间。为满足不同厚度工件的要求,机床采用可变跨距机构的丝架,以保持上、下导轮与工件之间的最佳距离,

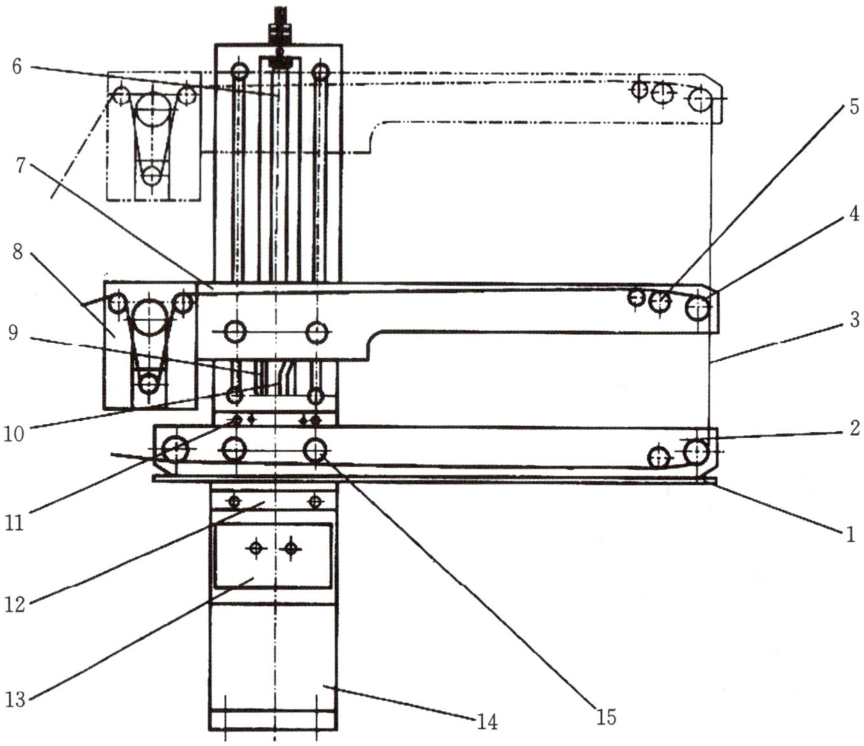

图 6.2.9　可调式丝架的结构

1—水槽；2—下悬臂；3—电极丝；4—导轮组件；5—双导电轮组件；6—丝杠；7—上悬臂；8—电极丝张紧装置；9—电线；10—水管；11—定位块；12—定位座；13—冷却阀面板；14—立柱；15—调整螺钉

减少电极丝的抖动，提高加工精度。当需要调整上、下悬臂之间的距离时，通过丝杠 6 的螺母机构带动上悬臂 7 上下移动即可。导轮置于丝架悬臂的前端，采用密封结构组装在悬臂上。为了适应丝架张开高度的变化，同时保持电极丝的导向性和张力，在丝架上下部分均设有电极丝张紧装置。

(2) 导轮。导轮是电火花线切割机床的关键零件，影响切割质量。机床对导轮运动组合件的要求如下：

① 导轮 V 形槽面应有较高的精度，V 形槽底的圆弧半径必须小于选用的电极丝半径，以保证电极丝在导轮槽内运动时不产生轴向移动。

② 在满足一定强度的要求下，应尽量减轻导轮质量，以减少电极丝换向时的电极丝与导轮间的滑动摩擦。导轮槽工作面应有足够的硬度，以提高其耐磨性。

③ 导轮装配后，转动应轻便灵活，尽量减小轴向窜动和径向跳动。

④ 导轮应进行有效的密封，以保证轴承的正常工作条件。

导轮部件的结构主要有三种形式：悬臂支承导轮结构、双边支承导轮结构和双轴尖支承结构。

① 悬臂支承导轮结构如图 6.2.10 所示。其结构简单，上丝方便，但因悬臂支承，张紧的电极丝的运动稳定性较差，因此难以维持较高的运动精度，同时也影响到导轮和轴承的使用寿命。

② 双边支承导轮结构如图 6.2.11 所示。其中导轮居中，两端用轴承支承，结构较复杂，上丝较麻烦，但此种结构的运动稳定性较好，刚度较高，不易发生变形及跳动。

③ 双轴尖支承结构的导轮两端加工成 30°的锥形轴尖，硬度在 60HRC 以上。该结构易于保证导轮运动组合件的同轴度，导轮轴向窜动和径向跳动量均可控制在较小的范围内。缺点是轴尖运动副摩擦力大，易于发热和磨损。为补偿轴尖运动副的磨损，常利用弹簧的作用力使运动副良好接触。

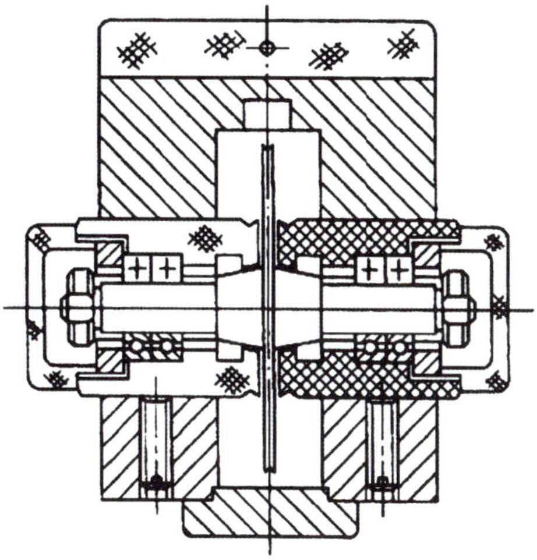

图 6.2.10 悬臂支承导轮结构

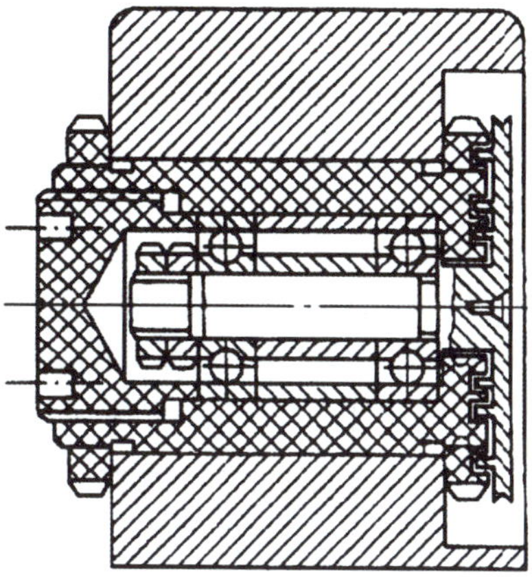

图 6.2.11 双边支承导轮结构

5) 锥度切割装置

为了切割有锥度的内外表面，有些切割机床有锥度切割功能。实现锥度切割的方法很多，这里只介绍其中两种。

(1) 安装偏移式丝架。偏移式丝架主要用于在高速走丝线切割机床上实现锥度切割，其工作原理如图 6.2.12 所示。图 6.2.12 (a)所示为上(或下)丝臂平动，上(或下)丝臂沿 X、Y 方向平移，此法加工锥度不宜过大，否则钼丝易拉断，导轮易磨损，工件上有一定的加工圆角。图 6.2.12(b)所示为上、下丝臂同时绕一中心移动的方法，如果模具刃口放在中心上，则加工圆角近似为电极丝半径。此法加工锥度也不宜过大。图 6.2.12(c)所示为上、下丝臂分别沿导轮径向平动和轴向摆动的方法，此法加工锥度不影响导轮磨损，最大切割锥度可达 1.5°。

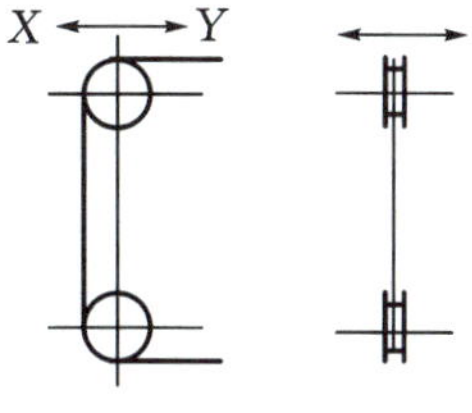

(a) 上（或下）丝臂平动

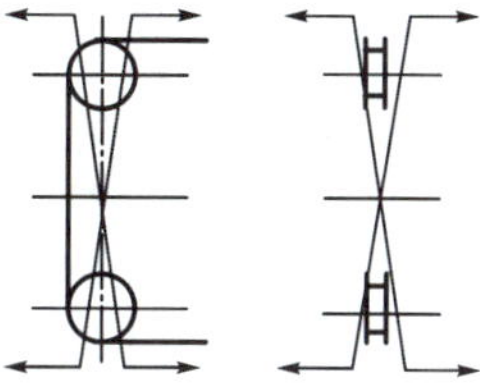

(b) 上、下丝臂绕一中心移动

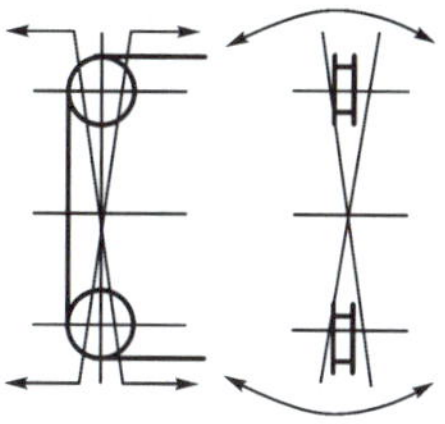

(c) 上、下丝臂分别沿导轮径向平动和轴向摆动

图 6.2.12 偏移式丝架实现锥度切割的原理

(2) 安装双坐标联动装置。它在低速走丝线切割机床上广泛采用。走丝结构的上、下丝架臂不动，控制电极丝上、下导轮在纵横两个方向的偏移，使电极丝倾斜，可以切割各个方向的斜度。电极丝的偏移通过 U、V 轴步进电动机驱动，其运动轨迹和加工轨迹由计算机同时控制，实现 X、V、U、V 四轴联动。最大倾斜角度为 5°，有的甚至可达 30°。

6) 走丝机构

(1) 双丝筒快速走丝机构。双丝筒快速走丝机构的驱动形式如图 6.2.13 所示。该驱动形式有两个走丝电动机 M_1 和 M_2，M_1 和 M_2 又分别用花键与绕线盘 W_1 和 W_2 同轴连接，电极丝盘绕在 W_1 和 W_2 上并张紧相连。当电动机 M_1 通电旋转时，绕线盘 W_1 和 W_2 旋转并带动电动机 M_2 一起被动旋转，此时的 M_2 处于电气制动状态，此制动力便对电极丝进行张紧，调节制动力的大小即可改变电极丝的张力。当电动机 M_2 通电旋转时，电极丝反向走丝，电动机 M_1 处于电气制动状态。两台电动机交替通电，即可实现电极丝的往复运行。

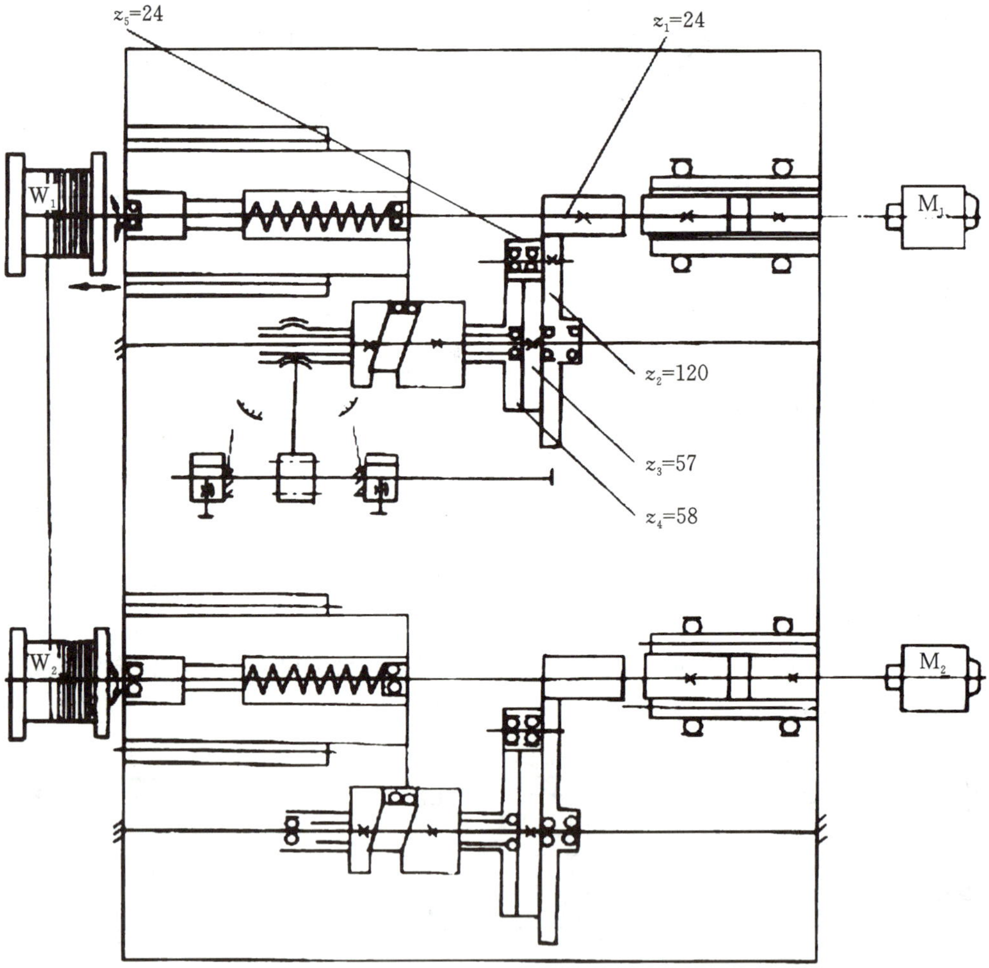

图 6.2.13 双丝筒快速走丝机构的驱动形式

(2) 低速走丝机构。低速走丝数控电火花线切割机床的电极丝在加工中是单方向运动(即电极丝只使用一次)的。在走丝过程中,电极丝由储丝筒(放丝轮)出丝,由电极丝输送轮(收丝轮)收丝。走丝系统一般由以下几部分组成:储丝筒、导丝机构、导向器、张紧轮、压紧轮、圆柱滚轮、断丝检测器、电极丝输送轮、其他辅助件(如毛毡、毛刷)等。

图 6.2.14 所示为某低速走丝机构的结构示意图,电极丝从放丝轮 1(通常可以卷 1～3 kg 的丝)出发,通过滑轮 2、制动轮 3、导丝机构(13、14、16、17)、工件 15、抬丝轮 10、压紧轮 9、排丝装置 8 到达卷丝轮 7,电极丝绕在卷丝轮 7 上,用压紧轮 9 夹住。卷丝轮回转而使电极丝运行,走丝的速度等于收丝速度,并且制动轮 3 使电极丝产生一定的张力。电极丝与工件之间的放电使电极丝不断地做复杂振动,为了维持加工精度,在电极丝经过工件的两侧装有上、下导向器 14、16 来保持电极丝与工件的相对位置,导向器大多采用金刚石模制成。模的孔径比电极丝的直径仅大 1～2 mm,对任何方向的制约都是相同的。断丝检测微动开关 4 和 12 可以自动检测是否有断丝的情况,当发生断丝时,微动开关可使卷丝电动机自动停止并且停止加工。

7) 导轨

走丝机构的上下拖板多采用燕尾形导轨或三角形、矩形组合式导轨结构。其中燕尾型导轨可通过旋转调整杆带动塞铁,进而改变导轨副的配合间隙。但该结构制造和检验比较复杂,刚性较差,传动中摩擦损失也较大;三角形、矩形组合式导轨的结构如图 6.2.15 所示,导轨的配合间隙由螺钉和垫片组成的调节环来调节。

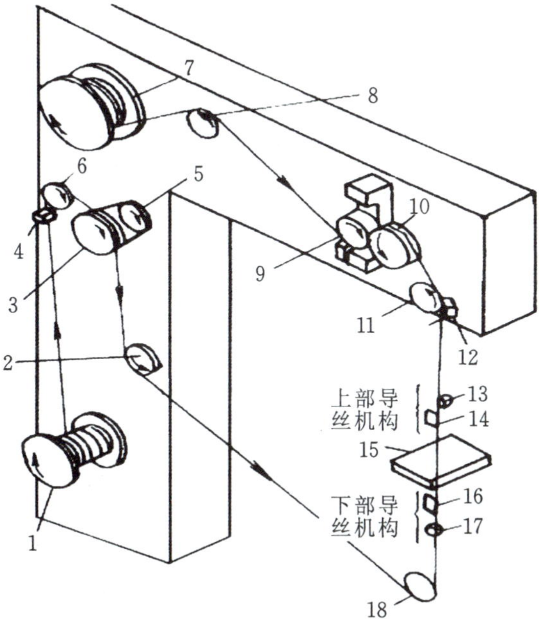

图 6.2.14 某低速走丝机构的结构示意图

1—放丝轮;2、5、6、11、18—滑轮;3—制动轮;
4、12—断丝检测微动开关;7—卷丝轮;
8—排丝装置;9—压紧轮;10—抬丝轮;
13、17—进电板;14、16—上、下导向器;
15—工件

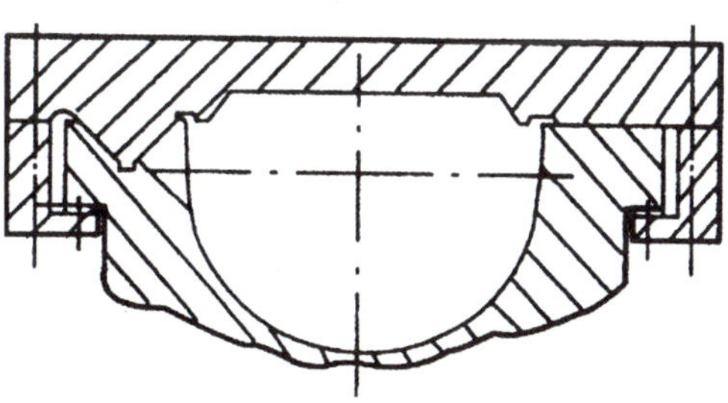

图 6.2.15 三角形、矩形组合式导轨的结构

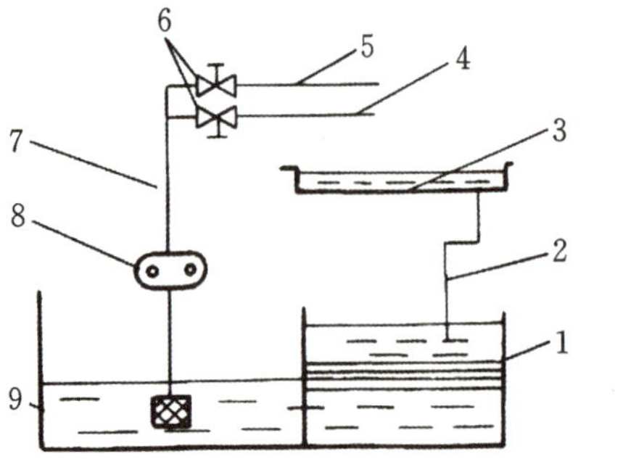

图 6.2.16　电火花线切割机床工作液循环系统

1—过滤器；2—回液管；3—工作台；4—下丝臂进液管；5—上丝臂进液管；6—流量控制阀；7—进液管；8—工作液泵；9—工作液箱

3. 工作液循环系统

工作液循环系统主要包括工作液箱、工作液泵、流量控制阀、进液管、回液管和过滤网罩等。工作液循环系统的作用是及时地从加工区域中排出电蚀产物、冷却电极丝和工件，并连续充分供给清洁的工作液，以保证脉冲放电过程稳定而顺利地进行。目前绝大部分高速走丝机床的工作液是专用乳化液，采用浸没式供液方式。乳化液种类繁多，大家可根据相关资料来正确选用。电火花线切割机床工作液循环系统如图 6.2.16 所示。

工作液一般采用从电极丝四周进液的方法流向加工区域。通常是用喷嘴将工作液直接冲到工件与电极丝之间，喷嘴如图 6.2.17 所示。由于工作液液流实际上是不稳定的，因此电极丝容易产生振动。当丝架的跨距较大，且直接进液产生的冲击力和振动会影响到工件的精度时，建议使用环形喷嘴结构，如图 6.2.18 所示。

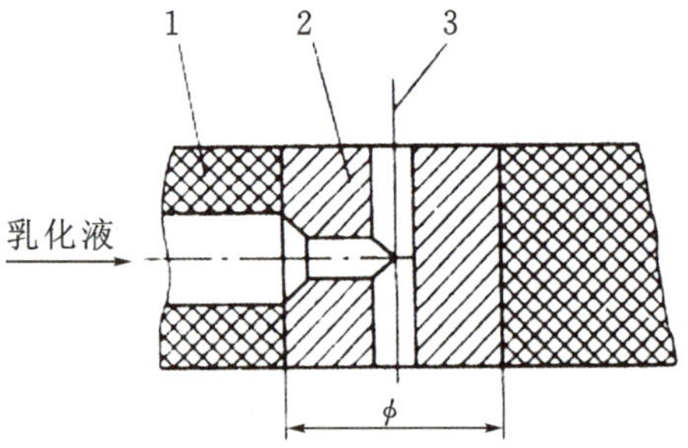

图 6.2.17　喷嘴

1—配水板；2—喷嘴；3—钼丝

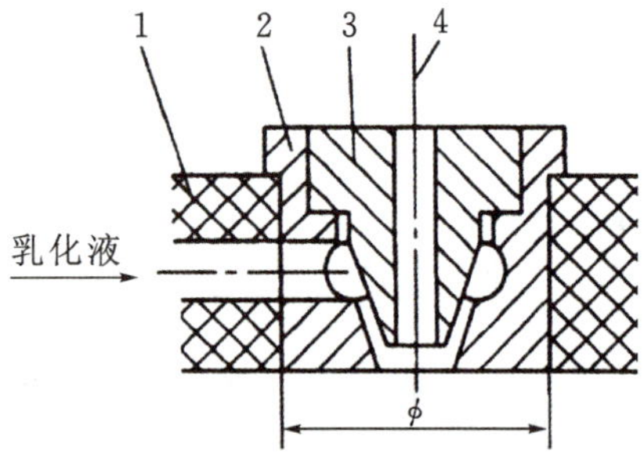

图 6.2.18　环形喷嘴

1—配水板；2—嘴座；3—导液嘴；4—钼丝

4. 控制系统

目前的电火花线切割机床普遍采用数字程序控制技术。数字程序控制器是该技术的核心部件，它是一台专用的小型电子计算机，由运算器、控制器、译码器、输入回路和输出回路组成。高速走丝电火花线切割机床的控制系统通常采用步进电动机开环控制系统，而低速走丝电火花线切割机床的控制系统则采用伺服电动机闭环控制系统。

电火花线切割机床控制系统的主要功能如下。

(1) 轨迹控制：精确地控制电极丝相对于工件的运动轨迹，使零件获得所需的形状和尺寸。

(2) 加工控制：用以控制步进电动机的步距角、伺服电动机驱动的进给速度、脉冲电源产生的脉冲能量、运丝机构的电极丝排放、工作液循环系统的工作液流量等。

目前绝大部分机床普遍采用绘图式编程技术，操作者首先在计算机屏幕上画出要加工的零件图形，电火花线切割专用软件(如 YH 软件、北航海尔的 CAXA 线切割软件)会自动将图形转化为 ISO 代码或 3B 代码等线切割程序。

【效果评价】

评价表			
模块名称	数控电火花加工机床结构分析	学生姓名	
任务名称	数控电火花线切割机床	分数	
考查内容		分值	考核得分
1. 对电火花线切割加工的认知		10	
2. 小组计划执行情况		5	
3. 对电火花线切割机床结构的认知		40	
4. 对电火花线切割机床走丝机构的了解		30	
5. 编制学习汇报报告情况		10	
6. 基本素养考核情况		5	
总体得分		100	
教师简要评语： 教师签名：			

任务 6.3 任务实训

——数控线切割机床的操作

一、实训要求

(1) 了解 DK7740 型数控线切割机床的一般结构和基本工作原理；

(2) 利用机床本身所安装的自动编程系统对零件图纸进行输入、自动编程、模拟加工等操作；

(3) 会选择合适的数控线切割加工工艺参数(间隙补偿量、加工电流大小等)，学会对工件进行装夹及找正，并能启动机床对零件进行实际加工；

(4) 熟悉数控线切割机床的工作方式；

(5) 熟悉并正确操作数控线切割机床的操作面板。

二、相关知识

1. 任务原理

与电火花成形加工时所用的专用电极不同，线切割加工是利用通用电极，即移动的细金属导线（铜丝或钼丝）作为电极，对工件进行脉冲火花放电，局部的电腐蚀现象将工件上多余的金属蚀除；与此同时，机床坐标工作台在轨迹控制下，带动工件一起运动，从而利用工件与电极之间的相对运动，将工件切割成形。

2. 实验装置及工量具

实验装置：数控电火花线切割机床、必要的夹具。

工、量具：经过机械加工的凸模毛坯、百分表。

三、实施步骤

1. 任务内容

认识数控线切割机床；完成工件在机床上的安装和找正；利用线切割机床加工出如图 6.3.1所示凸模零件。

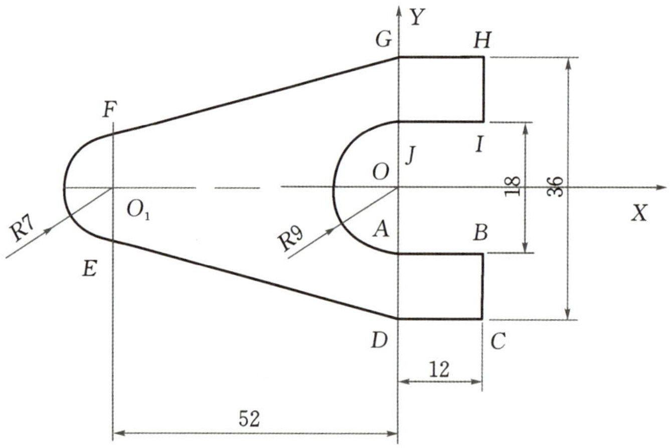

图 6.3.1　凸模零件

2. 任务步骤

(1) 了解数控线切割机床的结构特征、组成和功能。

(2) 分析图示凸模零件图，了解零件的加工要求。

(3) 分析零件已经加工的状态，确定加工方案。

(4) 加工准备：编制 3B 程序。

(5) 用夹具将工件固定在工作台上。

(6) 用百分表找正工件。

(7) 调整切割厚度，钼丝垂直找正。

(8) 设置加工起点。

(9) 输入加工程序。

(10) 加工:注意根据加工状态调整加工参数。

(11) 测量:检查加工部位是否达到要求。

【效果评价】

评 价 表			
模块名称	数控电火花加工机床结构分析	学生姓名	
任务名称	数控线切割机床的操作	分数	
考查内容		分值	考核得分
1. 对电火花线切割加工的认知		10	
2. 小组计划执行情况		5	
3. 工件的安装、找正步骤是否正确规范		30	
4. 对凸模零件的加工情况		40	
5. 编制学习汇报报告情况		10	
6. 基本素养考核情况		5	
总体得分		100	
教师简要评语: 教师签名:			

思考与练习

1. 简述数控电火花加工的原理。
2. 简述电火花加工的特点和适用范围。
3. 简述数控电火花线切割加工的原理。
4. 简述电火花加工中伺服自动调节系统的作用。
5. 数控电火花线切割机床由哪几部分组成?各组成部分的主要作用是什么?
6. 如何才能加工出带锥度的零件?
7. 数控电火花线切割机床的储丝走丝部件有何功能?

模块 7

计算机数控(CNC)系统结构分析

模块导读

计算机数控(CNC)系统是数控机床上的一种位置控制系统,其核心是计算机数字控制装置。它通过系统控制软件配合系统硬件,合理地组织、管理数控系统的信息输入、数据处理、插补处理和信息输出,控制执行部件,使数控机床按照操作者的要求进行自动加工。本模块主要讲述CNC系统的概念和作用,CNC系统的组成和特点,CNC装置的硬件结构形式和工作方式,CNC装置的软件结构形式和工作方式,CNC系统中可编程控制器的相关知识以及常见的数控系统。

学习目标

1. 掌握CNC系统的组成和特点;
2. 掌握CNC系统的工作过程;
3. 掌握CNC装置的软硬件结构形式;
4. 掌握CNC装置的软硬件工作方式;
5. 掌握CNC装置的软硬件结构特点;
6. 掌握PLC在CNC装置中的作用;
7. 掌握PLC在CNC装置中的应用;
8. 掌握PLC的组成结构、工作方式及分类;
9. 了解常见的几种数控系统的性能及特点;
10. 了解FANUC数控系统的组成与连接。

思政元素

数控系统的特点、工作原理、主要功能及实际应用,都具有较强的理论性和实践性。把思政教育与数控系统原理部分有机融合,使教学内容更具有价值引领性,可以培养学生人文素养和爱国情怀。针对数控系统的硬件结构特点,教育学生应树立大局观念和全局意识;针对数控系统的软件结构特点,教育学生客观看待问题,使学生具有唯物辩证思想及健康的身心意识;针对数控系统控制软件的工作特点,培养学生的团队意识和合作意识。

知识架构

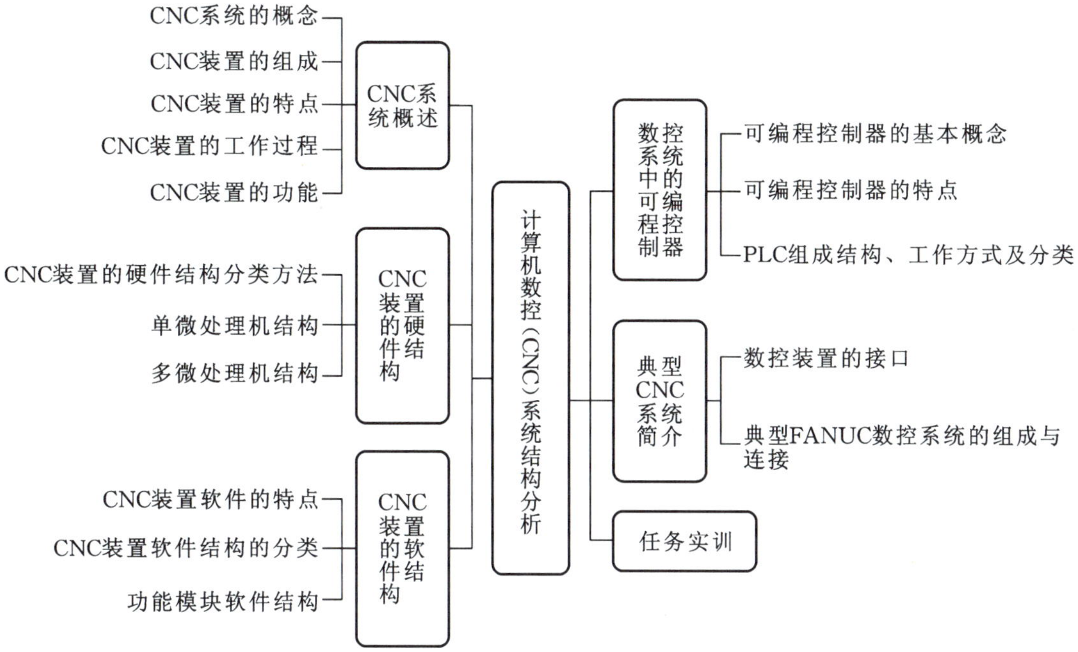

任务 7.1 CNC 系统概述

【任务要求】

通过对本次任务的学习,掌握 CNC 系统的作用及组成,掌握 CNC 系统的工作过程和功能。

【知识准备】

一、CNC 系统的概念

计算机数控(CNC)系统是用计算机控制加工功能,实现数字控制的系统。也就是说,计算机数控(CNC)系统是指应用了一个或多个计算机作为控制系统的核心组件的数控系统。计算机数控(CNC)系统是根据计算机存储器中存储的控制程序,执行部分或全部数字控制功能,并配有接口电路和伺服驱动装置的专用计算机系统。数控机床在计算机数控(CNC)系统的控制下,根据输入的信息(加工程序)进行数据处理、插补运算,获得理想的运动轨迹信息,然后输出到执行部件,自动地按给定的加工程序加工出所需要的零件。

CNC 系统由数控程序、输入装置、输出装置、计算机数控装置（CNC 装置）、可编程控制器（PLC）、主轴伺服驱动系统和进给伺服驱动系统（包括检测装置）等组成，如图 7.1.1 所示。

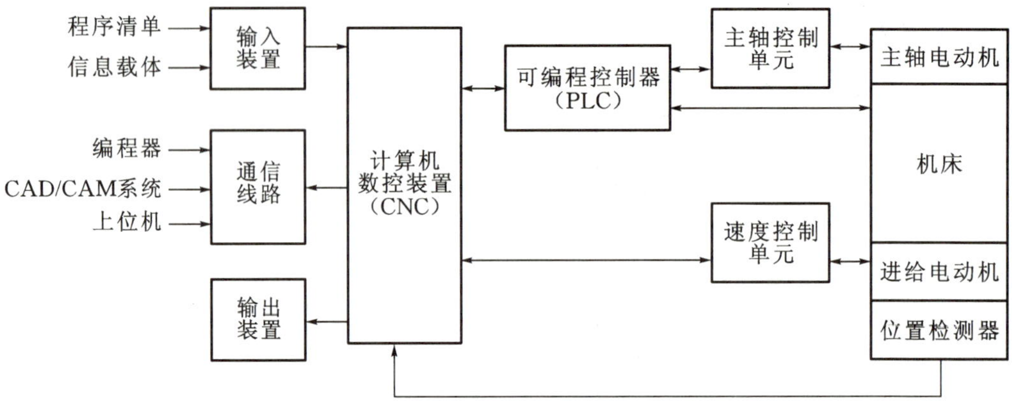

图 7.1.1　CNC 系统的组成框图

CNC 系统是一种位置控制系统，CNC 系统的核心是 CNC 装置。由于使用了计算机系统，具有了软件功能，又用 PLC 代替了传统的机床电气逻辑控制装置，因而，CNC 系统更小巧，灵活性、通用性、可靠性更好，易于实现复杂的数控功能，使用维护也方便，并具有与上位机连接及进行远程通信的功能。

二、CNC 装置的组成

CNC 装置由硬件和软件组成，软件在硬件的支持下工作，硬件和软件的关系是密不可分的，二者缺一不可。硬件为软件提供了活动舞台，是软件的肌体，软件则是整个系统的灵魂。数控系统是在软件的控制下，有条不紊地进行工作。

（一）硬件组成

图 7.1.2 所示是 CNC 装置硬件的组成框图。除一般计算机具有的微处理器（CPU）、存储器（ROM、RAM）、输入/输出（I/O）接口外，CNC 装置的硬件还具有数控要求的专用接口和部件，即位置控制器、纸带阅读机接口、手动数据输入（MDI）接口和显示（CRT）接口。

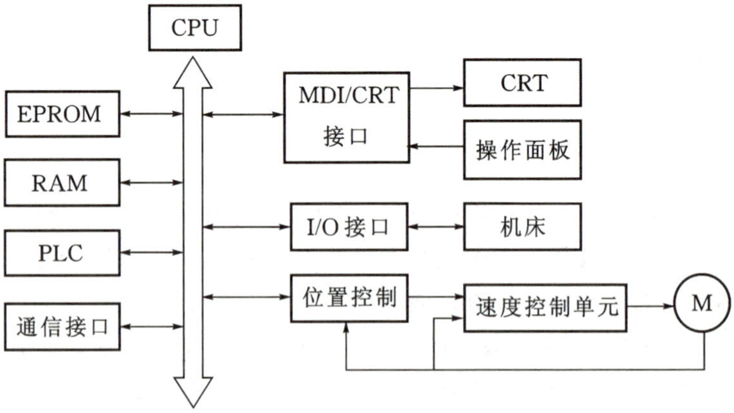

图 7.1.2　CNC 装置硬件的组成框图

1. 中央处理单元(CPU)

CPU是CNC装置的核心，主要由控制单元、算术逻辑单元和一些暂存寄存器组成，它的作用是实施对整个系统的运算、控制和管理。

CPU在CNC装置中工作时，其控制单元从存储器中依次取出加工程序指令，对指令译码后向CNC装置的各个部分按顺序发出执行操作的控制信号；同时接收执行部件发出的反馈信号，与程序中的指令信号比较后，决定下一步应执行的操作。CPU与存储器、输入/输出接口等通过总线有机地组合在一起构成CNC装置。

CNC装置中常用的CPU为8位、16位、32位和64位微处理器。CPU满足软件执行的实时性要求，主要体现在CPU的字长、运算速度、内存容量、寻址能力、中断服务能力等方面。因为CNC装置设置的脉冲当量越来越小，所以CNC装置就需要更长位数的数字表示坐标值。又因为CPU不但要进行插补运算，还应能对各种信息及时做出响应。这就要求CPU具有很高的运算速度和存取速度，一般用时钟频率来衡量。

2. 存储器

存储器用以存放数据、参数和程序等，包括只读存储器(ROM、EPROM、EEPROM)和随机存储器(RAM)。可编程只读存储器(EPROM)又称程序存储器，系统控制程序放在只读存储器中，即使系统断电，控制程序也不会丢失，程序只能被CPU读出，不能随机写入，必要时可用紫外线擦除，再重写监控程序。随机存储器(RAM)又称数据存储器，用来存放用户编写的加工程序和加工运算的中间结果，可以随机写入或读取，断电后消失。零件程序、机床参数等存放在有后备电池的CMOS RAM或磁泡存储器中，这些信息可以根据操作需要写入和修改，断电后信息仍保留。

3. 总线(BUS)

总线是传送数据或交换信息的公共通道。CPU板与其他模板如存储器板、I/O接口板等之间的连接采用标准总线。标准总线按用途分为内部总线和外部总线。标准总线按性质分为以下三种。

(1) 数据总线DB(data bus)。DB是CPU与外界传送数据的通道，是双向总线。

(2) 地址总线AB(address bus)。AB确定传输数据的存放地址，是单向总线。

(3) 控制总线CB(control bus)。CB管理、控制信号的传送，是单向总线。

4. 输入/输出接口

输入/输出接口主要用来交换数控装置与外部之间的往来信息。

CNC装置与被控设备之间要交换的信息有三类：开关量信号、模拟量信号、数字信号。这些信号一般不能直接与CNC装置相连，需要一个接口(即设备辅助控制接口)对这些信号进行交换处理，其目的是：

(1) 电平转换，功率放大，对信号进行相应的转换。输入时，必须将与被控设备有关的状态信息转换成数字形式，以满足计算机对输入/输出信号的要求；输出时，应满足各种执行元件的输入要求。信号转换主要包括电平转换、数字量与模拟量的相互转换、数字量与脉冲量的相互转换以及功率匹配等。

(2) 电气隔离。阻断外部干扰信号进入计算机，将CNC装置与外部信号进行隔离，以提高 CNC 装置运行的可靠性。

5. 位置控制器

位置控制器主要完成对数控机床进给运动坐标轴的位置控制。

6. MDI/CRT 接口

MDI/CRT 接口完成手动数据输入和将信息显示在 CRT 上。

7. PLC 接口

PLC 接口完成 PLC 与 CNC 装置的信息交换。

（二）软件组成

CNC 装置的软件是为了实现 CNC 系统的各种功能而编制的专用软件，称为系统软件。在系统软件的控制下，CNC 装置对输入的加工程序自动进行处理，并发出相应的控制指令。系统软件由管理软件和控制软件两部分组成，如图 7.1.3 所示。

CNC 装置的工作是在硬件的支持下执行软件的全过程。软件和硬件有不同的特点，软件设计灵活，适应性强，但处理速度慢；硬件处理速度快，成本却很高。因此，在 CNC 装置中，数控功能的实现方法大致分为三种情况：第一种情况是由软件完成输入、插补前准备，硬件完成插补运算和位置控制；第二种情况是由软件完成输入、插补前准备、插补运算，硬件完成位置控制；第三种情况是由软件完成输入、插补前准备、插补运算及位置控制的全部工作。CNC 装置的工作流程及软、硬件界面的关系如图 7.1.4 所示。

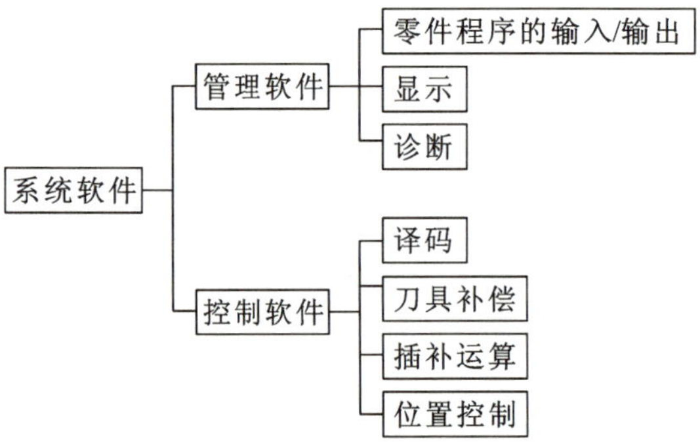

图 7.1.3　CNC 装置软件的组成

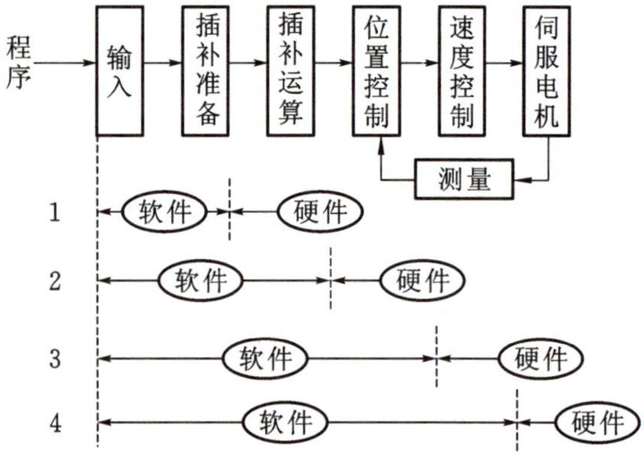

图 7.1.4　CNC 系统中三种典型的软硬件界面

三、CNC 装置的特点

1. 灵活性

这是 CNC 系统的突出优点。对于传统的 NC 系统，一旦提供了某些控制功能，就不能被改变，除非改变相应的硬件。而对于 CNC 系统，只要改变相应的控制程序就可以补充和开发新的功能，且不必制造新的硬件。CNC 系统能够根据生产变化，满足相应的工艺要求。在安装 CNC 设备之后，新的技术还可以补充到系统中，这样就延长了系统的使用寿命。因此,CNC 系统具有很大的“柔性”——灵活性。

2. 通用性

在 CNC 系统中,硬件系统采用模块结构,依靠软件变化来满足被控设备的各种不同要求。系统采用标准化接口电路,给机床制造厂家和数控用户带来了许多方便。于是,用一种 CNC 系统就能满足大部分数控机床的要求,还能满足某些其他设备的应用。当用户要求某些特殊功能时,只需改变某些软件即可。由于在工厂中使用同一类型的控制系统,培训和学习也十分方便。

3. 可靠性

由于许多功能都由软件来实现,因此硬件系统所需元器件数目大为减少,整个系统的可靠性大大改善,特别是随着大规模集成电路和超大规模集成电路的采用,系统可靠性得到显著提高。

4. 易于实现许多复杂的功能

CNC 系统可以利用计算机的高速计算能力,实现一些高级的、复杂的数控功能。刀具偏移、英公制转换、固定循环等都能用适当的软件程序予以实现;复杂的插补功能,例如抛物线插补、螺旋线插补等也能用软件程序来解决;刀具补偿可在加工过程中进行计算;子程序概念的引入,大大简化了程序编制。

5. 使用维修方便

CNC 系统的特点是具有诊断程序,当数控系统出现故障时,能显示出故障信息,使操作和维修人员能了解故障部位,减少维修的停机时间。另外,CNC 系统还备有数控软件检查程序,防止输入非法数控程序或语句,这给编程带来了许多方便。有的 CNC 系统还具有对话编程、蓝图编程功能,使程序编制更加简便,不需很高水平的专业编程人员。零件程序编制好后,可显示程序,甚至通过空运行将刀具轨迹显示出来,以检验程序是否正确。

四、CNC 装置的工作过程

数控机床在其工作过程中,接受 CNC 装置的两类控制:一类是实现各坐标轴运动的数字控制;另一类是 CNC 完成各种应答动作的顺序控制,或称辅助控制。

(一) 程序的流程

如图 7.1.5 所示(图中的虚线框为 CNC 装置),一个零件程序的执行首先要将程序输入 CNC 装置中,经过译码、数据处理(包括刀具补偿处理和进给速度处理)、插补、位置控制,由伺服系统执行 CNC 输出指令以驱动机床完成加工。译码后的信息分为两路:

1. 低速辅助信息:顺序控制

(1) 辅助功能 M,如主轴启停、切削液通断、刀具更换等。

(2) 主轴转速功能 S,如主轴转速设定。

(3) 刀具功能 T,即刀具选择。

低速辅助信息由 PLC 处理和输出。

2. 高速轨迹信息:数字控制

(1) 刀具补偿处理,如将零件轮廓轨迹转换为刀具中心轨迹。

(2) 进给速度处理,如各运动坐标分速度的计算和限速处理。

(二) CNC 装置的主要工作过程

CNC 装置的主要工作过程如图 7.1.5 所示。

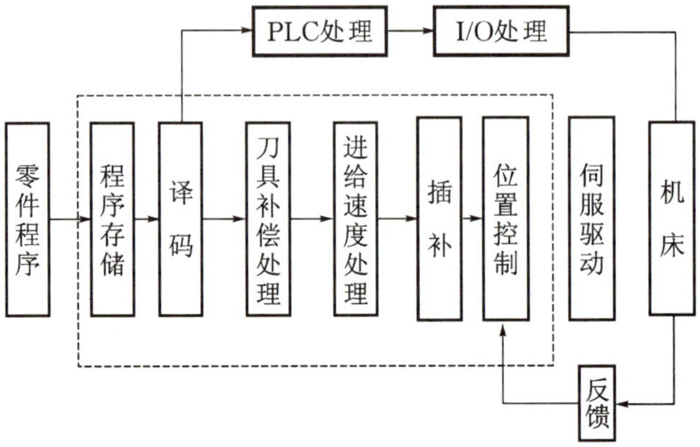

图 7.1.5　CNC 装置的工作过程

1. 输入

零件程序、控制参数及补偿量等数据的输入,可采用光电阅读机、键盘、磁盘、连接上级计算机的 DNC 接口、网络等多种形式。CNC 装置在输入过程中,通常还要完成无效码删除、代码校验和代码转换等工作。

2. 译码

不论系统是工作在 MDI 方式下还是工作在存储器方式下,都是将零件程序以一个程序段为单位进行处理,把其中的各种零件轮廓信息(如起点、终点、直线或圆弧等)、加工速度信息(如 F 代码)和其他辅助信息(如 M、S、T 代码)按照一定的语法规则解释成计算机能够识别的数据形式,并以一定的数据格式存放在指定的内存专用单元。在译码过程中,系统还要完成对程序段的语法检查,若发现语法错误便立即报警。

3. 刀具补偿

刀具补偿包括刀具长度补偿和刀具半径补偿。通常 CNC 装置的零件程序以零件轮廓轨迹编程,刀具补偿的作用是把零件轮廓轨迹转换为刀具中心轨迹。目前,在比较好的 CNC 装置中,刀具补偿工作还包括程序段之间的自动转接和过切削判别,这就是 C 刀具补偿。

4. 进给速度处理

编程所给的刀具移动速度,是在各坐标的合成方向上的速度。速度处理首先是根据合成速度来计算各运动坐标的分速度。在一些 CNC 装置中,对于机床允许的最低速度和最高速度的限制、软件的自动加减速等也在这里进行处理。

5. 插补

插补的任务是在一条给定起点和终点的曲线上进行数据点密化。插补程序在每个插补周期内运行一次,在每个插补周期内,根据指令进给速度计算出一个微小的直线数据段。通常经过若干个插补周期后,插补加工完一个程序段轨迹,即完成从程序段起点到终点的数据点密化工作。

6. 位置控制

位置控制处于伺服回路的位置环上,这部分工作可以由软件完成,也可以由硬件完成。它的主要任务是在每个采样周期内,将理论位置与实际反馈位置相比较,用其差值控制伺服电动机。在位置控制中,通常还要完成位置回路的增益调整、各坐标方向的螺距误差补偿和反向间隙补偿,以提高机床的定位精度。

7. I/O 处理

I/O 处理主要处理 CNC 装置面板开关信号及机床电气信号的输入、输出和控制,如换刀、换挡、冷却等。

8. 显示

CNC 装置的显示主要为操作者提供方便,通常用于零件程序显示、参数显示、刀具位置显示、机床状态显示、报警显示等。一些 CNC 装置中还有刀具加工轨迹的静态和动态图形显示。

9. 诊断

CNC 装置需要对系统中出现的不正常情况进行检查、定位,包括联机诊断和脱机诊断。

五、CNC 装置的功能

CNC 装置的功能要比 NC 装置的功能丰富得多,更加适应数控机床复杂控制的要求。

CNC 装置的功能包括基本功能和选配功能。

基本功能:数控系统基本配置的功能,即必备的功能,包括控制功能、准备功能、插补功能、进给功能、主轴功能、辅助功能、刀具功能和字符显示功能。

选配功能:用户可以根据实际要求选择的功能,包括补偿功能、固定循环功能、图形显示功能、自诊断功能、通信功能和人机对话编程功能。

1. 控制功能

控制功能是指能够控制的以及能够同时控制的轴数。控制轴数越多,特别是同时控制的轴数越多,CNC 装置就越复杂,程序编制也越困难。一般数控车床只需同时控制两根轴,数控铣床、镗床以及加工中心等需要同时控制三根或三根以上的轴,加工空间曲面的数控机床需要同时控制三根以上的轴。

2. 准备功能

准备功能也称 G 功能,是用来指定机床动作方式的,包括基本移动、程序暂停、平面选择、坐标设定、刀具补偿、基准点返回、固定循环、公英制转换等指令。

3. 插补功能

由于零件形状大部分是由直线和圆弧构成的,有的是由更复杂的曲线构成的,因此要求 CNC 装置必须具有直线、圆弧、抛物线等插补功能。传统的 NC 装置是用数字电路(硬件)来实现刀具轨迹的插补的,而 CNC 装置则是通过软件进行插补计算的。

4. 进给功能

用字母 F 直接指定各轴的进给速度。

(1) 切削进给速度(每分钟进给量)。以每分钟进给距离的形式指定刀具的切削进给速度,用字母 F 及其后续数字来表示。例如直线轴 F15000 表示每分钟进给量为 15000 mm,回转轴 F12 表示每分钟进给量为 12°。

(2) 快速进给速度。通过参数设定快速进给速度,用 G00 码指令。

(3) 进给倍率。操作面板上设置了进给倍率开关,使用倍率开关可以不用修改程序中的 F 代码就能改变机床的进给速度。倍率在 0～200%之间变化。

5. 主轴功能

数控装置的主轴功能主要有以下几种:

(1) 切削速度(主轴转速)控制。可以实现对刀具切削点切削速度的控制功能,切削速度的单位为 m/min 或 r/min。

(2) 恒线速度控制。即刀具切削点切削速度为恒速的控制功能,如端面车削的恒速控制。

(3) 主轴定向控制。将主轴周向定位控制于特定位置的功能。

(4) C 轴控制。即将主轴轴向控制在任意位置的功能。

(5) 切削倍率(主轴修调率)。CNC 系统支持人工实时修调切削速度,即通过面板的倍率波段开关在 0～200%之间对预先设定的主轴速度进行实时修调。

6. 辅助功能

用来规定主轴的启停和转向、冷却泵的接通和断开、刀库的启停等。用字母 M 及其后续的两位数字表示。ISO 标准中有 100 种辅助功能。

7. 刀具功能

刀具功能用来选择刀具,用字母 T 及其后续的两位或四位数字表示。

8. 补偿功能

加工过程中刀具磨损或交换刀具,以及机械传动中的丝杠螺距误差和反向间隙误差,都会使实际加工出来的零件尺寸与程序规定的尺寸不一致,造成加工误差。补偿功能的作用就是把刀具长度或直径的补偿量、丝杠螺距误差和反向间隙误差的补偿量输入 CNC 装置的存储器中,重新修订刀具的运动轨迹和坐标尺寸。

9. 固定循环功能

用数控机床加工零件时,一些典型的加工工序,如钻孔、镗孔、攻螺纹等,其加工循环过程是预先编好并存储在存储器中的,可以利用固定循环的 G 代码运行指令。

10. 图形显示功能

通过软件和接口可以在彩色 CRT 上实现字符和图形的显示,可以显示程序、参数、各种补偿量、坐标位置、故障信息、人机对话编程菜单、零件图形、动态刀具轨迹等。

11. 自诊断功能

CNC 装置中配有各种诊断程序,以防止故障的发生或扩大。可以联机诊断,即在系统运行过程中进行检索和诊断;也可以脱机诊断,即在系统运行前或发生故障停机后进行诊断，查出故障部位。

12. 通信功能

CNC 装置通常具有 RS-232C 接口，并设有缓冲存储器，可以以数控格式输入，也可以以二进制格式输入，进行高速传输。

13. 人机对话编程功能

复杂零件的数控程序，一般通过计算机或自动编程机编制。有的 CNC 装置可以根据蓝图直接编制程序，只需编程人员输入图样上表示几何形状的 A(角度)、B(斜面)和 R(半径)等简单命令，就能自动计算出全部交叉点、切点和圆心坐标，生成加工程序。

【效果评价】

评价表

模块名称	计算机数控(CNC)系统结构分析	学生姓名	
任务名称	CNC 系统概述	分数	
考查内容		分值	考核得分
1. 对 CNC 系统作用的认知情况		10	
2. 对 CNC 系统工作过程的认知情况		20	
3. 对 CNC 系统功能的理解与掌握情况		25	
4. 对 CNC 系统组成部分相关知识的理解与掌握情况		30	
5. 编制学习汇报报告情况		10	
6. 基本素养考核情况		5	
总体得分		100	
教师简要评语： 教师签名：			

任务 7.2 CNC 装置的硬件结构

【任务要求】

通过对本次任务的学习，掌握 CNC 装置的硬件结构分类，掌握单微处理机的工作方式和特点，掌握多微处理机的工作方式和功能模块特点，了解华中数控系统的硬件结构特点。

【知识准备】

一、CNC 装置的硬件结构分类方法

CNC 装置的硬件结构有多种分类方法，见表 7.2.1。

表 7.2.1 CNC 装置的硬件结构分类方法

分类方法	类型	特点
总体安装结构	整体式结构	把 CRT 和 MDI 面板、操作面板以及功能模块组成的电路板等安装在同一机箱内。结构紧凑，便于安装，但有时导致某些信号连线过长
	分体式结构	把 CRT 和 MDI 面板等做成一个部件，而把功能模块组成的电路板安装在一个机箱内，两者之间用导线或光纤连接，做成分体式结构有利于更换和安装
电路板的结构特点	大板式结构	一个系统一般都有一块大板，称为主板。其他相关子板(完成一定功能的电路板)都直接插在主板上面。结构紧凑，体积小，可靠性高，价格低，但硬件功能不易变动
	模块化结构	硬、软件模块形成一个特定的功能单元，称为功能模块。各功能模块可以积木式地组成 CNC 系统，设计简单，具有良好的适应性和扩展性，试制周期短，调整、维护方便，效率高
使用的 CPU	单微处理机结构	只有一台微处理机，进行集中控制、分时处理，结构简单，但整个系统的处理速度比多微处理机结构慢
	多微处理机结构	由两台或两台以上的微处理机构成处理部件，工作过程为多微处理机的并行工作，整个系统的处理速度快
CNC 装置的开放程度	传统数控系统	是一种专用的封闭体系结构的数控系统，必须使用专门的开发工具开发
	PC 嵌入 NC 式结构	具有一定的开放性，但由于它的 NC 部分仍然是传统的数控系统，其体系结构还是不开放的。这类系统结构复杂，功能强大，价格昂贵
	NC 嵌入 PC 式结构	它由开放体系结构运动控制卡和 PC 机构成。它开放的函数库供用户在 Windows 平台上自行开发构建所需的控制系统
	SOFT 型开放式结构	它的 CNC 软件全部装在计算机中，而硬件部分仅是计算机与伺服驱动和外部 I/O 之间的标准化通用接口。用户可以在 Windows NT 平台上利用开放的 CNC 内核开发所需的各种功能，构成各种类型的高性能数控系统。SOFT 型开放式数控系统具有最高的性价比，因而最具生命力

二、单微处理机结构

这种结构只有一台微处理机，采用集中控制、分时处理的方法执行各项任务。有的CNC装置虽然有两台以上微处理机，但其中只有一台微处理机能够控制系统总线，占用总线资源，而其他微处理机则为专用的智能部件，不能访问主存储器，它们组成主从结构。这类结构也属于单微处理机结构。

单微处理机结构框图如图7.2.1所示。它主要由中央处理单元(CPU)、存储器、总线、外设、输入接口电路、输出接口电路等组成，这一点与普通计算机系统基本相同，所不同的是，系统输出的各坐标轴数据信息在位置控制环节中经过转换、放大后，需控制机床工作台或刀架(负载)运动。更为重要的是，由计算机输出位置信息后，运动部件应尽可能不滞后地到达指令要求的位置。

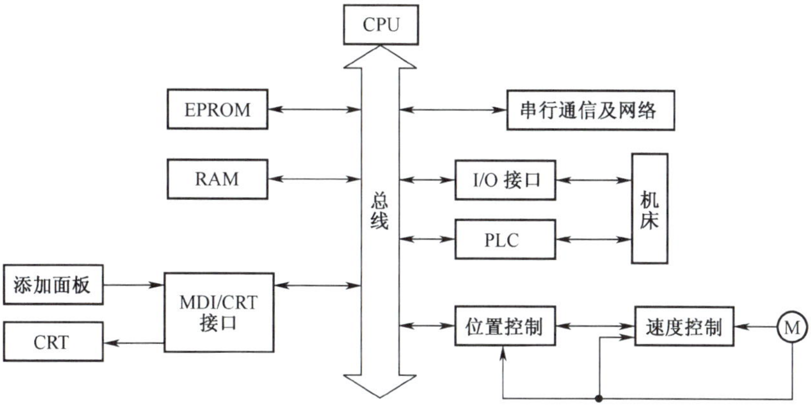

图 7.2.1 单微处理机结构框图

单微处理机的结构特点如下。

(1) CNC系统中只有一台微处理机，对数据存储、插补运算、输入/输出处理、CRT显示等功能进行集中控制、分时处理。

(2) 微处理机通过总线与存储器、输入/输出控制、伺服控制及显示控制等构成CNC装置。

(3) 单微处理机系统结构简单，各种标准电路模板可以很方便地组成所需系统。

(4) 单微处理机系统由一台微处理机集中控制，其功能受字符宽度、寻址能力和运算速度等指标限制，特别是用软件实现插补功能时，其处理速度较慢，实时性很差。为弥补这一不足，可以采用增加浮点处理机或硬件插补器等方法来加以解决，也可以采用多微处理机。

三、多微处理机结构

多微处理机结构是由两台或两台以上的微处理机组成处理部件。各处理部件之间通过一组公用地址和数据总线进行连接，每台微处理机共享系统公用存储器或I/O接口，并分担系统的一部分工作，从而将在单微处理机的CNC装置中顺序完成的工作转为多微处理机并行、同时完成的工作，因而大大提高了整个系统的处理速度。

（一）多微处理机 CNC 装置的结构形式

1. 共享存储器结构

多微处理机共享存储器结构框图如图 7.2.2 所示，其中包括五台微处理机，分别承担输入/输出、插补、伺服、零件程序编辑和 CRT 显示等功能，适用于两坐标轴的车床，三、四、五坐标轴的加工中心。该系统主要有五个子系统和一个公共数据存储器，每个子系统按照各自存储器所存储的程序来执行相应的控制功能（如插补、轴控制、输入/输出等）。这种分布式处理机系统的子系统之间不能直接进行通信，都要与公共数据存储器通信。

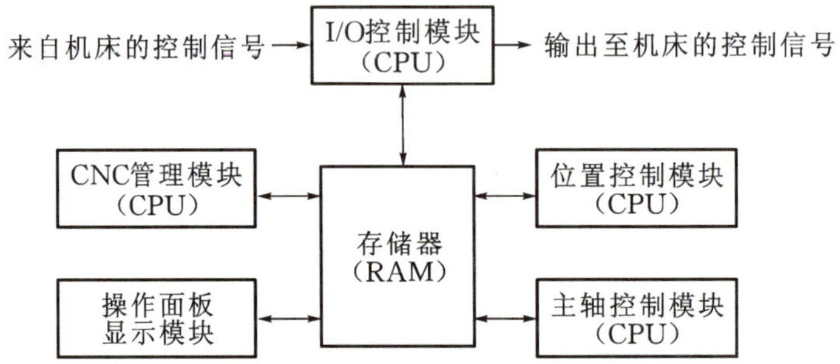

图 7.2.2　多微处理机共享存储器结构框图

在公共数据存储器板上有优先级编码器，规定伺服功能微处理机的级别最高，其次是插补微处理机，再次是 I/O 微处理机等。当两个以上的微处理机同时发出请求时，优先级编码器决定优先接收谁的请求，对该请求发出承认信号；相应的微处理机接到信号后，便把数据存储到公共数据存储器的规定地址中，其他子系统则从该地址读取数据。

2. 共享总线结构

以系统总线为中心的多微处理机结构，称为多微处理机共享总线结构，如图 7.2.3 所示。CNC 装置中的各功能模块分为带有 CPU 的主模块和不带 CPU 的从模块两大类。所有主、

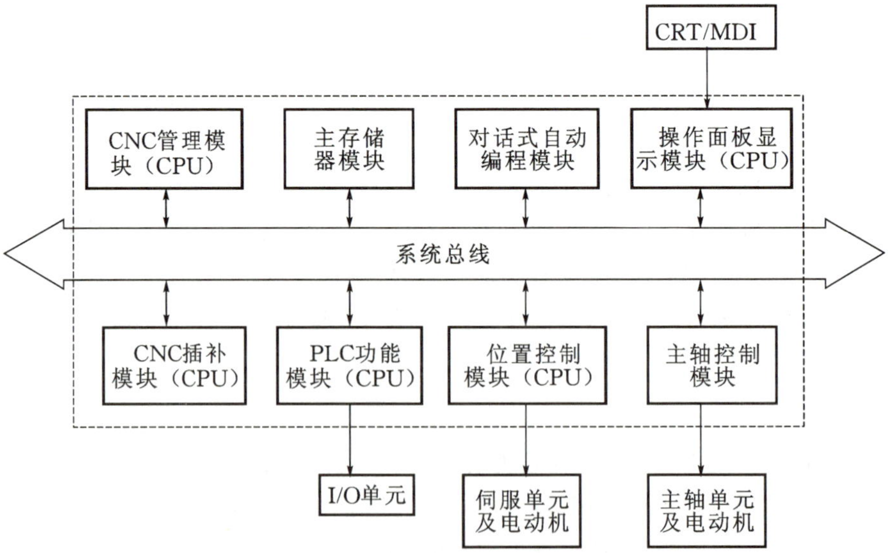

图 7.2.3　多微处理机共享总线结构框图

从模块都插在配有总线插座的机柜内,共享标准系统总线。系统总线的作用是把各个模块有效地连接在一起,按要求交换数据和控制信息,构成一个完整的系统,实现各种预定的功能。只有主模块有权控制使用总线。由于某一时刻只能有一个主模块占用主线,因此必须由仲裁电路来裁决多个主模块同时请求使用系统总线的竞争。仲裁的目的是判别出各模块优先权的高低,而每个主模块的优先级别已按其担负任务的重要性被预先安排好。支持多微处理机系统的总线都有总线仲裁机构,通常有两种裁决方式,即串行方式和并行方式。

(二)多微处理机的基本功能模块

1. CNC 管理模块

CNC 管理模块具有管理和组织整个 CNC 系统工作过程的职能。例如,系统初始化、中断管理、总线裁决、系统出错识别和处理、系统软硬件诊断等功能都由 CNC 管理模块实现。

2. CNC 插补模块

CNC 插补模块对工件加工程序进行译码、刀具补偿、坐标位移量计算和进给速度处理等插补前的预处理工作,然后按给定的插补类型和轨迹坐标进行插补计算,最后向各个坐标轴发出位置指令值。

3. 位置控制模块

位置控制模块将插补后的坐标位置指令值与位置检测单元反馈回来的实际位置值进行比较,并进行自动加减速、回基准点、伺服系统滞后量的监视和漂移补偿,得到速度控制的模拟电压,驱动进给电动机。

4. PLC 功能模块

PLC 功能模块对加工程序中的开关功能和来自机床的信号进行逻辑处理,实现各功能与操作方式之间的连锁,如机床电气设备的启动与停止、刀具交换、回转台分度、工件数量和运行时间的计算等。

5. 数据输入输出和显示模块

数据输入输出和显示模块用于加工程序、参数和数据、各种操作命令的输入(如通过纸带阅读机、键盘或上级计算机等)和输出(如通过打印机、纸带穿孔机等),以及显示(如通过 CRT、液晶显示器等)所需要的各种接口电路。

6. 存储器模块

存储器模块既可以是存放程序和数据的主存储器,也可以是各功能模块间传送数据用的共享存储器。

(三)多微处理机的结构特点

1. 性价比高

多微处理机结构中的每台微处理机完成系统中指定的一部分功能,独立执行程序。它比单微处理机结构的计算处理速度快,适应多轴控制、高进给速度、高精度、高效率的控制要求。由于系统采用共享资源,而单台微处理机的价格又比较便宜,因此 CNC 装置的性价比大为提高。

2. 具有良好的适应性和扩展性

多微处理机的 CNC 装置大都采用模块化结构，可将微处理机、存储器、I/O 控制器组成独立的硬件模块。相应的软件也采用模块结构固化在硬件模块中。硬件模块和软件模块形成特定的功能单元，称为功能模块。功能模块间有明确定义的接口，接口是固定的，符合工厂标准或工业标准，彼此可以进行信息交换。这样可以积木式地组成 CNC 装置，使设计简单，适应性和扩展性好，调整、维护方便，结构紧凑，效率高。

3. 硬件便于组织规模生产

由于硬件是通用的，容易配置，只要开发新的软件就可构成不同的 CNC 装置，因此多微处理机结构便于组织规模生产，且能保证质量。

4. 有很高的可靠性

多微处理机 CNC 装置的每台微处理机分管各自的任务，形成若干模块，如果某个模块发生故障，其他模块仍能照常工作。而单微处理机的 CNC 装置，一旦发生故障就会造成整个系统瘫痪。另外，多微处理机的 CNC 装置可进行资源共享，省去了一些重复机构，不但降低了成本，而且提高了系统的可靠性。

【知识拓展】

华中数控系统是我国为数不多具有自主版权的高性能数控系统之一。它以通用的工业 PC 机（IPC）和 DOS、Windows 操作系统为基础，采用开放式的体系结构，使华中数控系统的可靠性和质量得到了保证。它适合多坐标（2～5）数控镗铣床和加工中心，在增加相应的软件模块后，也能适应于其他类型的数控机床（如数控磨床、数控车床等）以及特种加工机床（如激光加工机床、线切割机床等）。

华中数控装置的硬件结构如图 7.2.4 所示。系统的硬件由工业 PC 机、主轴驱动单元和交流伺服单元等几个部分组成。

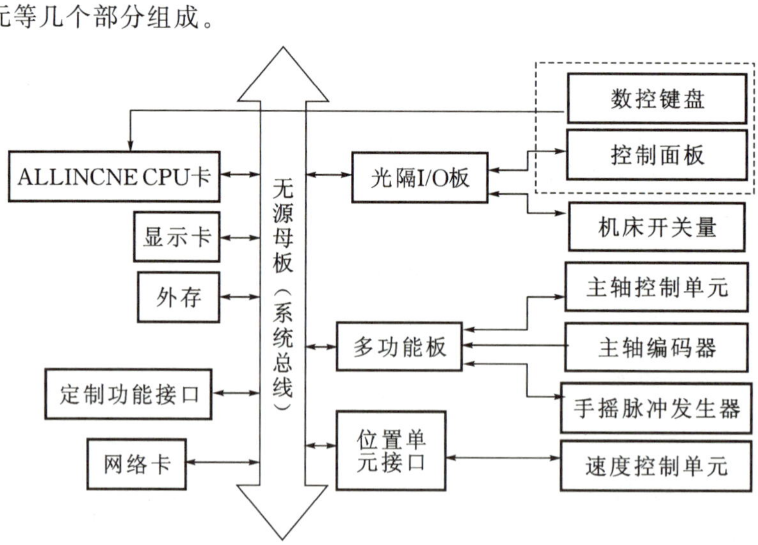

图 7.2.4 华中 CNC 装置硬件结构 PC 机的基本配置

(1) 图 7.2.4 所示为华中 CNC 装置硬件结构 PC 机的基本配置,其中 CPU 卡的配置是 CPU 80386 以上、内存 2MB 以上、软硬驱接口、键盘接口、二串一并通信接口、DMA 控制器、中断控制器和定时器;外存是包括软驱、硬驱和电子盘在内的存储器件。

(2) 系统总线是一块由四层印制电路板制成的无源母板。

(3) 图中的单点画线部分是数控系统的操作面板,其中数控键盘通过 COM2 接口直接写入标准键盘的缓冲区。

(4) 位置单元接口根据伺服单元的不同而有不同的具体实施方案。当伺服单元为数字交流伺服单元时,位置单元接口可采用标准 RS232C 串口;当伺服单元为模拟式交/直流伺服单元时,位置单元接口采用位置环板;当用步进电机作为驱动元件时(教学数控机床),位置单元接口采用多功能数控接口板。

(5) 光隔 I/O 板主要处理控制面板上的输入信号以及机床开关量信号。

(6) 多功能板主要处理主轴控制单元的模拟或数字控制信号,并接收来自主轴编码器、手摇脉冲发生器的脉冲信号。

【效果评价】

评 价 表			
模块名称	计算机数控(CNC)系统结构分析	学生姓名	
任务名称	CNC 装置的硬件结构	分数	
考查内容		分值	考核得分
1. 对 CNC 装置的硬件结构分类的认知		10	
2. 对多微处理器工作方式及功能模块的掌握情况		40	
3. 对华中数控系统硬件结构的认知与掌握情况		25	
4. 小组分组讨论情况		10	
5. 编制学习汇报报告情况		10	
6. 基本素养考核情况		5	
总体得分		100	
教师简要评语: 教师签名:			

任务 7.3　CNC 装置的软件结构

【任务要求】

通过对本次任务的学习，掌握 CNC 装置软件的工作特点，掌握前后台型和多重中断型软件结构的工作方式，掌握功能模块软件的结构特点，了解华中数控系统软件的结构形式。

【知识准备】

CNC 装置由硬件和软件组成。硬件和软件的关系密不可分，硬件为软件提供了活动舞台，是软件的肌体，而软件则是整个系统的灵魂。数控系统是在软件的控制下，有条不紊地进行工作的。

一、CNC 装置软件的特点

（一）多任务并行处理

CNC 系统是一个专用的实时多任务计算机系统，在它的控制软件中融合了当今许多先进计算机软件技术，其中最突出的是多任务并行处理技术，如图 7.3.1 所示。

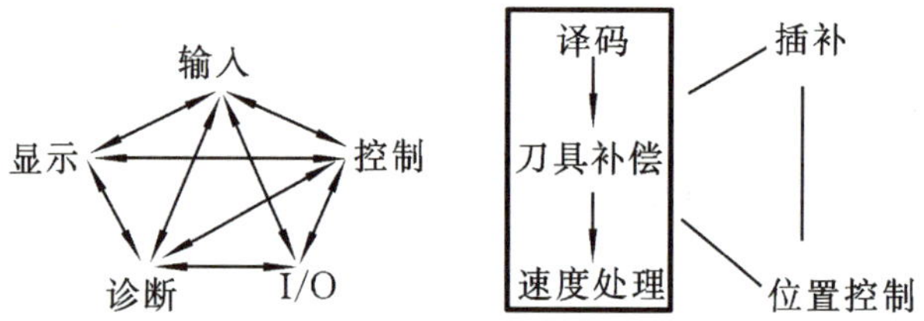

图 7.3.1　多任务并行处理技术

多任务是指系统软件必须同时进行管理和控制工作。当 CNC 处于加工控制状态时，为了使操作人员能及时了解 CNC 的工作状况，管理软件中的显示模块必须与控制软件同时运行。如为保证加工的连续性，译码、刀补和速度处理模块必须与插补模块同时运行，而插补又必须与位置控制同时进行。

并行处理是指计算机在同一时刻或同一时间间隔内完成两种或两种以上性质相同或不同的工作，这大大提高了运算速度。

（二）多重实时中断处理

中断，是指中止现行程序而转去执行另一程序，待另一程序处理完毕后，再转回来继续执行原程序。多重中断，就是将中断按级别优先权排队，高级中断能中断低级的中断处理，等高级中断处理完毕后，再返回来接着处理低级中断尚未完成的工作。实时，是指在确定的有限时间里对外部产生的随机事件做出响应，并在确定的时间里完成这种响应或处理。数控系统是一个实时控制系统，被控对象是一个并发活动的有机整体，对被控对象进行控制和监视的任务也是并发执行的，它们之间存在着各种复杂的逻辑关系。有时这些任务是顺序执行的，表现为一项任务结束后，激发另一项任务执行。如数控加工程序段的预处理、插补计算、位置控制和输入/输出控制；有时这些任务是周期性地以连续反复的方式执行的，如每隔一个插补周期进行一次插补计算，每隔一个采样周期进行一次位置控制等。有时一项任务执行到某处时，必须延时一定的时间后才能继续执行，如必须等待换刀等有关辅助功能完成后，进一步的切削控制才能开始；有时是几项协同任务并发执行，如在加工控制中，人机交互处理及各种突发事件处理等。

二、CNC 装置软件结构的分类

CNC 系统是一个大的多重中断系统，其中断管理主要由硬件完成，而系统软件的结构则取决于系统的中断结构。CNC 的中断源有外部中断、内部定时中断、硬件故障中断、程序性中断等多种。目前，CNC 的软件结构有两种类型，一种是前后台型结构，另一种是多重中断型结构。

（一）前后台型结构

在前后台型结构的 CNC 装置中，整个系统分为两大部分，即前台程序和后台程序。前台程序是中断服务程序，几乎承担了全部实时功能（如插补、位置控制、机床相关逻辑控制和面板扫描监控等功能），这些功能和机床的动作直接相关。后台程序是指实现输入、译码、数据处理及管理功能的程序，也称背景程序，是循环运行程序。在 CNC 系统运行过程中，前台实时中断程序不断插入，与背景程序相配合，共同完成零件加工任务。该结构仅适用于控制功能较简单的系统，早期的 CNC 系统大都采用这种结构。前后台型结构适用于单微处理机系统，程序一经启动，经过一段初始化程序后便进入背景程序循环。同时执行定时中断，每隔一定时间间隔发生一次中断，执行完毕后返回背景程序，如此循环往复，共同完成数字控制的全部功能。前后台型软件结构中的信息流动过程，如图 7.3.2 所示。零件程序段进入系统后，经过图示的流动处理，输出运动轨迹信息和辅助信息。

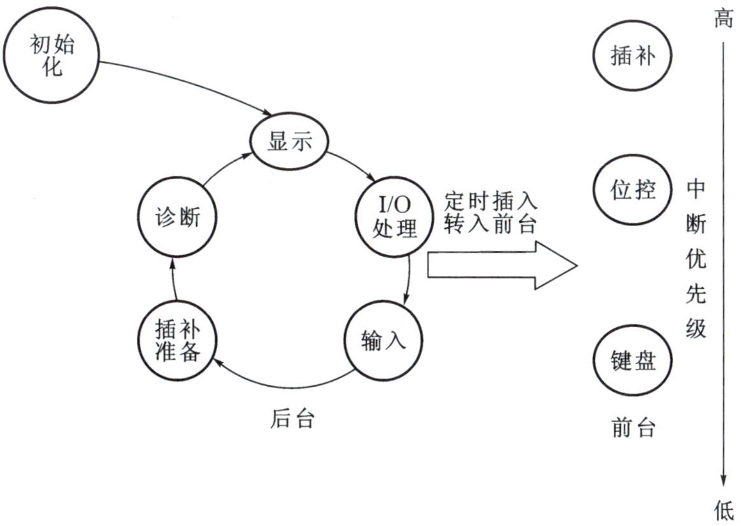

图 7.3.2　前后台型软件结构中的信息流动过程

1. 背景程序

背景程序的主要功能是进行插补前准备和任务管理调度。它一般由三个主要服务程序组成,为键盘、单段、自动和手动等四种工作方式服务。四种工作方式的功能见表 7.3.1。

表 7.3.1　四种工作方式功能说明

工作方式	功能说明
键盘	主要完成数据输入和零件加工程序的编辑
手动	用来处理坐标轴的点动和数控机床回原点的操作
单段	单段工作方式下,系统在执行完一个程序段后停顿,等待执行下一步
自动	自动工作方式下,系统在执行一个程序段后不停顿,直到整个零件程序执行完毕为止

加工工作方式在背景程序中处于主导地位。在操作前的准备工作(如由键盘方式调出零件程序、由手动方式使刀架回到机床原点)完成后,一般便进入加工工作程序。在加工工作方式下,背景程序要完成程序段的读入、译码和数据处理(如刀具补偿)等插补前的准备工作,如此逐个程序段地进行处理,直到整个零件程序执行完毕为止。

2. 实时中断服务程序

实时中断服务程序是系统的核心。实时控制的任务包括位置伺服、面板扫描、PLC 控制、实时诊断和插补。在实时中断服务程序中,各种程序按优先级排队,按时间先后顺序执行。每次中断有严格的最长运行时间限制,如果前一次中断尚未完成,又发生了新的中断,说明发生服务重叠,系统进入紧停状态。实时中断服务程序流程如图 7.3.3 所示。

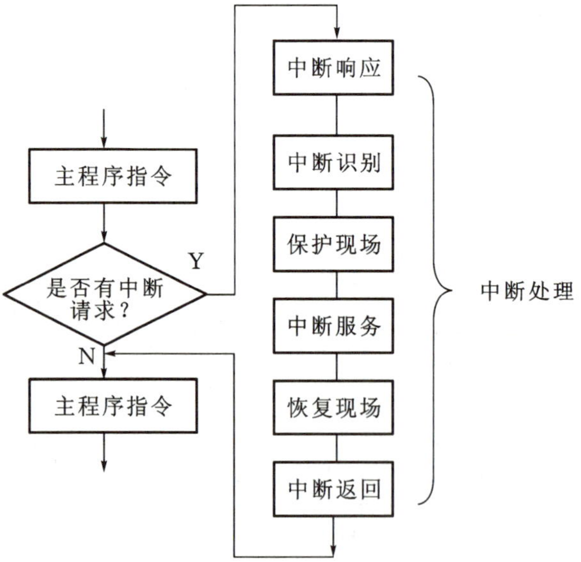

图 7.3.3　中断服务程序流程

关于中断服务程序，除了阅读机中断和键盘中断是在其特定工作情况下发生外，其他中断主要是 10.24 ms 实时时钟中断。该时间是 CNC 系统的实际位置采样周期，也就是采用数据采样插补方法(时间分割法)的插补周期。

(二) 多重中断型结构

除初始化程序外，整个系统软件的各个任务模块被分别安排在不同级别的中断服务程序中。也就是说，所有功能子程序均被安排成级别不同的中断程序，整个软件就是一个大的中断系统，管理功能主要通过各级中断程序之间的相互通信来实现。日本 FANUC-7、FANUC-6 系统均采用此中断型软件系统结构。多重中断型软件系统结构框图如图 7.3.4 所示，该系统中断服务程序的优先级及其功能见表 7.3.2。

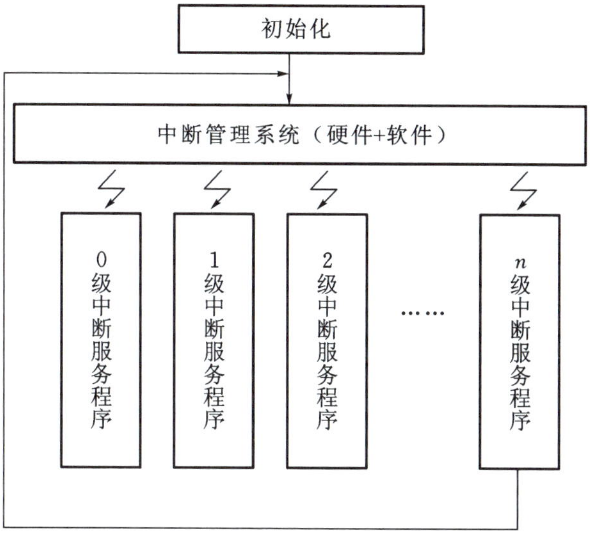

图 7.3.4　多重中断型软件系统结构框图

表 7.3.2　多重中断服务程序的优先级及其功能

优先级	主要功能	中断源
0	初始化	开机后进入
1	CRT 显示，ROM 奇偶校验	由初始化程序进入
2	工作方式选择及预处理	16 ms 软件定时
3	PLC 控制，M、S、T 处理	16 ms 软件定时
4	参数控制、变量控制、数据存储器控制	硬件 DMA
5	插补运算，位置控制，补偿	8 ms 软件定时
6	监控和急停信号	2 ms 硬件时钟
7	纸带阅读机	硬件随机

中断优先级共 8 级，0 级最低，7 级最高，中断有两种来源：一种是由时钟或其他外部设

备产生的中断请求信号，称为硬件中断（如第1、4、6、7级）；另一种是由程序产生的中断信号，称为软件中断(如第2、3、5级)。

1. 0级中断程序

0级中断程序即为初始化程序。电源接通后，首先进入此程序。初始化主要完成以下工作：一是对RAM中作为工作寄存器的单元设置初始状态，二是为数控加工正常进行而设置一些所需的初始状态。

2. 1级中断程序

1级中断程序是主控程序，即背景程序。当没有其他中断时，1级中断程序初始循环运行，此程序主要完成CRT显示控制和ROM奇偶校验。

3. 2级中断程序

2级中断程序主要是对系统所处的各种工作方式的处理。这些工作方式有三类：自动方式，系统在这种工作方式下可以连续控制刀具进行零轮廓加工和进行译码、插补准备处理；MDI方式，系统在这种工作方式下除了可以手动输入各种参数和偏移数据外，还可以手动输入一段零件程序，并单段执行它；其他方式，包括点动方式、手动连续进给(JOG)方式或手轮方式。

4. 3级中断服务程序

3级中断服务程序主要完成I/O映像处理，用于PLC开关量信号的控制：键盘扫描和处理，M、S、T处理。同时，3级中断服务程序负责将辅助功能，如主轴正反转(M03、M04)，切削液的开关(M08、M09)，主轴转速(S指令)，换刀(M06及T指令)等控制信号输出，以控制机床的动作。

5. 4级中断服务程序

4级中断服务程序是对硬件报警的中断。

6. 5级中断服务程序

5级中断服务程序每8 ms就执行一次，主要完成插补运算、坐标位置修正、间隙补偿和加减速控制。插补运算包含直线插补、圆弧插补、手动定位插补、自动定位和暂停插补。

7. 6级中断服务程序

6级中断服务程序主要为2级和3级中断服务程序的16 ms中断定时。这是一种软件定时方法，通过这种定时，可以实现2级和3级中断服务程序的16 ms的定时中断，并使其相隔8 ms。而且当2级或3级中断还没有返回时，不再发出中断请求信号。

8. 7级中断服务程序

7级中断服务程序的主要任务就是处理光电阅读机所读入的字符。通常是把它放入纸带缓冲存储区，然后再送到零件程序区。

三、功能模块软件结构

当前，为实现数控系统中的实时性和并行性的任务，CNC装置越来越多地采用多微处理器结构,从而进一步增强其功能,结构更加紧凑,以适应多轴控制、高进给速度、高精度和高效率的要求。

多微处理器 CNC 装置多采用模块化结构,每台微处理器分管各自的任务,形成特定的功能模块。相应的软件也模块化,形成功能模块软件结构,固化在对应的硬件功能模块中,且各功能模块之间有明确的软、硬件接口。图 7.3.5 所示是功能模块软件结构的示意图。它主要由三大模块组成,即人机通信(MMC)模块、数控通道(NCK)模块和可编程控制器(PLC)模块。每个模块都是一个微处理器系统,三者可以互相通信。三大模块的功能见表 7.3.3。

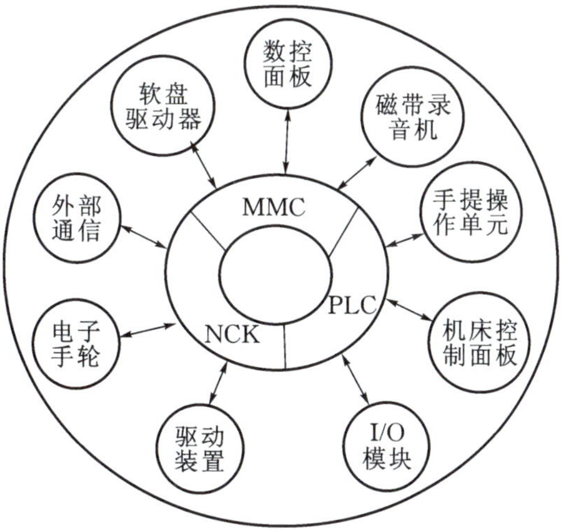

图 7.3.5 功能模块软件结构

表 7.3.3 三大模块的功能

模块	功能说明
MMC 模块	完成与操作面板、软盘驱动器及磁带录音机之间的连接,实现操作、显示、编程、诊断、调机、加工模拟及维修等功能
NCK 模块	完成程序段准备、插补、位置控制等功能。可与驱动装置、电子手轮连接;可和外部 PC 机进行通信,实现各种数据变换;还可构成柔性制造系统,完成信息传递、转换和处理等
PLC 模块	完成机床的逻辑控制,通过选用通信接口实现联网通信。可连接机床控制面板、手提操作单元(即便携式移动操作单元)和 I/O 模块

【知识拓展】

1. 华中数控系统软件结构说明

华中数控系统的软件结构如图 7.3.6 所示。图中虚线以下的部分称为底层软件,它是华中数控系统的软件平台,其中 RTM 模块为自行开发的实时多任务管理模块,负责 CNC 系统的任务管理调度。NCBIOS 模块为基本输入输出系统,管理 CNC 系统所有的外部控制对象,包括设备驱动程序(I/O)的管理、位置控制、PLC 控制、插补计算以及内部监控等。

RTM 和 NCBIOS 两模块合起来统称 NCBASE,如图 7.3.6 中双点画线框所示。图中虚线以上的部分称为过程控制软件(或上层软件),它包括编辑程序、参数设置、译码程序、PLC 管理、MDI、故障显示等与用户操作有关的功能子模块。对不同的数控系统,其功能的区别都在这一层,系统功能的增减也在这一层进行,各功能模块通过 NCBASE 的 NCBIOS 与底层软件进行信息交换。

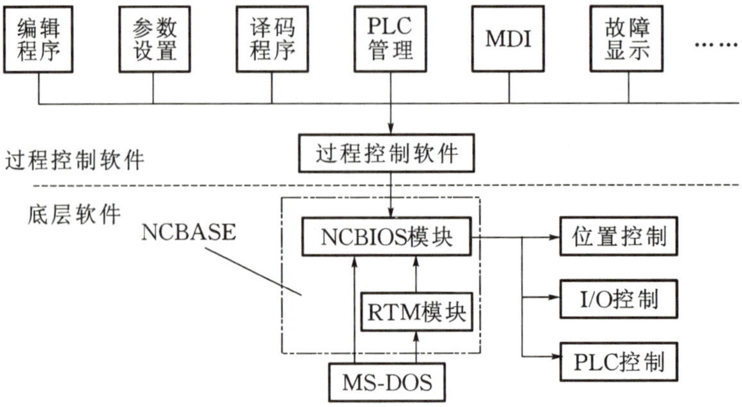

图 7.3.6　华中数控系统的软件结构

2. 华中数控系统 NCBASE 的功能

1）实时多任务的调度

该功能由 RTM 模块实现。调度核心由时钟中断服务程序和任务调度程序组成。根据任务要求的调度机制（采用优先抢占加时间片轮转调度）和任务的状态，调度核心对任务实行管理，即决定当前哪个任务获得 CPU 的控制权，并监控任务的状态。系统中各个任务只能通过调度核心才能运行和终止。图 7.3.7 所示为多任务调度图，描述了各个任务与调度核心的关系，图中的实线表示从调度核心进入任务或任务在一个时间片内未能运行完而返回调度核心的状态；图中虚线表示任务在时间片内运行完毕返回调度核心的状态。

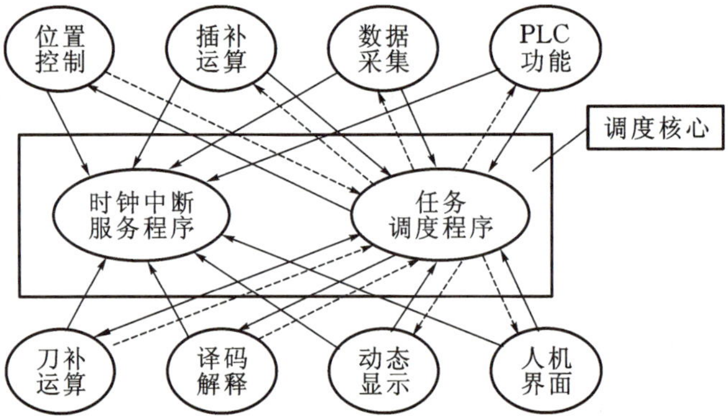

图 7.3.7　多任务调度图

2）设备驱动程序

对于不同的控制对象，如加工中心、数控铣床、数控车床、数控磨床等，硬件的配置可能不同，而不同的硬件模块其驱动程序也不同。华中数控系统就很好地解决了这个问题。在配置系统时，所有硬件模块的驱动程序都要在 NCBIOS 的 NCBIOS.CFG 中说明。系统在运行时，NCBIOS 根据 NCBIOS.CFG 的预先设置，调入对应模块的驱动程序，建立相应的接口通道。

3）位置控制

位置控制是 NCBIOS 的一个固定程序，主要是接收插补运算程序送来的位置控制指令，经螺距误差补偿、传动间隙补偿、极限位置判别等处理后，输出速度指令值给位置控制模块。

4）插补运算

华中数控系统为多通道(可为四通道)数控系统，每个通道都有一个插补器，相应地创建一个插补任务。其任务主要是完成直线、圆弧、螺纹、攻丝及微小直线段(供自由曲线和自由曲面加工用)等插补运算。

5）PLC 调度

PLC 调度的主要任务是：故障的报警处理，M、S、T 处理，急停和复位处理，虚拟轴驱动处理，刀具寿命管理，操作面板的开关处理，指示灯及突发事件处理等。

6）内部监控

NCBASE 实现对 CNC 系统各部分故障的监控。

【效果评价】

评价表			
模块名称	计算机数控(CNC)系统结构分析	学生姓名	
任务名称	CNC 装置的软件结构	分数	
考查内容		分值	考核得分
1. 对 CNC 装置软件工作特点的认知情况		10	
2. 对前后台型和多重中断型软件结构的工作方式的掌握情况		40	
3. 对华中数控系统软件结构的认知情况		25	
4. 小组讨论情况		10	
5. 编制学习汇报报告情况		10	
6. 基本素养考核情况		5	
总体得分		100	
教师简要评语： 教师签名：			

任务 7.4　数控系统中的可编程控制器

【任务要求】

通过对本次任务的学习，掌握可编程控制器的作用及工作方式，掌握可编程控制器的类型及结构特点，了解可编程控制器在数控机床中的应用。

【知识准备】

一、可编程控制器的基本概念

可编程控制器是一种用于工业环境，可存储和执行逻辑运算、顺序控制、定时、计数和算术运算等特定功能的用户指令，并能通过数字式或模拟式的输入和输出，控制各种类型的机械加工或生产过程的可编程数字控制系统。

可编程控制器的别名有：可编程逻辑控制器(programmable logic controller，PLC)、可编程接口控制器(program mable interface controller，PIC)、可编程机器控制器(programmable machine controller，PMC)、可编程顺序控制器(programmable sequence controller，PSC)。在数控领域内，人们习惯称其为可编程逻辑控制器(PLC)或可编程机器控制器(PMC)。PLC 由计算机简化而来，它具有与计算机类似的一些功能器件和单元，包括 CPU、程序存储器、数据存储器、数据通信接口和工作电源。为了与外部机械和过程控制实现信号传递，PLC 还具有输入、输出信号的接口。PLC 的基本功能结构如图 7.4.1 所示。

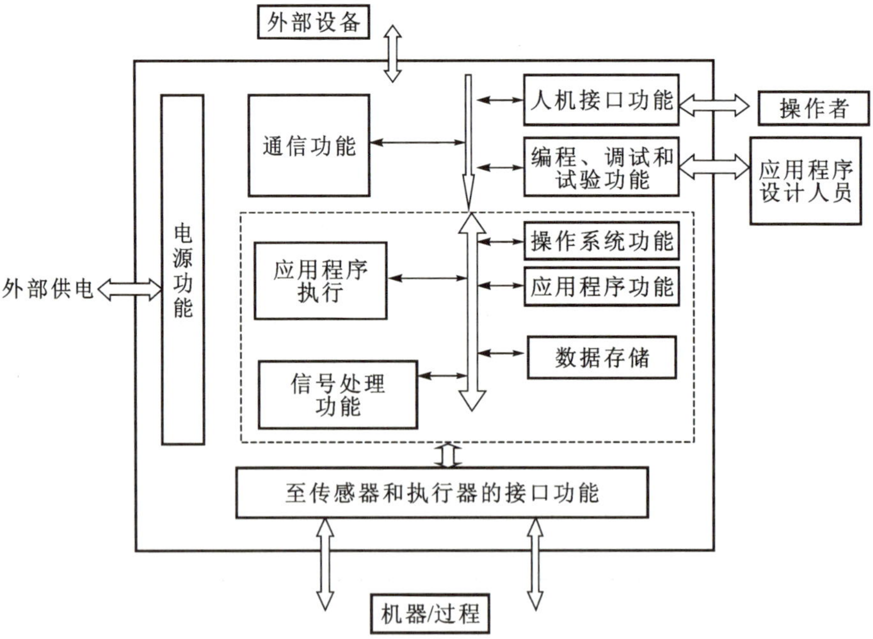

图 7.4.1　PLC 的基本功能结构

数控机床的控制由数控装置和可编程控制器协调配合共同完成，其中数控装置主要完成与数字运算和管理等有关的功能，如零件程序的编辑、插补运算、译码、伺服位置控制等；可编程控制器主要完成与逻辑运算有关的一些动作，没有实现轨迹运动上的具体要求。PLC 通过辅助控制装置完成机床相应的开关动作，如刀具的更换、工件的装夹、冷却液的开/关、自动润滑等一些辅助动作。它还接收机床操作面板的指令，一方面直接控制机床的动作，另一方面将一部分信息送往数控装置用于加工过程的控制。

二、可编程控制器的特点

可编程控制器(PLC)具有如下特点。

(1) PLC 是一种专用于工业顺序控制的微机系统。为了适应顺序控制的要求，PLC 省去了微机的一些数字运算功能，而强化了逻辑运算控制功能，是一种介于继电器控制和微机控制之间的自动控制装置。

(2) PLC 是专为在恶劣的工业环境下使用而设计的，所以具有很强的抗干扰能力。PLC 没有继电器的那种机械触点，因此，不存在触点的接触不良、熔焊、磨损和线圈损坏等故障。

(3) 相对于 RLC，PLC 采用软件实现用户控制逻辑，因此，结构紧凑、体积小，很容易装入机床内部或电气箱内，便于实现动作复杂的控制逻辑和数控机床的机电一体化。

(4) 目前大多数的 PLC 均采用梯形图编程方式。梯形图与继电器逻辑控制电路图十分相似，图形符号形象、直观，工作原理易于理解和掌握，编程简单，操作方便，改变程序灵活，因此，对熟悉继电器、接触器控制电路的电气技术人员，在短时间内就能学会 PLC 的使用方法。

(5) PLC 可与编程器、个人计算机等连接，可以很方便地实现程序的显示、编辑、诊断、存储和传送等操作。

三、PLC 组成结构、工作方式及分类

(一) PLC 的组成结构

PLC 是一种通用的可编程控制器，其结构包括硬件和软件两大部分，它的软件一般为系统软件和用户程序。图 7.4.2 所示是 PLC 的硬件结构框图。它主要由中央处理器(CPU)、存储器、输入/输出(I/O)接口、编程器以及供电电源组成，各个部分都通过总线连接起来。其硬件是通用的，用户只要按需要组合并相应改变存储器内的程序，便可以用于各种数控机床。内装型 PLC 与 CNC 装置统一设计和制造，除供电电源、I/O 接口与 CNC 装置共用外，其他结构组成基本相同。

1. 中央处理器(CPU)

可编程控制器的 CPU 与通用计算机的 CPU 一样，也是主机的核心。它接收并存储用户程序和数据，用扫描方式接收当前各输入装置的状态信息，诊断 PLC 内部电路工作状态和编程中的语法错误，在运行中读取用户程序、解释指令的内容，按指令规定的任务产生相应的控制信号，去开启和闭合有关控制电器。

2. 存储器

PLC 一般配有系统存储器和用户存储器，前者用来存储监控程序、模块化应用子程序和

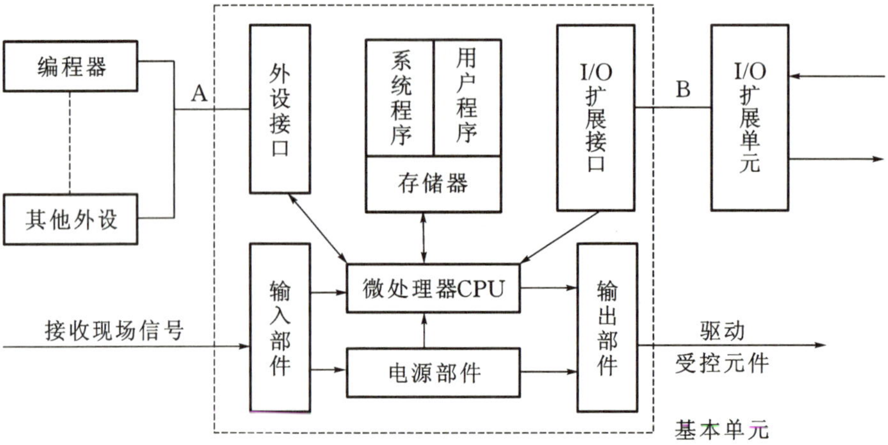

图 7.4.2 PLC 的硬件结构框图

各种系统参数等。后者用来存放用户程序。用户通常不能直接存取系统存储器,因此,存储器的容量是指用户存储器的容量。存储器在硬件上,动态装载部分一般采用 RAM,程序存储和备份部分则采用 UVEP-ROM(紫外光擦除)、CMOS RAM(后备电池)或 Flash 芯片/卡/盘(不需电池)等。

3. 用户 I/O 部分

用户 I/O 部分包括 I/O 接口、I/O 控制电路及隔离电路等。此部分用来连接 PLC 与外部 I/O 设备。

4. I/O 扩展模块

当主机默认 I/O 点数不够时,可选配 I/O 扩展模块来扩展 I/O 点数。扩展模块不能单独使用,只能与主机一起使用。

5. 外围设备

外围设备根据 PLC 的型号与厂家的不同可配置编程设备、程序写入器、用户程序卡、磁带机、打印机、A/D 卡、D/A 卡、高速计数器、RS-232/485 通信接口、光纤通信接口等。其中,编程设备可以是内置的,也可以是外置编程器或可安装于微机上的编程软件。

(二) PLC 的工作方式

PLC 的基本工作方式是顺序执行用户程序,每一时刻执行一条指令,由于 PLC 相对于外部电气信号有足够的执行速度,从宏观上看是实时响应的。PLC 对用户程序的执行一般有循环扫描和定时扫描两种,扫描过程分为三个阶段,即输入采样阶段、程序执行阶段和输出刷新阶段,如图 7.4.3 所示。

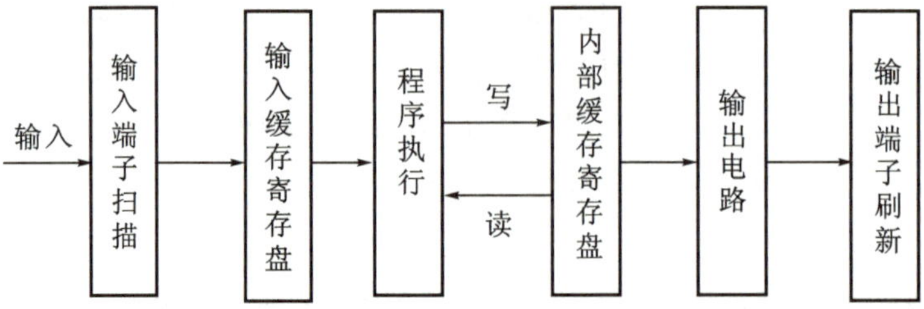

图 7.4.3 PLC 扫描工作过程

1. 输入采样阶段

PLC在输入采样阶段以扫描方式顺序读入所有输入端子的状态，并存入输入寄存器（也称输入缓存寄存盘）。接着转入程序执行阶段。在程序执行阶段，即使外部输入信号的状态变化，输入寄存器的状态也不会改变，状态的变化只能在下一个工作周期的输入采样阶段才被读入。

2. 程序执行阶段

PLC在程序执行阶段对每条指令进行顺序扫描，先从输入寄存器读入所有输入端子的状态。若程序中规定要读入某输出状态，则也在此时读入，然后进行逻辑运算，最后将所有结果送入输出寄存器（也称内部缓存寄存盘）。

3. 输出刷新阶段

所有指令执行完毕后，将输出寄存器中所有的输出状态送到输出电路，成为PLC的实际输出。

上述的三个阶段合称为一个扫描周期，扫描周期因PLC的机型和程序中采用各类指令的组成比例而异，一般执行1000条指令的时间为1～20 ms。PLC执行完一个工作周期后，在第二个工作周期输入采样阶段进行输入刷新，因而输入寄存器的数据由上一个刷新时间PLC输入端子的状态决定。

（三）PLC的分类

PLC的产品很多，型号规格也不统一，可以从结构、原理、规模等方面分类。从数控机床应用的角度看，可编程控制器可分为两类。一类是内装型PLC，CNC的生产厂家为了实现数控机床顺序控制而将数控装置（CNC）和PLC综合起来设计制造，这类综合型PLC称为内装型PLC。另一类是专业的PLC生产厂家的产品，它们的I/O信号接口技术规范、I/O点数、程序存储容量以及运算和控制功能均能满足数控机床的控制要求，称为独立型PLC。

1. 内装型PLC

内装型PLC从属于CNC装置，PLC与CNC装置之间的信号传送在CNC装置内部即可实现。PLC与数控机床之间则通过CNC装置的I/O接口电路来实现信号传送，如图7.4.4所示。

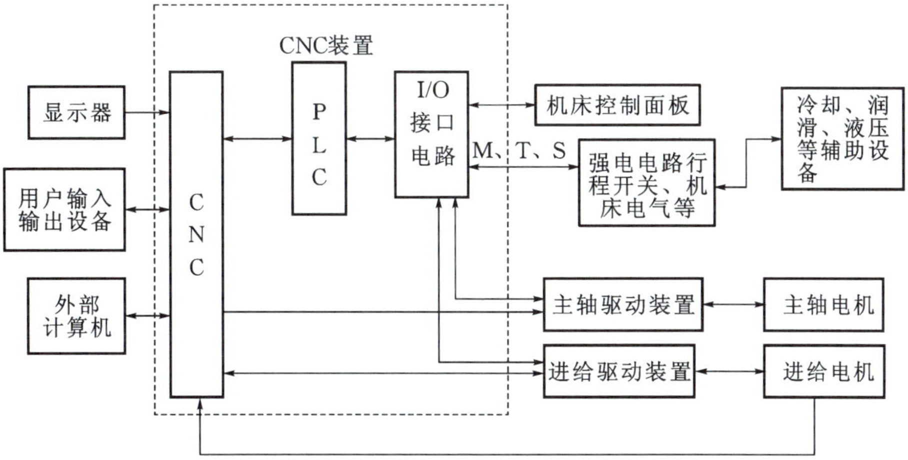

图7.4.4 内装型PLC的CNC系统框图

内装型 PLC 具有如下特点：

(1) 内装型 PLC 实际是 CNC 装置带有的 PLC 功能，一般作为 CNC 装置的基本功能提供给用户。

(2) 内装型 PLC 的性能指标是根据从属的 CNC 系统的规格、性能、适用机床的类型等确定的，其硬件和软件部分是被作为 CNC 系统的基本功能或附加功能与 CNC 系统的其他功能统一设计、制造的。因此，系统的硬件和软件整体结构十分紧凑，且 PLC 所具有的功能针对性强，技术指标合理、实用，尤其适用于单机数控设备的应用场合。

(3) 在数控系统的具体结构上，内装型 PLC 可与 CNC 共用 CPU，也可以单独使用一个 CPU；硬件控制电路可与 CNC 装置的其他电路制作在同一块印制电路板上，也可以单独制成一块附加电路板；内装型 PLC 一般不单独配置输入/输出接口电路，而是使用 CNC 系统本身的输入/输出电路；PLC 所用电源由 CNC 装置提供，不需另备电源。

(4) 采用内装型 PLC 结构，CNC 系统可以具有某些高级控制功能，如梯形图编辑和传送功能。

世界著名的 CNC 系统厂家在其生产的 CNC 产品中，大多开发了内装型 PLC 功能。一般来说，采用内装型 PLC 省去了 PLC 与 CNC 间的连线，具有结构紧凑、可靠性好、安装和操作方便等优点。与独立型 PLC 的情况相比，无论在技术上还是在经济上，采用内装型 PLC 对用户都是有利的。

2. 独立型 PLC

独立型 PLC 又称外装型或通用型 PLC。对数控机床而言，独立型 PLC 独立于 CNC 装置，具有完备的硬件结构和软件功能，能够独立完成规定的控制任务。采用独立型 PLC 的 CNC 系统框图如图 7.4.5 所示。

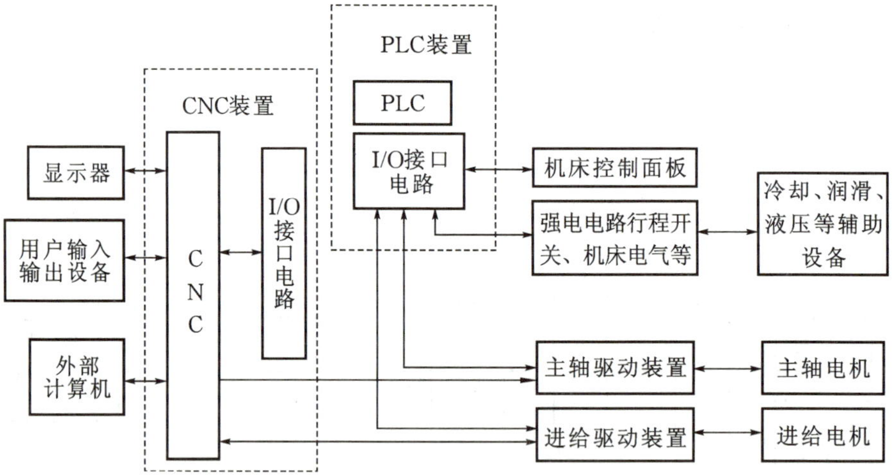

图 7.4.5　独立型 PLC 的 CNC 系统框图

独立型 PLC 具有如下特点：

(1) 独立型 PLC 具有 CPU 及其控制电路、系统程序存储器、用户程序存储器、输入/输出接口电路、与编程器等外部设备通信的接口和电源等基本功能结构，如图 7.4.6 所示。

(2) 独立型 PLC 一般采用积木式模块结构或插板式结构，各功能电路多做成独立的模

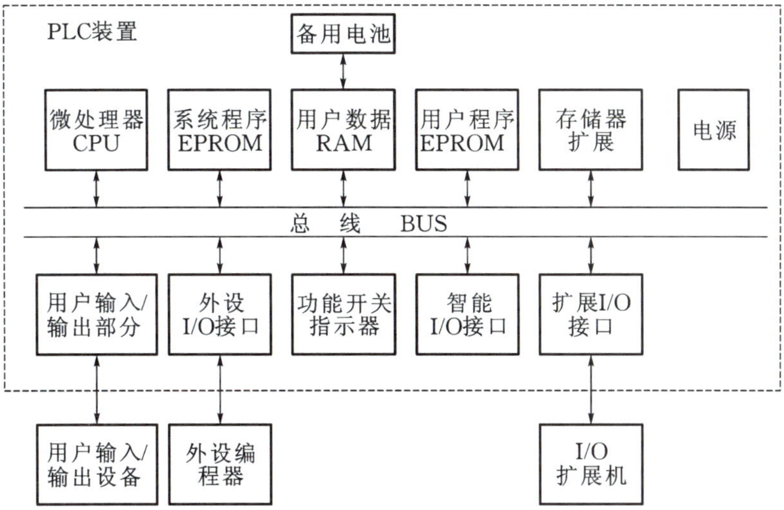

图 7.4.6 独立型 PLC 的功能结构框图

块或印制电路插板,具有安装方便、功能易于扩展和变更的优点。例如,可采用通信模块与外部 I/O 设备、编程设备、上位机、下位机等进行数据交换;采用 D/A 模块可以对外部伺服装置直接进行控制;采用计数模块可以对加工数量、刀具使用次数、旋转工轮台的分度数等进行检测和控制;采用定位模块可以直接对刀库、转台、旋转轴等机械运动部件或装置进行控制。

(3) 性能价格比不如内装型 PLC。目前,提供独立型 PLC 的厂商主要有德国西门子、美国罗克韦尔、日本三菱等公司。

【知识拓展】

相对于 PLC,机床和 CNC 就是外部设备。PLC 与机床以及 CNC 之间的信息交换,对于 PLC 的功能发挥,是非常重要的。PLC 与外部设备的信息交换形式及在数控机床中的作用如下。

(一) PLC、CNC、机床间的信息交换

从图 7.4.7 中可以看出,PLC、CNC、机床间的信息交换有四种方式。

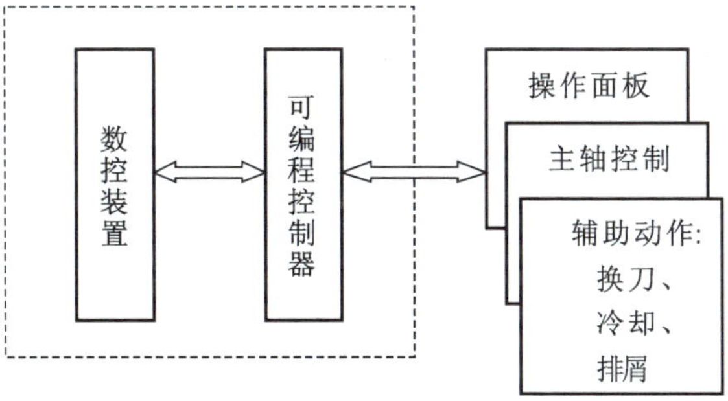

图 7.4.7 数控装置、可编程控制器、机床之间的关系图

1. CNC 到 PLC 的信号

CNC 送至 PLC 的信号可由 CNC 直接送入 PLC 的寄存器中,所有 CNC 送至 PLC 的信号

含义和地址(开关量地址或寄存器地址)均由生产厂家确定,PLC编程者只可使用,不可改变和增删。例如,数控指令的M、S、T功能,通过CNC译码后直接送入PLC相应的寄存器中。

2. PLC到CNC的信号

PLC送至CNC的信号主要有机床各坐标基准点信号,M、S、T功能的应答信号等。PLC送至CNC的信号也由开关量信号或寄存器完成,所有PLC送至CNC的信号地址和含义由生产厂家确定,PLC编程者只可使用,不可改变和增删。

3. PLC到机床的信号

PLC送至机床的信号主要是控制机床执行件的执行信号,如电磁铁、接触器、继电器的动作信号以及确保机床各运动部件状态的信号和故障指示。PLC控制机床的信号通过PLC的开关量输出接口送至机床侧,所有开关量输出信号的含义及所占用PLC的地址均可由PLC程序设计者自行定义。

4. 机床到PLC的信号

机床送至PLC的信号主要有机床操作面板上各开关、按钮等信号,其中包括机床的启动、停止,机械变速选择,主轴正/反转、停止,冷却液的开/关,各坐标的点动,刀架、卡盘的松/夹等信号,以及上述各部件的限位开关等保护装置、主轴伺服保护监视和伺服系统运行准备等信号。机床侧的开关量信号通过I/O单元接口输入PLC中,除极少数信号外,绝大多数信号的含义及所占用PLC的地址均可由PLC程序设计者自行定义。

(二) 数控机床中的PLC功能

数控机床中的PLC用以代替传统机床的强电继电器逻辑控制,通过程序进行逻辑运算来实现M、S、T功能的译码与控制。

1. 主轴S功能

S功能主要完成对主轴转速的控制,常用S2位代码形式和S4位代码形式进行编程。S2位代码编程,是指S代码后跟随两位十进制数字,用以指定主轴转速。这种代码形式共有100级(S00～S99)分度,并且按等比级数递增,相邻分度的后一级速度比前一级速度增加约12%。这样,依靠主轴转速的上、下限和上述等比关系就可以获得一个S2位代码与主轴转速(BCD码)的对应表格,用于S2位代码的译码。

S4位代码编程,是指S代码后跟随四位十进制数字,用以指定主轴转速。例如,S1500表示主轴转速为1500 r/min,可见S4位代码表示转速的范围为0～9999 r/min。

为了提高主轴转速的稳定性,增大转矩,调整转速范围,还可增加1～2级机械变速挡,这需通过PLC的M代码功能来实现。

2. 刀具T功能

PLC控制给加工中心自动换刀的管理带来了很大方便。自动换刀控制方式有固定存取换刀方式和随机存取换刀方式,它们分别采用刀套编码制和刀具编码制控制。对于刀套编码的T功能处理过程是:CNC装置送出T代码指令给PLC,PLC经过译码,在数据表内检索,找到T代码指定的新刀号所在数据表的表地址,并与现行刀号进行判别比较。如不相符,则将刀库回转指令发送给刀库控制系统,直到刀库定位到新刀号位置时,刀库停止回转,并准备换刀。

3. 辅助 M 功能

PLC 完成的 M 功能是很广泛的。根据不同的 M 代码，可控制主轴正/反转、停止，主轴齿轮箱的变速，切削液的开/关，卡盘的松/夹，以及自动换刀装置机械手取刀、归刀等运动。

（三）接口信息

数控机床 PLC 主要包括两类接口信息，即硬件电气接口信息和软件寄存器接口信息。其中前者是指 PLC 与数控装置、机床及机床电气设备之间的电气连接部分；后者是指 PLC 为了运算和实现某些特殊功能的需要，以及内装型 PLC 与 CNC 间数据交换的需要而设置的寄存器变量或功能函数。

1. 电气接口

电气接口从信号的流向来看包括输入接口和输出接口，从信号的幅值特性来看包括模拟量接口和开关量接口。

对 PLC 而言，由机床或 CNC 等外部设备向 PLC 传送的信号称为输入信号，由 PLC 向机床或 CNC 等外部设备传送的信号称为输出信号。若信号的幅值是连续变化的称为模拟量信号，若只有导通和断开两种状态则称为开关量信号。开关量接口一般采用直流 24V 电源供电，低电平有效，即 NPN 型开关量接口，也有些采用或同时具备高电平有效的接口，即 PNP 型开关量接口。

PLC 常用的电气接口一般有开关量输入接口、开关量输出接口和模拟量输出接口等三种。

2. 寄存器接口

PLC 要实现对各接口的通断和电平状态信息进行识别和处理，必须把它们转换成内部计算机可以识别的变量，这些变量称为寄存器，为了运算和控制的方便，PLC 还需要一些和硬件接口无关的内部寄存器。由于寄存器的值在 PLC 处理中和继电器的使用非常类似，例如，读取寄存器的值相当于引用继电器的常开点；对读取的值取反相当于引用继电器的常闭点；对寄存器赋值相当于接通继电器的控制线圈，因此 PLC 的寄存器也称为 PLC 的软继电器。

根据不同机型的 PLC，常用的寄存器有以下几种。

(1) 输入寄存器(X/I)。它用于保存各输入接口的状态。

(2) 输出寄存器(Y/O)。它用于保存各输出接口的状态。

(3) 辅助寄存器(R/M)。辅助寄存器又称中间寄存器，用于保存运算中所需要的中间变量的状态。

(4) 计数器(C)。它接收 PLC 内各种软继电器送入的脉冲信号。

(5) 定时器(T)。定时器的工作时间即延时时间由程序设定。定时器线圈接收到输入信号后，按数值递减的方式进行。当前数值变为 0 时进行一次输出，即定时器常开触点闭合。

(6) 断电保存寄存器(B/M)。PLC 上电工作时，除去已闭合的输入条件，其他寄存器的值都为 0。但是，有一些被控对象需要存储停电前的条件，例如加工中心的刀具位置信息，以便在 PLC 恢复工作时重新被使用。

断电保存寄存器除具有辅助寄存器的功能之外，还具有断电保存的功能，即 PLC 上电时保持上次断电时的状态。

(7) 用户指令寄存器(P)。一般在内装型 PLC 中提供,各寄存器的含义由 PLC 定义。

(8) CNC 状态寄存器(F)。一般在内装型 PLC 中提供,各寄存器的含义由数控系统软件定义。

(9) CNC 控制寄存器(G)。一般在内装型 PLC 中提供,各寄存器的含义由数控系统软件定义。

【效果评价】

评价表			
模块名称	计算机数控(CNC)系统结构分析	学生姓名	
任务名称	数控系统中的可编程控制器	分数	
考查内容		分值	考核得分
1. 对可编程控制器的作用及工作方式的认知情况		10	
2. 对可编程控制器的类型及结构特点的掌握情况		40	
3. 对 PLC 在数控机床中的应用的了解情况		25	
4. 小组讨论情况		10	
5. 编制学习汇报报告情况		10	
6. 基本素养考核情况		5	
总体得分		100	
教师简要评语: 教师签名:			

任务 7.5 典型 CNC 系统简介

【任务要求】

通过对本次任务的学习,了解 FANUC 数控系统的组成与连接,了解 FANUC-0iA 系统的连接特点,了解 FANUC-0i Mate C 系统的连接特点。

【知识准备】

数控系统是数控机床的核心,数控机床根据功能和性能的要求,配置不同的数控系统。

系统不同,其性能、信号流程及故障的维修方法也有差别,因此,应按所使用数控系统的特点进行针对性维修。

目前,在我国数控机床行业占据主导地位的数控系统有日本的 FANUC(发那科)(如图 7.5.1 所示)、德国的 SIEMENS(西门子)(如图 7.5.2 所示)、我国的华中数控(如图 7.5.3 所示)等公司的数控系统。

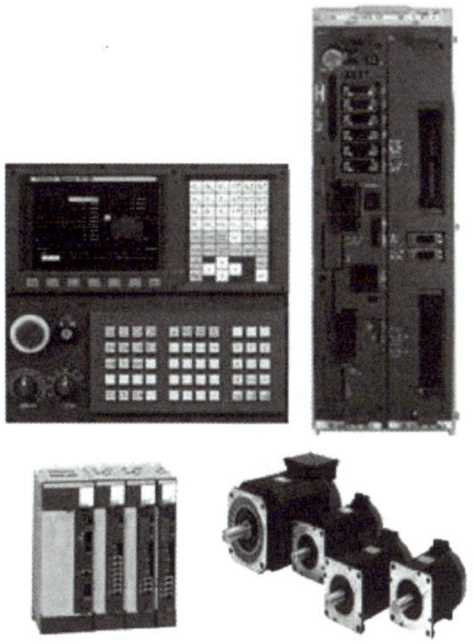

图 7.5.1　FANUC 数控系统

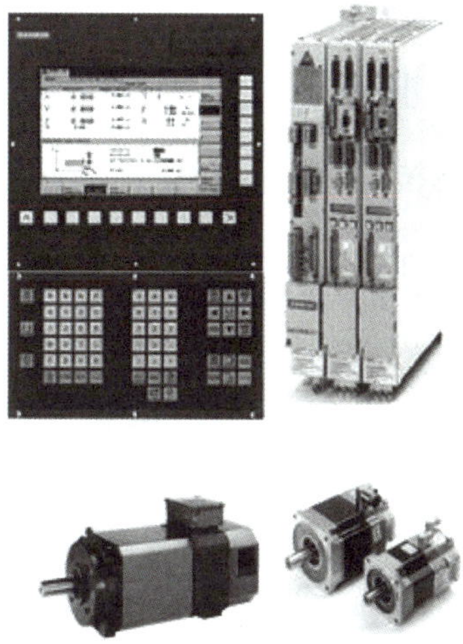

图 7.5.2　西门子数控系统

图 7.5.3　华中数控系统

一、数控装置的接口

数控装置的接口,是数控装置与数控系统的功能部件(主轴模块、进给伺服模块、PLC 模块等)和机床进行信息传递、交换和控制的端口。接口在数控系统中占有重要的位置。不同功能模块与数控系统相连接时,需要采用与其相应的 I/O 接口。

数控装置与数控系统各个功能模块和机床之间的联系信息和控制信息,不能直接连接,必须通过 I/O 接口电路连接起来,接口电路的主要任务如下。

(1) 进行电平转换和功率放大。因为一般数控装置的信号是 TTL 逻辑电路产生的电平,而控制机床的信号不一定是 TTL 电平,且负载较大,因此,要进行必要的信号电平转换和功率放大。

(2) 提高数控装置的抗干扰性能,防止外界的电磁干扰噪声而引起误动作。接口采用了光电耦合器件或继电器,避免信号的直接连接。

(3) 输入接口接收机床操作面板的各开关信号、按钮信号、机床上的各种限位开关信号及数控系统各个功能模块的运行状态信号。若输入的是触点输入信号,则要消除其振动。

(4) 输出接口是将各种机床工作状态灯的信息送至机床操作面板上显示,将控制机床辅助动作信号送至电气柜,从而控制机床主轴单元、刀库单元、液压单元、冷却单元等的继电器和接触器。

二、典型 FANUC 数控系统的组成与连接

自 1965 年以来,FANUC 公司一直致力于工厂自动化产品 CNC 的开发。公司采用了先进的开发手段及先进的生产制造设备,为全世界的机械工业提供了高性能、高可靠性的系列数控产品和智能机械。FANUC 数控系统组成如图 7.5.4 所示。

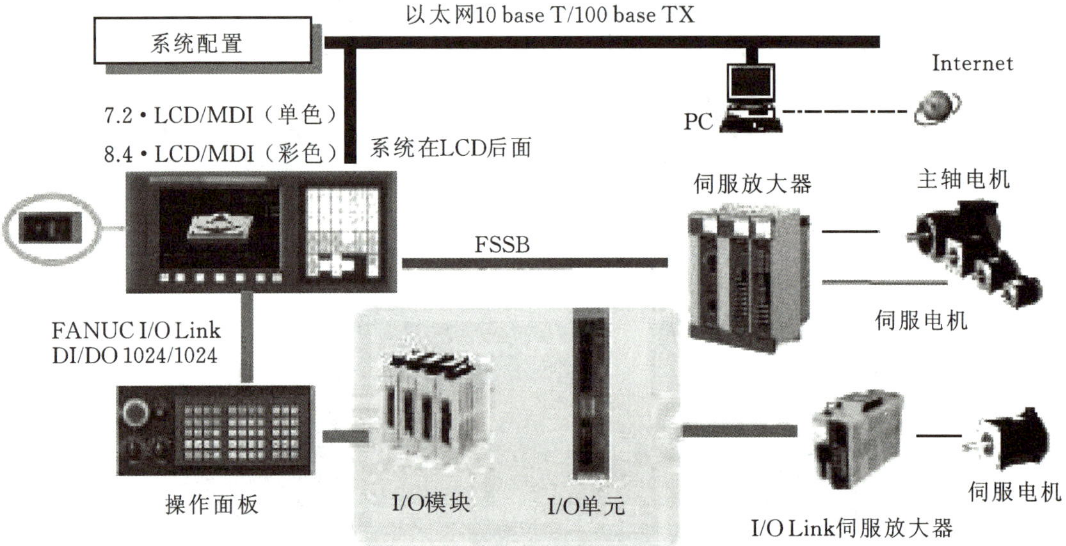

图 7.5.4　FANUC 数控系统组成框图

20 世纪 80 年代,日本 FANUC 公司推出了 FANUC-0C/0D 数控系统。FANUC-0C/0D 系列是目前在中国市场上销售量最大的一类系统,它是一类采用高速 32 位微处理器的高性能 CNC 系统。

20 世纪 90 年代,公司逐步推出了高可靠性、高性能、模块化的 FANUC-16/18/21/0iA 系列 CNC 系统。FANUC-16 系统最多可控 8 轴,6 轴联动;FANUC-18 系统最多可控 6 轴,4 轴联动;FANUC-21 系统最多可控 4 轴,4 轴联动。FANUC-0iA 系统由 FANUC-21 系统简化而来,是具有高可靠性、高性价比的数控系统,最多可控 4 轴,4 轴联动,只有基本单元,无扩展单元。目前,国内数控机床生产厂家将逐步用它取代以前的 0C/0D 系统。

20 世纪 90 年代末,随着网络技术的发展,FANUC 公司开发出具有网络控制功能的超小型 CNC 系统——FANUC-16i/18i/21i 系列,2003—2004 年,又根据我国数控技术发展状况,在 FANUC-21i 系统的基础上先后开发出了适合我国经济情况的 FANUC-0iB 和 FANUC-0iC 系列的 CNC 系统。

FANUC-0i Mate 系统可靠性强、价格性能比卓越,目前是世界上最小的数控系统。

FANUC-0i Mate B 系统是在 FANUC-0iB 系统的基础上开发的，系统为分离型 CNC 系统；FANUC-0i Mate C 系统是在 FANUC-0iC 系统的基础上开发的，系统为超薄的 CNC 系统。今后，国内数控机床生产厂家将以 FANUC-0i Mate 系统作为性能要求不太高的数控车床、数控铣床的主要配置，从而取代了传统步进电动机驱动的开环数控系统。

下面以 FANUC-0iA 系统和 FANUC-0i Mate C 系统为例介绍其特点及组成。

（一）FANUC-0iA 系统

1. 特点

(1) 结构形式为模块结构，由系统模块和 I/O 模块组成。系统模块除了主 CPU 及外围电路外，还集成了 FROM/SRAM 模块、PMC 控制模块、存储器和主轴模块、伺服模块等，控制单元体积更小，便于安装排布。

(2) 可使用编辑卡编写或修改梯形图，梯形图的携带和备份操作都很方便，特别是在用户需要现场扩充功能或实施技术改造时更为便利。

(3) 可使用存储卡存储或输入机床参数、PMC 顺序程序及加工程序等，操作简单方便。复制参数、机床调试程序的过程十分快捷，缩短了机床调试时间，明显提高了数控机床的生产效率。

(4) 与 FANUC-0 系列相比，该系统配备了更强大的诊断功能和操作消息显示功能，如报警履历、操作人员的操作履历及帮助功能等，便于发生故障时查找原因及资料信息。

(5) 系统具有 HRV(高速矢量响应)功能，更完善的自动补偿功能，这有利于提高零件的加工精度。

2. 组成

图 7.5.5 所示为 FANUC-0iA 系统的结构图，系统是由主模块和 I/O 模块组成的。主模块的功能是提供主轴控制(模拟量和数字串行主轴)的信号接口、各个伺服进给控制信号接口、伺服进给轴的位置反馈信号接口(光栅尺或分离型编码器)、存储卡和编辑卡接口等。I/O模块的功能是为机床提供信号的输入/输出信号接口、LCD(或 CRT)视频信号接口、系统 MDI 键盘信号接口、机床手摇脉冲发生器的信号接口及 RS-232-C 系统通信信号接口等。

1) 系统主模块

系统主模块包括系统主板和各功能小板(插接在主板上)。系统主板上安装有系统主 CPU、系统管理软件存储器 ROM、动态存储器 DRAM、伺服 1/2 轴的控制卡等。功能小板有用来实现 PMC 控制的 PMC 模块、用来存储系统控制软件/PMC 顺序程序及用户软件(系统参数、加工程序、各种补偿参数等)的 FROM/SRAM 模块、用于主轴控制(模拟量主轴或串行主轴控制)的扩展 SRAM/主轴控制模块以及 3/4 伺服轴控制模块。如图 7.5.6 所示，①为 PMC控制模块，②为扩展 SRAM/主轴控制模块，③为 FROM/SRAM 模块，④为 3/4 伺服轴控制模块。

2) 系统 I/O 模块

系统 I/O 模块内有系统用的电源单元板(为系统提供各种直流电源)、图形显示板(为可选配件)、用于机床输入/输出控制的 DI/DO、系统显示(视频信号)接口、通信接口(JD5A、JD5B)、MDI 控制接口及手摇脉冲发生器控制接口等，如图 7.5.7 所示。

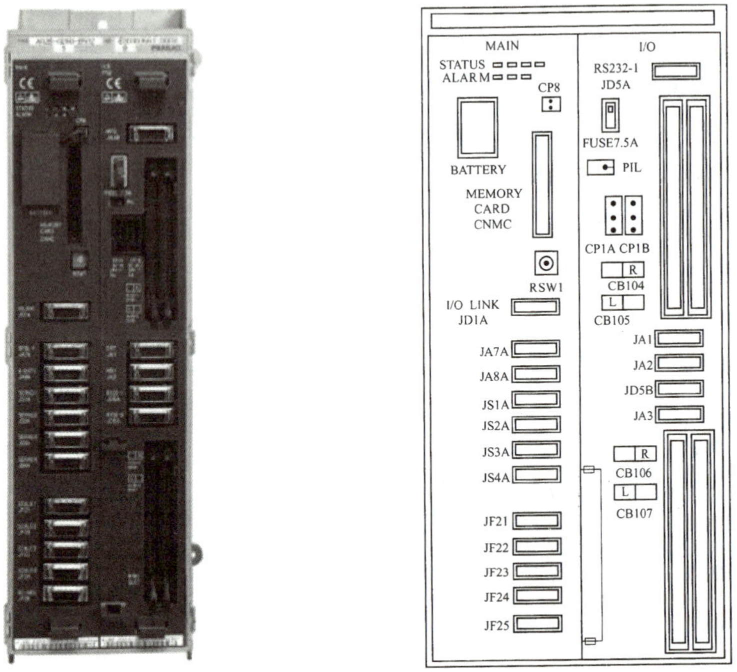

（a）实物图　　　　（b）平面图

图 7.5.5　FANUC-0iA 系统结构图

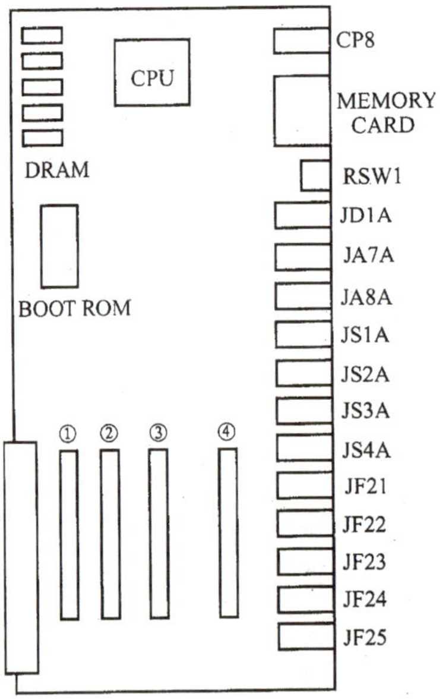

图 7.5.6　FANUC-0iA 系统主模块

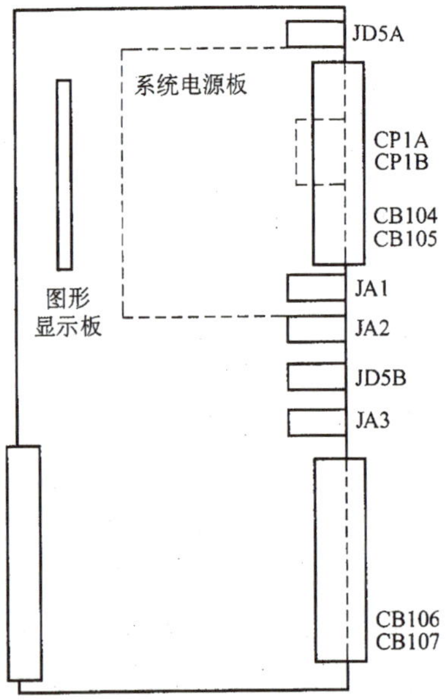

图 7.5.7　FANUC-0iA 系统 I/O 模块

3. FANUC-0iA 系统功能的连接

FANUC-0iA 系统的连接图如图 7.5.8 和图 7.5.9 所示，图 7.5.8 为系统主模块连接图，图 7.5.9 为系统 I/O 模块的连接图。

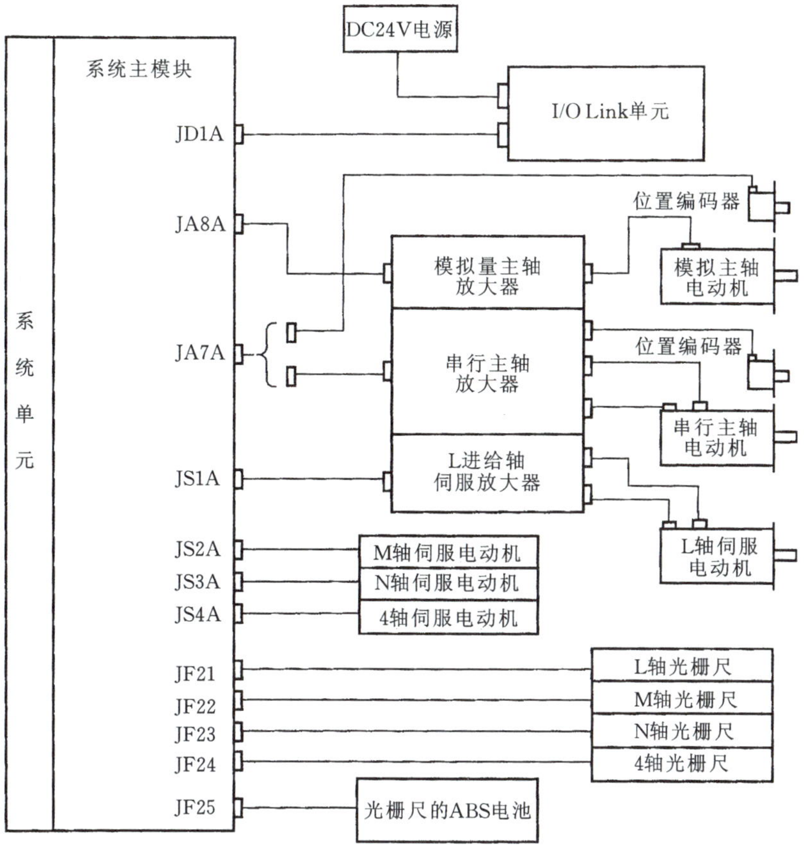

图 7.5.8 FANUC-0iA 系统主模块连接

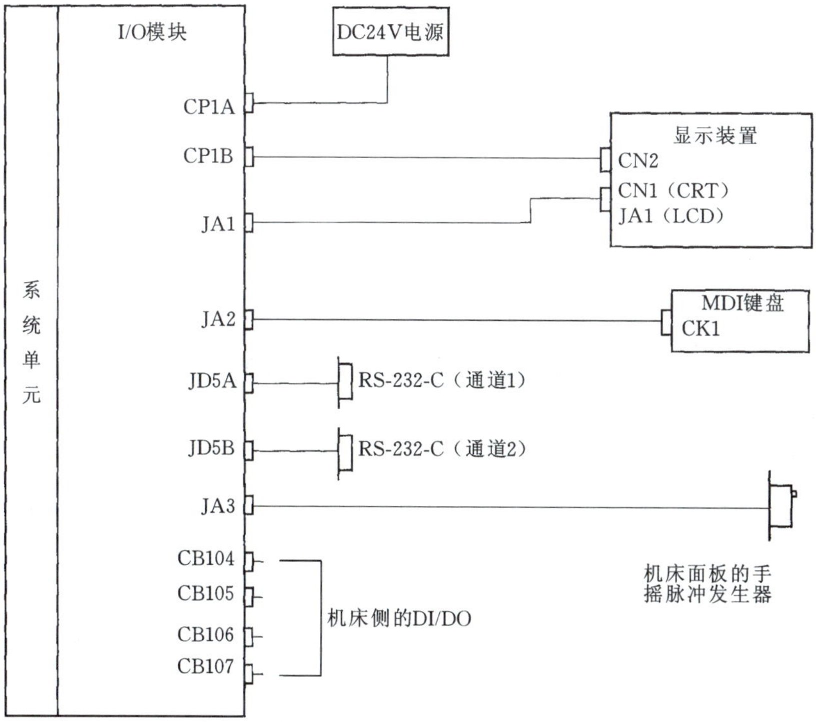

图 7.5.9 FANUC-0iA 系统 I/O 模块连接

1）系统主模块的连接

JD1A：系统 I/O Link 接口，它是一个串行接口，用于 CNC 与各种 I/O 单元的连接，如机床标准操作面板、I/O 扩展单元及具有 I/O Link 接口的放大器连接，从而实现附加轴 PMC 控制。

JA7A：系统串行主轴或主轴位置编码器的信号接口。当机床采用串行主轴时，JA7A 与主轴放大器的 JA7B 连接；当机床采用模拟量主轴时，JA7A 与主轴独立位置编码器连接。

JA8A：模拟量主轴信号接口，系统发出的主轴速度信号（0～10 V）作为变频器的频率给定信号。

JS1A～JS4A：第一轴～第四轴的伺服信号接口，分别与伺服放大器的第一轴～第四轴的 JS1B～JS2B（两个伺服放大器）连接。

JF21～JF24：位置检测装置反馈信号接口，分别与第一轴～第四轴的位置检测装置（如光栅尺）连接。

JF25：绝对编码器的位置检测装置电池接口（标准为 6 V）。

CP8：系统 RAM 用的电池接口，标准为 3 V 的锂电池。

RSW1：系统维修专用的开关（正常为“0”位置）。

MEMORY CARD：PMC 编辑卡或数据备份用的存储卡接口。

2）系统 I/O 模块的连接

CP1A：DC24V 输入电源接口，与外部 DC24V 稳压电源连接，作为控制单元的输入电源。

CP1B：DC24V 输出电源接口，一般与系统显示装置的输入电源接口连接。

JA1：系统视频信号接口，与系统显示装置的 JA1（显示装置为 LCD）或 CN1（显示装置为 CRT）的接口连接。

JA2：系统 MDI 键盘信号接口。

JD5A：RS-232-C 串行通信接口 1，为系统串行通信的 0 通道、1 通道的连接接口。

JD5B：RS-232-C 串行通信接口 2，为系统串行通信的 2 通道的连接接口。

JA3：机床面板的手摇脉冲发生器接口。

CB104～CB107：机床侧输入/输出信号接口。

MINISLOT：高速串行总线通信板（为系统可选配件）的插槽，与计算机相连，进行数据通信控制。

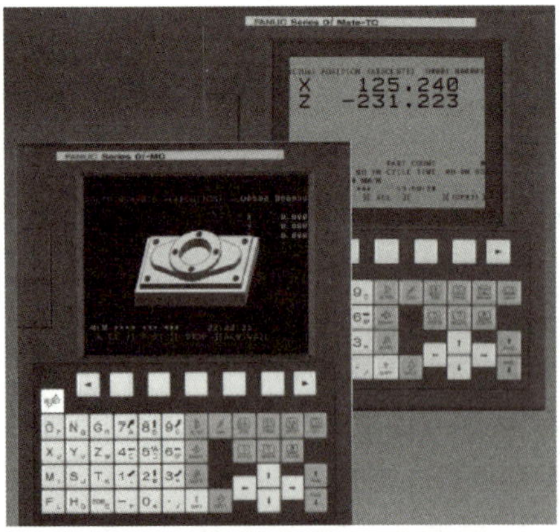

图 7.5.10　FANUC-0i Mate C 外观图

（二）FANUC-0i Mate C 系统

FANUC-0i Mate C 外观图如图 7.5.10 所示。

1. 特点

（1）基于基本规格，在配置上重视性价比。取消了 FANUC-0iB/0iC 的扩展功能槽（计算机的高速串行通信、以太网功能）和系统内置的 I/O 模块，使整个系统的体积大大缩小。

（2）进给伺服单元采用可靠性强、价格性能比卓越的 βi 伺服放大器和 βis 伺服电动机。该系列用于机床的进给轴和主轴，其性能和功能能满足实际需要,与 αi 系列一样具有 ID 信息和电动机温度信息等智能化功能,有助于提高系统的维修性。

(3) 主轴驱动单元可以采用模拟量主轴控制(变频器),也可以采用高性能价格比的 βi 伺服的串行数字控制,FANUC-0i Mate C 系统一般采用电源模块、主轴模块、进给伺服模块为一体的 βi 伺服放大器。

(4) 系统采用高性能、高速度、高可靠性的 PMC-SA1/SB7 系列,具有与 FANUC-0iB/0iC 系列同样的功能。机床的输入/输出信号通过外置 I/O 卡及 PMC 与系统进行串行数据通信控制。

(5) 显示装置一般采用经济型的 7.2in 黑白液晶 LCD 显示装置或 9in 的单色 CRT 显示装置。

FANUC-0i Mate 系统产品主要有数控车床用的 FANUC Series 0i Mate-TB/TC 系列(两轴两联动)和数控铣床用的 FANUC Series 0i Mate-MB/MC(三轴三联动)。

2. FANUC-0i Mate C 系统的功能连接

FANUC-0i Mate C 系统的结构与 FANUC-0i C 系统基本相同,只是取消了扩展小槽功能板,如远程缓冲器串行通信板 DNC1/DNC2、数据服务器板、以太网功能板等。具体结构如图 7.5.11、图 7.5.12 和图 7.5.13 所示。

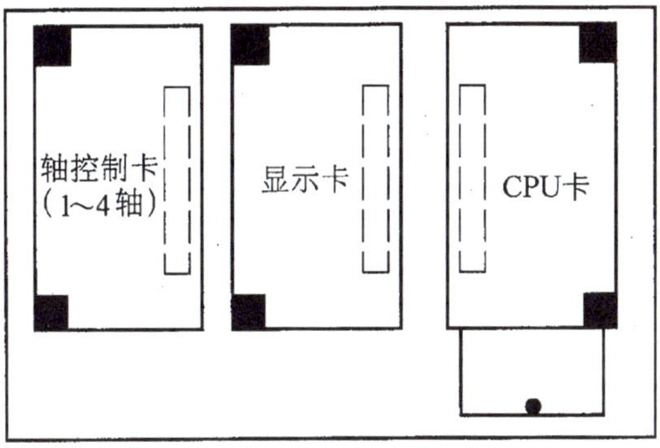

图 7.5.11 FANUC-0i Mate C 上层功能板

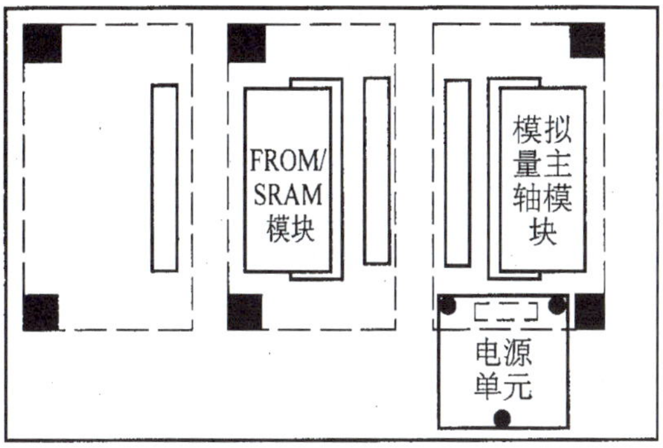

图 7.5.12 FANUC-0i Mate C 下层功能板

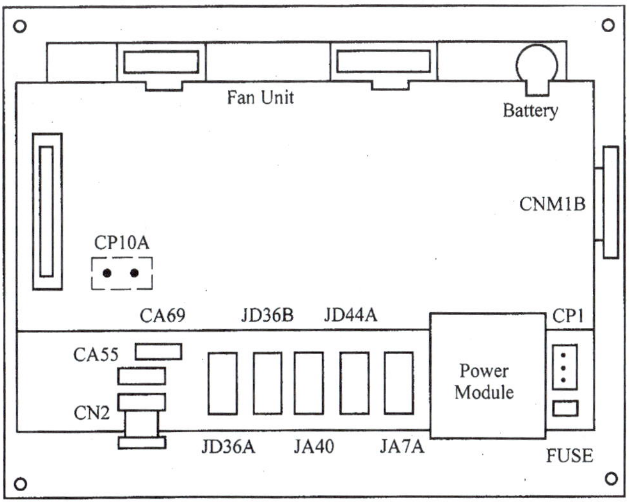

图 7.5.13 FANUC-0i Mate C 系统单元及接口图

CP1：系统直流 24V 输入电源接口，一般与机床侧的 DC24V 稳压电源连接。

FUSE：系统 DC24V 输入熔断器（5A）。

JA7A：串行主轴/主轴位置编码器信号接口。当主轴为串行主轴时，JA7A 与主轴放大器的 JA7B 连接，实现主轴模块与 CNC 系统的信息传递；当主轴为模拟量主轴时，该接口又是主轴位置编码器的主轴位置反馈信号接口。

JA40：模拟量主轴的速度信号接口，CNC 系统输出的速度信号（0～10 V）与变频器的模拟量频率设定端相连接。

JD44A：外接的 I/O 卡或 I/O 模块信号接口（I/O Link 控制）。

JD36A：RS-232-C 串行通信接口（0、1 通道）。

JD36B：RS-232-C 串行通信接口（2 通道）。

CA69：伺服检测板接口。

CA55：系统 MDI 键盘信号接口。

CN2：系统操作软键盘信号接口。

CP10A：系统伺服高速串行通信 FSSB 接口（光缆），与伺服放大器的 CP10B 连接。

Battery：系统备用电池（3V 标准锂电池）。

Fan Unit：系统散热的风扇（两个）。

图 7.5.14 所示为一台采用 FANUC-0i Mate C 系统的数控铣床电气系统连接图。机床的伺服放大器采用可靠性强、价格性能比卓越的 βi 系列伺服驱动模块。该伺服驱动模块是

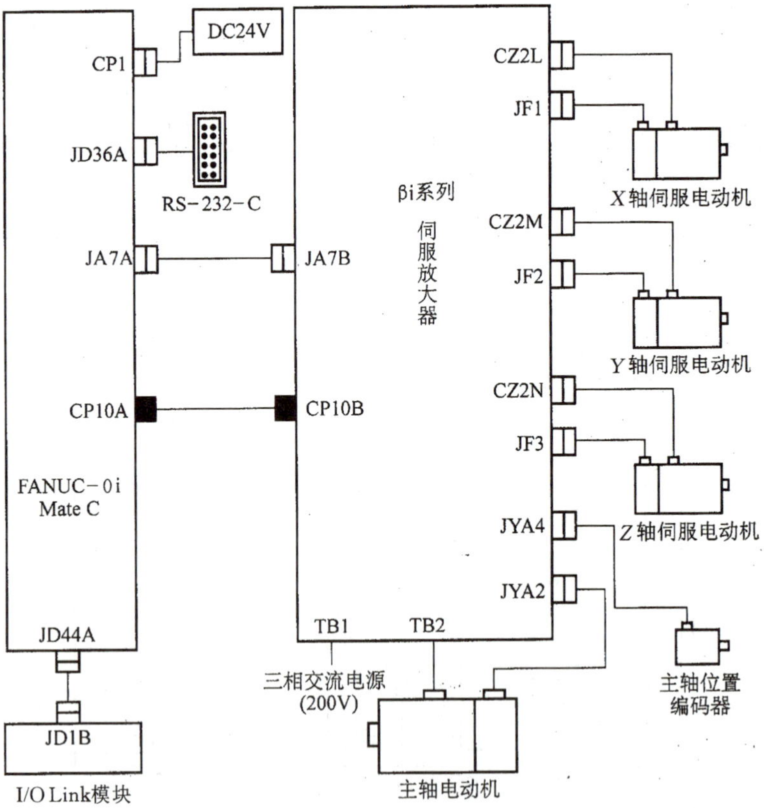

图 7.5.14　FANUC-0i Mate C 系统连接图

集电源模块、主轴模块、伺服模块于一体的伺服驱动单元，使机床的电气系统所占空间大大缩小。伺服电动机采用价格性能比卓越的 βis 进给伺服电动机及 βi 串行主轴电动机，在具有充足的性能和功能的基础上，充分体现了价格性能比卓越的特点。

图 7.5.15 所示为 FANUC-0i 系列总连接图。

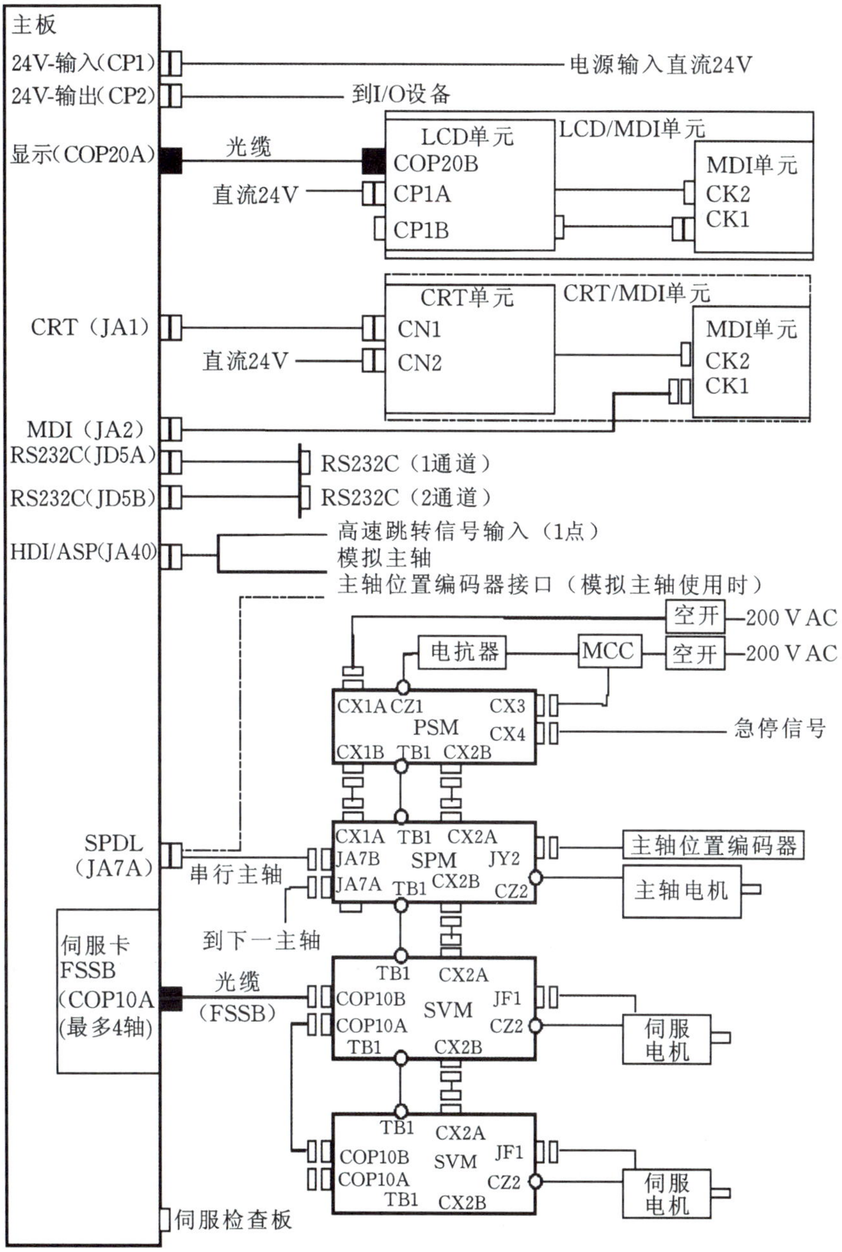

图 7.5.15 FANUC-0i 系列总连接

【效果评价】

评价表			
模块名称	计算机数控(CNC)系统结构分析	学生姓名	
任务名称	典型 CNC 系统简介	分数	
考查内容		分值	考核得分
1. 对 FANUC-0iA 系统的连接特点的认知情况		30	
2. 对 FANUC-0i Mate C 系统的连接特点的认知情况		30	
3. 小组讨论情况		25	
4. 编制学习汇报报告情况		10	
5. 基本素养考核情况		5	
总体得分		100	
教师简要评语： 教师签名：			

任务 7.6 任务实训

——FANUC 0i Mate 数控系统参数的设定及修改

一、实训要求

(1) 了解数控系统参数的应用及重要性；

(2) 掌握数控系统参数的修改方式；

(3) 明白数控系统参数所代表的含义。

二、相关知识

要想数控系统正确地运行，必须保证各种参数的正确性，不正确的参数设置与更改，可能造成严重的后果，因此，必须理解参数的功能和熟悉各种参数的设定值。数控装置将参数按功能和重要性划分了不同级别，对不同级别(数控厂家、机床厂家、用户)赋予不同的修改权限，允许用户依据权限口令行使相应修改权限。数控系统通过权限口令的限制，对重要参数进行保护，防止因误操作而引起故障和事故。

1. 数控系统参数可否写入的修调

在 MDI 模式下，在字符面板上按 OFS/SET 键，再选择 SETTING，屏幕上出现 SETTING(HANDY)界面，这时屏幕同时显示许多选项。

第一个是“参数写入”的开关，把“0”改成“1”就可以修改参数了，如图 7.6.1 所示。

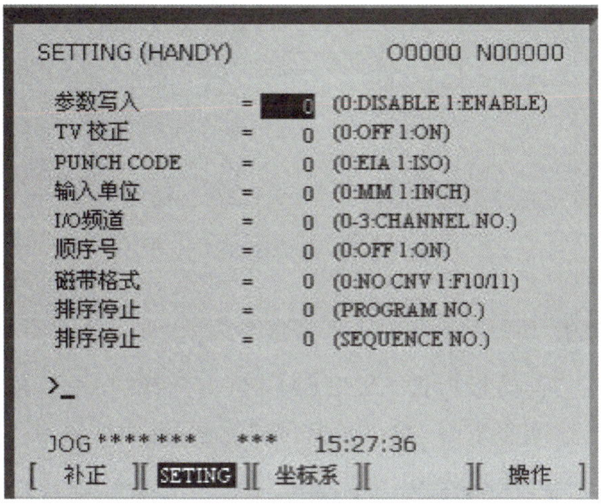

图 7.6.1 SETTING(HANDY)界面

出现“100＃参数写允许”报警时(图 7.6.2)，按 RESET 或 CAN＋RESET 消除报警。把“1”改成“0”就不可以修改参数了(参数写入保护)。

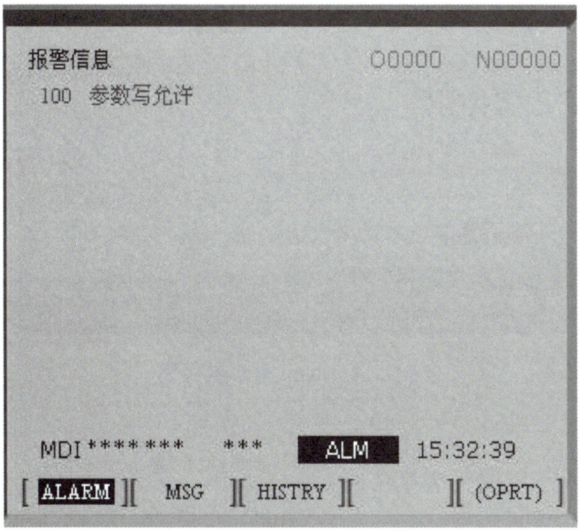

图 7.6.2 “参数写允许”报警界面

2. 参数的删除

按住 DELETE＋RESET 对参数进行删除。

3. 语言设置

数控系统的语言设置界面如图 7.6.3 所示。

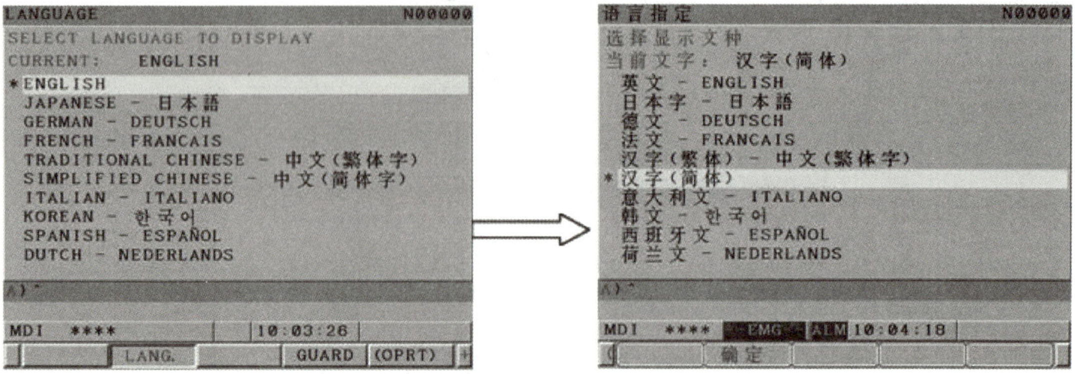

图 7.6.3 语言设置界面

4. 数控系统参数修调

在 MDI 模式下，在字符面板上按 SYSTEM 键，再选择“参数”，这时屏幕同时显示许多选项，如图 7.6.4 所示。输入参数号(如：0000)，按“检索”键就可以对参数进行修改。

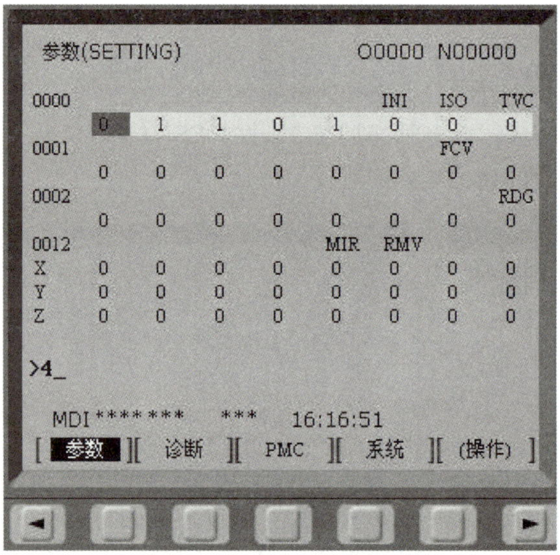

图 7.6.4 0000 号参数界面

5. 常用参数说明

常用参数的设定值及说明见表 7.6.1。

表 7.6.1 常用参数设定值及说明

参数号	一般设定值	说明
0000＃1	1	输出数据位 ISO 代码

续表

参数号	一般设定值	说明
0000#2	1	公英制
20	4	输入设备接口号,4 为存储卡
1001#0	0	直线轴的最小移动单位为公制单位
1005#0	1	未回零则执行自动运行,调试时为 1,否则有"PS224"报警
1006#0	0	直线轴,一般是直线运动的轴,而不是电机旋转轴,设为回转轴,回转工作台才是回转轴
1006#3	0	车床 X 轴,直径编程和半径编程
3401#0	1	指令数值单位,一般需要设置成毫米,否则默认为微米,后面所有数据都要按微米设置
1007#1	0	通过快速定位(快移)方式返回参考点
1007#1	1	以手动方式返回参考点
1320	调试为 99999999	存储行程限位正极限,一般需将这个值调试为 99999999,在设置好参考点后,通过手摇方式移动轴接近机械极限位置,若机械坐标值超出,则有"500"报警
1321	调试为 99999999	存储行程限位负极限,同上,若超出,则有"501"报警,如果设置为 1320,则小于 1321,此时系统自动忽略"500""501"报警
1401#0	调试为 1	快移有效
3208	0	SYSTEM 无效

6. 伺服参数设置

伺服参数设置界面如图 7.6.5 所示。

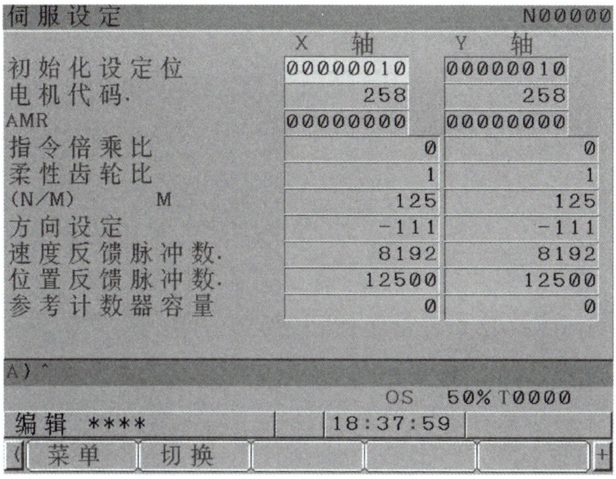

图 7.6.5 伺服参数设置界面

三、实施步骤

1. 打开参数写保护开关

① 将 NC 置于 MDI 方式或急停状态。

② 用以下步骤使参数处于可写状态。按 SETTING 功能键一次或多次后，再按软键 SETTING，显示 SETTING 画面的第一页；将光标移至“写参数”处，将其设为 1，如图 7.6.6 所示。

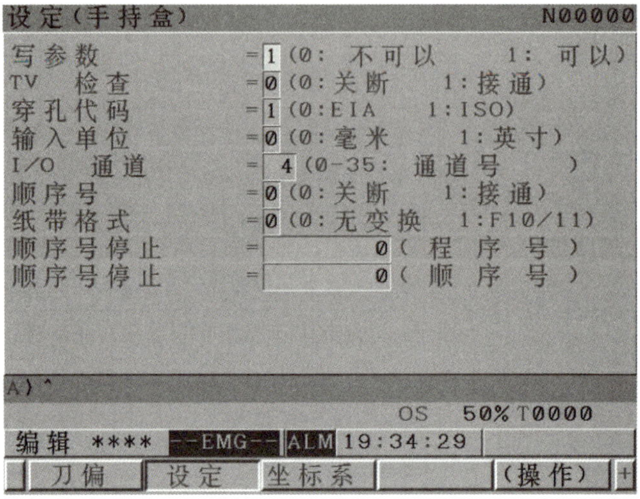

图 7.6.6 打开参数写保护开关

打开写参数的权限后，系统会出现“100”报警，并自动切换到报警页面，如图 7.6.7 所示。可以设定参数 3111＃7(NPA)为 1，这样出现报警时系统页面不会切换到报警页面。通常，发生报警时必须让操作者知道，因此上述参数应设为 0。同时按下 RESET＋CAN 键，可消除“100”报警。

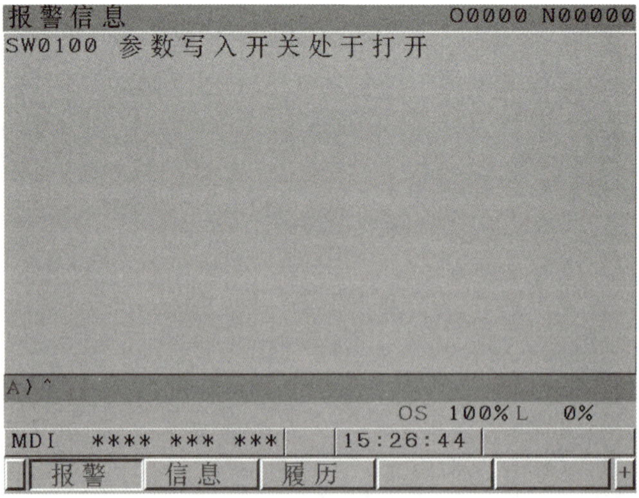

图 7.6.7 “100”报警画面

2. 进入参数设定界面

按 MDI 键盘上的 SYSTEM 功能键多次，或按下 SYSTEM 功能键后，再按“参数”软键，进入参数设定界面，如图 7.6.8 所示。

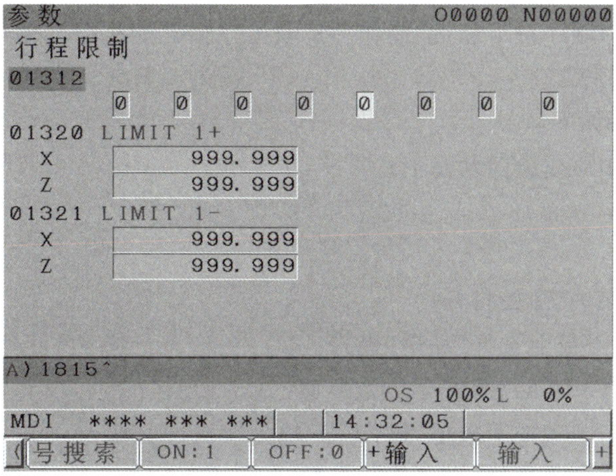

图 7.6.8　参数画面

3. 查找参数

输入参数号，单击“号搜索”软键，根据参数号查找参数。

4. 修改参数

如图 7.6.9 所示，将光标移动至待修改的参数处，输入要设定的数据，然后按“输入”软键，即可完成参数的设定。

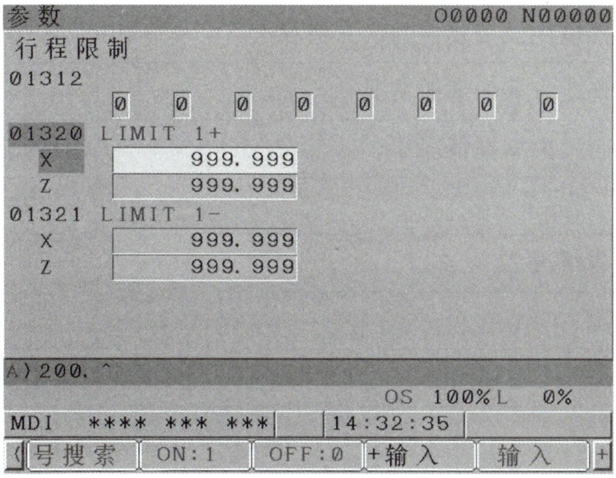

图 7.6.9　修改参数

5. 参数备份与恢复

参数备份的步骤如下：

(1) 系统置于 MDI 或急停状态下；

(2) 在 CNC 设定画面将 20 号参数设为 4;

(3) 插入存储卡;

(4) 在机床操作面板上选择“编辑”模式;

(5) 顺序按下 SYSTEM 键,显示参数界面;

(6) 在参数界面,顺序按下软键“操作”“F 输出”“全部”“执行”,输出 CNC 参数,输出文件名为 CNC-PARA.TXT。

参数恢复的步骤如下:

(1) 系统置于 MDI 或急停状态下;

(2) 在 CNC 设定界面将 20 号参数设为 4;

(3) 插入存储卡;

(4) 将“参数写保护”开关打开;

(5) 在机床操作面板上选择“编辑”模式;

(6) 顺序按下 SYSTEM 键,显示参数界面;

(7) 在参数界面,顺序按下软键“操作”“F 输入”“执行”,输入 CNC 参数;

(8) 切断 CNC 电源再通电,即可恢复参数。

【效果评价】

评 价 表

模块名称	计算机数控(CNC)系统结构分析	学生姓名	
任务名称	FANUC 0i Mate 数控系统参数的设定及修改	分数	
考查内容		分值	考核得分
1. 对数控系统参数的应用及重要性的认知情况		20	
2. 对数控系统参数修改方式的掌握情况		20	
3. 对数控系统参数含义的掌握情况		20	
4. 小组讨论情况		25	
5. 编制学习汇报报告情况		10	
6. 基本素养考核情况		5	
总体得分		100	
教师简要评语: 教师签名:			

思考与练习

1. 简述数控机床的 CNC 系统主要由哪些部分组成。
2. CNC 系统控制软件主要能够完成哪些基本任务?
3. 简述 CNC 系统主要有哪些类型。
4. 计算机数控装置接口电路的主要任务是什么?
5. CNC 系统的硬件主要由哪些部分构成?
6. 简述单微处理器的硬件结构与特点。
7. 简述多微处理器的结构与特点。
8. 试述 CNC 装置软件结构与特点。
9. PLC 的基本组成及工作方式分别是什么?
10. 简述数控机床中 PLC 的功能有哪些。

模块8

数控机床故障诊断与维修

模块导读

数控机床十分昂贵，是企业中关键产品和关键工序的关键设备，一旦故障停机，将造成极大损失。因此，为保证机床能够充分发挥出生产效率高、加工精度好和质量稳定的优越性，生产设计时需要有效地提高电控元器件的使用寿命，延长机械零部件的磨损周期，及时消除事故隐患，使机床保持良好的运行状况，同时也要重视维护维修工作，积极创造出良好的维修条件。

学习目标

1. 掌握数控机床故障诊断的基本要求；
2. 掌握数控机床故障诊断的原则；
3. 了解数控机床常见故障类型；
4. 了解数控系统故障处理方法；
5. 掌握数控机床主轴部件故障类型和排除方法；
6. 掌握数控机床滚珠丝杠副和导轨副故障类型和排除方法；
7. 掌握数控机床刀库及刀架故障类型和排除方法；
8. 掌握数控机床主轴伺服系统的故障与诊断；
9. 掌握数控机床进给伺服系统的故障与诊断。

思政元素

在本模块的学习过程中，我们通过课堂上理论知识的学习，结合数控机床故障实例及故障排除方法，更好地激发学生的主动性，提高学习的热情，端正学习方向和态度，延伸教导学生爱岗敬业，践行社会主义核心价值观，注重学生的世界观、人生观和价值观的发展，培养学生的爱国主义精神和大国工匠精神。

知识架构

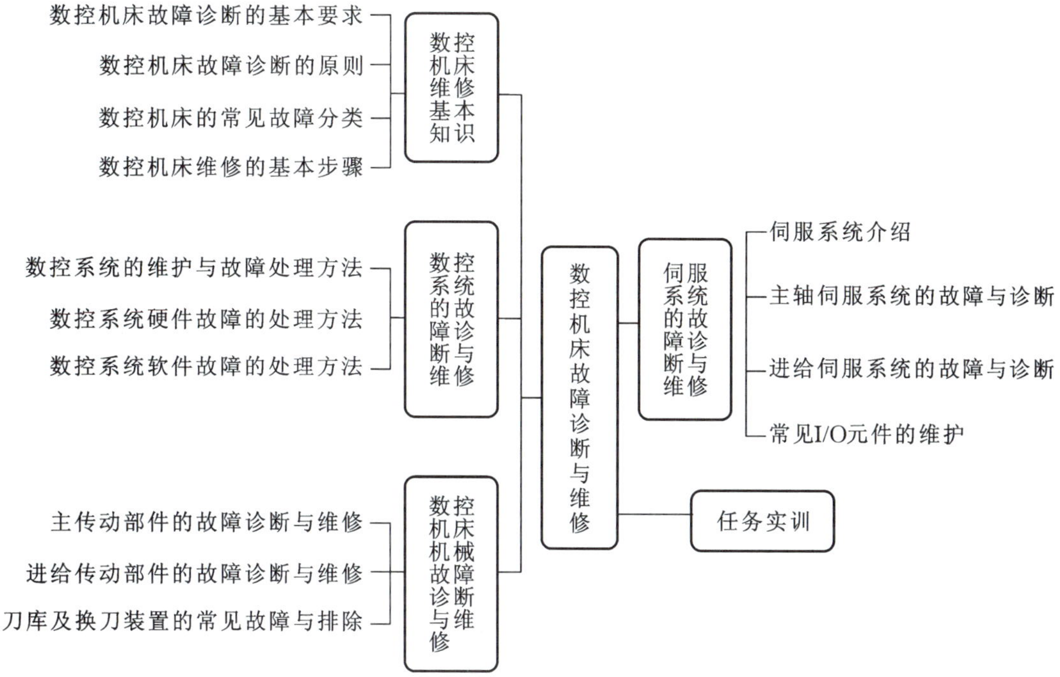

任务 8.1 数控机床维修基本知识

【任务要求】

通过对本次任务的学习，了解数控机床维修的基本要求，常见故障分类，解决故障的思路、原则与方法，以及数控机床的维护。

【知识准备】

关于机床设备的可靠性和稳定性，国际上通用的指标为平均有效度(A)，由下式来定义：

$$A = \mathrm{MTBF}/(\mathrm{MTBF}+\mathrm{MTTR})$$

式中，MTBF 为两次故障间隔的时间，即平均无故障时间；MTTR 为排除故障的修复时间。

显然，完善的设备管理与维护，可减少停机时间，即增大了 MTBF；高效的故障诊断与修复设备则能减小 MTTR。于是设备的平均有效度 A 越大，表明设备利用率越高，企业的效益就越大。

一、数控机床故障诊断的基本要求

（一）人员条件

（1）有高度的责任心和良好的职业道德。

（2）知识面要广，要学习并基本掌握有关数控机床机械结构和电气控制的各学科知识，如计算机技术、模拟与数字电路技术、自动控制与拖动理论、控制技术、数控加工工艺和机械传动技术。

（3）应经过良好的技术培训。数控技术基础理论的学习，尤其是针对具体数控机床的技术培训，首先是参加相关的培训班和机床安装现场的实际培训，其次是向有经验的维修人员学习，更重要的是自学。

（4）勇于实践。故障维修人员要积极投入到数控机床的维修与操作的工作中去，在不断的实践中提高分析能力和动手能力。

（5）掌握科学的方法。要做好维修工作不光要有热情，还必须在长期的学习和实践中总结提高，从中提炼出分析问题、解决问题的科学方法。

（6）学习并掌握各种电气维修中常用的仪器、仪表和工具。

（7）掌握一门外语，尤其是英语，起码应做到能看懂技术资料。

（8）掌握各种常用（尤其是现场）的测试仪器、仪表和工具。

（二）物质条件

（1）准备好常用备件、配件。

（2）随时可以得到微电子元器件的实际支援或供应。

（3）常备一些必要的维修工具、仪器、仪表、接线、微机，最好配有笔记本电脑并装有必要的维修软件，用以支援设备调试。

（4）完整的资料、手册、线路图、维修说明书（包括 CNC 操作说明书）、接口的调整与诊断说明书、驱动说明书、PLC 说明书（包括 PLC 用户程序单）和元器件表格等。

（三）工作环境

良好的工作环境是提高数控机床可靠性的必要条件，数控机床的环境要求是综合性的。

（1）数控机床需要有稳定的机床基础，否则数控机床的精度无法保证。精密数控机床有恒温要求，普通数控机床没有恒温要求，但是环境温度过高会导致故障率增加。

（2）由于数控机床本身所使用的电子元器件有工作温度的限制，电子元器件的工作温度一般要求在 40 ℃以下，室温达到 35 ℃时，使用中的数控机床计算机数控装置内和电气柜内的温度可达到 40 ℃左右，其内部的元器件很可能不能正常工作。

（3）数控机床的工作车间要保持干净和空气流通，灰尘、油污和金属粉末会使得元器件间的绝缘电阻下降甚至短路，进而造成元器件损坏。

（4）潮湿的环境会使印制电路板、元器件、接插件、床身、电气柜、机床防护罩锈蚀，造成接触不良、控制失灵和机床的机械精度降低等问题。

(5) 电网供电要满足数控机床正常运行所需总容量的要求,电压波动不能超过±10%,否则要损坏电子元器件。

(6) 为了安全和减少干扰,数控机床要有接地线;接地点要可靠,应该与车间接地网相连或者单独制作接地装置,接地电阻要小于4~7 Ω。

(7) 数控机床的CNC装置、伺服驱动系统的抗干扰能力是有限度的,强电磁干扰会导致数控系统失控,所以数控机床要远离焊机、大型吊车等产生强电磁干扰的设备。

二、数控机床故障诊断的原则

1. 先外部后内部

数控机床是集机械设备、液压设备、电气设备于一体的机床,故其故障发生也会由这三者综合反映出来。维修人员应先由外向内逐一进行排查,尽量避免随意地启封、拆卸,否则会扩大故障,使机床丧失精度,降低性能。

2. 先静后动

先在机床断电静止状态,通过了解、观察测试、分析等步骤,只有在确认为非破坏性故障后,方可给机床通电。在运行工况下,进行动态观察、检验和测试,查找故障。而对破坏性故障,必须先排查危险后,方可通电。

3. 先机后电

一般来说,机械故障较易发现,而数控系统故障诊断则难度大一些。在故障检修之前,首先排除机械性故障往往可达到事半功倍的效果。

4. 先公后专

公用性的问题往往会影响到全局,而专用性的问题只影响局部。当数控机床的几个进给轴都不能运动时,应先检查各轴公用的CNC、PLC、电源、液压设备等部分,并排除故障,然后设法解决某轴的局部问题。又如电网或主电源故障是全局性的,因此一般应首先检查电源部分,看看熔断器是否正常,直流电压输出是否正常,等等。总之,只有先解决影响面大的主要矛盾,局部的、次要的矛盾才有可能迎刃而解。

5. 先简后繁

当出现多种故障相互交织掩盖,一时无从下手时,应先解决简单的问题,后解决难度较大的问题。常常在解决简单故障的过程中,难度大的问题也可能变得容易,或者在排除简易故障时受到启发,对复杂故障的认识更为清晰,从而也就有了解决的办法。

6. 先一般后特殊

在排除某一故障时,要先考虑最常见的可能原因,然后再分析很少发生的特殊原因。例如当数控车床 Z 轴回零不准时,常常是由降速挡块位置变动而造成的。一旦出现这一故障,应先检查该挡块的位置;在排除这一常见的可能性之后,再检查脉冲编码器、位置控制等其他环节。

三、数控机床的常见故障分类

数控机床是一种复杂的机电一体化设备,其故障发生的原因一般都比较复杂。为了便于故障分析和处理，本节按故障发生的部位、故障性质及故障原因等对常见故障做如下分类，如表 8.1.1 所示。

表 8.1.1　数控机床的常见故障及其分类

<table>
<tr><th>分类方法</th><th colspan="2">常见故障</th><th>说明</th></tr>
<tr><td rowspan="3">按故障发生的部位分</td><td colspan="2">主机故障</td><td>1.因机械部件的安装、调试、操作使用不当等原因引起的机械传动故障。
2.因导轨、主轴等运动部件的干涉、摩擦过大等引起的故障。
3.因机械零件的损坏、连接不良等原因引起的故障</td></tr>
<tr><td rowspan="2">电气控制系统故障</td><td>弱电故障</td><td>弱电故障是指各集成电路芯片、分立电子元件、接插件以外及外部连接组件发生的故障。动作出错、数据丢失等故障也属于弱电故障</td></tr>
<tr><td>强电故障</td><td>强电故障是指系统中的主回路或高压、大功率回路中的继电器、接触器、开关、熔断器、电动机等发生的故障</td></tr>
<tr><td rowspan="3">按故障起因分</td><td colspan="2">非关联性故障</td><td>非关联性故障是指与数控系统本身的结构和制造无关的故障。故障的发生是由诸如运输、安装、撞击等外部因素人为造成的。关联性故障是指由于数控系统设计、结构或性能等缺陷造成的故障</td></tr>
<tr><td rowspan="2">关联性故障</td><td>固有性故障</td><td>固有性故障是指一旦满足某种条件，如温度、振动等条件，就出现故障</td></tr>
<tr><td>随机性故障</td><td>随机性故障是指在完全相同的外界条件下，故障有时发生有时不发生的情况</td></tr>
<tr><td rowspan="2">以故障发生规律分</td><td colspan="2">随机故障</td><td>随机故障的发生时间是随机的</td></tr>
<tr><td colspan="2">有规则故障</td><td>有规则故障是指有一定的规律性的故障</td></tr>
<tr><td rowspan="2">以故障发生状态分</td><td colspan="2">突然故障</td><td>突然故障是指数控系统在正常使用过程中，事先并无任何故障征兆而突然出现的故障。例如：因机器使用不当或出现超负荷而引起的零件折断；因设备各项参数达到极限而引起的零件变形和断裂等</td></tr>
<tr><td colspan="2">渐变故障</td><td>渐变故障是指数控系统在发生故障前的某一时期内，已经出现故障的征兆，但此时(或在消除系统报警后)数控机床还能够正常使用，并不影响加工产品的质量。渐变故障与材料的磨损、腐蚀、疲劳及蠕变等过程有密切的关系</td></tr>
<tr><td rowspan="2">以故障的影响程度分</td><td colspan="2">完全失效故障</td><td>完全失效是指数控机床出现故障后，不能再正常加工工件，只有等故障排除后，才能让数控机床恢复正常工作的情况</td></tr>
<tr><td colspan="2">部分失效故障</td><td>部分失效是指数控机床丧失了某种或部分系统功能，而数控机床在不使用该部分功能的情况下，仍然能够正常加工工件的情况</td></tr>
</table>

续表

<table>
<tr><th>分类方法</th><th colspan="2">常见故障</th><th>说明</th></tr>
<tr><td rowspan="2">以故障的严重程度分</td><td colspan="2">危险性故障</td><td>危险性故障是指数控系统发生故障时，机床安全保护系统在需要动作时因故障失去保护作用，造成人身伤亡或机床故障</td></tr>
<tr><td colspan="2">安全性故障</td><td>安全性故障是指机床安全保护系统在不需要动作时产生动作，导致机床不能启动</td></tr>
<tr><td rowspan="3">以故障指示形式分</td><td rowspan="2">有报警显示故障</td><td>指示灯显示报警</td><td>指示灯显示报警是指通过控制系统各单元上的状态指示灯(一般由 LED 发光管或小型指示灯组成)显示的报警。根据数控系统的状态指示灯，即使在显示器故障时，仍可大致分析判断出故障发生的部位及故障性质。因此，在维修、排除故障过程中应认真检查这些状态指示灯的状态</td></tr>
<tr><td>显示器显示报警</td><td>显示器显示报警是指可以通过 CNC 显示器显示出报警信息的报警。由于数控系统一般都具有较强的自诊断功能，如果系统的诊断软件以及显示电路工作正常，一旦系统出现故障就可以在显示器上以报警信息文本的形式显示故障信息。显示器显示报警又可分为 NC 报警和 PLC 报警两类。前者为数控生产厂家设置的故障显示，它可对照系统的维修手册来确定可能产生该故障的原因。后者是由数控机床生产厂家设置的 PLC 报警信息文本，属于机床的故障显示。它可对照机床生产厂家所提供的机床维修手册中的有关内容确定故障所产生的原因</td></tr>
<tr><td colspan="2">无报警显示故障</td><td>这类故障发生时，机床与系统均无报警显示，其分析诊断难度通常较大，需要通过仔细、认真的分析判断才能予以确认。特别是对于一些早期的数控系统，由于系统本身的诊断功能不强，或无 PLC 报警信息文本，出现无报警显示的故障情况则更多</td></tr>
<tr><td rowspan="2">以故障产生的原因分</td><td colspan="2">数控机床自身故障</td><td>由数控机床自身的原因引起的，与外部使用环境无关的故障属于自身故障。数控机床所发生的绝大多数故障均属此类故障</td></tr>
<tr><td colspan="2">数控机床外部故障</td><td>由外部原因造成的故障属于外部故障。外部原因如供电电压过低或过高，波动过大；电源相序不正确或三相输入电压不平衡；环境温度过高；有害气体、潮气、粉尘侵入；外来振动和干扰等</td></tr>
</table>

四、数控机床维修的基本步骤

一般可以将维修工作分成诊断与维修前的准备工作、现场工作与修后档案工作等三个阶段。

（一）诊断与维修前的准备工作

1. 修前技术准备

技术准备包括查阅技术资料、查阅维修档案、画出相关的系统框图或动作流程图。这项工作有助于充分掌握信息与寻找故障特征。

2. 常用维修工具与仪器的准备

维修工具与仪器包括修理数控装置的常用仪表与电器检查的常用工具。

3. 备件准备

配备一套机床所需的各种规格的熔断丝、电刷(若为直流电机)，以及容易出故障的一些电器等。此外，还要了解机床备件情况与物流信息。

（二）现场工作

现场的诊断与维修工作，包括的内容可概括如下：

1. 现场调查

必须注重安全与效率两个方面，有三个基本步骤。

(1) 与操作员面对面地询问与调查；

(2) 机床外观检查与工作地环境调查；

(3) 无报警故障或无故障现象记录时在无危险的情况下可复演故障。

2. 据理析象，判断类型

(1) 根据数控机床工作原理与故障机理，分析所寻到的故障特征。

(2) 判断故障类型：进一步确认故障是软/硬、机/电、强电/弱电中的哪一类故障。

(3) 故障大定位：判断故障发生部位在 CNC 系统/机床本体、CNC 装置/PLC 装置/伺服单元/位检系统/外围设备中的哪个部位。

3. 罗列成因

(1) 先画出相关的系统框图、控制动作流程图或梯形图。

(2) 根据机床工作原理与故障机理，从图上找出与故障特征相关的环节，分析并罗列所有可能出现的故障及其成因。

(3) 再根据故障的表现特征，判断出最有可能的故障成因。逐一对应于最怀疑的部位排查故障点。

4. 确定步骤

(1) 从最怀疑的部位着手，遵循先简后繁、先软后硬、先机后电、先公后专、先一般后特殊、先查输入后查负载等诊断基本原则，来确定诊断步骤。

(2) 画出故障判断流程图，也即确定了具体工作的步骤。

(3) 确定每一步的有效诊断方法。注意充分利用机床的自诊断功能。

5. 合理测试，故障定位

这部分工作，也可称为故障点测试。

被怀疑的故障部位，可称作故障点。故障点不一定就是故障源，报警点不等于故障点，所以，必须采用合理的测试手段与检测方法，来测试那些在诊断中被怀疑的程序段/点位/元器件等独立单元，以确定它们是否为真正的故障源，予以精确的故障定位。

6. 排除故障、恢复设备

找出确切的故障成因，排除或移去真正的故障源，恢复设备。

注意：测出故障点不一定需要换件。有些故障可以通过复位、换位、定位、固位、纠错、排除干扰等简单的修改就可以恢复设备性能。

（三）修后档案工作

诊断与维修结束后必须给出诊断结果报告与维修报告，以存入维修档案。维修报告中包括诊断与维修时的调查与检查记录。至此，一次维修工作才算结束。

无论是进口的还是国产的数控设备，调试阶段和用户维修服务阶段都是数控设备故障的两个多发阶段。设备调试阶段是对数控机床控制系统的设计、PLC 编制、系统参数进行调整和优化的阶段。用户维修服务阶段，是对强电元件、伺服电机和驱动单元、机械防护设施的进一步考核。

【效果评价】

评价表

模块名称	数控机床故障诊断与维修	学生姓名	
任务名称	数控机床维修基本知识	分数	
考查内容		分值	考核得分
1. 对数控机床故障诊断基本要求的认知情况		10	
2. 对数控机床故障诊断原则的了解情况		10	
3. 对数控机床故障诊断方法的了解情况		30	
4. 对数控机床故障类型的了解情况		30	
5. 编制学习汇报报告情况		10	
6. 基本素养考核情况		10	
总体得分		100	
教师简要评语： 教师签名：			

任务 8.2　数控系统的故障诊断与维修

【任务要求】

通过对本次任务的学习，了解和掌握数控系统故障分析和维修的思路和方法。

【知识准备】

数控系统是数控机床的核心部分，是数控机床的运算和控制系统。数控系统的好坏，在很大程度上决定着数控机床的质量。数控系统的维护是数控机床维护中很重要的一个环节。

一、数控系统的维护与故障处理方法

（一）数控系统的维护

为了尽量延长元器件的寿命和零部件的磨损周期，防止各种故障，特别是恶性事故的发生，必须对数控系统进行维护保养。

首先，应严格遵守操作规程和日常维护制度，其次应尽量减少数控柜和强电柜的开门次数，还要定时清扫数控柜的散热通风系统。

1. 数控系统的定期维护

（1）每天必须对光电阅读机的表面（包括发光体和受光体）、纸带压板以及纸带通道用蘸有酒精的纱布进行擦拭。

（2）每周定时擦拭纸带阅读机的主动轮滚轴、压紧滚轴、导向滚轴等运动部件。

（3）每半年对导向滚轴、张紧臂滚轴等加注润滑油一次。

（4）一旦使用纸带阅读机完毕，就应将装有纸带的阅读机的小门关上，防止尘土落入。

（5）经常监视数控系统的电网电压。通常，数控系统允许的电网电压波动范围在额定值的±10%～±15%，如果超出此范围，会使数控系统工作不稳定或造成重要电子部件损坏。

（6）定期更换存储用电池。存储器如采用 CMOS RAM 器件，为了在数控系统不通电期间能保持存储的内容，存储器内部设有可充电电池维持电路。在正常电源供电时，由＋5V 电源经一个二极管向 CMOS RAM 供电，并对可充电电池进行充电。当数控系统切断电源时，则由电池供电来维持 CMOS RAM 内的信息。在一般情况下，即使电池尚未失效，也应每年更换一次电池，以确保系统能正常地工作。注意：电池的更换应在数控系统供电状态下进行，以免造成存储参数丢失。

2. 数控系统长期不用时的维护

当数控系统长期闲置不用时，为了避免数控系统损坏，需注意以下两点。

（1）要经常给数控系统通电，特别是在环境湿度较大的梅雨季节更应如此。在机床锁住不动（即伺服电动机不转）的情况下，让数控系统空运行，利用电器元件本身的发热来驱散数控系统内的潮气，保证电子器件性能稳定可靠。

（2）如果数控机床的进给轴和主轴采用直流电动机驱动，应将电刷从直流电动机中取出，以免化学腐蚀作用使换向器表面腐蚀，造成换向性能变化，甚至使整台电动机损坏。

3. 备用电路板的维护

印制电路板长期不用时容易出故障，因此对所购的备用板应定期装到数控系统中通电运行一段时间，以防损坏。

（二）做好维修前的准备工作

1. 技术准备

维修人员应熟读有关系统的操作说明书和维修说明书，掌握数控系统的框图、结构布置以及电路板上可供检测的测试点上正常的电平值或波形，还要妥善保存好数控系统现场调试之后的系统参数文件和PLC参数文件。

2. 工具准备

作为最终用户，维修工具只需准备一些常用的仪器设备即可，如有条件，最好应具备一台带存储功能的双线示波器和逻辑分析仪，这样在查找故障时，可使故障范围缩小到某个器件、零件上。无论使用何种工具，在进行维修时，都应确认系统是否通电，不要因仪器测头造成元器件短路从而引起系统的更大故障。

3. 备件准备

CNC系统的部件或元器件损坏，会使系统发生故障，因此为了能及时排除故障，用户应准备一些常用的备件，如各种熔断丝、晶体管模块以及直流电动机用电刷。

（三）故障的处理方法

1. 处理的步骤

在实际应用中，对各种判别故障点方法的掌握程度，主要取决于对故障设备原理与结构的掌握程度。

1）初步判别

通常，在资料较齐全的条件下，可通过资料分析判断故障所在部位，或采取接口信号法根据故障现象判别可能发生故障的部位，然后再按照故障特征及这一部位的具体特点，逐个部位排查。

2）报警处理

在初步判别故障的基本情况后，根据报警信号的不同，大致分为以下三种情况：

（1）系统报警的处理。数控系统发生故障时，一般在显示屏或操作面板上给出故障信号和相应的信息。通常，系统的操作手册、调整手册或维修手册中都有详细的报警号、报警内容和处理方法。由于系统的报警设置单一、齐全、严密、明确，维修人员可根据每一条警报后面给出的信息与处理方法自行处理。

（2）机床报警和操作信息的处理。机床制造厂根据机床的电气特点，应用PLC程序，将一些能反映机床接口电气控制方面的故障或操作信息以特定的标志通过显示器给出，并可通过一个特定的键看到更详细的报警说明。维修人员根据这份说明即可排除故障。

(3) 无报警或无法报警的故障处理。当系统的 PLC 无法运行，系统已停机时，或系统没有报警但工作不正常时，需要根据故障发生前后的系统状态信息，运用已掌握的知识进行分析，做出正确的判断。

3）填写故障诊断记录表

当处理完故障后，操作人员或专业维修人员应根据故障的处理情况填写故障记录表，不仅为以后出现类似的故障提供参考，也为操作人员和维修人员了解机床现状提供依据。

2. 处理的方法

由于数控系统自诊断能力还不能对系统的所有部件进行测试，往往是一个报警号对应众多的故障原因，维修人员难以入手。在生产实践中，处理方法可大致分为常规方法和先进方法两种。

1）常规方法

a. 直观检查法。直观检查法是维修人员根据对故障发生时的各种光、声、味等异常现象的观察，将故障范围缩小到一个模块或一块电路板上，然后再进行排除。一般包括以下四种方法。

询问法：向故障现场人员仔细询问故障产生的过程、故障现象及故障后果等。

目视法：总体查看机床各部分工作状态是否正常；各电控装置有无报警指示；局部查看有无熔断丝烧断，元器件是否烧焦、开裂，电线电缆有无脱落；各操作元件位置正确与否等。

触摸法：在整机断电条件下可以通过触摸各主要电路板的安装状况、各插头座的插接状况、各功率及信号导线的连接状况，还可以用手摸并轻摇元器件，尤其是检查大体积的阻容、半导体器件有无松动，以此可检查出一些断脚、虚焊、接触不良等故障。

通电法：为了检查有无冒烟、打火，有无异常声音、气味以及有无过热电动机和元件等问题而通电，一旦发现问题立即断电分析。如果存在破坏性故障，必须排除后方可通电。

b. 初始化复位法。一般情况下，由于瞬时故障引起的系统报警，可用硬件复位或打开关闭系统电源依次来清除故障。若 CNC 装置工作存储区由于掉电、拔插线路板或电池欠电压造成混乱，则必须对系统进行初始化清除，清除前应注意做好数据备份记录，若初始化后故障仍无法排除，则进行硬件诊断。

c. 自诊断法。数控系统已具备了较强的自诊断功能，并能随时监视数控系统的硬件和软件的工作状态。利用自诊断功能，系统能显示出与主机之间的接口信息的状态，从而判断出故障发生在机械部分还是数控部分，并显示出故障的大致部位。

d. 功能程序测试法。功能程序测试法是将数控系统的 G、M、S、T、F 功能用编程法编制一个功能测试程序，并存储在相应的介质上，在故障诊断时运行这个程序，可快速判定故障发生的可能起因。

e. 备件替换法。用好的备件替换可疑的部件，即在分析出故障大致起因的情况下，维修人员可以利用备用的印制电路板、集成电路芯片或其他元器件替换有疑点的故障部分，从而把故障范围缩小到印制线路板或芯片一级，并作相应的初始化启动，使机床迅速投入正常运转。

f. 交叉换位法。当发现故障板或者不能确定是否是故障板而又没有备件的情况下，可以将系统中相同或相兼容的两个板互换检查，如将两个坐标的指令板或伺服板交换，进而判断故障板或故障部位。这种交叉换位法应特别注意，不但硬件接线要交换正确，而且还要将一系列相应的参数交换，否则不仅达不到目的，反而会产生新的故障造成混乱。

g. 参数检查法。数控系统参数是确定系统功能的依据，参数设定错误就会造成数控系统出现故障或某功能无效。发生故障时应及时核对数控系统参数，参数一般存放在磁盘存储器或需由电池保持的 RAM 中，一旦电池电量不足或产生外界干扰使个别参数丢失或改变，系统就会发生混乱，使机床无法正常工作。此时，可以通过核对、修正参数将数控机床故障排除。

h. 测量比较法。CNC 装置生产厂家在设计印制线路板时，为了调整和维修方便，在印制线路板上设计了一些检测端子。维修人员通过测量这些检测端子的电压或波形，可检查有关电路的工作状态是否正常。但在利用检测端子进行测量之前，应先熟悉这些检测端子的作用及有关部分的电路或逻辑关系。

i. 原理分析法。根据数控系统的组成原理，可从逻辑上分析各点的逻辑电平和特性参数，从而确定故障部位。

2）先进方法

a. 通信诊断。通信诊断也称远距离诊断或“海外诊断”，用户只需把 CNC 系统中的专用通信接口连接到普通电话线上，将维修中心的专用通信诊断计算机的“数据电话”也连接到电话线路上，由通信诊断计算机向各用户 CNC 系统发送诊断程序，并将测试数据送回诊断计算机进行分析并得出结论，最后又将诊断结论和处理方法通知给用户。SIEMENS 公司生产的数控系统就具有这种诊断功能。通信诊断不仅用于故障发生之后对数控系统进行诊断，而且还可用于用户的定期预防性诊断，只需按预定的时间对机床作一系列试运行检查，将检查数据通过电话线送入维修中心的计算机进行分析处理，维修人员不必亲临现场，就可发现系统可能出现的故障隐患。

b. 自修复系统。自修复系统就是在系统内设置备用模块，在数控系统的软件中装有自修复程序。软件在运行时一旦发现某一个模块有故障，系统便将故障信息显示在 CRT 上，同时自动寻找是否有备用模块，若有备用模块，系统能自动使故障模块脱机而接通备用模块，从而较快地进入正常工作状态。

c. 人工智能(AI)专家故障诊断系统。专家系统是一个或一组能在某些特定领域内，应用大量的专家知识和推理方法求解复杂问题的一种人工智能计算机程序。专家系统主要包括两大部分，即知识库和推理机。其中知识库中存放着求解问题所需的知识，推理机使用知识库中的知识去解决实际问题。知识库的建造需要知识工程师和领域专家相互合作，由领域专家把知识和经验整理出来，由知识工程师将系统的知识方法存放到知识库中。当解决问题时，用户为系统提供一些已知数据，就可从系统中获得专家水平的结论。故障诊断专家系统在使用时，操作者以简单的会话问答方式，通过数控系统上的 MDI/CRT 操作，就能如同专家亲临现场一样，诊断出系统的故障。

d. 人工神经元网络诊断。人工神经元网络，简称神经网络，是人们在对人脑思维研究的基础上，用数学方法将其简化、抽象并模拟，能反映人脑基本功能特性的一种并行分布处理连接网络模型。由于神经元网络具有联想、容错、记忆、自适应、自学习和处理复杂多模式故障的优点，因此更有助于数控机床的故障诊断。

二、数控系统硬件故障的处理方法

当数控系统发生硬件故障时，可按以下方法进行检查与分析。

（一）常规检查

1. 外观检查

系统发生故障后，首先进行外观检查。运用自己的感官感受判断明显的故障，有针对性地检查故障点，看空气断路器、继电器是否脱扣，继电器是否有跳闸现象，熔断丝是否熔断，印制电路板上有无元件破损、断裂、过热，连接导线是否断裂、划伤，接插件是否脱落等。

2. 连接线、电缆的检查

针对故障有关部分，用一些简单的维修工具检查各连接线、电缆是否正常。尤其要注意检查机械运动部位的接线及电缆，这些部位的接线易受力，会因疲劳而断裂。

3. 连接端及接插件的检查

针对故障有关部位，检查接线端子和单元接插件。这些部件容易松动、发热，还会因氧化、电化腐蚀而断线或接触不良。

4. 易损部位的元器件检查

易损部位的元器件应按规定定期检查。直流伺服电动机电枢电刷及整流子、测速电动机电刷及整流子都容易磨损或粘上污物，前者造成转速下降，后者造成转速不稳。纸带阅读机光电读入部件的光学元件透明度降低、发光元件及光敏元件老化都会造成读带出错。

5. 恶劣环境下工作的元器件检查

针对故障有关部位，检查在恶劣环境下工作的元器件。这些元器件容易受热、受潮、受振动、粘灰尘或油污，因而容易失效或老化。

6. 定期保养的部件及元器件的检查

有些部件、元器件按规定应及时清洗、润滑，否则容易出现故障。如果冷却风扇不及时清洗风道等，则易造成过负荷。如果不及时检查轴承，则在轴承润滑不良时，易造成通电后转不动。

7. 电源电压检查

正常的电源电压是机床控制系统正常工作的必要条件，电源电压不正常，一般会造成故障停机，有时还造成控制系统动作紊乱。硬件故障出现后，应首先检查电源电压。

（二）面板显示与指示灯显示分析法

数控机床控制系统多配有面板显示器、指示灯，如图 8.2.1 所示。面板显示器可识别大部分被监控的故障，结果以报警的方式给出。对于各个具体的故障，系统有固定的报警号和文字显示给予提示，特别是彩色 CRT 的广泛使用及反衬显示的应用使故障报警更为醒目。指示灯只能粗略地提示故障部位及类型等。程序运行中出现的故障，系统显示报警出现时程序的中断部位，坐标值显示提示故障出现时运动部件的坐标位置，状态显示能提示功能执行结果。在维修人员未到现场前，操作者应尽量不要破坏面板显示状态、机床的故障状态，并向维修人员报告自己发现的面板瞬时异常现象。

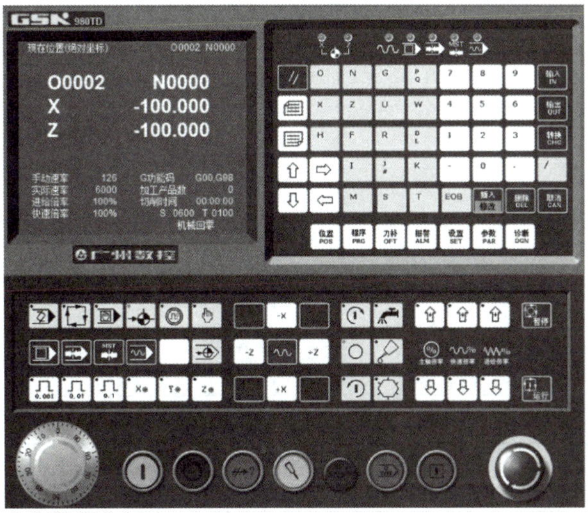

图 8.2.1　数控机床面板显示器

(三) 数控系统硬件的更换

1. 基本元器件的替代

在数控硬件系统的维护中，如果判断出某一元器件已经损坏，但手头上一时找不到同样的器件，则应考虑使用替代件，这样可减少数控机床的待机时间。因此，维修人员应该熟练掌握元器件的替代知识。

2. 更换印制电路板和单元模块

1) 更换单元模块的注意事项

以 FANUC 0i 数控系统为例介绍系统硬件的更换。

当从 CNC 中更换控制单元内的印制电路板及模块时，如主印制电路板、PMC 控制模块、存储器和主轴模块、FROM 和 SRAM 模块、伺服模块，需要按下述更换方法进行。另外需要注意如下两点。

(1) 更换 PMC 控制模块、存储器和主轴模块、伺服模块之前，必须备份 SRAM 区域中的参数和 NC 程序。这些模块中虽没有 SRAM 区域，但应考虑到更换模块时可能会出错，有可能破坏 SRAM 区域中的数据。

(2) 如果用分离型绝对脉冲编码器或直线尺保存电动机的绝对位置，更换主印制电路板及主印制电路板上的模块时，将 JF21～JF25 上连接的电缆从主印制电路板上拆下后，电动机的绝对位置就不能保存了，更换后需按显示要求返回原点。只有执行返回原点的操作，才能在系统中重新建立参考点的绝对坐标位置。

2) 更换电路板、模块的方法

(1) 确定 FANUC 0i 系统印制电路板及模块规格。当更换控制单元内的印制电路板及模块时，应使用规定规格的电路板，见表 8.2.1。

表 8.2.1　FANUC 0i 数控系统电路板、模块的更换规格

品名	规格号
主板	A16B-3200-0362
PMC 控制模块	A20B-2900-0142
	A20B-2901-0660
存储器和主轴模块	A20B-2902-0642
	A20B-2902-0643
	A20B-2902-0644
	A20B-2902-0645
FROM 和 SRAM 模块	A20B-2902-0341
伺服模块	A20B-2902-0290

(2) 更换印制电路板的方法。

a. 拆卸方法。用手指将上下钩子拨开，钩子打开后将印制电路板取出。

b. 安装方法。每个控制单元的框架上都有导槽。对准该导槽插入印制电路板，一直到使上下钩子挂上为止。

c. 更换模块的方法。在 CNC 上更换模块或模块板时，不要用手触摸模块或模块板上的部件，以免因放电等因素造成元件的损坏。

3. 更换数控系统电池的方法

一般数控系统常用的电池有 CNC 存储器备份用电池和绝对脉冲编码器用电池。

1) CNC 存储器备份用电池的更换

零件程序、偏置数据及系统参数都保存在控制单元中的 CMOS 存储器中，CMOS 存储器的电源是由装在控制单元前板上的锂电池提供的，主电源即使切断了，以上的数据也不会丢失，因为备份电池是装在控制单元上出厂的。备份电池可将存储器中的数据保存一年。当电池电压变低时，CRT 画面上将显示 BAT 报警信息，同时电池报警信号被输出给 PMC。当显示这个报警时，就应该尽快更换电池，电池的使用周期因系统配置而异。

如果电池电压很低，存储器将不能再备份数据。在这种情况下接通控制单元的电源，因存储器中的内容丢失，会引起 910 系统报警(SRAM 奇偶报警)，更换电池后，需全部清除存储器内容，重新装入数据。应注意的是，在更换电池时控制单元电源必须接通，如果控制单元电源关断，拆下电池会导致存储器的内容丢失。

使用锂电池要注意：电池更换不正确，将引起爆炸；更换电池要使用指定的锂电池(A02B-0117-K-106)。安装锂电池的电池盒一般位于控制单元上。

更换锂电池的步骤如下。

① 准备锂电池。

② 接通 CNC 的电源。

③ 参照机床厂家的说明书，打开装有 CNC 控制器的电柜门。

④ 存储器使用的备份电池装在主板的前面。捏住电池盒盖的上、下部，向外拉，将电池

盒盖取出，如图 8.2.2(a)所示。

⑤ 向外取下电池的连接插头，如图 8.2.2(b)所示。

⑥ 更换电池，将新电池电缆插头插入主板上。

⑦ 将电池装入盒内，再将电池盒装上去。

⑧ 关上机床的电柜门，关断 CNC 系统的电源。

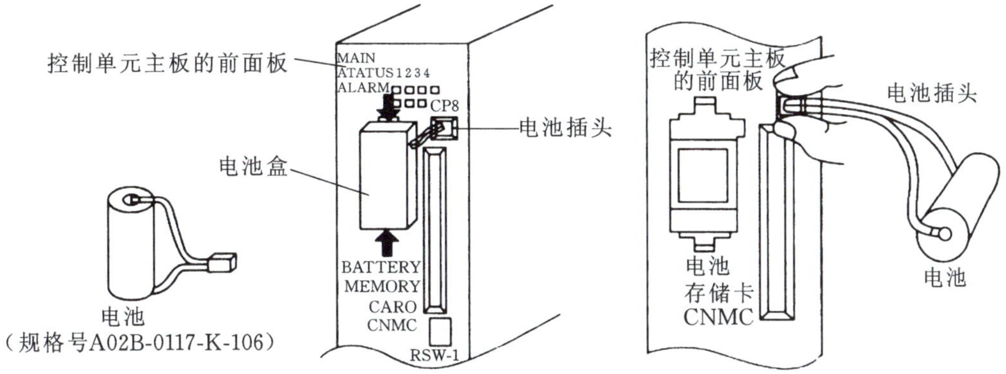

（a）取出电池盒盖　　（b）向外取下电池的连接插头

图 8.2.2　更换存储器备用电池

2）绝对脉冲编码器用电池的更换

当机床装备有绝对脉冲编码器、绝对直线尺等绝对编码器时，除需安装存储器备份用的电池，还要安装绝对编码器用的电池。当出现 APC 307 或 APC 308 报警信息时，应在一周内更换电池，如果不更换，绝对位置将丢失，此时就必须再次手动回参考点。

一个电池单元能够将 6 个绝对脉冲编码器的现在位置数据保存一年，当电池电压低时，CRT 上将显示 APC 306～308 报警。当出现 APC 307 报警时，应尽快更换电池，从出现报警到电池失效通常可持续 2～3 周，脉冲编码器的个数决定了电池的使用周期。

4. 更换控制单元的风扇电动机

更换控制单元的风扇电动机步骤如下。

① 取下要更换的风扇电动机下面控制部的电路板。

② 在插槽内侧有一个基板，风扇电动机的电缆从上面连到基板上。用手抓住电缆插头的左、右侧，将其移出。

③ 打开控制部框架上部的盖子，将一字旋具插入上盖前方中间部的孔中，按如图 8.2.3 所示方向拧动，可打开固定盖子的止动销。

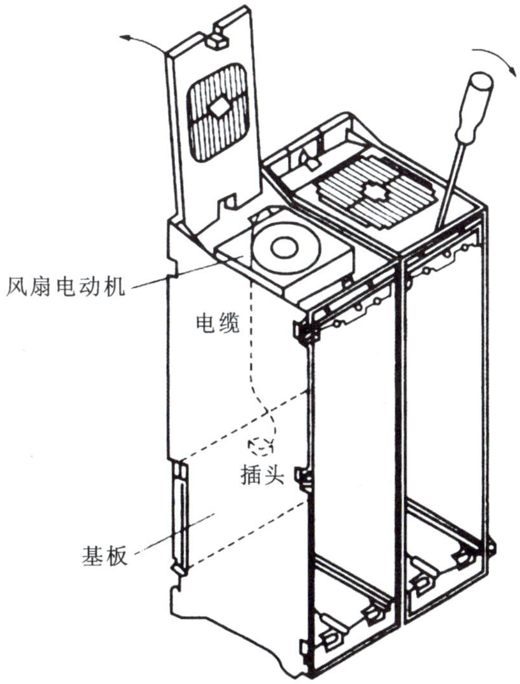

图 8.2.3　更换控制单元的风扇电动机

④ 将上盖打开取出风扇电动机，由于风扇没有用螺钉紧固，因此很容易取出。

⑤ 装入新的电动机，把电动机电缆通过穿孔，装到框架上。

⑥ 盖上盖子，锁紧止动销。

⑦ 将风扇电缆接到基板的插头上，接着把电缆的中间部分挂到框架背后的挂钩上。

⑧ 插上移出的印制电路板。

三、数控系统软件故障的处理方法

（一）数控系统的软件配置

总的来说，数控系统软件包括三个部分。以西门子 SINUMERIK 系统为例来说明数控系统的软件配置，见表 8.2.2。

表 8.2.2　西门子 SINUMERIK 系统的软件配置

分类	名称	传输识别符			说明	制造者
		810/820	3/8	980/880		
Ⅰ	启动芯片				存储（或固化）到 EPROM 中	系统生产厂
	基本系统软件					
	加工循环程序	—	—			
	测量循环程序					
Ⅱ	NC 机床数据	%TEA1	TE	NEA1	存储在 EPROM 或 RAM 中	机床生产厂
	PLC 机床数据	%TEA2		TEA2		
	PLC 用户程序	%PCP				
	PLC 报警文本	%PCA				
	系统设定数据	%SEA	ZO	SEA		
Ⅲ	加工主程序	%MPF	PP%	MPF	存储在 RAM 中	机床用户
	加工子程序	%SPF	PPL	SPF		
	刀具补偿参数	%TOA	TO	TOA		
	零点偏置参数	%ZOA	ZO	ZOA		
	R 参数	%RPA	ZO	RPA		

第Ⅰ部分：由数控系统的生产厂家研制的启动芯片、基本系统软件、加工循环程序、测量循环程序等组成。出于安全和保密的需要，这些程序出厂前被预先写入 EPROM 中，构成了具体的系统。这部分软件对于机床生产厂和机床用户来说，读出、复制和恢复都很难。如果因为意外破坏了该部分软件，应根据所使用的机床型号和所使用的软件版本号及时与数控

系统的生产厂家取得联系,要求更换或复制软件。

第Ⅱ部分:由机床制造厂编制的针对具体机床所用的NC机床数据、PLC机床数据、PLC用户程序、PLC报警文本、系统设定数据等组成。PLC用户可以随时根据具体的使用要求和具体机床的性能对它进行修改。这部分软件是由机床的生产厂在出厂前分别写入RAM和EPROM中的,并且提供技术资料对其加以说明。由于存储于RAM中的数据容易丢失,因此机床用户可以对这部分软件数据进行改写、清除。

第Ⅲ部分:由机床用户编制的加工主程序、加工子程序、刀具补偿参数、零点偏置参数、R参数等组成。这部分软件或参数被存储于RAM中,这部分软件或参数是与具体的加工密切相关的,因此,这些程序和参数的稳定性是机床正确完成加工的基础。

以上几部分软件均可通过多种存储介质(如软盘、硬盘、磁带、纸带等)进行备份,以便出现软件故障时进行核查或恢复。通常容易引起软件故障的是第Ⅱ、Ⅲ两部分。

(二)软件故障发生的原因

软件故障是由软件变化或丢失而形成的。机床软件一般存储于RAM中。软件故障形成的可能原因如下。

1. 出现误操作

在调试用户程序或修改机床参数时,操作者删除或更改了程序内容或参数,从而造成软件故障。

2. 供电电池电压不足

为RAM供电的电池电压经过长时间的使用后电池电压降低到额定值以下,在停电情况下拔下为RAM供电的电池,电池电路断路或短路、接触不良等,都会造成RAM得不到维持电压,从而使系统丢失软件及参数。

3. 出现干扰信号

有时电源的波动及干扰脉冲会串入数控系统总线,引起时序错误或造成数控装置等停止运行。

4. 软件死循环

运行复杂程序或进行大量计算时,有时会造成系统死循环,从而引起系统中断,造成软件故障。

5. 操作不规范

操作不规范是指操作者违反了机床的操作规程,从而造成机床报警或停机现象。如数控机床开机后没有进行回参考点操作,就开始运行程序进行零件加工了。

6. 用户程序出错

用户程序中出现语法错误、非法数据、运行或输入中出现故障报警等现象均属于用户程序出错。

（三）软件故障的排除

对于软件丢失或参数变化造成的运行异常、程序中断等故障，可采取对数据、程序更改或清除重新再输入的方法来恢复系统的正常工作。数控系统软件故障及排除见表 8.2.3。

表 8.2.3　数控系统软件故障及排除

故障现象	故障原因	排除方法
不能进入系统，运行系统时，系统界面无显示	可能是系统文件被病毒破坏或文件丢失，可能是计算机被病毒破坏，也可能是系统软件中有文件损坏或丢失	重新安装数控系统，将计算机的 CMOS 设为 A 盘启动；插入干净的软盘启动系统后，重新安装数控系统
	电子盘或硬盘物理损坏	电子盘或硬盘在频繁的读写中有可能损坏，这时应该修复或更换电子盘或硬盘
	系统 CMOS 设置不对	更改计算机的 CMOS
运行或操作中出现死机或重新启动	参数设置不当	正确设置系统参数
	同时运行了系统以外其他内存驻留程序	停止正在运行或调用的程序
	正从软盘或网络调用较大的程序	
	从已损坏的软盘上调用程序	
	系统文件被破坏①	用杀毒软件检查软件系统以清除病毒，或者重新安装系统软件进行修复
系统出现乱码	参数设置不合理	正确设置系统参数
	系统内存不足或操作不当	对系统文件进行整理，删除系统产生的垃圾
操作键盘不能输入或部分不能输入	控制键盘的芯片出现问题	更换控制芯片
	系统文件被破坏	重新安装数控系统
	主板电路或连接电缆出现问题	修复或更换主板电路或连接电缆
	CPU 出现故障	更换 CPU
I/O 单元出现故障，输入输出开关量工作不正常	I/O 控制板电源没有接通或电压不稳	检查线路，改善电源
	电流电磁阀、抱闸连接续流二极管损坏②	更换续流二极管
数据输入/输出接口(RS232)不能正常工作	系统的外部输入/输出设备的设定错误或硬件出现了故障③	对设备重新设定，更换损坏的硬件
	参数设置出现错误④	按照系统的要求正确地设置参数
	通信电缆出现问题⑤	对通信电缆进行重新焊接或更换

续表

故障现象	故障原因	排除方法
系统网络连接不正常	系统参数设置或文件配置不正确	按照系统要求正确设置参数
	通信电缆出现问题⑥	对通信电缆进行重新焊接或更换
	硬件故障⑦	对损坏的硬件进行更换

注：①系统在通信时或用磁盘拷贝文件时，有可能感染病毒，用杀毒软件检查软件系统以清除病毒或者重新安装系统软件进行修复。

②各个直流电磁阀、抱闸一定要连接续流二极管，否则，在电磁阀断开时，因电流冲击使得 DC24V 电源输出品质下降，造成数控装置或伺服驱动器随机故障报警。

③在进行通信时，操作者应首先确认外部的通信设备是否完好，电源是否正常。

④通信时需要将外部设备的参数与数控系统的参数相匹配，如波特率、停止位必须设成一致才能够正常通信。外部通信端口必须与硬件相对应。

⑤不同的数控系统，通信电缆的管脚定义可能不一致，如果管脚焊接错误或者虚焊等，通信将不能正常完成。另外通信电缆不能够过长，以免引起信号的衰减，导致故障。

⑥通信电缆不能够过长，以免引起信号的衰减，导致故障。

⑦通信网口出现故障或网卡出现故障时，可以用置换法判断出现问题的部位。

【效果评价】

评 价 表

模块名称	数控机床故障诊断与维修	学生姓名	
任务名称	数控系统的故障诊断与维修	分数	
考查内容		分值	考核得分
1. 对数控系统维修的基本要求的了解情况		10	
2. 对数控系统硬件故障诊断方法的了解情况		10	
3. 对数控系统硬件的更换方法的掌握情况		30	
4. 对数控系统软件故障诊断方法的了解情况		30	
5. 编制学习汇报报告情况		10	
6. 基本素养考核情况		10	
总体得分		100	
教师简要评语： 教师签名：			

任务 8.3　数控机床机械故障诊断与维修

【任务要求】

通过对本次任务的学习，掌握数控机床主传动系统与主轴部件的故障诊断与维修，了解滚珠丝杠副和导轨副的故障诊断与维护方法，了解刀库及换刀装置的故障及维修方法。

【知识准备】

数控机床机械部分的故障与普通机床机械部分的故障有许多共同点，因此，在对机床的机械故障进行诊断和维修时，有许多地方是相通的。但是，数控机床大量采用电气控制与电气驱动，这就使得数控机床的机械结构与普通机床的机械结构相比有很大的简化，因此数控机床机械结构的故障呈现出一些新的特征。在实际中，数控机床的机械故障种类繁多，本模块只能介绍一些共性部件的故障，如主传动系统、进给系统、机床导轨等的故障。

一、主传动部件的故障诊断与维修

（一）主传动链的维护

对于主传动链的维护，主要包括以下几个方面。

(1) 注意数控机床主传动系统的结构、性能参数，严禁超性能使用。

(2) 主传动链出现不正常现象时，应立即停机并及时排除故障。

(3) 操作者应注意观察主轴箱的温度，检查主轴恒温润滑油箱，调控温度范围，并保持油量充足。

(4) 使用带传动的主轴系统，需定期观察调整主轴驱动带的松紧程度，防止因驱动带打滑而造成丢转现象。

(5) 对于用液压系统平衡主轴箱重力的平衡系统，需定期观察液压系统的压力表，当油压低于要求值时，要及时补油。

(6) 用液压拨叉变速的主传动系统，必须在主轴停车后才能实施变速。

(7) 对于用啮合式电磁离合器变速的主传动系统，其离合器必须在低于 2 r/min 的转速下变速。

(8) 要注意保持主轴与刀柄连接部位以及刀柄的清洁，并应防止对主轴的机械碰撞。

(9) 每年应对主轴恒温润滑油箱中的润滑油进行一次更新，并清洗过滤器；每年清洗润滑油池底一次，并更换液压泵过滤器。

(10) 每天检查主轴的恒温润滑油箱，使其油量充足，以保证正常工作。

(11) 防止各种杂质进入润滑油箱，保持油液清洁。

(12) 经常检查轴端及各处密封性，防止润滑油泄漏。

(13) 夹具夹紧装置长时间使用后，会使活塞杆和拉杆间的间隙加大，造成拉杆偏置量减少，使碟形弹簧张闭伸缩量不够，影响刀具的夹紧，故需及时调整液压缸活塞的位移量。

(14) 经常检查压缩空气气压,并调整到标准要求值。足够的气压才能排除主轴锥孔中的切屑。

(二) 主传动部件的常见故障及排除

主传动系统的常见故障及排除方法见表 8.3.1。

表 8.3.1 主传动系统的常见故障及排除方法

序号	故障现象	故障原因	排除方法
1	主轴发热	主轴轴承损伤或轴承不清洁	更换轴承,清除脏物
		主轴前端盖与主轴箱体压盖研伤	修磨主轴前端盖,使其压紧主轴前轴承,保证轴承与后盖之间有 0.02～0.05 mm 间隙
		轴承润滑油脂耗尽或润滑油脂涂抹过多	涂抹润滑油脂,每个轴承涂抹 3 mL 即可
2	主轴在强力切削时停转	电机与主轴连接的皮带过松	移动电动机机座,拉紧皮带,然后将电动机机座重新锁紧
		皮带表面有油	用汽油清洗后擦干净,再装上
		皮带使用过久失效	更换新皮带
		摩擦离合器调整过松或摩擦片磨损	调整摩擦离合器,修磨或更换摩擦片
3	主轴噪声	缺少润滑	涂抹润滑脂,保证每个轴承涂抹润滑脂量不得超过 3 mL
		小带轮与大带轮传动不平稳	带轮上的平衡块脱落,重新进行动平衡调节
		主轴与电机连接的皮带过紧	移动电动机机座,使皮带松紧度合适
		齿轮啮合间隙不均匀或齿轮损坏	调整啮合间隙或更换新齿轮
		传动轴承损坏或传动轴弯曲	修复或更换轴承,校直传动轴
4	主轴没有润滑油循环或润滑不足	油泵转向不正确或间隙太大	改变油泵转向或修理油泵
		吸油管未插入油箱油面以下	将吸油管插入油面以下 2/3 处
		油管和滤油器堵塞	清除堵塞物
		润滑油压力不足	调整供油压力
5	润滑油泄漏	润滑油过量	调整供油量
		密封件损坏	更换密封件
		管件损坏	更换管件
6	刀具不能夹紧	碟形弹簧位移量较小	调整碟形弹簧行程长度
		夹具松紧弹簧上的螺母松动	顺时针旋转松开夹具弹簧上的螺母,使其最大工作载荷不得超过 13 kN
7	刀具夹紧后不能松开	夹具松紧弹簧压合过紧	逆时针旋转松开夹具弹簧上的螺母,使其最大工作载荷不得超过 13 kN
		液压缸压力和行程不够	调整液压缸压力和活塞行程开关位置

（三）主传动系统维修实例

［例 8-1］ 主轴噪声的故障维修。

故障现象：CK6140 车床运行在 1200 r/min 时，主轴噪声变大。

故障分析：CK6140 车床采用的是齿轮变速传动。一般来讲，主轴产生噪声的噪声源主要有：齿轮啮合时的冲击和摩擦产生的噪声；主轴润滑油箱的油不到位而产生的噪声；主轴轴承传动不良引起的噪声。将主轴箱上盖的固定螺钉松开，卸下上盖，发现油箱的油在正常水平。检查该挡位的齿轮及变速用的拨叉，看看齿轮有没有毛刺及啮合硬点，结果正常，拨叉上的铜块没有摩擦痕迹，且移动灵活。排除以上故障后，卸下皮带轮及卡盘，松开前后锁紧螺母，卸下主轴，检查主轴轴承，发现轴承的外环滚道表面上有一个细小的凹坑碰伤；更换轴承，重新安装好后，用声级计检测，主轴噪声降到 73.5 dB。

［例 8-2］ 主轴漏油的故障维修。

故障现象：ZJK7532 铣钻床在加工过程中出现漏油。

故障分析：该铣钻床为手动换挡变速，通过主轴箱上盖上方的注油孔加入冷却润滑油。在加工时只要速度达到 400 r/min，油就会顺着主轴流下来。观察油箱油标，油标显示油在上限位置。拆开主轴箱上盖，发现冷却油已注满了主轴箱（还未超过主轴轴承端），油标也被油浸没。可以肯定故障原因是油加得过多，在主轴达到一定速度时油弥漫出来。放掉多余的油后主轴运转时漏油问题解决。外部观察油标正常，是因为加油过急导致油标的空气来不及排出，油将油标浸没，从而给加油者假象，导致加油过多，从而漏油。

［例 8-3］ 主轴箱渗油的故障维修。

故障现象：CJK6032 车床主轴箱部位有油渗出。

故障分析：将主轴外部防护罩拆下，发现油从主轴编码器处渗出。CJK6032 车床的编码器安装在主轴箱内，属于第三轴，该编码器的油密封采用 O 形密封圈的密封方式。拆下编码器，将编码器轴卸下，发现 O 形密封圈的橡胶已磨损，弹簧已露出来，属于安装 O 形密封圈不当所致。更换密封圈后问题解决。

［例 8-4］ 加工件粗糙度不合格的故障维修。

故障现象：CK6136 车床车削工件粗糙度不合格。

故障分析：该机床在车削外圆时，车削纹路不清晰，精车后粗糙度达不到要求。在排除工艺方面的因素（如刀具、转速、材质、进给量、背吃刀量等）后，将主轴挡位挂到空挡，用手旋转主轴，感觉主轴较松。打开主轴防护罩，松开主轴止退螺钉，收紧主轴锁紧螺母。用手旋转主轴，感觉主轴旋转阻力合适后，锁紧主轴止退螺钉，重新精车，问题得到解决。

二、进给传动部件的故障诊断与维修

（一）滚珠丝杠副的常见故障及排除

1. 滚珠丝杠副的防护

滚珠丝杠副和其他滚动摩擦的传动器件一样，应避免硬质灰尘或切屑污物进入，因此必须装有防护装置。如果滚珠丝杠副在机床上外露，则应采用封闭的防护罩，如采用螺旋弹簧钢带套管、伸缩套管以及折叠式套管等。安装时将防护罩的一端连接在滚珠螺母的侧面，另一端固定在滚珠丝杠的支承座上。如果滚珠丝杠副处于隐蔽的位置，则可采用密封圈防护，密封圈装在螺母的两端。接触式密封圈采用耐油橡胶或尼龙制成，其内孔做成与丝杠螺纹滚道相匹配的形状；接触式密封圈的防尘效果好，但由于存在接触压力，摩擦力矩略有增加。非接触式密封圈又称迷宫式密封圈，它采用硬质塑料制成，其内孔与丝杠螺纹滚道的形状相反，并稍有间隙，这样可避免摩擦力矩，但是防尘效果差。工作中应避免碰击防护装置，防护装置若有损坏应及时更换。

2. 滚珠丝杠副的润滑

润滑剂可提高耐磨性及传动效率。润滑剂可分为润滑油和润滑脂两大类。润滑油一般为全损耗系统用油；润滑脂可采用锂基润滑脂。润滑脂一般加在螺纹滚道和安装螺母的壳体空间内，而润滑油则经过壳体上的油孔注入螺母的空间内。用润滑脂润滑的滚珠丝杠副，每半年更换一次滚珠丝杠上的润滑脂，清洗丝杠上的旧润滑脂，涂上新的润滑脂。用润滑油润滑的滚珠丝杠副，可在每次机床工作前加油一次。

3. 支承轴承的定期检查

应定期检查丝杠支承与床身的连接是否松动以及支承轴承是否损坏等。如有以上问题，要及时紧固松动部件或更换支承轴承。

4. 滚珠丝杠副常见故障及排除

滚珠丝杠副的常见故障及排除方法见表 8.3.2。

表 8.3.2 滚珠丝杠副的常见故障及排除方法

<table>
<tr><th>序号</th><th>故障现象</th><th>故障原因</th><th>排除方法</th></tr>
<tr><td rowspan="5">1</td><td rowspan="5">滚珠丝杠副有噪声</td><td>丝杠支承轴承的压盖压合情况不好</td><td>调整轴承压盖，使其压紧轴承端面</td></tr>
<tr><td>丝杠支承轴承可能破损</td><td>如轴承破损，更换新轴承</td></tr>
<tr><td>电动机与丝杠联轴器松动</td><td>拧紧联轴器锁紧螺钉</td></tr>
<tr><td>丝杠润滑不良</td><td>改善润滑条件，使润滑油量充足</td></tr>
<tr><td>滚珠丝杠副的滚珠有破损</td><td>更换新滚珠</td></tr>
<tr><td rowspan="4">2</td><td rowspan="4">滚珠丝杠运动不灵活</td><td>轴向预加载荷太大</td><td>调整轴向间隙和预加载荷</td></tr>
<tr><td>丝杠与导轨不平行</td><td>调整丝杠支座的位置，使丝杠与导轨平行</td></tr>
<tr><td>螺母轴线与导轨不平行</td><td>调整螺母座的位置</td></tr>
<tr><td>丝杠弯曲变形</td><td>校直丝杠</td></tr>
<tr><td>3</td><td>滚珠丝杠副传动状况不良</td><td>滚珠丝杠副润滑状况不良</td><td>补充润滑油或润滑脂，用润滑脂润滑的丝杠需要移动工作台，取下套罩，涂上润滑脂</td></tr>
</table>

5. 滚珠丝杠副维修实例

［例 8-5］ 跟踪误差过大报警。

故障现象：XK713 铣床加工过程中出现 X 轴跟踪误差过大报警。

故障分析：该机床采用闭环控制系统，伺服电动机与丝杠采用直连的连接方式。在检查系统控制参数无误后，拆开电动机防护罩，在电动机伺服带电的情况下，用手拧动丝杠，发现丝杠与电动机有相对位移，可以判断是由电动机与丝杠连接的胀紧套松动所致；拧紧紧固螺钉后，故障消除。

[例 8-6] 机械抖动。

故障现象：CK6136 车床在做 Z 向移动时有明显的机械抖动。

故障分析：该机床在做 Z 向移动时，明显感受到机械抖动。在检查系统控制参数无误后，将 Z 轴电动机卸下，单独转动电动机，电动机运行平稳。用扳手转动丝杠，振动手感明显。拆下 Z 轴丝杠防护罩，发现丝杠上有很多小铁屑及脏物，初步判断为丝杠故障引起的机械抖动。拆下滚珠丝杠副，打开丝杠螺母，发现螺母反向器内也有很多小铁屑及脏物，造成钢球运转流动不畅，时有阻滞现象。用汽油认真清洗，清除杂物，重新安装，调整好间隙，故障排除。

（二）导轨副的常见故障及排除

1. 导轨副的常见故障

影响机床正常运行和加工质量的主要参数有导轨副间隙、滚动导轨副的预紧力、导轨的直线度和平行度，导轨的润滑、防护条件也会影响机床的正常运行和加工质量。导轨副的常见故障及排除方法见表 8.3.3。

表 8.3.3 导轨副的常见故障及排除方法

序号	故障现象	故障原因	排除方法
1	导轨研伤	机床经长期使用，地基与床身水平度有变化，使导轨局部单位面积负荷过大	定期调整床身导轨的水平度，或修复导轨精度
		长期加工短工件或承受过分集中的负荷，使导轨局部磨损严重	注意合理分布短工件的安装位置，避免负荷过分集中
		导轨润滑不良	调整导轨润滑油量，保证润滑油压力
		导轨材质不佳	采用电镀加热自冷淬火对导轨进行处理，导轨上增加锌铝铜合金板，改善摩擦情况
		刮研质量不符合要求	提高刮研修复的质量
		机床维护不良，导轨里落入脏物	清除导轨内脏物，加强机床保养，保护好导轨的防护装置
2	导轨上移动部件运动不良或不能移动	导轨面研伤	用 180# 砂布修磨机床导轨面上的研伤
		导轨压板研伤	卸下压板，调整压板与导轨的间隙
		导轨镶条与导轨间隙太小	松开镶条防松螺钉，调整镶条螺栓，使运动部件运动灵活，保证 0.03 mm 的塞尺不得塞入，然后锁紧防松螺钉

续表

序号	故障现象	故障原因	排除方法
3	加工面在接刀处不平	导轨直线度超差	调整或修刮导轨，直线度允差为0.015/500
		工作台镶条松动或镶条弯度太大	调整镶条间隙，镶条弯度在自然状态下小于0.05mm/全长
		机床水平度差，使导轨发生弯曲	调整机床安装水平度，保证平行度、垂直度在0.02/1000之内

2. 导轨副维修实例

[例8-7] 车床 X 轴反向间隙过大。

故障现象：CK6140数控机床加工圆弧过程中发现 X 轴加工误差过大。

故障分析：在自动加工过程中，从直线到圆弧时接刀处出现明显的加工痕迹。用千分表分别检测车床的 Z、X 轴的反向间隙，发现 Z 轴为0.008 mm，而 X 轴有0.08 mm。可以确定该现象是由 X 轴反向间隙过大引起的。分别对电动机连接的同步带、带轮等检查无误后，将 X 轴分别移动至正、负极限处，将千分表压在 X 轴侧面，用手左右推拉 X 轴中拖板，发现有0.06 mm的移动值。可以判断是 X 轴导轨镶条引起的间隙。松开镶条止退螺钉，调整镶条调整螺母，移动 X 轴，X 轴移动灵活，间隙测试值还有0.01 mm；锁紧止退螺钉，在系统参数里将“反向间隙补偿值”设为相当于0.01 mm的值，重新启动系统运行程序，上述故障现象消失。

[例8-8] 跟踪误差过大报警。

故障现象：CJK6136数据机床运动过程中出现 Z 轴跟踪误差过大报警。

故障分析：该机床采用半闭环控制系统，在 Z 轴移动时产生跟踪误差过大报警，在检查系统控制参数无误后，对电动机与丝杠的连接等部位进行检查，结果正常。将系统的显示方式设为负载电流显示，空载时发现电流为额定电流的40%左右，在快速移动时就出现跟踪误差过大报警。用手触摸 Z 轴电动机，明显感受到电动机发热。检查 Z 轴导轨上的压板，发现压板与导轨间隙不到0.01 mm。可以判断是由于压板压得太紧而导致摩擦力太大，使得 Z 轴移动受阻，导致电动机电流过大而发热，快速移动时产生丢步而造成跟踪误差过大报警。松开压板，使得压板与导轨间的间隙在0.02～0.04 mm，锁紧紧固螺母，重新运行，机床故障排除。

三、刀库及换刀装置的常见故障与排除

（一）刀库及换刀机械手的维护方法

刀库与换刀机械手是数控机床的重要组成部分，应注意加强维护。

(1) 严禁把超重、超长、非标准的刀具装入刀库，防止在机械手换刀时掉刀或刀具与工件、夹具等发生碰撞。

(2) 采取顺序选刀方式的机床必须注意将刀具按顺序正确放置在刀库上。其他的选刀

方式也要注意所换刀具号须与所需刀具一致，防止换错刀具导致事故发生。

(3) 用手动方式往刀库上装刀时，要确保放置到位，刀具安装牢固，同时还要检查刀座上锁紧装置是否可靠。

(4) 刀库容量较大时，重而长的刀具在刀库上应均匀分布，避免集中于一段，否则刀库的链带拉得太紧，导致变形较大，并且可能有阻滞现象，使换刀不到位。

(5) 刀库的链带不能调得太松，否则会有“飞刀”的危险。

(6) 经常检查刀库的回零位置是否正确，机床主轴回换刀点的位置是否到位，发现问题应及时调整，否则不能完成换刀动作。

(7) 要注意保持刀具刀柄和刀套的清洁，严防异物进入。

(二) 刀库及换刀机械手的常见故障

刀库及换刀机械手结构复杂，且在工作中频繁运动，故障率较高。这里将刀架、刀库及换刀常见故障一起罗列出来，见表 8.3.4。

表 8.3.4　刀架、刀库及换刀常见故障及排除方法

故障现象	故障原因	排除方法
换刀时刀库一直旋转	刀位信号没有到达	检查线路是否有误
	I/O 输入输出板出错	维修或更换
	检测信号的开关损坏	维修或更换
刀库换刀动作不能完成	松刀感应开关或电磁阀损坏	更换松刀感应开关或电磁阀
	液压系统出现问题，液压缸因液压系统压力不足或漏油而不动作，或行程不到位	检查液压系统，排除故障
	PLC 调试出错，换刀条件不能满足	重新调试 PLC，观察 PLC 的 I/O 状态
	主轴系统出错	检查主轴驱动器是否报错
自动换刀时刀链运转不到位	液压系统出现问题，油路不畅通或液压阀出现问题	检查液压系统，排除故障
	液压马达出现故障	更换液压马达
	刀库负载过重或者有阻滞	检查刀库装刀是否合理
	润滑不良	排查润滑油路故障，使润滑油路畅通
刀具夹紧后不能松开，主轴刀柄取不下来	松刀力不够	调整机械部分
	气液压阀松或拉力气缸损坏	维修或更换
	拉杆行程不够或拉杆位置变动	调整机械部分
	7：24 锥孔为自锁与非自锁的临界点	重新调整
	刀具松夹弹簧压合过紧	调整刀具松夹弹簧
	液压缸压力和行程不够	对液压缸进行检查，并调整正常

续表

故障现象	故障原因	排除方法
刀具不能夹紧主轴，不能拉上刀柄	拉杆行程不够	对拉杆进行调整
	松刀接近开关位置变动	调整接近开关的位置
	拉杆头部损坏	更换拉杆
	阀未动作、卡死或者未上电	检查阀是否有动作或有电输出
	拉钉未拧紧或者型号选择不正确	检查拉钉并更换
	碟形弹簧位移量太小	调整碟形弹簧
	刀具松夹弹簧上螺母松动	拧紧紧固螺母

［例 8-9］ 一台车削中心，工作时 CRT 显示“未抓起工件”报警，但实际上抓工件的机械手已将工件抓起。

故障分析：查阅 PLC 图可知，此故障是测量感应开关发出的。检查机械手部位，发现机械手工作行程不到位，故障由未完全压下感应开关引起。随后调整机械手的夹紧力，此故障排除。

［例 8-10］ 一加工中心使用一段时间后出现换刀故障，刀插入主轴刀孔时，发生了错位，机床上无任何报警。

故障分析：仔细观察机床后，发现造成刀具插入错位的原因是主轴定向后又偏移了原来的位置。在使用手动方式检查主轴定向时发现：主轴在定向完成后位置是正确的，用手转动主轴后，主轴会慢慢向使力的相反方向转动一小段距离，逆时针旋转时主轴会稍偏离正常位置，再顺时针旋转后能返回到原来的位置。为了检查电气部分是否正常，在主轴定向后检查了有关的信号均正常，由于定向控制是通过编码器进行检测的，因此对编码器产生了怀疑。对该部分的电气和机械连接进行了检查，将主轴的编码器拆开后即发现编码器上的联轴器止退螺钉松动且已经后移，因而工作时编码器与检测齿轮不能同步，使主轴的定向位置不准，造成了换刀错位故障。

【效果评价】

评价表			
模块名称	数控机床故障诊断与维修	学生姓名	
任务名称	数控机床机械故障诊断与维修	分数	
考查内容		分值	考核得分
1. 对数控机床主传动链维护的了解情况		20	
2. 对数控机床主传动部件的常见故障及排除方法的了解情况		15	
3. 对数控机床滚珠丝杠副的维护和润滑方法的了解情况		20	

4. 对数控机床导轨的常见故障及排除方法的了解情况	30	
5. 编制学习汇报报告情况	10	
6. 基本素养考核情况	5	
总体得分	100	
教师简要评语： 教师签名：		

任务 8.4　伺服系统的故障诊断与维修

【任务要求】

通过对本次任务的学习，掌握数控机床伺服系统的工作要求，了解主轴伺服系统的常见故障与诊断方法，了解进给伺服系统的常见故障与诊断方法。

【知识准备】

一、伺服系统介绍

（一）伺服系统的组成

数控机床的伺服系统一般由驱动单元（电动机）、机械传动部件（丝杠）、机械执行部件和检测反馈单元等组成。驱动控制单元和驱动元件组成伺服驱动系统，机械传动部件和机械执行部件组成机械传动系统，检测元件和反馈电路组成检测反馈装置（或称作检测反馈系统）。伺服系统的一般结构如图 8.4.1 所示。

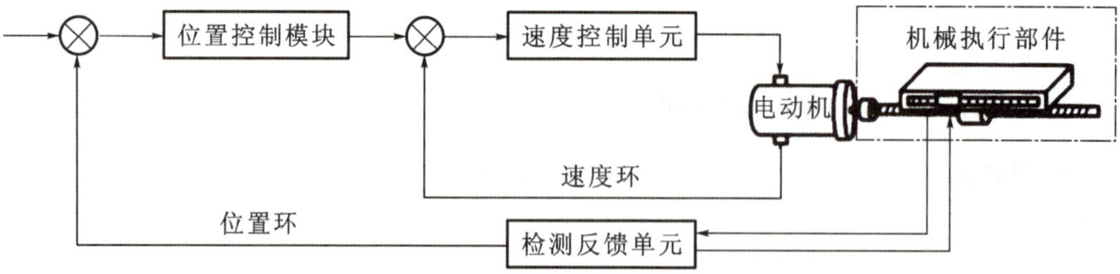

图 8.4.1　伺服系统的一般结构

（二）伺服系统的工作要求

数控机床的伺服系统是执行数控装置所发出指令的一个驱动机构。在机械加工生产应用中，伺服系统的性能对数控机床的定位性能、生产率、加工精度等多方面有着广泛的影响，因此，数控机床对其伺服系统的工作要求是非常严格的。

1. 要求有很强的承载能力

为了满足机械加工生产的基本要求，减小因摩擦力、切削力、惯性等这些非恒定载荷带来的影响，保证机床正常、稳定地运行，数控机床伺服系统的驱动主轴和进给机构都应该具备很强的承载能力。

2. 要求调速范围宽

为了适应各种不同的加工条件，减小如零件的材料、结构、部位、尺寸以及刀具和冷却等多种因素的影响，从而获取最好的生产加工状态，故要求数控机床的调速范围应很宽，并多为无级变速。如直线位移的进给速度应在 1～1500 mm/min 范围内。

3. 要有较高的控制精度

只有数控机床的伺服系统具备了较高的控制精度，才有可能得到较高的加工精度。满足这一要求体现在以下两个方面：

（1）定位要准确，特别是重复定位时误差应较小。

（2）系统的分辨率要很高。分辨率的高低取决于系统所采用的位置检测元件。

4. 要有合理的跟踪速度

跟踪速度是指伺服系统的快速响应性能，这主要体现在以下三个方面：

（1）驱动电动机要有良好的启动、制动、加速和减速运行状态。

（2）在低频运行时，其跟踪速度要适当，不可产生低频振荡。

（3）当负载突变时，要求恢复其正常速度的时间要很短，并且无振荡。

5. 要求系统的工作稳定和可靠

数控机床的伺服系统不仅要有良好的运行稳定性，而且还要有较好的抗干扰能力。

（三）伺服系统的作用

伺服系统位于数控装置与机床主体之间，是数控机床的关键部件。它的作用是将从数控装置输出线路接收到的微弱电信号，经功率放大电路放大为较强的电信号，然后将接收到的上述信号转换成模拟量信息，从而驱动执行电动机带动机床各运动部件按照约定的速度和轨迹进行运动。数控机床伺服系统的地位和作用如图 8.4.2 所示。

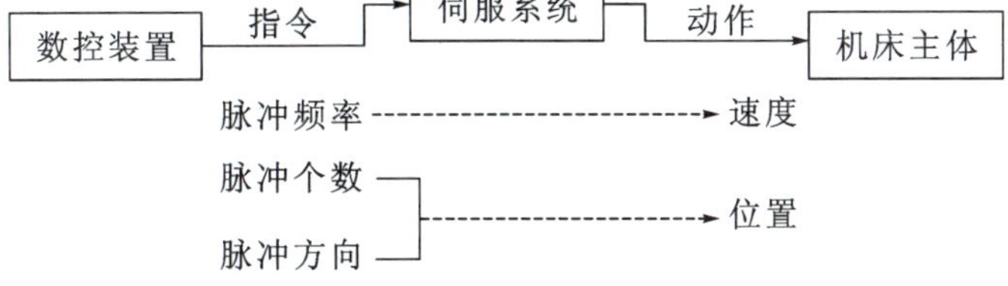

图 8.4.2　伺服系统的地位和作用

二、主轴伺服系统的故障与诊断

（一）主轴驱动系统使用注意事项和日常维护

1. 安装注意事项

主轴伺服系统对安装有较高的要求，这些要求是保证驱动器正常工作的前提条件，在维修时必须引起注意。

(1) 安装驱动器的电柜必须密封。为了防止电柜内温度过高，电柜设计时应将温升控制在 15 ℃以下。电柜的外部空气引入口应设置过滤器，并防止从排气口浸入粉尘或烟雾；电缆出入口、柜门等部分应进行密封，冷却电扇不要直接吹向驱动器，以免粉尘附着。

(2) 维修完成后，进行重新安装时，要遵循下列原则。

安装面要平，且有足够的刚性。

电刷应定期维修及更换，安装位置应尽可能使其检修容易。

冷却进风口的进风要充分，安装位置要尽可能使冷却部分的检修容易。

应安装在灰尘少、湿度不高的场所，环境温度应在 40 ℃以下。

应安装在切削液和润滑油不能直接溅到的位置上。

2. 使用前检查

(1) 检查伺服单元和电动机的信号线、动力线等的连接是否正常，连接处绝缘是否良好。

(2) 检查强电柜和电动机是否可靠接地。

(3) 检查电动机电刷的安装是否牢靠，电动机安装螺栓是否完全拧紧。

3. 使用时检查

(1) 检查速度指令与转速是否一致，负载指示是否正常。

(2) 检查是否有异常声音和异常振动。

(3) 检查轴承温度是否急剧上升。

(4) 检查电刷上是否有显著的火花发生痕迹。

4. 主轴驱动系统的正常维护

(1) 电柜的空气过滤器每月应清扫一次。

(2) 电柜及驱动器的冷却风扇应定期检查，保证其工作正常。

(3) 操作人员每天应注意主轴的旋转速度、异常振动、异常声音、通风状态、轴承温度、外表温度和异常臭味。

(4) 维护人员每月应对电刷、换向器进行检查，保证其工作正常。

(5) 维护人员每半年应对测速发电机、轴承、热管冷却部分、绝缘电阻进行检测，保证其工作正常。

（二）主轴伺服系统的故障形式与诊断维护方法

当主轴伺服系统发生故障时，通常有三种表现形式，一是在 CRT 或操作面板上显示报警内容提要或报警信息;二是在主轴驱动装置上用报警灯或数码管显示主轴驱动装置的故障;三是主轴工作不正常,但无任何报警信息。主轴伺服系统常见故障及诊断方法如下。

1. 外界干扰

由于屏蔽和接地措施不良,主轴转速指令信号或反馈信号受到电磁干扰,主轴驱动出现随机和无规律性的波动。

判别有无干扰的方法是:当主轴转速指令为零时,主轴仍往复转动,调整零速平衡和漂移补偿也不能消除故障。

2. 过载

切削用量过大,频繁正反转等均可引起过载报警。具体表现为主轴电动机过热、主轴驱动装置显示过电流报警等。可以通过改变切削用量或减少电动机正反转次数来解除报警。

3. 主轴转速与进给不匹配

当进行螺纹切削或用每转进给指令切削时,机床会出现停止进给、主轴仍继续运转的故障。要执行每转进给指令,主轴必须有每转一个脉冲的反馈信号,此故障一般情况下是主轴编码器工作异常引起的。

4. 主轴定位抖动

主轴准停用于刀具交换、精镗退刀及齿轮换挡等场合,准停要经过减速的过程,如减速或增益等参数设置不当,均可引起主轴定位抖动。

5. 主轴异常噪声及振动

发生此故障时首先要判断异常噪声及振动是发生在主轴机械部分还是发生在电气驱动部分。

6. 转速偏离指令值

当主轴转速超过技术要求所规定的范围时,要考虑以下几点。

a. 电动机过载。

b. CNC 系统输出的主轴转速模拟量(通常为 0～±10 V)没有达到与转速指令对应的值。

c. 测速装置有故障或速度反馈信号断线。

d. 主轴驱动装置故障。

7. 主轴电动机不转

可以从以下方面着手诊断:分析 CNC 是否有速度信号输出;在 CRT 上观察 I/O 状态,分析 PLC 梯形图以确定主轴的启动条件(润滑、冷却);主轴驱动系统是否发生故障;主轴电动机是否有故障。

三、进给伺服系统的故障与诊断

进给伺服系统由各坐标轴的进给驱动装置、位置检测装置及机床进给传动链等组成,进给伺服系统的任务就是要完成各坐标轴的位置控制。数控系统根据输入的程序指令及数据,经插补运算后得到位置控制指令,同时,位置检测装置将实际位置检测信号反馈给数控系统，构成全闭环或半闭环的位置控制。经位置比较后，数控系统输出速度控制指令至各坐标轴的驱动装置，经速度控制单元驱动伺服电动机带动滚珠丝杠传动进行进给运动。伺服电动机上的测速装置将电动机转速信号与速度控制指令比较，构成速度环控制。因此，进给伺服系统实际上是外环为位置环、内环为速度环的控制系统。对进给伺服系统的维护及故障诊断将落实到位置环和速度环上。

进给驱动系统与主运动系统比较，具有功率相对小，控制精度高，控制性能特别是动态控制性能好的优点。

（一）进给伺服系统的故障形式

进给伺服系统故障报警通常有三种形式，一是利用软件诊断程序在CRT上显示报警信息；二是在进给伺服驱动单元上用硬件（如发光二极管、熔断丝等）显示报警；三是没有任何报警指示。

1. 软件报警形式

在CRT上显示进给驱动的报警信号大致可分为三类。一是伺服进给系统出错报警，这类报警大多是速度控制单元方面的故障引起的，或是主控制印制线路板内与位置控制及伺服信号有关部分的故障；二是检测出错报警，是指检测元件（测速发电机、旋转变压器或脉冲编码器）或检测信号方面引起的故障；三是过热报警，是指伺服单元、变压器及伺服电动机过热而引起的各种报警。

2. 硬件报警形式

伺服驱动单元上用硬件来显示的报警大致可分为六类：大电流报警、高电压报警、低电压报警、速度反馈断线报警、保护开关动作报警、熔断丝烧断或断路器跳闸。

3. 无报警显示的故障

这类故障出现时没有任何报警提示，所以较难排除。常见的故障包括机床失控、机床振动、机床过冲、机床移动时噪声过大、圆柱度超差、伺服电动机不转。

（二）伺服电动机常见故障

1. 接线故障

由于接线不当，伺服电动机在使用一段时间后就可能出现一些故障，主要为插座脱焊、端子接线松开引起的接触不良。

2. 转子位置检测装置故障

若霍尔开关或光电脉冲编码器发生故障，则会引起电动机失控，导致进给有振动。

3. 电磁制动故障

对于带电磁制动的伺服电动机，若电磁制动器出现故障，则会出现得电不松开、失电不制动的现象。

出现上述故障后，可采用万用表或电桥测量电枢绕组的直流电阻，检查是否断路，并用兆欧表检查绝缘是否良好。将电动机与机械装置分离，用手转动电动机转子，正常情况下感觉有阻力，转一个角度后手放开，转子应有返回现象。如果用手转动转子时转子连续转几圈并自由停下，说明该电动机已损坏；如果用手转不动或转动后无返回，说明电动机机械部分可能有故障。

四、常见I/O元件的维护

（一）控制开关

在数控机床的操作面板上，常见的控制开关有以下几种。

1. 制动开关

制动开关包括主轴、冷却、润滑及换刀等制动按钮。这些按钮往往内装有信号灯，一般绿色表示启动，红色表示停止。

2. 保护开关

保护开关用于程序保护，如钥匙插入方可旋转操作的按钮式可锁开关，如图8.4.3所示。

3. 急停开关

急停开关用于紧急停止，如装有突出蘑菇形钮帽的红色紧停开关，如图8.4.4所示。

图8.4.3 保护开关

图8.4.4 急停开关

4. 选择开关

选择开关用于坐标轴选择、工作方式选择、倍率选择等，如手动旋转操作的转换开关。

5. 其他控制开关

在数控车床中，还有用于控制卡盘夹紧、放松，尾架顶尖前进、后退的脚踏开关等。

（二）行程开关

行程开关又称限位开关，它将机械位移转变为电信号，以控制机械运动。行程开关按结构可分为直动式、滚动式和微动式。

1. 直动式行程开关

直动式行程开关如图8.4.5所示，其动作过程与制动按钮类似，只是用运动部件上的撞块来碰撞行程开关的推杆，触点的分合速度取决于撞块移动的速度。这类行程开关在机床上主要用于坐标轴的限位、减速或执行机构，如用于液压缸、气缸塞的行程控制。

2. 滚动式行程开关

滚动式行程开关如图 8.4.6 所示。

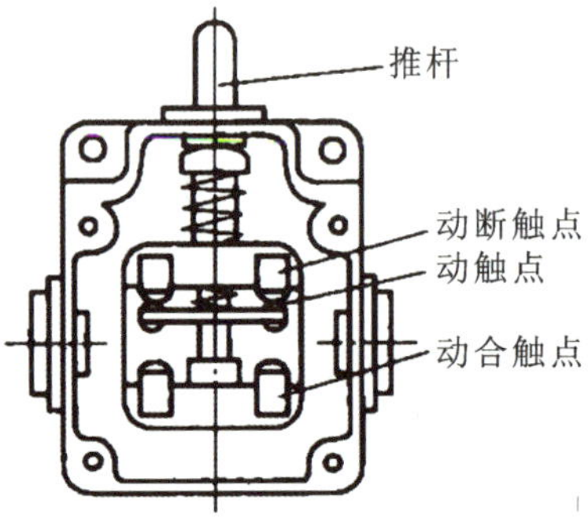

图 8.4.5　直动式行程开关

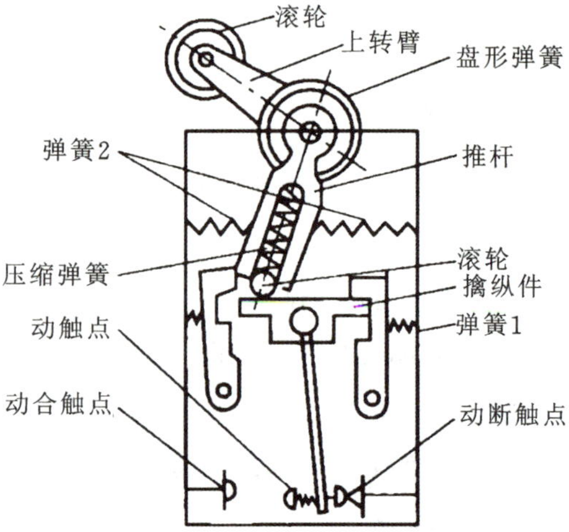

图 8.4.6　滚动式行程开关

当滚轮受到向左的外力作用时，上转臂向左下方转动，推杆向右转动，并压缩右边弹簧，同时下面的小滚轮也很快沿着擒纵件向右转动，小滚轮滚动又压缩弹簧，当滚轮经过擒纵件的中点时，盘形弹簧和弹簧Ⅰ都使擒纵件迅速转动，因而使动触头迅速地与右边的动断触头分开，并与左边的动合触头闭合。这样就减少了电弧对触头的烧蚀，并保证了动作的可靠性。这类行程开关适用于低速运动的机械。

3. 微动式行程开关

微动式行程开关简称微动开关，如图 8.4.7 所示。

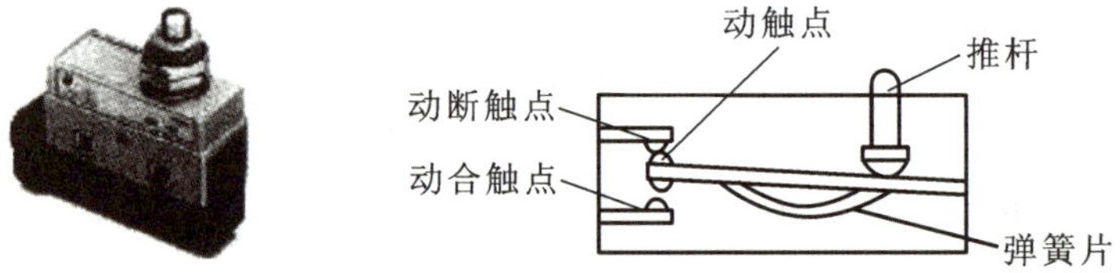

图 8.4.7　微动式行程开关

当推杆被压下时，弹簧片产生变形，当到达预定的临界点时，弹簧片连同动触点产生瞬时跳跃，使动断触点断开，动合触点闭合。微动开关就是这样通过控制推杆的运动来实现电路的接通、分断或转换的。微动开关具有体积小、动作灵敏等优点，在数控机床上常用于回转工作台和托盘交换等装置控制。

从以上各个开关的结构及动作过程来看，失效的形式有两种：一是弹簧片卡死，造成触点不能闭合或断开；二是触点接触不良。诊断方法为：用万用表测量接线端，在动合、动断状态下观察是否断路或短路。与行程开关相接触的撞块如图 8.4.8 所示。如果撞块设定的位置由于松动而发生偏移，就可能使行程开关的触点无动作或误动作，因此撞块的检查和调整是行程开关维护很重要的一个方面。

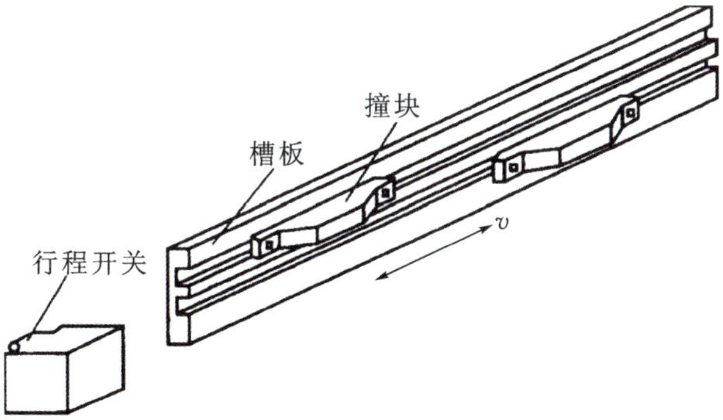

图 8.4.8　行程开关撞块

【效果评价】

评价表			
模块名称	数控机床故障诊断与维修	学生姓名	
任务名称	伺服系统的故障诊断与维修	分数	
考查内容		分值	考核得分
1. 对数控机床伺服系统组成的了解情况		20	
2. 对数控机床主轴伺服系统的故障形式与诊断方法的了解情况		30	
3. 对数控机床进给伺服系统常见故障的维护处理的了解情况		30	
4. 编制学习汇报报告情况		10	
5. 基本素养考核情况		10	
总体得分		100	
教师简要评语： 教师签名：			

任务8.5 任务实训

——四方刀架的拆装及故障排除

一、实训目的

(1) 了解数控车床的结构及控制原理;
(2) 了解数控车床刀架的常见故障并分析排除故障;
(3) 了解四方刀架日常维护保养知识;
(4) 培养学生的学习方法能力;
(5) 培养学生的交流与协作能力。

二、实训要求

(1)清楚四方刀架的技术要领,知道刀架故障的处理方法;
(2)了解四方刀架的组成和机构的装配关系,清楚数控系统的寻刀原理。

三、相关知识

1. 数控车床四工位刀架结构

经济型数控车床四方刀架是在普通车床四方刀架的基础上发展的一种自动换刀装置,其功能和普通四方刀架一样:有四个刀位;能装夹四把不同功能的刀具;方刀架回转90°时,刀具交换一个刀位。但方刀架的回转和刀位号的选择是由加工程序指令控制的。图8.5.1所示为WED4型方刀架结构图,主要由电动机1、刀架底座5、刀架体7、蜗轮丝杠4、定位齿盘6、转位套9等组成。

图8.5.2所示为其自动换刀工作原理图(其中零件标识与图8.5.1相同)。

2. 四方刀架工作过程

1) 刀架抬起

当数控系统发出换刀指令后,电动机1启动正转,通过平键套筒联轴器2使蜗杆轴3转动,从而带动蜗轮丝杠4转动。刀架体7的内孔加工有螺纹,与丝杠连接,蜗轮与丝杠为整体结构。当蜗轮开始转动时,由于刀架底座5和刀架体7上的端面齿处于啮合状态,且蜗轮丝杠轴向固定,这时刀架体7抬起。

2) 刀架转位

当刀架体抬至一定距离后,端面齿脱开,转位套9用销钉与蜗轮丝杠4连接,随蜗轮丝杠一同转动。当端面齿完全脱开时,转位套正好转过160°,球头销8在弹簧力的作用下进入转位套9的槽中,带动刀架体转位。

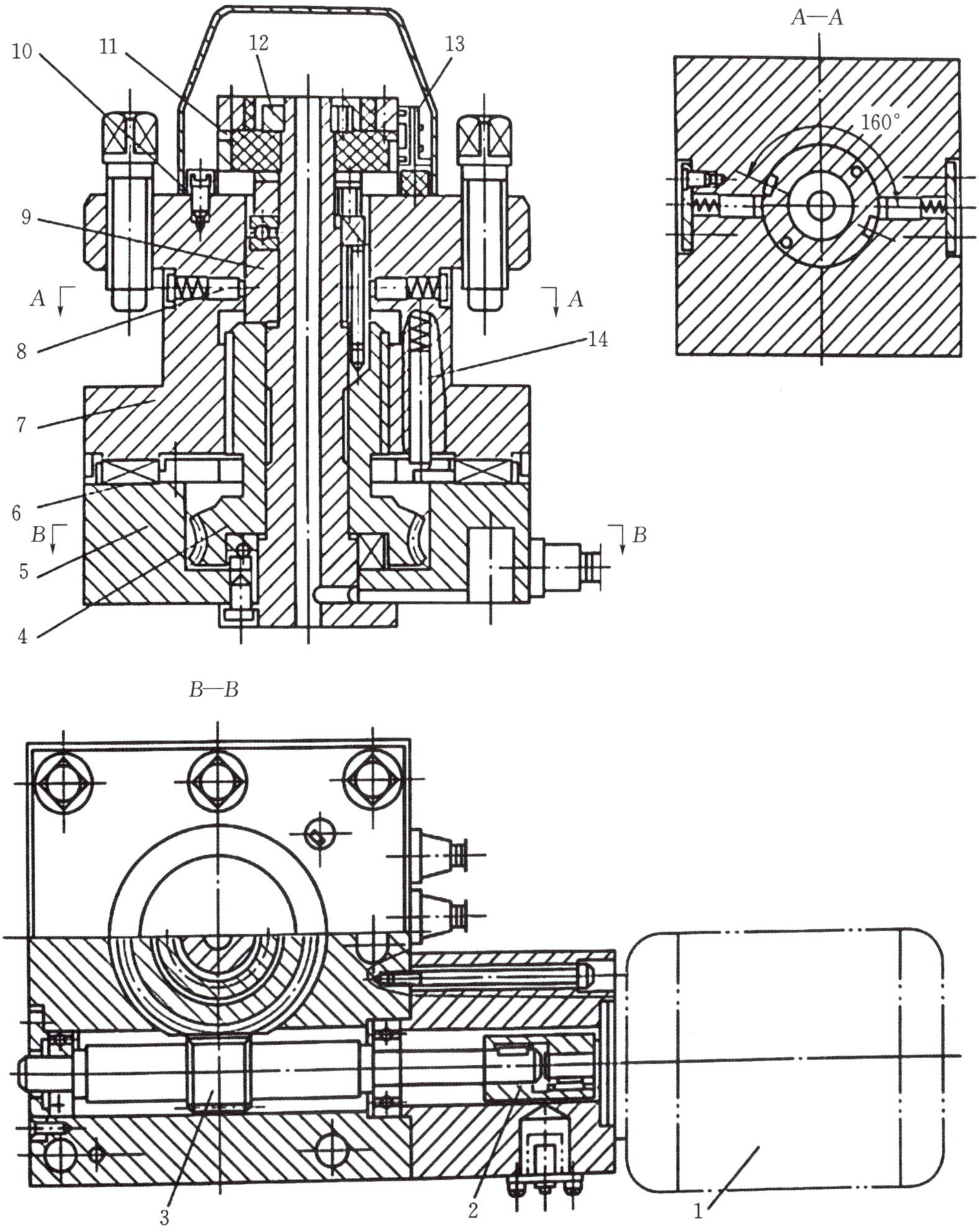

图 8.5.1　WED4 型方刀架结构图

1—电动机；2—联轴器；3—蜗杆轴；4—蜗轮丝杠；5—刀架底座；6—定位齿盘；7—刀架体；8—球头销；9—转位套；10—电刷座；11—发信体；12—螺母；13—电刷；14—粗定位销

3）刀架定位

刀架体 7 转动时带着电刷座 10 转动，当转到程序指定的刀号时，粗定位销 14 在弹簧的作用下进入定位齿盘 6 的槽中进行粗定位，同时电刷 13 接触导体使电动机 1 反转。由于粗定位槽的限制，刀架体 7 不能转动，使其在该位置垂直落下，刀架体 7 和刀架底座 5 上的端

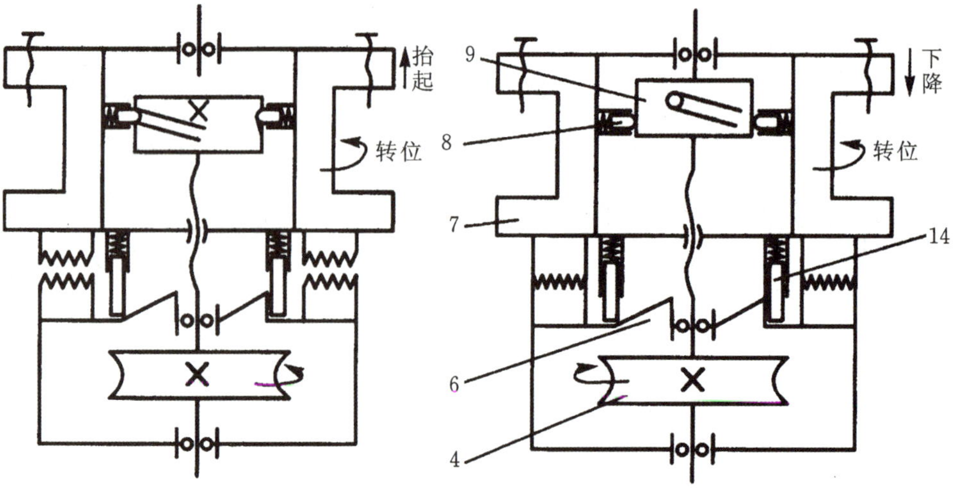

（a）抬起　　（b）下降

图 8.5.2　方刀架自动换刀工作原理图

面齿啮合实现精确定位。

4）夹紧刀架

刀架电动机继续反转，此时蜗轮停止转动，蜗杆轴 3 自身转动，两端面齿增加到一定夹紧力时，电动机 1 停止转动。

方刀架的自动换刀流程如图 8.5.3 所示。

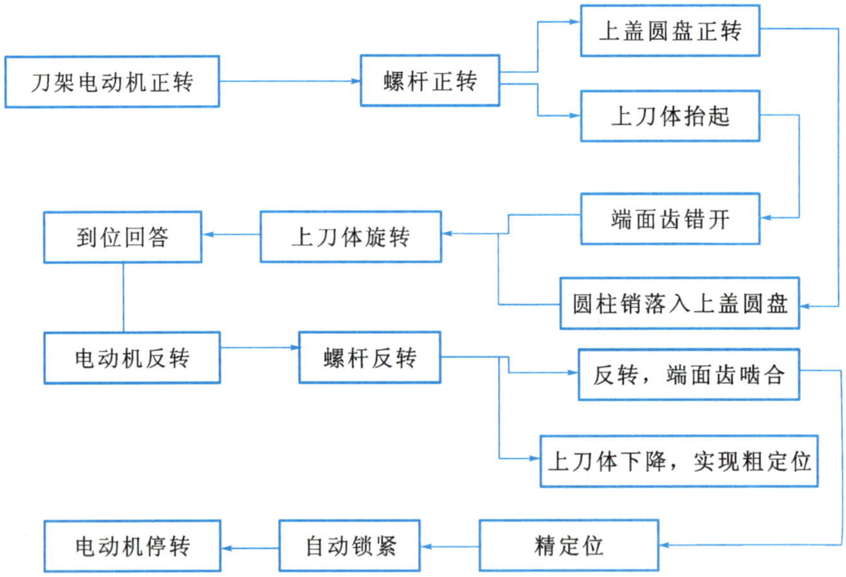

图 8.5.3　方刀架的自动换刀流程

四、实施步骤

1. 方刀架的拆装

以图 8.5.4 所示方刀架为例介绍具体拆装步骤。

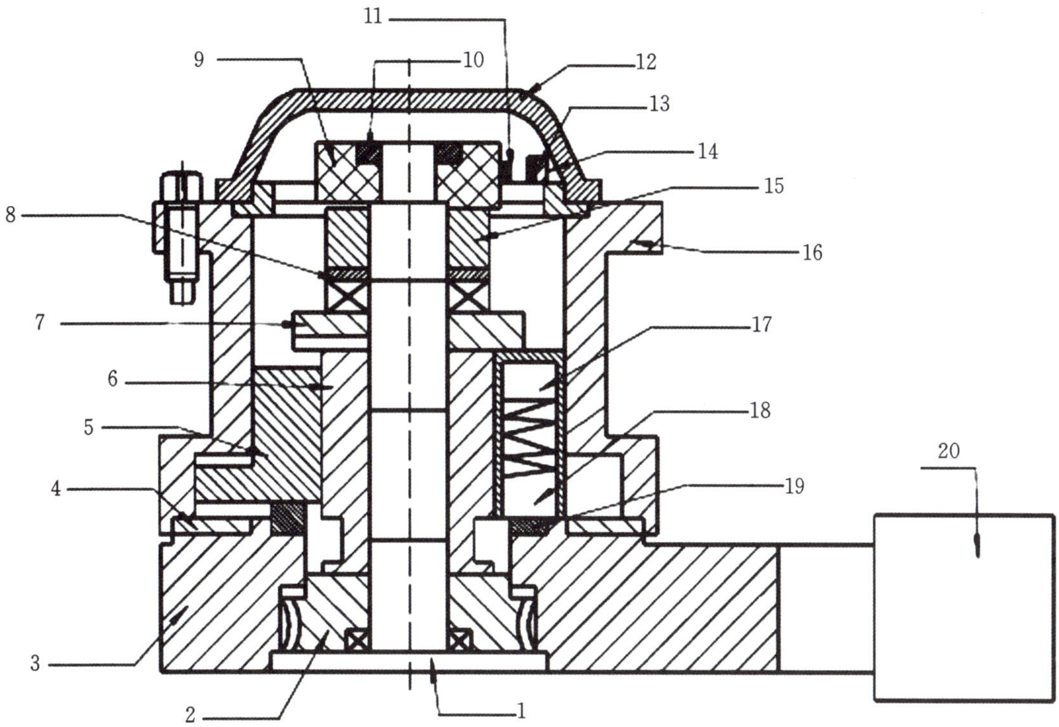

图 8.5.4　方刀架的拆装元件名称

1—中轴；2—蜗轮；3—下刀体；4—外端齿；5—销盘；6—螺杆；7—离合器盘；8—止退垫圈；9—发信盘；10—小螺母；11—霍尔元件；12—上盖；13—磁钢；14—磁钢座；15—大螺母；16—上刀体；17—离合销；18—反靠销；19—反靠盘；20—电机

(1) 关闭电源，拆下刀架顶部铝上盖。

(2) 拆下发信盘上 6 根信号线(注意各线接线位置)。

(3) 松开小螺母，拆下发信体。

(4) 松开大螺母中的内六角防松螺钉，卸下大螺母、止退垫圈、轴承、离合器盘。

(5) 将上刀体及内部零件拉出。松开下刀体与机床连接的 4 个 M12 内六角螺钉，将刀架从机床上卸下。

(6) 松开刀架底部 3 个 M5 螺钉，将 6 根信号线从主轴中抽出。从底部取出主轴及蜗轮。

(7) 清洗各部件，注意两对销子不能搞错，并在旋转部位加清洁黄油。内端齿部位及外端齿与下刀体旋转面加注清洁机油。

(8) 按图 8.5.4 所示将蜗轮、推力轴承垫圈、推力滚针轴承、主轴从下刀体底部装入。

(9) 从上面装上螺杆，螺杆下部的两凸台卡入蜗轮的两槽中。

(10) 将两反靠销沾上黄油后插入螺母上的两孔，将上刀体、外端齿、螺母总程旋入螺杆，旋至螺杆超出螺母 1～2 mm。从螺母上面将弹簧和离合销分别装入两反靠销孔中。装上离合器盘，转动上刀体，使离合销插入离合器盘槽中。

(11) 装上轴承、小键、止退垫圈、大螺母。（大螺母的紧松以刀架在松开状态大螺母旋紧后再反向松开 30°～40°为准）

(12) 手动旋转蜗杆轴端内六角螺钉，使每个刀位能正常锁紧，松开，转位。

(13) 拧上大螺母上的防松螺钉。

(14) 装上发信盘，接上信号线。（注意发信盘的霍尔元件位置基本与磁钢对齐，红线接正极，绿线接负极，其他根据刀位号以顺时针依次是黄、橙、蓝、白）

(15) 将刀架装上机床，通电试运行，检查运行是否正常。

2. 方刀架的故障分析

1)刀架旋转失控

(1) 故障现象。

加工过程中突然出现刀架旋转失控现象。发生故障时刀架可能旋转多圈而不能停止到位，且故障时有时无，没有规律。不论刀架正转还是反转都如此。

(2) 故障分析与排除。

根据故障现象可以判定刀架能够连续运转，所以，机械方面出现故障的可能性较小，主要是刀架运动系统方面的原因。刀架正常工作的全过程为：接收到转位信号→刀架抬起→转过一个刀位（仍在抬起状态）→刀架落下复位（准备执行下一个转位动作）。

为了进一步确定故障点，可以从发信盘和刀位线路做进一步检查。

2) 刀架回转定位精度不准

(1) 故障现象。

在换刀过程中，刀架停止的位置与所指定的刀号不配，或与理想的停止位置有一定角度的偏差。

(2) 故障分析与排除。

刀架回转定位精度不准故障主要是机械部分和定位检测元件的原因。①检查定位销是否灵活，弹簧是否疲劳。此时应修复定位销使其灵活或更换弹簧。②检查棘轮与蜗杆连接是否断开，若断开，需更换连接销。③检查某些机械部件是否磨损严重，若不能通过常规的调整、刀具间隙补偿等来解决，则需整体更换。④检查霍尔元件与磁铁是否错位，此时，应重新调整刀架轴上的锁紧螺母，使 4 个霍尔元件开关与感应磁铁逐一对应并锁紧螺母。

【效果评价】

评价表			
模块名称	数控机床故障诊断与维修	学生姓名	
任务名称	四方刀架的拆装及故障排除	分数	

考查内容	分值	考核得分
1. 对四方刀架结构的认知情况	20	
2. 对四方刀架控制原理的了解情况	10	
3. 对四方刀架结构拆装过程的熟悉程度	30	
4. 根据四方刀架故障现象来排除故障的熟练程度	15	
5. 编制学习汇报报告情况	20	
6. 基本素养考核情况	5	
总体得分	100	
教师简要评语： 教师签名：		

思考与练习

1. 机床维修拆卸前应做好的主要准备工作有哪些？

2. 简述数控机床故障诊断的原则。

3. 简述数控机床常用的故障诊断方法有哪些。

4. 试分析数控机床中主轴伺服系统的作用要求。

5. 数控机床维护与保养的基本要求是什么？

6. 数控机床维护与维修人员应具备哪些素质要求？你认为自己具备哪些条件？

7. 数控机床的点检管理是什么？

8. 简述机械故障的常规处理步骤有哪些。

9. 通过查阅资料，了解一级、二级保养时，清洗丝杠副、刀塔、尾座等部件，用何种清洗剂？

模块9 数控机床的安装与检验

模块导读

数控机床属于高精度、高自动化机床，安装调试时应严格按机床制造厂商提供的使用说明书及有关的技术标准进行。通常来说，数控机床从出厂直到能正常工作，需要经过一系列的安装和检验，才能保证机床能够正常工作。本模块主要讲述数控机床安装的要求和步骤，数控车床精度验收内容，加工中心精度检验，以及数控机床位置精度补偿等内容。

学习目标

1. 了解数控机床总装图；
2. 了解数控机床的机械总装；
3. 了解数控机床的试车调试过程；
4. 掌握数控机床机械部分的调试方法；
5. 掌握数控机床几何精度检验方法；
6. 掌握数控机床工作精度检验方法；
7. 掌握数控机床定位精度检验方法；
8. 掌握数控机床重复定位精度检验方法；
9. 掌握数控机床误差分析及调整方法。

思政元素

数控机床的安装与检验是一项极其具有实践性的内容，把思政教育贯穿到本模块的教学过程中，实现知识传授与价值取向相统一，达到“以德化人，以文育人”的目的。针对数控机床安装过程，培养学生树立大局观念和全局意识，培养一丝不苟、精益求精、追求卓越的工匠精神；针对数控机床精度检测和验收问题，适当地穿插一些“大国工匠”的网络视频，培养学生在工作中要注重细节，时刻保持认真、严谨的工作作风，从而逐步形成敬业、精益、专注的职业观。

知识架构

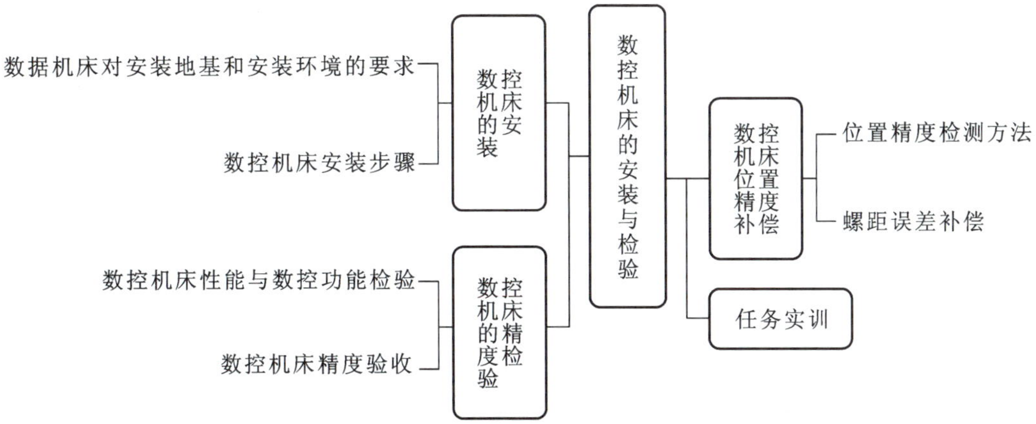

任务 9.1 数控机床的安装

【任务要求】

通过对本次任务的学习，了解数控机床对安装环境的一些要求，了解机床对地基的要求，了解数控机床的总装过程和步骤。

【知识准备】

一、数控机床对安装地基和安装环境的要求

机床的重量、工件的重量、切削过程中产生的切削力等作用力，都将通过机床的支承部件最终传至地基。地基质量的好坏，将关系到机床的加工精度、运动平稳性、变形、磨损以及机床的使用寿命。所以，在安装机床之前，应做好地基的处理。

为增大阻尼减少机床振动，地基应有一定的质量。为避免过大的振动、下沉和变形，地基应具有足够的强度和刚度。机床作用在地基上的压强一般为 $3\times10^4\sim8\times10^4\ \text{N/m}^2$，一般天然地基强度足以保证，但机床要放在均匀的同类地基上。对于精密和重型机床，较大的加工件在机床上移动时，会引起地基的变形，此时就需加大地基刚度并压实地基土以减小地基的变形。地基土的处理方法可采用压夯实法、换土垫层法、碎石挤密法或碎石桩加固法。对于精密机床或 50 t 以上的重型机床，其地基加固可用预压法或采用桩基基础。

在确定安放数控机床的位置上，根据机床说明书中提供的地基安装图进行施工，如图 9.1.1 所示。安装数控机床时还要考虑机床自身重量和重心位置，机床连接的电线、管道的铺设，预留地脚螺栓和预埋件的位置。

一般中小型数控机床无须做单独的地基，只需在硬化好的地面上，采用活动垫铁（见图 9.1.2）稳定机床的床身，用支承件调整机床的水平，如图 9.1.3 所示。大型、重型机床需要专门做地基，精密机床应安装在单独的地基上，地基周围还要设置防振沟，并用地脚螺栓紧固。

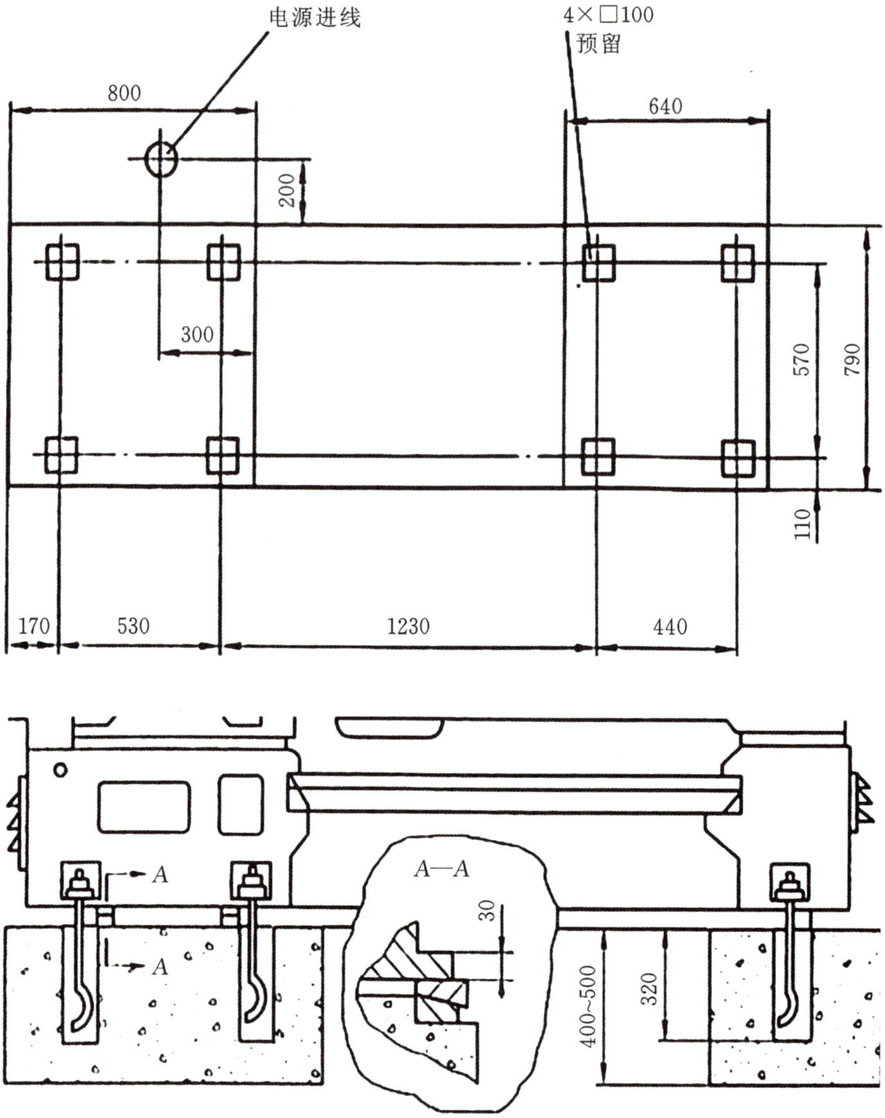

图 9.1.1 数控机床安装地基示意图

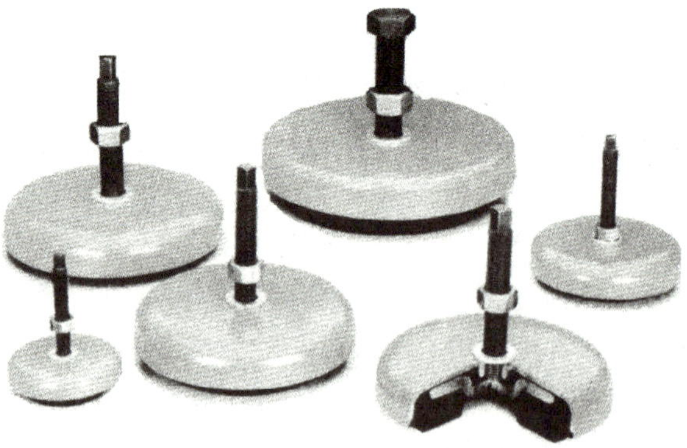

图 9.1.2 活动垫铁

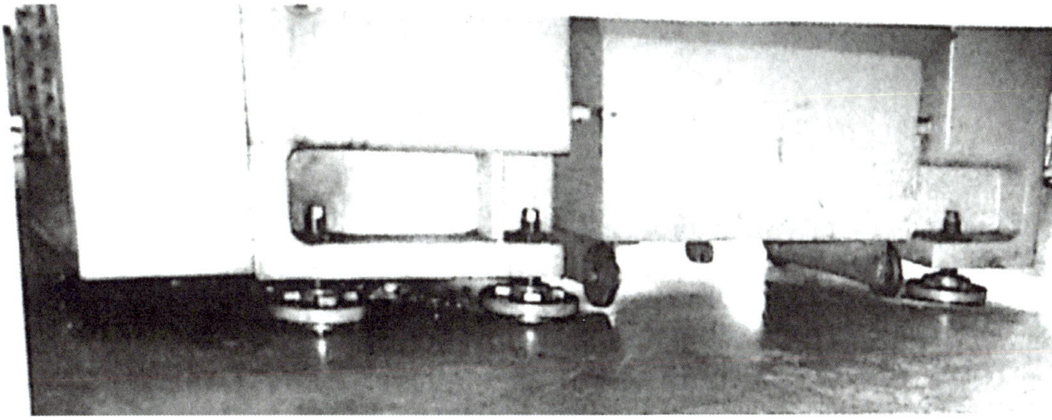

图 9.1.3 用活动垫铁支承的数控机床

常用的各种地脚螺栓及固定方法如图 9.1.4、图 9.1.5、图 9.1.6、图 9.1.7 所示。

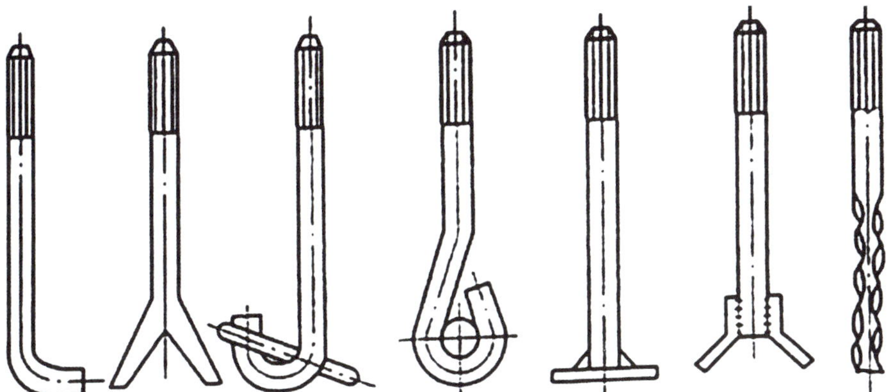

图 9.1.4 地脚螺栓

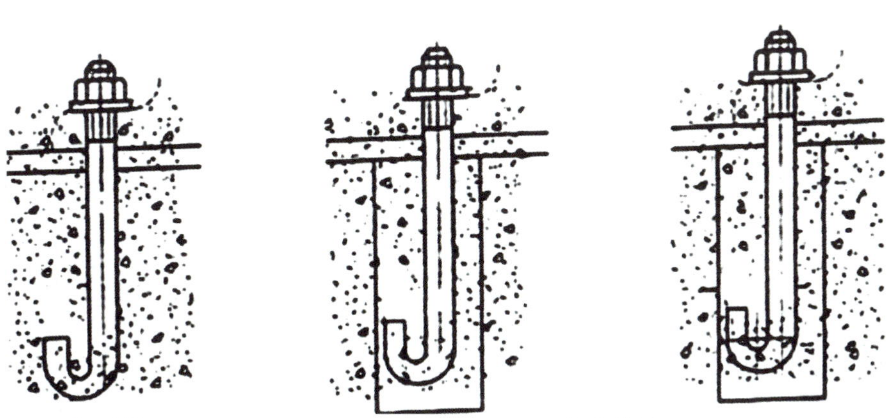

图 9.1.5 地脚螺栓的固定方法

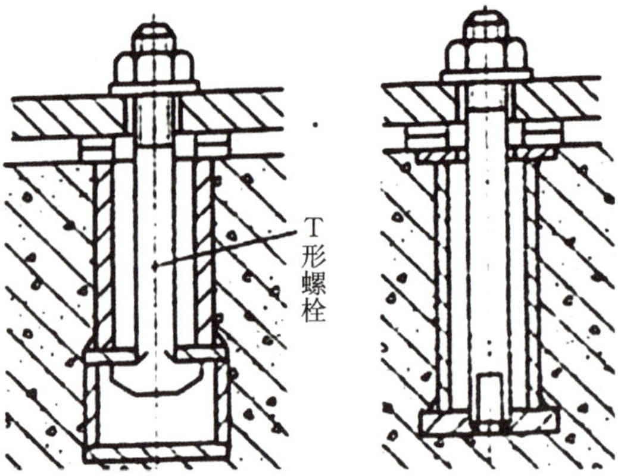

图 9.1.6　活地脚螺栓

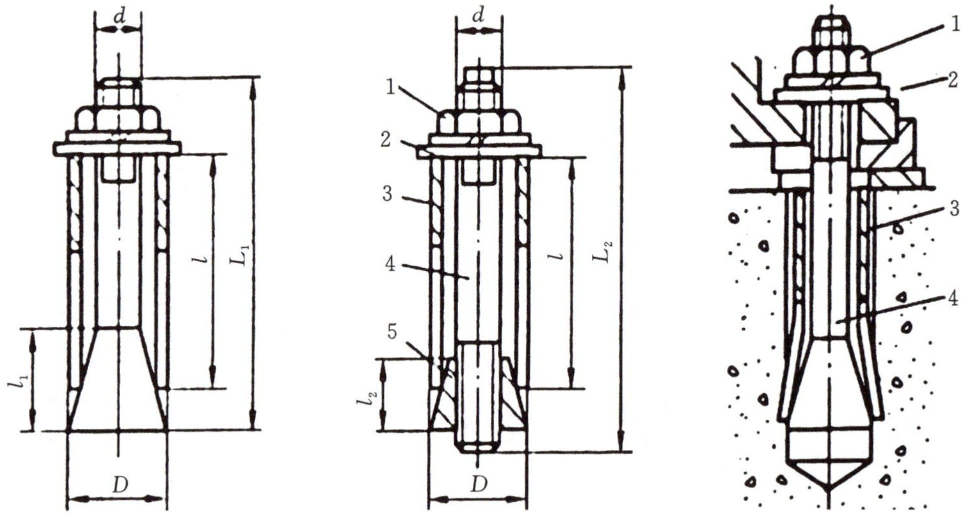

图 9.1.7　膨胀螺栓

1—螺母；2—垫圈；3—套筒；4—螺栓；5—锥体

地基平面尺寸应大于机床支承面的外廓尺寸，并考虑安装、调整和维修所需尺寸。此外，机床旁应留有足够的工件运输和存放空间，机床与机床、机床与墙壁之间应留有足够的通道。

机床的安装位置应远离焊机、高频设备等各种干扰源及机械振源，应避免阳光照射和热辐射的影响，其环境温度应控制在 0～45 ℃，相对湿度在 90%左右，必要时应采取适当措施加以控制。机床不能安装在有粉尘的车间里，应避免酸性腐蚀气体的侵蚀。

二、数控机床安装步骤

数控机床的安装可按图 9.1.8 所示流程进行。

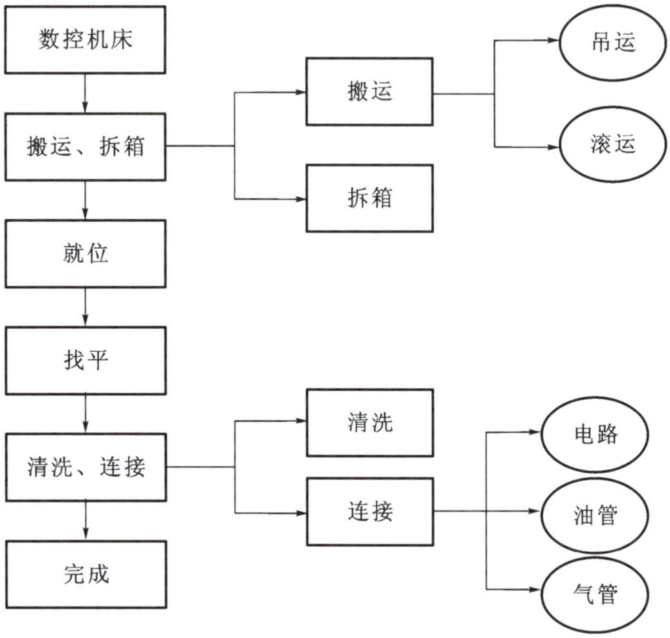

图 9.1.8　数控机床安装流程

1. 搬运及拆箱

数控机床吊运应单箱吊装，防止冲击振动。用滚子搬运时，滚子直径以 70～80 mm 为宜，地面斜坡度不得大于 15°。拆箱前应仔细检查包装箱外观是否完好无损；拆箱时，先将顶盖拆掉，再拆箱壁；拆箱后，应首先找出随机携带的有关文件，并按清单清点机床零部件数量和电缆数量等，并做检查记录。检查验收的主要内容如下：

(1) 包装是否完好。

(2) 技术资料是否齐全。

(3) 是否有机床出厂检验报告及合格证。

(4) 按照合同规定，对照装箱单清点检查部件、附件、备件及工具的数量、规格和完好程度。某数控车床装箱单如图 9.1.9 所示。

(5) 机床外观有无明显损坏，有无锈蚀、脱漆等现象，逐项如实做好有关记录并存档。

(6) 机床及附属装置应紧固的附件(如照明灯等)是否松动，电缆(线)、管路等的走线和固定是否符合要求等。

2. 就位

机床的起吊应严格按说明书上的吊装图进行，如图 9.1.10 所示。注意机床的重心和起吊位置。起吊时，将尾座移至机床右端锁紧，同时注意使机床底座呈水平状态，防止损坏漆面、加工面及突出部件。在使用钢丝绳时，应垫上木块或垫板，以防打滑。待机床吊起离地面 100～200 mm 时，仔细检查悬吊是否稳固。然后再将机床缓缓地送至安装位置，并使活动垫铁、调整垫铁、地脚螺栓等相应地对号入座。常用调整垫铁的类型见表 9.1.1。

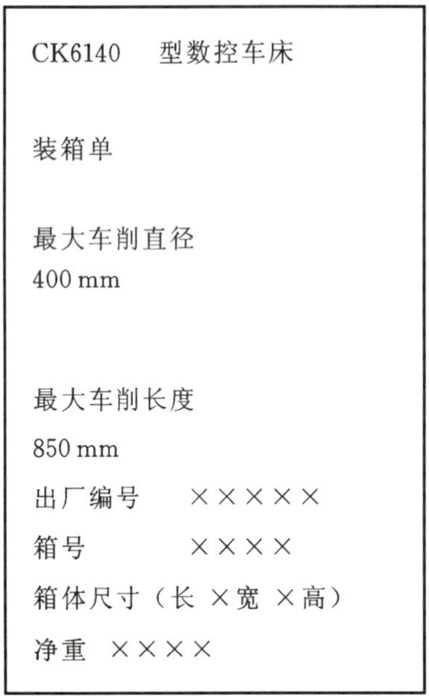

CK6140　型数控车床

装箱单

最大车削直径
400 mm

最大车削长度
850 mm

出厂编号　　××××××

箱号　　　　××××

箱体尺寸（长 ×宽 ×高）

净重　××××

图 9.1.9　某数控车床装单箱

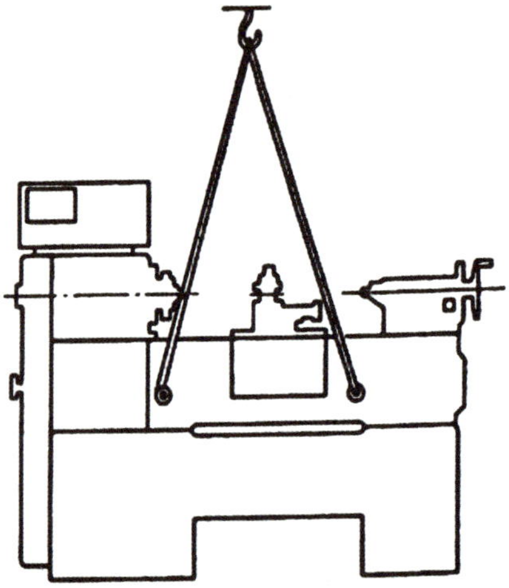

图 9.1.10　数控机床吊运方法示意

表 9.1.1　常用调整垫铁的类型

名称	图示	特点和用途
斜垫铁	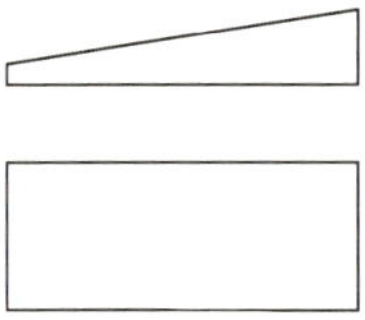	斜度 1∶10，一般配置在机床地脚螺栓附近，成对使用。用于安装尺寸小、要求不高、安装后不需要再调整的机床。亦可使用单个结构，此时与机床底座为线接触，刚度不高
开口垫铁	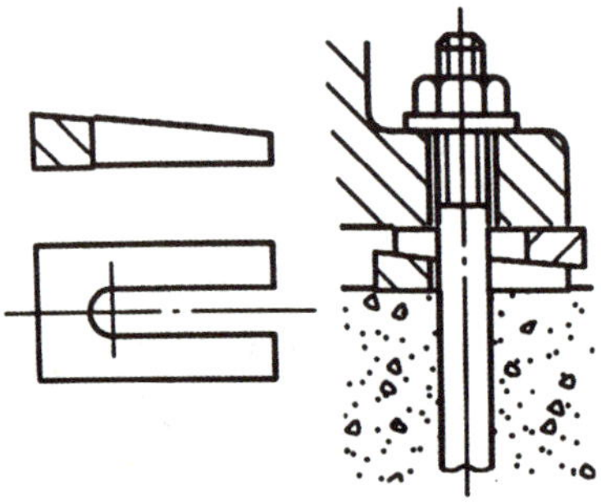	直接卡入地脚螺栓，能减小拧紧地脚螺栓时使机床底座产生的变形
带通孔斜垫铁	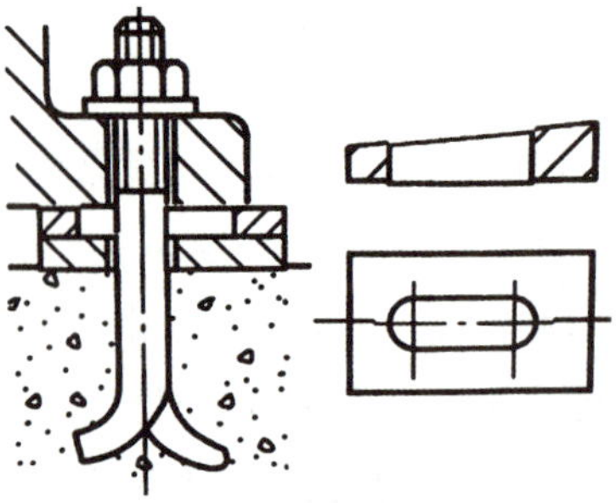	套在地脚螺栓上，能减小拧紧地脚螺栓时使机床底座产生的变形

续表

名称	图示	特点和用途
钩头垫铁	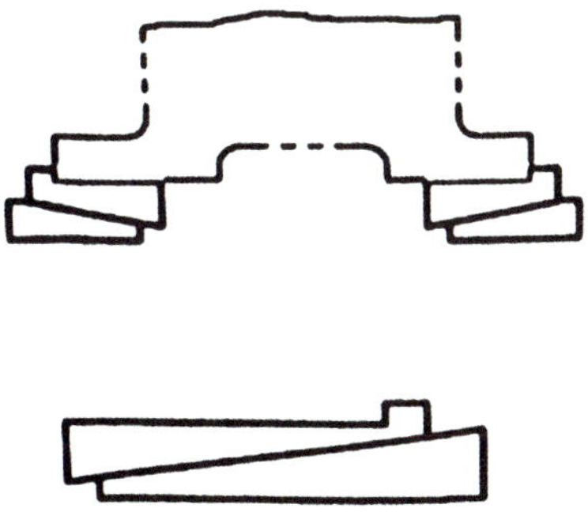	垫铁的钩头部分紧靠在机床底座边缘上，安装调整时起限位作用，安装水平不易走失，用于振动较大或质量为 10～15 t 的普通中、小型机床

3. 找平

将数控机床放置于地基上，在自由状态下按机床说明书的要求调整其水平，然后将地脚螺栓均匀地锁紧。找正安装水平的基准面，找正应在机床的主要工作面(如机床导轨面或装配基面)上进行。对中型以上的数控机床，应采用多块垫铁支承，将床身在自由状态下调成水平，水平精度应达到规定值。图 9.1.11 所示的机床上有 8 副调整水平垫铁，垫铁应尽量靠近地脚螺栓，以减少在紧固地脚螺栓时水平精度所发生的变化，水平仪示数应小于说明书中的规定数值。在各支承点都能支撑住床身后，再压紧各地脚螺栓。在压紧过程中，床身不能产生额外的扭曲和变形。高精度数控机床可采用弹性支承进行调整，抑制机床振动。

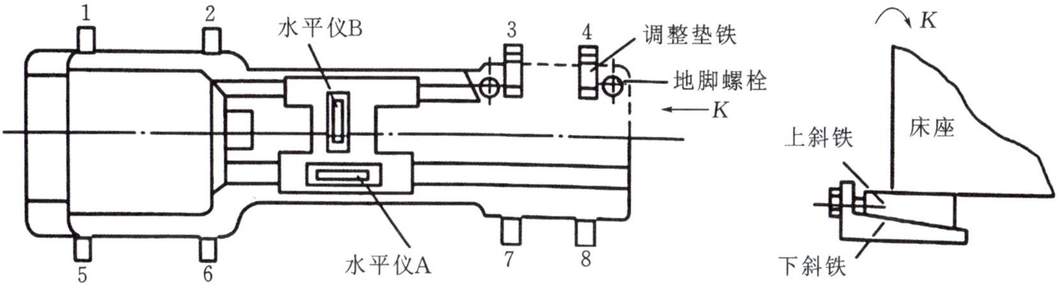

图 9.1.11　垫铁放置图

找平工作应选取一天中温度较稳定的时候进行。应避免使用引起机床产生强迫变形的安装方法，以免引起机床的变形，从而引起导轨精度和导轨配件连接状态的变化，使机床精度和性能受到破坏。对于已安装的数控机床，考虑水泥地基的干燥有一过程，故要求机床运行数月或半年后再精调一次床身水平，以保证机床长期工作精度，提高机床几何精度的保持性。

4. 清洗

拆除各部件上因运输需要而安装的紧固工件，如紧固螺钉、连接板、楔铁等，清理各连接面、运动面上的防锈涂料，清理时不能使用金属或其他坚硬刮具，不得用棉纱或纱布，要用浸有清洗剂的棉布或绸布。清洗后涂上机床规定使用的润滑油，并做好各外表面的养护工作。

5. 部件的组装和连接

机床部件的组装是指将分解运输的机床零部件重新组合成整机的过程。组装前注意做好部件表面的清洁工作，将所有连接面、导轨、定位面和运动面上的防锈涂料清洗干净，然后准确可靠地将各部件连接组装成整机。

在组装立柱、数控柜、电气柜、刀具库和机械手的过程中，机床各部件之间的连接定位均要求使用原装的定位销、定位块和其他定位元件，这样各部件在重新连接组装后，能够更好地还原机床拆卸前的组装状态，保持机床原有的制造和安装精度。

在完成机床部件的组装之后，按照说明书标注和电缆、管道接头的标记，连接电缆、油管、气管和水管。将电缆、油管和气管可靠地插接并密封处理，要防止出现漏油、漏气和漏水问题，特别要避免污染物进入液压、气压管路，否则会带来意想不到的麻烦。连接油管、气管时，注意防止异物从接口进入管路，避免造成整个气压、液压系统发生故障。每个接头都必须拧紧，若到试车时发现有油管渗漏或漏气现象，则要拆卸一大批管子，使安装调试的工作量加大，浪费时间。

6. 连接电源的检查

1）电源电压和频率的确认

检查电源输入电压是否与机床设定相匹配，频率转换开关是否置于相应位置。我国市电规格为交流三相 380 V、单相 220 V、频率 50 Hz。通常各国的供电制式各不相同，例如日本的供电制式为交流三相 200 V、单相 100 V、频率 60 Hz。

国产数控机床上常装有一些进口的元器件、部件和电动机等，这些元器件的工作电压可能与国内标准不一样，因此需单独配置电源或变压器。接线时，必须按机床资料中规定的方法连接。通电前，应确认供电制式符合要求。

2）电源电压波动范围的确认

检查电源电压波动是否在数控系统的允许范围内，否则需要配置相应功率的交流稳压电源。数控系统允许电源电压在额定值的±10%～±15%之间波动，如果电压波动太大则电气干扰严重，会使数控机床的故障率上升而稳定性下降。

3）输入电源相序的确认

检查伺服变压器原边中间抽头和电源变压器副边抽头的相序是否正确，否则接通电源时会烧断速度控制单元的熔丝。可以用相序表或示波器判断相序，若发现不对则将 T、S、R 中任意两条线对调一下再检查。

4）检查直流电源输出端对地是否短路

数控系统内部的直流稳压单元提供 5 V、15 V、24 V 等输出端电压，如有短路现象则会烧坏直流稳压电源。通电前要用万用表测量输出端对地的阻值，如发现短路应及时查清原因并予以排除。

5）检查直流电源输出电压

用数控柜中的风扇是否旋转来判断其电源是否接通。通过印制电路板上的检测端子，确认电压值 5 V、15 V 是否在±5%的允许波动范围之内，而±24 V 是否在±10%的允许波动范围之内。超出范围要进行调整，否则会影响系统工作的稳定性。

6）检查各熔断器

电源主线路、各电路板和电路单元都有熔断器装置。当电路超过额定载荷、电压过高或发生意外短路时，熔断器能够马上自行熔断切断电源，起到保护设备系统安全的作用。检查熔断器的质量和规格是否符合要求，要求使用快速熔断器的电路单元不能用普通熔断器，特别要注意所有熔断器都不允许用铜丝等代替。

最后，全面检查各部件的连接状况，检查是否有多余的接线头和管接头等。只有这些工作仔细完成后，才能保证试车顺利进行。

7. 参数的设定和确认

1）短接棒的设定

在数控系统的印制电路板上有许多待连接的短路点，可以根据需要用短接棒进行设定，用以适应各种型号机床的不同要求。对于整机购置的数控机床，其数控系统出厂时就已经设定好，只需要通过检查确认已经设定的状态即可。如果是单独购置的数控系统，就要根据所配套的机床自行设定，通常数控系统出厂时是按标准方式设定的，使用方根据实际需要自行设定个性内容。一般不同的系统所要设定的内容不一样，设定工作要按照随机附带的维修说明书进行。数控系统需要设定的主要内容有以下三个部分：

(1) 控制部分印制电路板上的设定。首先要设定主板、ROM板、连接单元、附加轴控制板、旋转变压器或感应同步器的控制板等，这些设定与机床返回参考点的方法、速度反馈用检测元件、检测增益调节、分度精度调节等有关。

(2) 速度控制单元电路板上的设定。这些设定用于选择检测反馈元件、回路增益以及是否产生各种报警等。

(3) 主轴控制单元电路板上的设定。这些设定用于直流或交流主轴控制单元，选择主轴电动机电流极限和主轴转速等。

2）参数的设定

数控系统的许多参数（包括可编程控制器PLC参数）能够根据实际需要重新设定，以使机床获得最佳的性能和最方便的状态。对于数控机床出厂时就已经设定的各种参数，在检查与调试数控系统时仍要求对照参数表进行核对。参数表是随机附带的一份很重要的技术资料，当数控系统参数意外丢失或发生错乱时，它是完成恢复工作不可缺少的依据。可以通过MDI/CRT单元上的PARAM参数键，显示存入系统存储器的参数，并按照机床维修说明书提供的方法设定和修改机床参数。

8. 通电试车

在通电试车前，首先要对机床进行全面润滑，包括给润滑油箱、润滑点灌注规定的油液或油脂，为液压油箱加足规定标号的液压油，为需要压缩空气的管道接通气压源。其次要调整机床的水平，粗调机床的主要几何精度。如果是大中型设备，要在初就位和已经完成组装的基础上，重新调整主要运动部件与机床主轴的相对位置，比如机械手、刀具库与主机换刀位置的校正，APC托架与工作台交换位置的找正等。

通电试车按照先局部分别供电试验，再全面供电试验的顺序进行。接通电源后首先查看有无故障报警，检查散热风扇是否旋转，各润滑油窗是否来油，液压泵电动机转动方向是否正确，液压系统是否达到规定压力指标，冷却装置是否正常等。在通电试车过程中要随时准备按压急停按钮,以避免发生意外情况时造成设备损坏。

先用手动方式分别操纵各轴及部件连续运行。通过CRT或DPL显示,判断机床部件移动方向和移动距离是否正确。使机床移动部件达到行程限位极限,验证超程限位装置是否灵敏有效,数控系统在超程时是否发出报警。机床基准点是运行数控加工程序的基本参照,要注意检查重复回基准点的位置是否完全一致。

在上述检查过程中如果遇到问题,要查明异常情况的原因并加以排除。当设备运行达到正常要求时,用水泥灌注主机和各部件的地脚螺栓孔,待水泥养护期满后再进行机床几何精度的调整和试运行。

9. 机床几何精度的调整

数控机床几何精度的调整内容和方法与普通机床基本相同。机床的几何精度主要是通过垫铁和地脚螺栓进行调整,必要时也可以通过稍微调整导轨上的镶条和预紧滚轮来达到精度要求。在机床水平和各运动部件全行程不平行度误差符合要求的同时,要注意所有垫铁都要处于垫紧状态,所有地脚螺栓都要处于压紧状态,以保证机床在投入使用后均匀受力,避免因受力不均而引起的扭曲或变形。

10. 机床试运行

为了全面地检查机床功能及工作可靠性,数控机床在安装调试完成后,要求在一定负载或空载条件下,按规定时间进行自动运行检验。国家标准GB/T 9061—2006《金属切削机床通用技术条件》规定了自动运行检验时间,数控车床为16 h,加工中心为32 h,要求在自动运行检验时间内连续运转不发生任何故障。如有故障或排障时间超过了规定的时间,则应对机床进行调整后重新作自动运行检验。

自动运行检验的程序叫考机程序,可以用机床生产厂家提供的考机程序,也可以根据需要自选或编制考机程序。通常考机程序要包括控制系统的主要功能,如主要的G指令、M指令、换刀指令、工作台交换指令,主轴最高、最低和常用转速,快速和常用进给速度。在机床试运行过程中,刀具库应装满刀柄,工作台上要装有一定重量的负载。

【效果评价】

<table>
<tr><th colspan="4">评 价 表</th></tr>
<tr><td>模块名称</td><td>数控机床的安装与检验</td><td>学生姓名</td><td></td></tr>
<tr><td>任务名称</td><td>数控机床的安装</td><td>分数</td><td></td></tr>
<tr><td colspan="2">考查内容</td><td>分值</td><td>考核得分</td></tr>
<tr><td colspan="2">1. 对数控机床安装环境要求的了解情况</td><td>10</td><td></td></tr>
<tr><td colspan="2">2. 小组计划执行情况</td><td>5</td><td></td></tr>
<tr><td colspan="2">3. 对数控机床安装流程的了解情况</td><td>30</td><td></td></tr>
<tr><td colspan="2">4. 对数控机床部件组装过程的了解情况</td><td>40</td><td></td></tr>
<tr><td colspan="2">5. 编制学习汇报报告情况</td><td>10</td><td></td></tr>
</table>

6. 基本素养考核情况	5	
总体得分	100	
教师简要评语： 教师签名：		

任务9.2 数控机床的精度检验

【任务要求】

通过对本次任务的学习，了解数控机床验收内容，掌握数控车床几何精度和工作精度的检验内容和方法，掌握加工中心几何精度和单项工作精度的检验内容和方法，掌握数控机床定位精度检验的相关知识。

【知识准备】

数控机床的检测验收工作是一项工作量和技术难度都很大的工作。用户需要根据机床出厂合格证上规定的内容，测定各项技术指标是否达到预定的要求。检验验收工作主要包括机床几何精度、切削精度（工作精度）、定位精度的检验，以及数控功能稳定性和可靠性的检验等。

一、数控机床性能与数控功能检验

数控机床性能和数控功能直接反映数控机床各项性能指标，并影响数控机床运行的正确性和可靠性。

1. 数控机床性能检验

与普通机床基本一样，数控机床性能的检验也是通过"耳闻目睹"和试运转的方式，检查各运动部件及辅助装置在启动、停止和运行中有无异常现象及噪声，润滑系统、冷却系统以及各风扇等工作是否正常，其主要检验项目如表9.2.1所示。

表9.2.1 数控机床性能检验项目

项目	说明
机床床身水平调整	在机床摆放粗调的基础上，用地脚螺栓、垫铁等对机床床身的水平进行精调。找正水平后移动机床上的立柱、滑板和工作台等部件，观察各坐标全行程内机床的水平变化情况，并做相应调整使机床几何精度在公差范围内。调整时，主要以调整垫铁为主，必要时可稍微改变导轨上的镶条和预紧滚轮等

续表

项目	说明
主轴性能检查	1.手动操作。选择低、中、高三挡转速，主轴连续进行5次正反转起动，然后停止操作，检验其动作的灵活性和可靠性，同时检查负载表上的功率显示是否符合要求。 2. 手动数据输入方式(MDI)操作。使主轴由低速开始，逐步提高到允许的最高速度。检查转速是否正常，一般允许误差不能超过±10%。在检查主轴转速的同时，观察主轴的噪声、振动、温升是否正常，机床的总噪声不能超过80 dB，主轴在高速运转2 h后温升不超过15 ℃。 3. 主轴准停。连续操作5次以上，检查其动作的灵活性和可靠性
进给轴的检查	1.手动操作。对各进给轴进行低、中、高速进给和快速移动，检查移动比例是否正确，观察移动是否平稳、顺畅，有无噪声存在。 2. 手动数据输入方式(MDI)操作。通过G00和G01指令功能，检测快速移动速度和进给速度是否正常，其允许误差为±5%
换刀装置的检查	用手动方式分步进行刀具交换动作，检查抓刀、装刀、拔刀等动作是否准确恰当。调整中采用校对检验方法进行检测。有误差时，可调整机械手的行程、移动机械手支座或更换刀库的位置等。 对于带APC交换工作台的机床，要把工作台运动到交换位置，调整托盘沿与交换台面的相对位置，使工作台自动交换时动作平稳、可靠、准确。然后，在工作台面上装上70%～80%的允许负载，进行多次自动交换动作，交换动作准确无误后再紧固各螺钉
机械零点检查	1.机床软硬限位可靠性检查。软限位一般由系统参数确定，软限位可靠性可以通过检查系统参数完成；硬限位由设置在各进给轴的极限位置行程开关确定。硬限位可靠性由行程开关的可靠性决定。 2. 回机械零点可靠性和准确性检查。采用回原点方式，检查各进给轴的回零性能
辅助装置检查	对于润滑、液压、气压、冷却、照明等辅助装置，可通过观察指示灯等方式检查其是否正常工作

2. 数控功能检验

数控功能的检测验收一般参照数控机床配备的数控系统说明书和订货合同的规定，用手动方式或程序的方式检测该数控机床应该具备的主要功能。主要检验项目如下：

(1) 检验快速移动指令、直线插补指令、圆弧插补指令的准确性。

(2) 检验坐标系选择、平面选择、暂停、刀具长度补偿、刀具半径补偿、螺距误差补偿、反向间隙补偿、镜像、自动加减速、固定循环及用户宏程序等指令的准确性。

(3) 检验回原点、单程序段、程序段跳读、主轴和进给倍率调整、进给保持、紧急停止、主轴和切削液的启停等功能的准确性。

(4) 检验编辑修改功能的准确性。

二、数控机床精度验收

数控机床的精度验收主要包括几何精度、切削精度和定位精度的验收。

数控机床的几何精度综合反映机床各关键零部件及其组装后机床整机的几何形状误差。机床几何精度的许多项目相互影响，必须在精调后一次性完成。机床几何精度检测的主要内容包括直线运动的平行度、垂直度；回转运动的轴向及径向跳动；主轴与工作台的位置精度等。

机床切削精度(工作精度)实质是对机床的几何精度和位置精度在切削加工条件下的一项综合考核。考核方法一般有两种：单项加工精度检查和加工一个标准试件的精度检查。国内多以单项检查为主。以立式加工中心为例，单项检查的加工精度有镗孔精度、端面铣刀铣平面的精度(*XY* 平面)、镗孔的孔距精度和孔径分散度、直线铣削精度、斜线铣削精度(两轴联动)、圆弧铣削精度等。对卧式加工中心，单项检查的加工精度还有箱体调头镗孔同心度、水平转台回转 90°铣四方的加工精度等。

(一) 数控车床精度检验

1. 数控车床几何精度检验

1) 床身导轨的直线度和平行度检验

车床床身导轨直线度会影响精车外圆圆柱度精度。调整床身导轨直线度时，应先从床头箱端开始(两个水平仪分别放于床鞍纵、横向导轨方向上)，确保靠近床头箱端时，水平仪示数为 0(从而尽可能保证主轴轴线为水平状态)。这时使床头箱后面的地脚螺栓 1、2 比前面的 3、4 预紧力更大一些，以适应车床的受力要求。然后水平仪沿床鞍逐段向床尾方向移动(每次 200 mm)，如图 9.2.1 所示，水平仪示数可适当增加，在保证床身导轨中凸的情况下，*X*/*Z* 轴符合精度要求，且床鞍后导轨适当偏高。

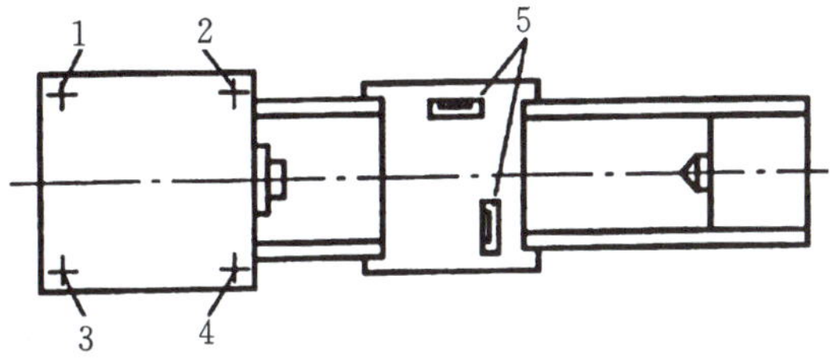

图 9.2.1 床身导轨的直线度和平行度的检验

1、2、3、4—螺栓；5—水平仪

(1) 纵向导轨调平后，床身导轨在垂直平面内的直线度检验。

检验工具：精密水平仪。

检验方法：如图 9.2.2 所示，水平仪沿 *Z* 轴方向放在滑板上，沿导轨全长等距离地在各位置上检验，记录水平仪的示数，在导轨全长内示数的最大差值即为床身导轨在垂直平面内的直线度。

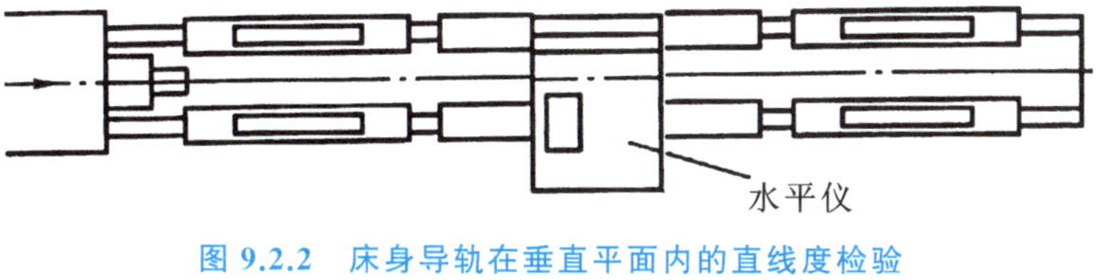

图 9.2.2 床身导轨在垂直平面内的直线度检验

(2) 横向导轨调平后，床身导轨的平行度检验。

检验工具：精密水平仪。

检验方法：如图 9.2.3 所示，水平仪沿 X 轴方向放在滑板上，在导轨上移动滑板，记录水平仪示数，其示数最大差值即为床身导轨的平行度误差。

2）滑板在水平面内移动的直线度检验

检验工具：指示器、检验棒、百分表和平尺。

检验方法：如图 9.2.4 所示，将检验棒顶在主轴和尾座顶尖上；再将百分表固定在滑板上，百分表水平触及检验棒母线；全程移动滑板，调整尾座，使百分表在行程两端示数相等，检验滑板在水平面内移动的直线度误差。

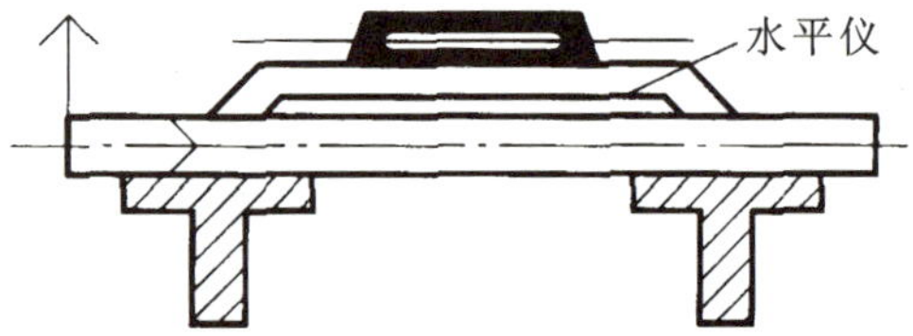

图 9.2.3　床身导轨的平行度检验

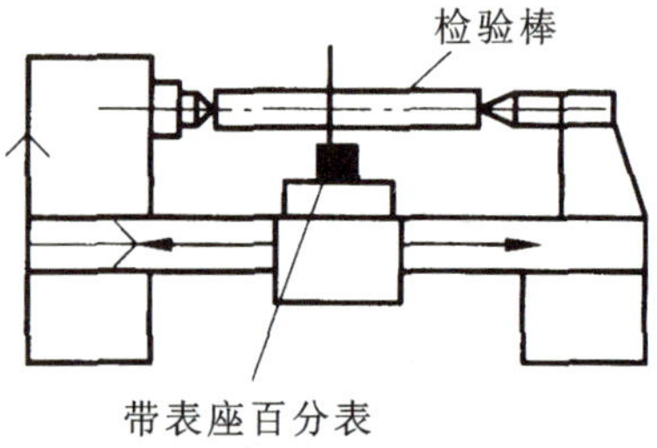

图 9.2.4　滑板在水平面内移动的直线度检验

3）尾座移动对滑板移动的平行度检验

检验内容：分别检验垂直平面内和水平面内尾座移动对滑板移动的平行度。

检验工具：两个百分表。

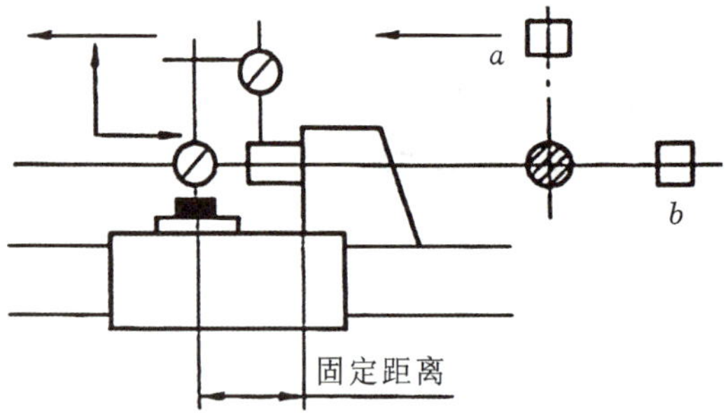

图 9.2.5　尾座移动对滑板移动的平行度检验

检验方法：如图 9.2.5 所示，使用一个百分表作为基准，保持滑板和尾座的相对位置。将尾座套筒伸出后，按正常工作状态锁紧，同时使尾座尽可能地靠近滑板，把安装在滑板上的第二个百分表示数相对于尾座套筒的端面调整为零；滑板移动时也要手动移动尾座直至第二个百分表的示数为零，使尾座与滑板相对距离保持不变。按此法使滑板和尾座全行程移动，只要第二个百分表的示数始终为 0，则第一个百分表的相应示数即为平行度误差。或沿行程在每隔 300 mm 处记录第一个百分表示数，百分表示数的最大差值即为平行度误差。第一个百分表分别在图中 a、b 位置测量，误差单独计算。

4）主轴跳动检验

检验内容：主轴的轴向窜动误差，主轴的轴肩支承面的跳动误差。

检验工具：百分表和专用装置。

检验方法：如图 9.2.6 所示，首先用专用装置在主轴线上加力 F（F 的值为消除轴向间隙的最小值），把百分表安装在机床固定部件上；然后使百分表测头沿主轴轴线分别触及专用装置的钢球和主轴轴肩支承面；最后旋转主轴，百分表示数最大差值即为主轴的轴向窜动误差和主轴轴肩支承面的跳动误差。

5）主轴定心轴颈的径向跳动误差检验

检验工具：百分表。

检验方法：如图 9.2.7 所示，首先把百分表安装在机床固定部件上，使百分表测头垂直于主轴定心轴颈并触及主轴定心轴颈；然后旋转主轴，百分表示数最大差值即为主轴定心轴颈的径向跳动误差。

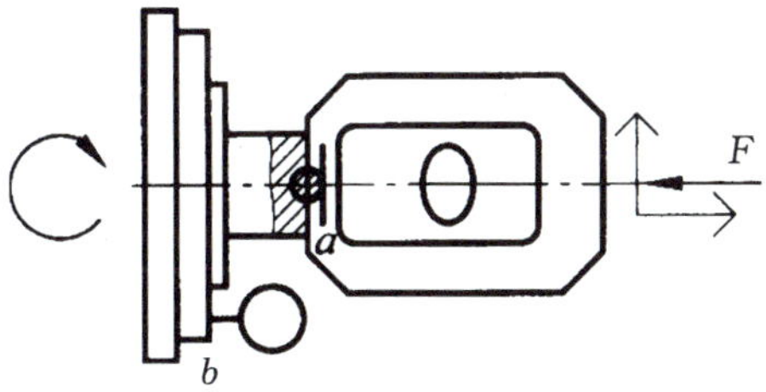

图 9.2.6　主轴跳动误差检验

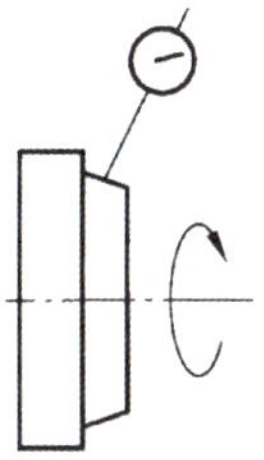

图 9.2.7　主轴定心轴颈的径向跳动误差检验

6）主轴锥孔轴线的径向跳动误差检验

检验工具：百分表和检验棒。

检验方法：如图 9.2.8 所示，将检验棒插在主轴锥孔内，百分表安装在机床固定部件上，百分表测头垂直触及被测表面，旋转主轴，记录百分表的最大示数差值，在 *a*、*b* 处分别测量主轴端部和与主轴端部相距 *L*（100）处主轴锥孔轴线的径向跳动。标记检验棒与主轴在圆周方向的相对位置，取下检验棒，同向分别旋转检验棒 90°、180°、270°后重新插入主轴锥孔，在每个位置分别检验。4 次检验的算术平均值即为主轴锥孔轴线的径向跳动误差。

7）主轴轴线（对滑板移动）的平行度检验

检验工具：百分表和检验棒。

检验方法：如图 9.2.9 所示，将检验棒插在主轴锥孔内，把百分表安装在滑板（或刀架）上，然后使百分表测头在垂直平面内触及被测表面（检验棒），移动滑板，记录百分表的最大示数差值及方向；旋转主轴 180°，重复测量一次。取两次示数的算术平均值作为在垂直平面内主轴轴线对滑板移动的平行度误差。再使百分表测头在水平面内垂直触及被测表面（检验棒），按上述方法重复测量一次，即得水平面内主轴轴线对滑板移动的平行度误差。

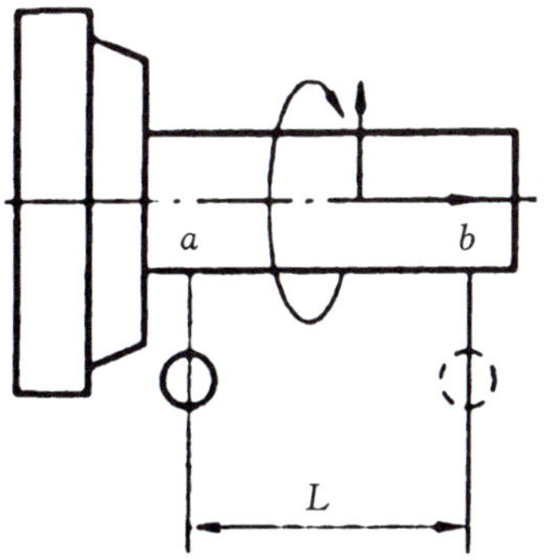

图 9.2.8　主轴锥孔轴线的径向跳动误差检验

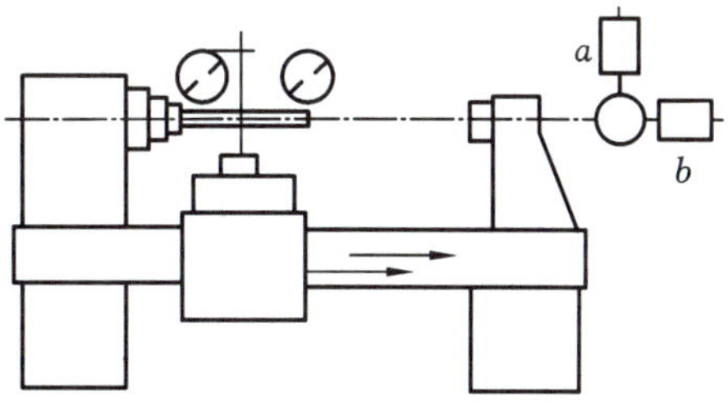

图 9.2.9　主轴轴线的平行度检验

8）主轴顶尖的跳动误差检验

检验工具：百分表和专用顶尖。

检验方法：如图 9.2.10 所示，将专用顶尖插在主轴锥孔内，把百分表安装在机床固定部件上，使百分表测头垂直触及被测表面，旋转主轴，记录百分表的最大示数差值。

9）尾座套筒轴线（对滑板移动）的平行度检验

检验工具：百分表。

检验方法：如图 9.2.11 所示，将尾座套筒伸出有效长度后，按正常工作状态锁紧。百分表安装在滑板（或刀架）上，然后使百分表测头在垂直平面内垂直触及被测表面（尾座套筒），移动滑板，记录百分表的最大示数差值及方向，即得在垂直平面内尾座套筒轴线对滑板移动的平行度误差。再使百分表测头在水平面内垂直触及被测表面（尾座套筒），按上述的方法重复测量一次，即得水平面内尾座套筒轴线对滑板移动的平行度误差。

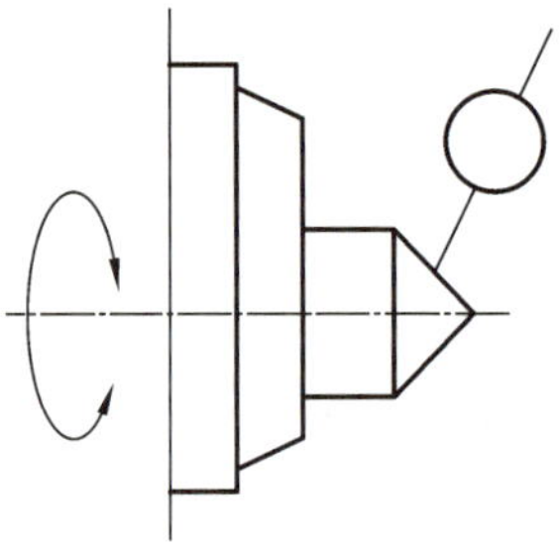

图 9.2.10　主轴顶尖的跳动误差检验

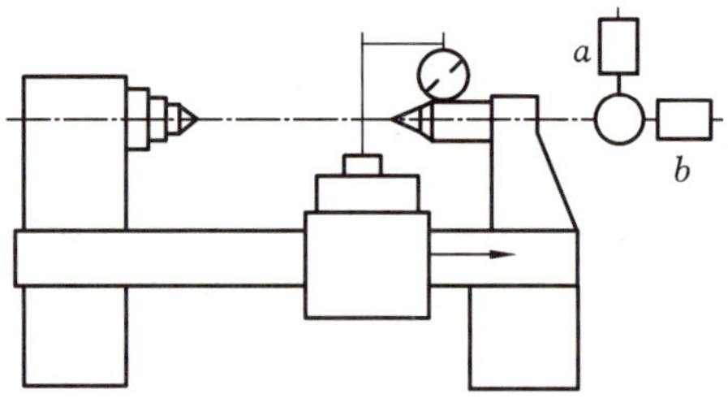

图 9.2.11　尾座套筒轴线的平行度检验

10）尾座套筒锥孔轴线的平行度检验

检验工具：百分表和检验棒。

检验方法：如图 9.2.12 所示，尾座套筒不伸出并按正常工作状态锁紧，将检验棒插在尾座套筒锥孔内，百分表安装在滑板（或刀架）上，然后使百分表测头在垂直平面内垂直触及被测表面（尾座套筒），移动滑板，记录百分表的最大示数差值及方向。取下检验棒，旋转检验棒 180°后重新插入尾座套筒锥孔，重复测量一次，取两次示数的算术平均值作为在垂直平面内尾座套筒锥孔轴线对滑板移动的平行度误差。再把百分表测头在水平面内垂直触及被测表面，按上述方法重复测量一次，即得在水平面内尾座套筒锥孔轴线对滑板移动的平行度误差。

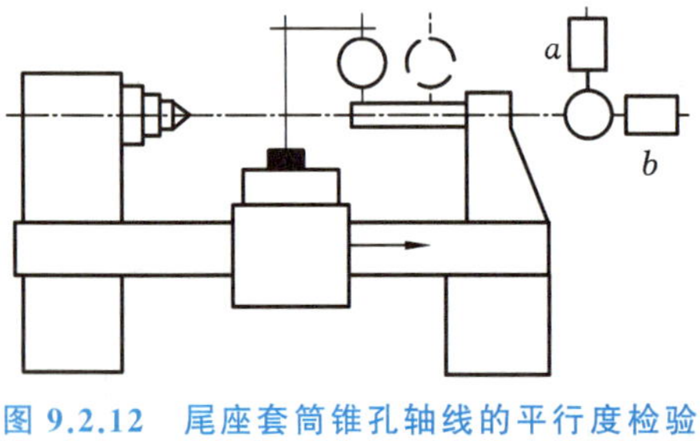

图 9.2.12　尾座套筒锥孔轴线的平行度检验

11）床头和尾座两顶尖的等高度检验

检验工具：百分表和检验棒。

检验方法：如图 9.2.13 所示，将检验棒顶在床头和尾座两顶尖上，把百分表安装在滑板（或刀架）上，使百分表测头在垂直平面内垂直触及被测表面（检验棒），然后移动滑板至行程两端，移动小滑板（X 轴），记录百分表在行程两端的最大示数值的差值，即为床头和尾座两顶尖的等高度误差。测量时注意方向。

12）刀架横向移动对主轴轴线的垂直度检验

检验工具：百分表、圆盘、平尺。

检验方法：如图 9.2.14 所示，将圆盘安装在主轴锥孔内，百分表安装在刀架上，使百分表测头在水平面内垂直触及被测表面（圆盘），再沿 X 轴移动刀架，记录百分表示数的最大差值及方向。将圆盘旋转 180°，重新测量一次，取两次示数的算术平均值作为横刀架横向移动对主轴轴线的垂直度误差。

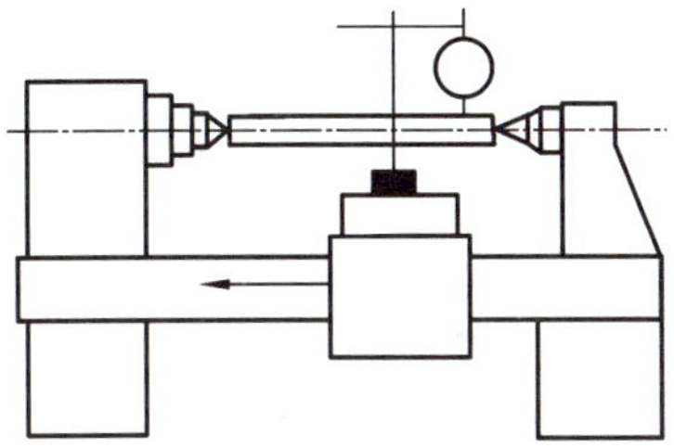

图 9.2.13　床头和尾座两顶尖的等高度检验

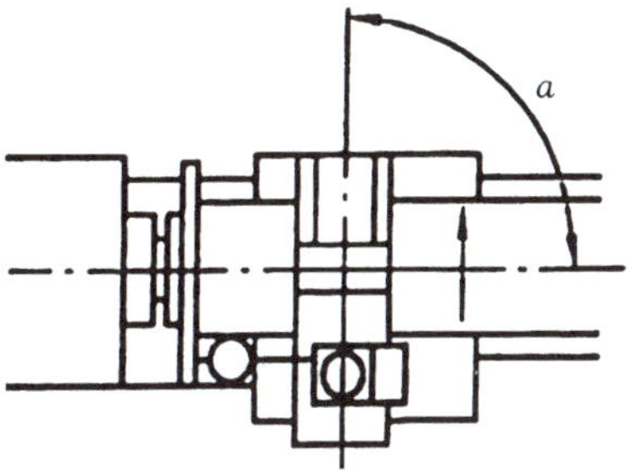

图 9.2.14　刀架横向移动对主轴轴线的垂直度检验

2. 数控车床工作精度检验

1）精车圆柱试件的圆度

检验工具：千分尺。

检验方法：精车外圆直径为 D 的试件。

如图 9.2.15 所示，用千分尺测量检验试件靠近主轴轴端的半径变化，取半径变化最大值近似作为圆度误差；用千分尺测量检验零件的每一个环带直径的变化，取最大差值作为切削加工直径的一致性误差。

2）精车端面的平面度

检验工具：平尺、量块。

检验方法：精车试件端面，试件如图 9.2.16 所示，使刀尖回到车削起点位置，把指示器安装在刀架上，指示器测头在水平面内垂直触及圆盘中间，向 X 轴负方向移动刀架，记录指示器的示数及方向。用终点时示数减起点时示数之差除以 2 即为精车端面的平面度误差。若数值为正，则平面是凹的。

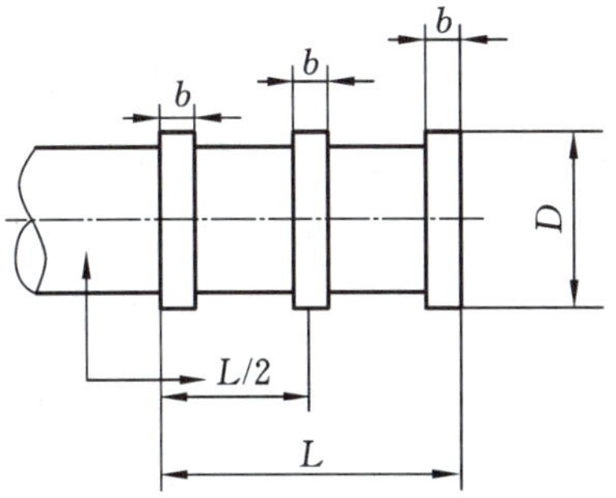

图 9.2.15　精车圆柱试件的圆度

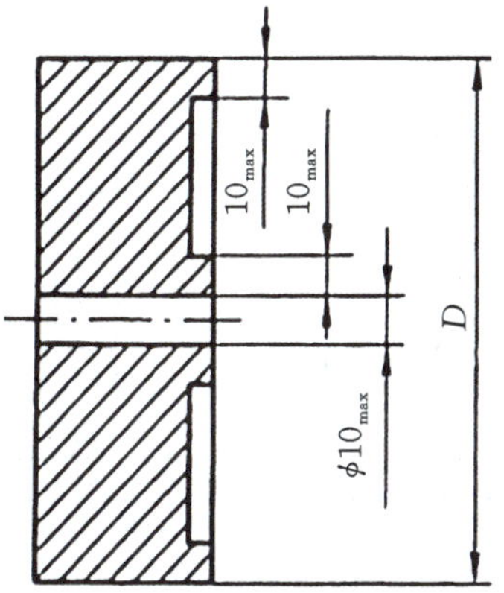

图 9.2.16　精车端面平面度检验试件

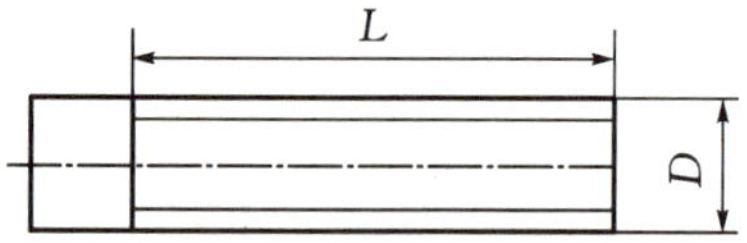

图 9.2.17　螺距精度检验试件

3）螺距精度

检验工具：丝杠螺距测量仪。

检验方法：可取外径为 50 mm、长度为 75 mm、螺距为 3 mm 的丝杠作为试件进行检验。工件如图 9.2.17 所示。

4）精车圆柱形零件的直径尺寸精度和长度尺寸精度

检验工具：测高仪、杠杆卡规。

检验方法：用程序控制加工圆柱形零件（零件轮廓用一把单刃车刀精车而成），零件如图 9.2.18 所示，测量其实际轮廓与理论轮廓的偏差，公差应小于 0.045 mm。

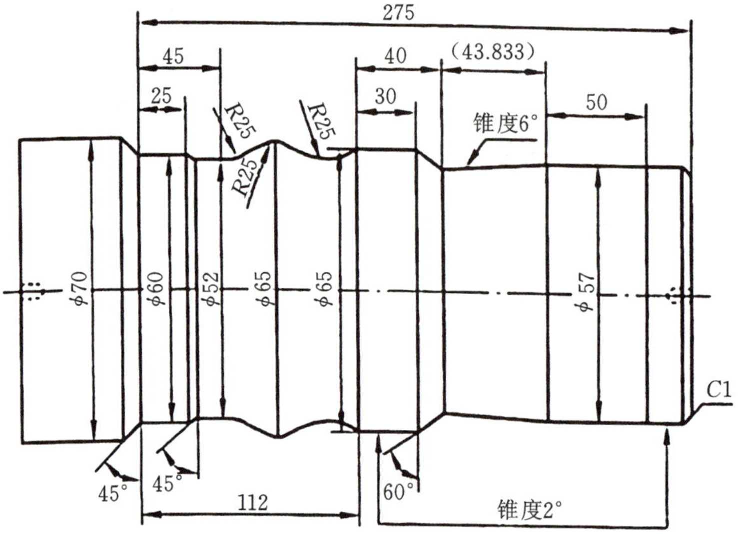

图 9.2.18　精车轴类零件轮廓的偏差检验试件

（二）加工中心精度检验

1. 加工中心几何精度检验

1）机床调平

检验工具：精密水平仪。

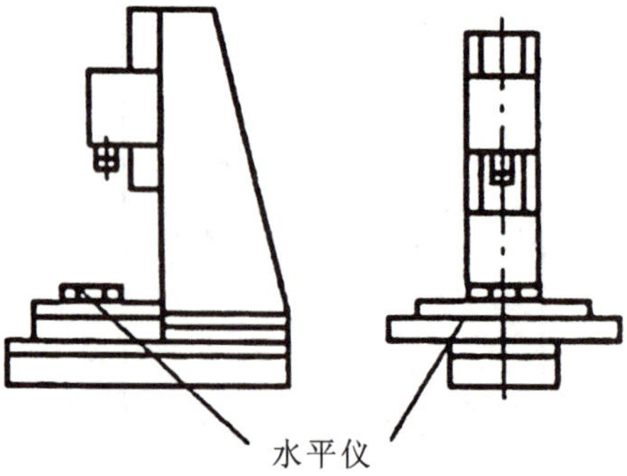

图 9.2.19　机床水平的调整

检验方法：如图 9.2.19 所示，将工作台置于导轨行程的中间位置，将两台水平仪分别沿 X 和 Y 坐标轴置于工作台中央，调整机床垫铁高度，使水平仪水泡处于示数中间位置；然后分别沿 X 和 Y 坐标轴全行程移动工作台，观察水平仪示数的变化，调整机床垫铁的高度，使工作台沿 X 和 Y 坐标轴全行程移动时水平仪示数的变化范围小于 2 格，且示数处于中间位置即可。

2）工作台面的平面度检验

检验工具：百分表、平尺、可调量块、等高块、精密水平仪。

检验方法：工作台位于行程的中间位置，用水平仪检验，如图 9.2.20 所示。在工作台面上选择由 O、A、C 三点所组成的平面作为基准面，并使直线 OA 和 OC 互相垂直且分别平行于工作台面的轮廓边。将水平仪放在工作台面上，采用两点连锁法，分别沿 OX 和 OY 方向移动，测量台面轮廓 OA、OC 上的各点，然后使水平仪沿 $O'A'$、$O''A''$、…、CB 移动，测量整个台面轮廓上的各点。通过作图或计算，求出各测点相对于基准面的偏差，以其最大与最小偏差的代数差值作为平面度误差。

3）主轴锥孔轴线的径向跳动误差检验

检验工具：检验棒、百分表。

检验方法：如图 9.2.21 所示，将检验棒插在主轴锥孔内，百分表安装在机床固定部件上，百分表测头垂直触及被测表面，旋转主轴，记录百分表的最大示数差值，在 a、b 处分别测量主轴端部和与主轴端部相距 L(100)处主轴锥孔轴线的径向跳动。标记检验棒与主轴在圆周方向的相对位置，取下检验棒，同向分别旋转检验棒 90°、180°、270°后重新插入主轴锥孔，在每个位置分别检验。4 次检验的算术平均值即为主轴锥孔轴线的径向跳动误差。

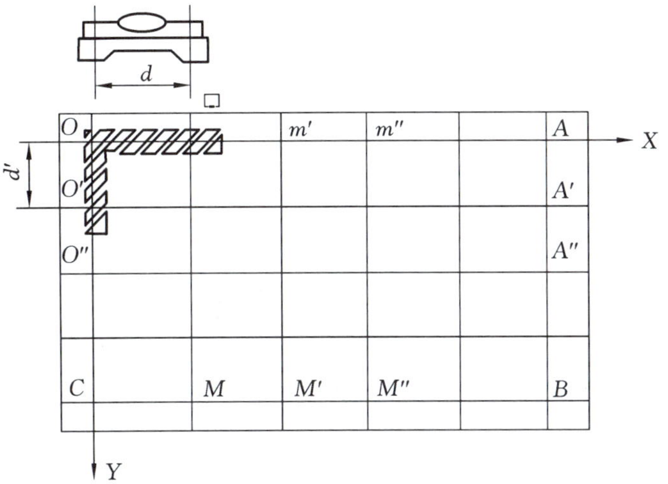

图 9.2.20　工作台面平面度的检验

d、d'—每次测量移动距离

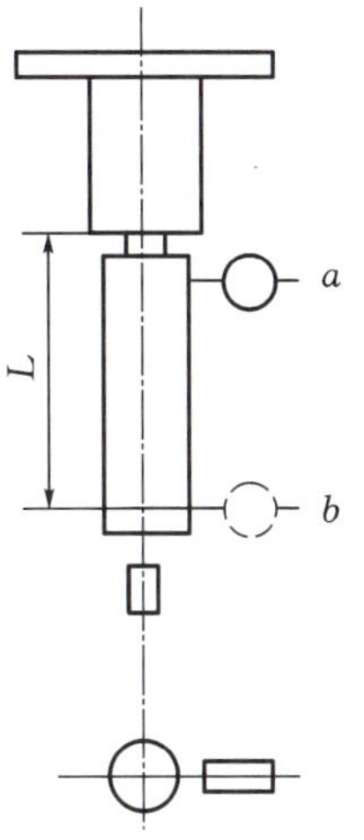

图 9.2.21　主轴锥孔轴线的径向跳动检验

4）主轴轴线对工作台面的垂直差检验

检验工具：平尺、可调量块、百分表、表架。

检验方法：如图 9.2.22 所示，将带有百分表的表架装在轴上，并将百分表的测头调至平行于主轴轴线，被测平面与基准面之间的平行度偏差可以通过百分表测头在被测平面上的摆动测得。主轴旋转一周，百分表

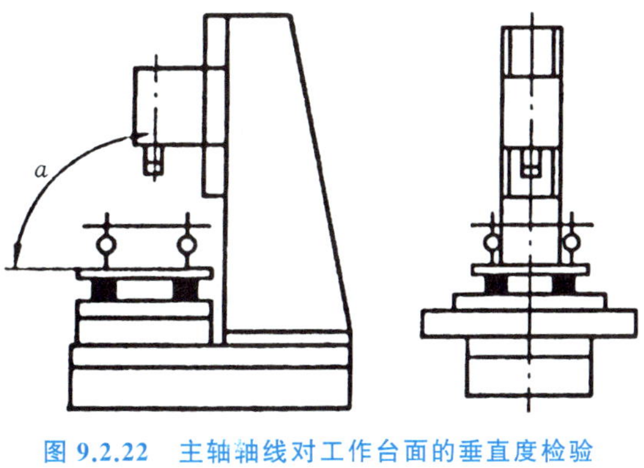

图 9.2.22　主轴轴线对工作台面的垂直度检验

示数的最大差值即为垂直度偏差。分别在 XZ、YZ 平面内记录百分表在相隔 180°的两个位置上的示数差值。为消除测量误差，可在第一次检验后将检验工具相对于轴转过 180°再重复检验一次。

5）主轴箱垂直移动对工作台面的垂直度检验

检验工具：等高块、平尺、角尺、百分表。

检验方法：如图 9.2.23 所示，将等高块沿 Y 轴方向放在工作台上，平尺置于等高块上，将角尺置于平尺上(在 YZ 平面内)，百分表固定在主轴箱上，百分表测头垂直触及角尺，移动主轴箱，记录百分表示数及方向，其示数最大差值即为在 YZ 平面内主轴箱垂直移动对工作台面的垂直度误差。同理，将等高块、平尺、角尺置于 XZ 平面内重新测量一次，百分表示数最大差值即为在 XZ 平面内主轴箱垂直移动对工作台面的垂直度误差。

6）主轴套筒垂直移动对工作台面的垂直度检验

检验工具：等高块、平尺、角尺、百分表。

检验方法：如图 9.2.24 所示，将等高块沿 Y 轴方向放在工作台上，平尺置于等高块上，将圆柱角尺置于平尺上，并调整角尺位置使角尺轴线与主轴轴线同轴；百分表固定在主轴上，百分表测头在 YZ 平面内垂直触及角尺，移动主轴，记录百分表示数及方向，其示数最大差值即为在 YZ 平面内主轴垂直移动对工作台面的垂直度误差；同理，百分表测头在 XZ 平面内垂直触及角尺重新测量一次，百分表示数最大差值为在 XZ 平面内主轴套筒垂直移动对工作台面的垂直度误差。

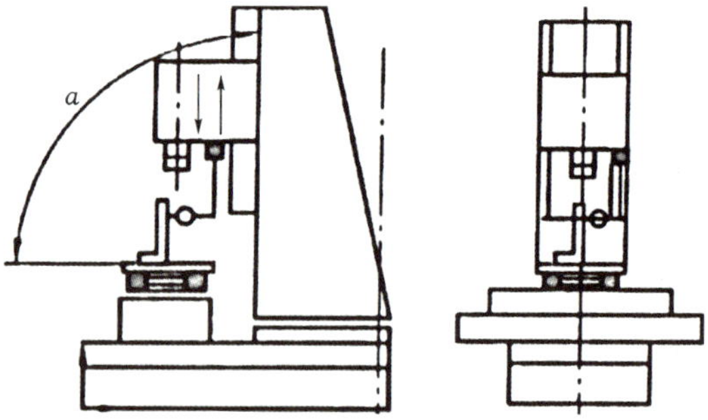

图 9.2.23 主轴箱垂直移动对工作台面的垂直度检验

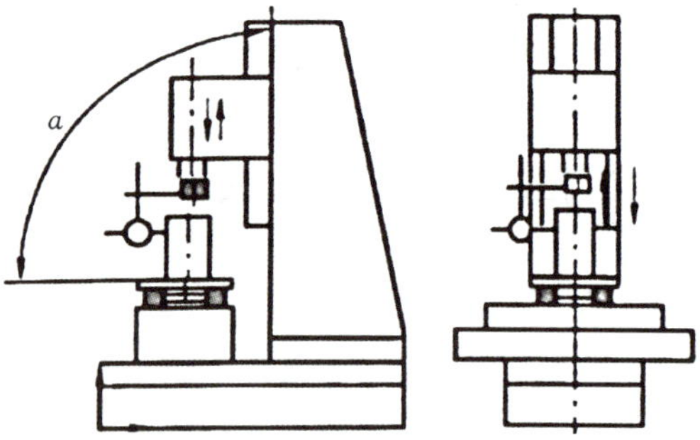

图 9.2.24 主轴套筒垂直移动对工作台面的垂直度检验

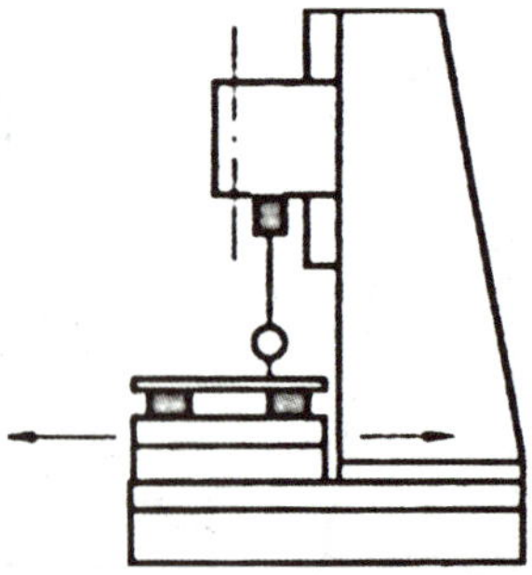

图 9.2.25 工作台 X 轴方向或 Y 轴方向移动对工作台面的平行度检验

7）工作台沿 X 轴方向或 Y 轴方向移动对工作台面的平行度检验

检验工具：等高块、平尺、百分表。

检验方法：如图 9.2.25 所示，将等高块沿 Y 轴方向放在工作台上，平尺置于等高块上，把百分表测头垂直触及平尺，沿 Y 轴方向移动工作台，记录百分表示数，其示数最大差值即为工作台沿 Y 轴方向移动对工作台面的平行度误差。将等高块沿 X 轴方向放在工作台上，沿 X 轴方向移动工作台，重复测量一次，其示数最大差值即为工作台沿 X 轴方向移动对工作台面的平行度误差。

8）工作台 X 轴方向移动对工作台 T 形槽的平行度误差检验

检验工具：百分表。

检验方法：如图 9.2.26 所示，把百分表固定在主轴箱上，使百分表测头垂直触及基准（T 形槽），沿 X 轴方向移动工作台，记录百分表示数，其示数最大差值即为工作台沿 X 轴方向移动对工作台面基准（T 形槽）的平行度误差。

9）工作台沿 X 轴方向移动对 Y 轴方向移动的垂直度检验

检验工具：角尺、百分表。

检验方法：如图 9.2.27 所示，工作台处于行程中间位置，将角尺置于工作台上，百分表固定在主轴箱上，使百分表测头垂直触及角尺（Y 轴方向），沿 Y 轴移动工作台，调整角尺位置，使角尺的一个边与 Y 轴平行，再将百分表测头垂直触及角尺另一边（X 轴方向），沿 X 轴移动工作台，记录百分表示数，其示数最大差值即为工作台沿 X 轴方向移动对 Y 轴方向移动的垂直度误差。

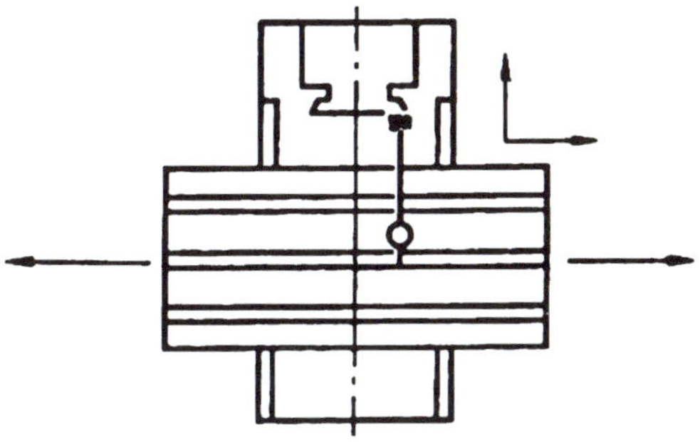

图 9.2.26　工作台沿 X 轴方向移动对工作台 T 形槽的平行度检验

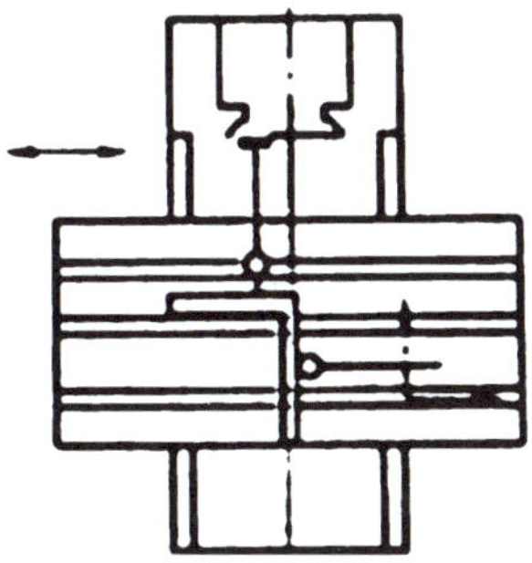

图 9.2.27　工作台沿 X 轴方向移动对 Y 轴方向移动的垂直度检验

2. 加工中心单项工作精度检验

1）镗孔精度检验

检验工具：千分尺。

检验目的：考核机床主轴的运动精度及 Z 轴低速进给时的运动平稳性。

检验方法：精镗试件内孔。试件材料为 HT200，刀具为硬质合金镗刀，背吃刀量 $a_p \approx 0.1$ mm，进给量 $f \approx 0.05$ mm/r。

试件如图 9.2.28(a)所示。先粗镗一次试件上的孔，然后按单边余量小于 0.2 mm 进行一次精镗，检验孔全长上各截面的圆度、圆柱度和表面粗糙度值。

2）斜边铣削精度检验

检验工具：千分尺。

检验目的：考核两个运动轴直线插补运动的品质特性。

检验方法：精铣试件四周边。试件材料为 HT200，采用立铣刀，背吃刀量 $a_p \approx 0.1$ mm。

试件如图 9.2.28(b)所示。用立铣刀侧刃先粗铣试件四周边，再精铣试件四周边。试件

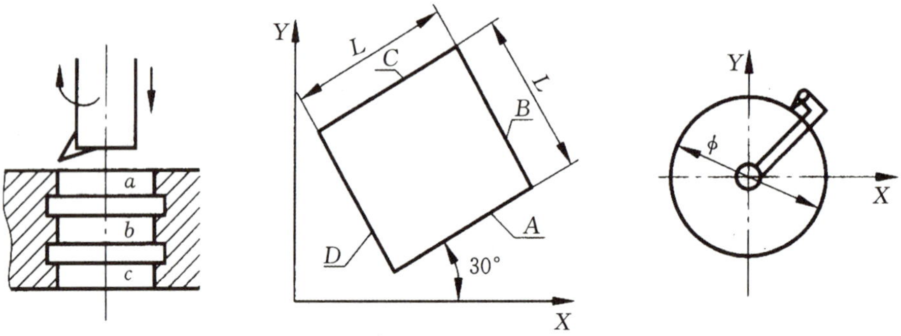

(a)　　(b)　　(c)

图 9.2.28　切削精度检验

斜边的运动由 X 轴和 Y 轴运动合成，所以工件表面的加工质量反映了两个运动轴直线插补运动的品质特性。若加工后的试件在相邻两直角边表面上出现刀纹一边密、另一边稀的现象，则说明两轴联动时，某一个轴进给速度不均匀，此时可以通过修调该轴速度控制和位置控制环来解决。

试切前应确保试件安装基准面的平直。试件安装在工作台中间位置，使其一个加工面与 X 轴成 30°角。

(1) 四面的直线度检验。在平板上放两个垫块，试件放在垫块上，固定千分表，使其测头触及被检验面。调整垫块，使千分表在试件上示数相等。沿加工方向，按测量长度在平板上移动千分表进行检验。千分表在各面上示数的最大差值即为直线度误差，如图 9.2.29(a)所示。

(2) 相对面间的平行度检验。在平板上放两个等高块，试件放在等高块上，固定千分表，使其测头触及被检验面，沿加工方向，按测量长度在平板上移动千分表进行检验。千分表在两面间示数的最大差值即是平行度误差，如图 9.2.29(a)所示。

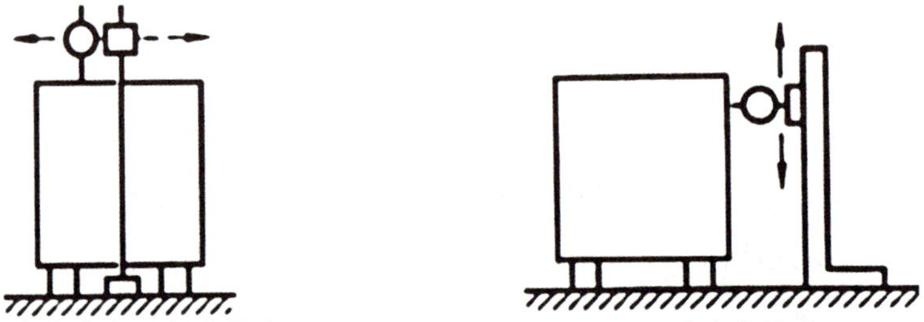

(a) 直线度和平行度检验　　(b) 垂直度检验

图 9.2.29　斜边铣削精度检验方法

(3) 相邻两面间的垂直度检验。在平板上放两个等高块，试件放在等高块上，固定角尺于平板上，再固定千分表，使其测头触及被检验面。沿加工方向，按测量长度在角尺上移动千分表进行检验。千分表在各面上示数最大差值即为垂直度误差，如图 9.2.29(b)所示。

3) 圆弧铣削精度检验

检验工具：圆度仪或千分尺。

检验目的：考核两个运动轴直线插补运动的品质特性。

检验方法：采用圆弧插补指令精铣试件的圆周面。试件材料为 HT200，采用立铣刀，背吃刀量 $a_p \approx 0.1$ mm。

用立铣刀侧刃精铣图 9.2.28(c)所示的圆表面，试件安装在工作台的中间位置。将千分表固定在机床或测量仪的主轴上，使其测头触及外圆面。回转主轴并进行调整，使千分表在任意两个相互垂直直径的两端的示数相等。旋转主轴一周，检验试件半径的变化值，取半径变化的最大值作为其圆度误差，以此判断工件圆弧表面的加工质量。它主要用于评价该机床两坐标联动时动态运动质量。一般数控铣床和加工中心铣削 $\phi200 \sim \phi300$ mm 工件时，圆度在 0.01～0.03 mm 之间，表面粗糙度值为 $Ra3.2$ μm 左右。在圆试件测量中常遇到图 9.2.30 所示图形。

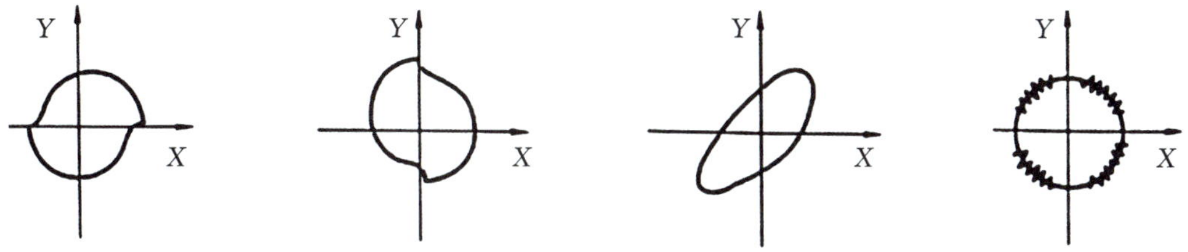

图 9.2.30　有质量问题的铣圆图形

两个半圆错位的图形一般都是因一个轴或两个轴的反向间隙造成的。固定的反向间隙可以通过改变数控系统的间隙补偿参数值或修调该坐标传动链精度来改善。

出现斜椭圆是由于两坐标的进给伺服系统增益不一致造成的，实际圆弧插补运动中一个坐标跟随特性滞后，就会形成椭圆轨迹。此时可以适当调整一个轴的速度反馈增益或位置环增益来改善。

圆柱面上出现锯齿形条纹的原因与切削斜边时出现条纹的原因相同，也是由于一个轴或两个轴的进给速度不均匀造成的。

（三）定位精度的检验

机床定位精度是数控机床各坐标轴在数控装置控制下达到的运动位置精度。机床的定位精度取决于数控系统和机械传动误差的大小，能够由加工零件所达到的精度反映出来。定位精度主要检验内容有直线运动定位精度检验、直线运动重复定位精度检验、直线运动轴机械原点的复归精度检验、直线运动失动量的测定检验。

1. 直线运动定位精度检验

如图 9.2.31 所示，对数控机床直线运动定位精度的检验是利用双频激光干涉仪完成的。当条件不具备时，则采用标准长度刻线尺进行比较测量，如图 9.2.32 所示，这种方法的检测精度与检测的方法技巧有关，一般可控制在(0.004～0.005) mm/1000 mm。而激光检测的测量精度可比标准长度刻线尺的测量精度高一倍。

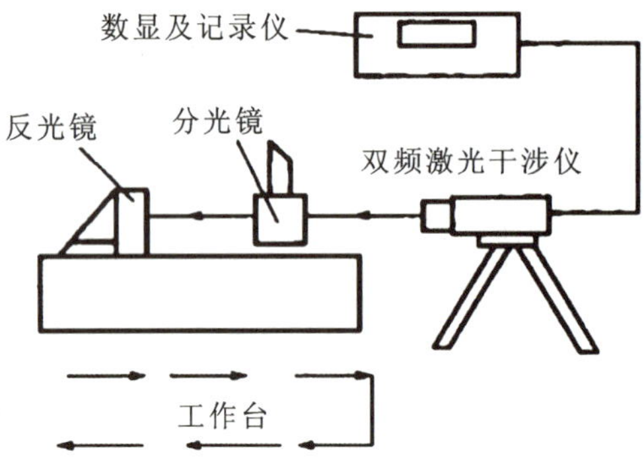

图 9.2.31　激光检测

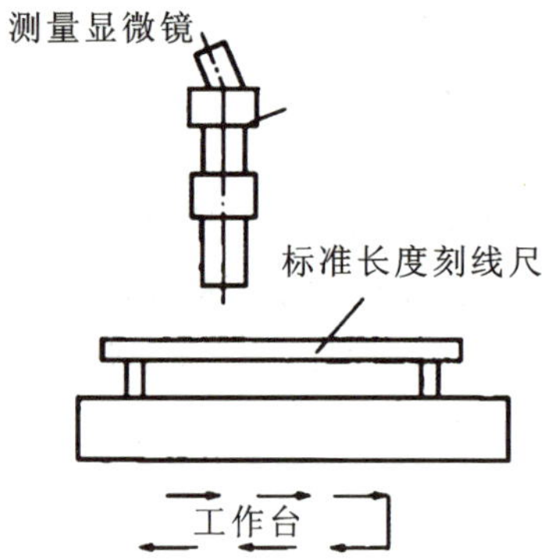

图 9.2.32　标准长度刻线尺比较检测

2. 直线运动重复定位精度检验

该精度是反映坐标轴运动稳定性的基本指标，而机床运动稳定性决定着加工零件质量的稳定性和误差的一致性。检测时，在靠近各坐标行程的中点和两端的任意三个位置进行测量，每次均快速移动到定位点，在相同的条件下重复做 7 次定位，测出定位点坐标值，并求出示数的最大差值。以三个位置中最大差值的一半，取"±"号后作为该坐标的重复定位精度。

3. 直线运动轴机械原点的复归精度检验

数控机床每个坐标轴都应有精确的定位起点，即坐标轴的原点或参考点，它与程序编制中使用的工件坐标系、夹具安装基准有直接关系。数控机床每次开机时原点复归精度应一致，因此对原点的定位精度要求很高。

4. 直线运动失动量检验

坐标轴直线运动失动量也称直线运动反向误差，是进给轴传动链上驱动元件的反向死区以及机械传动副的反向间隙和弹性变形等误差的综合反映。误差越大，定位精度和重复定位精度就越差。如果失动量在全行程上分布均匀，则可通过数控系统反向间隙补偿功能予以补偿。

【效果评价】

评价表			
模块名称	数控机床的安装与检验	学生姓名	
任务名称	数控机床的精度检验	分数	
考查内容		分值	考核得分
1. 对数控机床性能和数控功能的要求的了解情况		10	
2. 小组计划执行情况		5	
3. 对数控车床几何精度和工作精度检验的掌握情况		40	

4. 对加工中心几何精度和工作精度检验的掌握情况	30	
5. 编制学习汇报报告情况	10	
6. 基本素养考核情况	5	
总体得分	100	
教师简要评语： 教师签名：		

任务 9.3 数控机床位置精度补偿

【任务要求】

通过对本次任务的学习，了解数控机床位置精度手动补偿的检测方法和内容，了解反向偏差的简单测量过程，了解螺距误差补偿的原理和检测方法。

【知识准备】

一、位置精度检测方法

1. 直线运动的检测

直线运动检测目标位置数量和正、负方向循环次数见表 9.3.1。直线运动的循环方式有线性和阶梯式两种。

表 9.3.1 直线运动检测目标位置数量和正、负方向循环次数

<table>
<tr><th colspan="2">行程/mm</th><th>目标位置数量</th><th>正、负方向循环次数</th></tr>
<tr><td colspan="2">≤1000</td><td>≥5</td><td rowspan="3">≥5</td></tr>
<tr><td colspan="2">1000～2000</td><td>≥10</td></tr>
<tr><td rowspan="2">2000～6000</td><td>常用工作行程 2000</td><td>≥10</td></tr>
<tr><td>其余行程以 250 mm 或 500 mm 为单位增加</td><td>≥1</td><td>≥3</td></tr>
<tr><td colspan="2">大于 6000</td><td colspan="2">由制造厂与用户协商确定</td></tr>
</table>

(1) 线性循环。线性循环方式如图 9.3.1 所示。

(2) 阶梯循环。阶梯循环方式如图 9.3.2 所示。

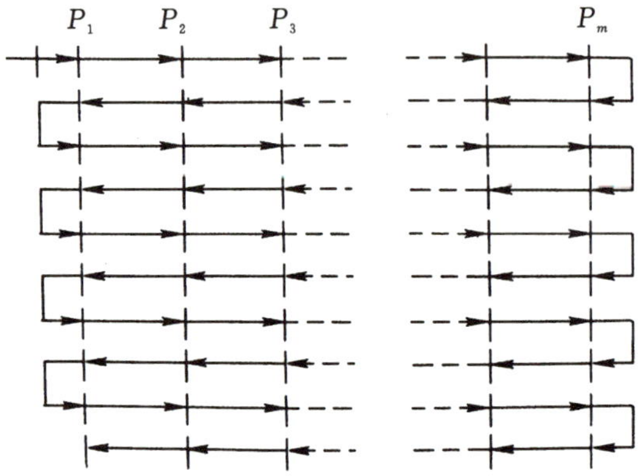

图 9.3.1　线性循环

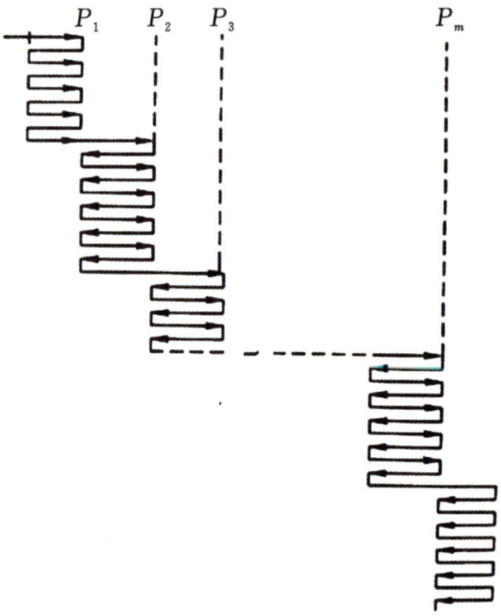

图 9.3.2　阶梯循环

2. 回转运动的检测

检测应在 0°、90°、180°、270°这 4 个主要位置检测。若机床允许任意分度，除 4 个主要位置之外，可任意选择 3 个位置进行检测。正、负方向循环检测 5 次，循环方式与线性循环的方式相同。

3. 反向偏差/间隙的检测

反向偏差亦称为反向间隙或失动量。由于各坐标轴进给传动链上驱动部件(如伺服电动机、伺服液压马达等)存在反向死区，各机械运动传动副存在反向间隙，当各坐标轴进行转向移动时会造成反向偏差。反向偏差的存在会影响半闭环伺服系统机床的定位精度和重复定位精度，特别容易出现过象限切削过渡偏差，造成圆度不够或出现刀痕等现象。随着设备运行时间的增加，因运动磨损，各运动副的间隙也会逐渐增大，反向偏差还会增加，因此需要定期对机床各坐标轴的反向偏差进行测定和补偿。

反向偏差可用百分表/千分表进行简单测量，也可用激光干涉仪进行自动测量。

对于小型机床，尤其是行程较短的机床可采用下述简单方法测量。

1) 测量要求

(1) 测量条件遵照 GB/T 17421.2—2016 规定。

(2) 位置目标点为行程中点及两端点。

(3) 移动行程(距目标点距离)为 0.2～1 mm。

(4) 手脉操作或调用循环程序(手脉操作时，手脉倍率选“×10”挡)。

(5) 循环方式为阶梯方式 5～7 次。

(6) 计算方法及给定方式参照国家标准。

测量时，注意表座和表杆不要伸出过高过长。悬臂较长时，表座容易移动，造成计数不准。

2）具体操作

以 X 轴行程中点是目标位置的测量操作为例。

第 1 步：将磁性表座吸在主轴上，将百分表/千分表伸缩杆顶在工作台上的某个凸起物上。

第 2 步：用手脉（×10 挡）正向移动 X 轴约 0.1 mm 后，记下百分表或千分表的表盘示数（或旋转表盘，使指针与"0"刻度重合），并清除 NC 显示器上 X 轴相对坐标显示值（显示为 0）。

第 3 步：用手脉继续正向移动 X 轴 0.5～1 mm（以 NC 显示器上 X 轴的相对坐标显示值为基准），必须保证 X 轴的移动方向不变（没换向）。

第 4 步：用手脉反向移动 X 轴，待 NC 显示器上 X 轴的相对坐标显示值为 0 时停止，记下百分表或千分表的表盘示数。

第 5 步：将百分表或千分表的表盘示数相对变化值计算出来，并填入表 9.3.2 中，该值即是第 1 次测量的 X 轴中点位置负向反向偏差值（$\bar{x}_{i\downarrow}$），测量方法如图 9.3.3 所示。

第 6 步：继续用手脉负向移动 X 轴 0.5～1 mm（以 NC 显示器上 X 轴的相对坐标显示值为准），记录下百分表或千分表表盘示数（注意：移动期间不能换向）。

第 7 步：用手脉正向移动 X 轴，直至 NC 显示器上 X 轴相对坐标显示值为 0，记录下百分表或千分表的示数。

第 8 步：计算出负向移动向正向移动换向时的反向偏差值（表盘示数的相对变化值），这是第 1 次测量的 X 轴中点位置正向反向偏差（$\bar{x}_{i\uparrow}$），测量方法如图 9.3.3 所示。

这样按第 1 步～第 8 步的方法循环测量 5～7 次，然后按国家标准规定计算出 X 轴行程中点位置的反向偏差。行程两端的测量方法与计算方法相同。

机床其他坐标轴的反向偏差测量方法与 X 轴的方法一致。

表 9.3.2 反向偏差测量记录表

测量点	循环次数	百分表/千分表打表初值	正向接近测量点时百分表/千分表示数	负向接近测量点时百分表/千分表示数	$\bar{x}_{i\uparrow}$	$\bar{x}_{i\downarrow}$
X 轴行程端点 1	1					
	2					
	3					
	4					
	5					
	6					
	7					
X 轴行程端点 1 的正、负向反向偏差值					$\bar{x}_{1\uparrow}$	$\bar{x}_{1\downarrow}$

续表

测量点	循环次数	百分表/千分表打表初值	正向接近测量点时百分表/千分表示数	负向接近测量点时百分表/千分表示数	$\bar{x}_{i\uparrow}$	$\bar{x}_{i\downarrow}$
X 轴行程中点	1					
	2					
	3					
	4					
	5					
	6					
	7					
X 轴行程中点的正、负向反向偏差值					$\bar{x}_{m\uparrow}$	$\bar{x}_{m\downarrow}$
X 轴行程端点 2	1					
	2					
	3					
	4					
	5					
	6					
	7					
X 轴行程端点 2 的正、负向反向偏差值					$\bar{x}_{2\uparrow}$	$\bar{x}_{2\downarrow}$
X 轴反向偏差:各测量点的正、负向反向偏差值的最大值						

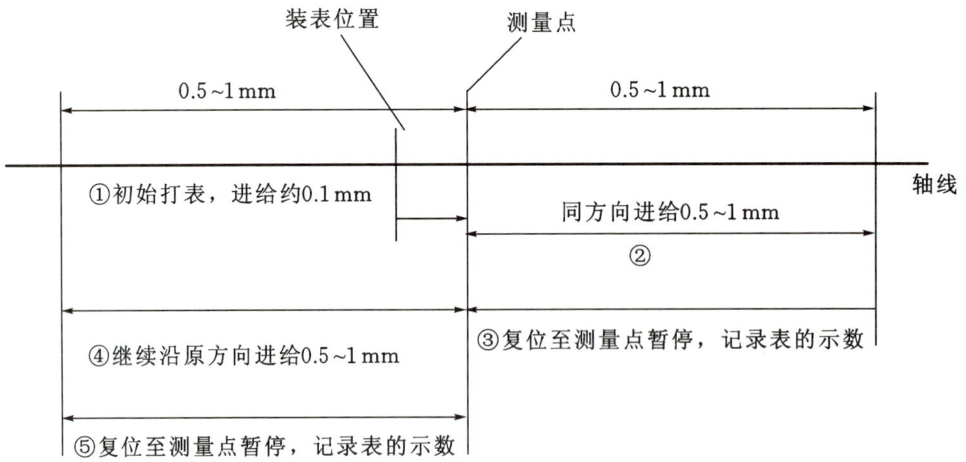

图 9.3.3　反向偏差测量位置点的第 1 次循环过程

4. 反向偏差的补偿

将所测得的各轴反向偏差值输入给数控系统的补偿参数，当 NC 系统回零后，各补偿参数值生效。现以 FANUC 系统为例介绍反向偏差的补偿。

FANUC0 系统 X 轴～第 4 轴的反向偏差补偿参数分别对应为 PRM＃535～538。FANUC 0i 系统的反向偏差补偿分为切削进给补偿和快速进给补偿。切削进给补偿参数为 PRM＃1851，快速进给补偿参数为 PRM＃1852，且参数 PRM＃1800.4(RBK)为 1 时有效。

FANUC 0i 系统切削进给与快速进给的反向偏差关系如图 9.3.4 所示。将图 9.3.4 中的“A”(切削进给速度下测得的反向偏差值)赋给参数 PRM＃1851，“B”(快速进给速度下测得的反向偏差值)赋给参数 PRM＃1852，图中 $a=(A-B)/2$。其反向偏差值补偿关系见表 9.3.3。

图 9.3.4 FANUC 0i 系统切削进给与快速进给的反向偏差关系

表 9.3.3 FANUC 0i 系统切削进给与快速进给时的反向偏差值补偿关系

移动方向变化	进给变化			
	切削进给→切削进给	快速进给→快速进给	快速进给→切削进给	切削进给→快速进给
同方向	0	0	$\pm a$	$\pm(-a)$
反方向	$\pm A$	$\pm B$	$\pm B(B+a)$	$\pm B(B+a)$

注：表 9.3.3 中补偿量的符号(±)与轴移动方向一致。

进行分类补偿的目的是提高加工精度。手动连续进给时视为切削进给；NC 系统上电后第 1 次返回参考点结束前，不进行切削/快速进给分别补偿；只有当参数 PRM＃1800.4 为 1 时才分别进行补偿，若其值为 0 则只进行切削进给补偿。

二、螺距误差补偿

螺距误差是丝杠导程的实际值与理论值的偏差。PⅡ级滚珠丝杠的螺距公差为 0.012 mm/300 mm。

采用滚珠丝杠传动时，位置精度的补偿主要有反向偏差补偿和螺距误差补偿。若采用手动测量补偿螺距误差，其工作量大，效率低，出错率高，所以目前一般均采用激光干涉仪进行自动测量与补偿。

位置精度补偿必须建立在机床母机/光机(机械结构)的定位精度或重复定位精度满足要求的基础上。机床母机的基础精度包括导轨副、滚珠丝杠副、联轴节、台面等的精度。

激光干涉仪配上相应的模块与软件，能测量标准规定的各项精度指标，如坐标轴的反向偏差、螺距误差、几何精度、定位精度和重复定位精度等。下面以 ML10 双频激光干涉仪测量系统为例进行介绍。

1. 螺距误差补偿原理

螺距误差补偿对开环控制系统和半闭环控制系统具有显著的效果，可明显提高系统的定位精度和重复定位精度；对于全闭环控制系统，由于其控制精度较高，进行螺距误差补偿不会取得明显的效果，但也可以进行螺距误差补偿。位置偏差/误差如图 9.3.5 所示。

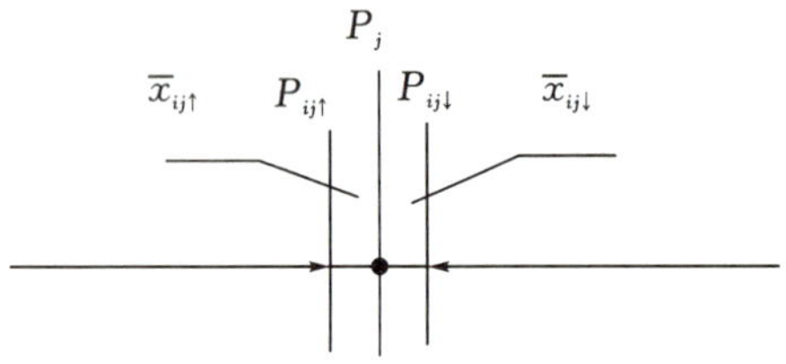

图 9.3.5 位置偏差/误差

由图 9.3.5 可知：

$$P_j = P_{ij\uparrow} + \bar{x}_{ij\uparrow}$$
$$P_j = P_{ij\downarrow} + \bar{x}_{ij\downarrow}$$

式中，P_j 为指定的目标位置，P_{ij} 为目标实际的运动位置，$\bar{x}_{ij\uparrow}$ 和 $\bar{x}_{ij\downarrow}$ 为实际正、负向趋近 P_j 的平均位置偏差。将位置偏差值输入数控系统的螺距误差补偿参数表，等机床回零后，数控系统在计算时会自动将目标位置的平均位置偏差叠加到插补指令上，抵消误差部分，实现螺距误差的补偿。

2. 螺距误差的补偿方法

FANUC 0i 系统螺距误差补偿的相关参数见表 9.3.4。

表 9.3.4 FANUC 0i 系统螺距误差补偿的相关参数

参数号	说明
#3620	各轴参考点的螺距误差补偿点号
#3621	各轴负方向最远端的螺距误差补偿点号
#3622	各轴正方向最远端的螺距误差补偿点号
#3623	各轴螺距误差补偿倍率
#3624	各轴螺距误差补偿点间距

FANUC 数控系统的螺距误差补偿原点取各坐标轴的零点（参考点），以补偿原点为中心设定螺距误差补偿点，补偿间隔相等，并在补偿间隔的中点执行补偿，每轴能设置多达 128 个补偿点，如图 9.3.5 所示。图 9.3.6 中各补偿点的补偿值见表 9.3.5，参考点的螺距误差补偿号为 33。

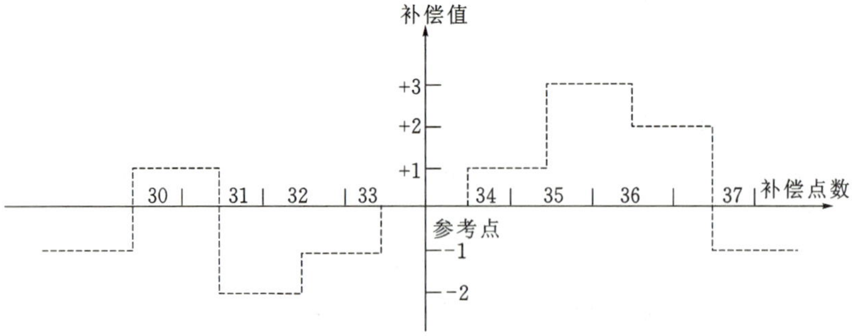

图 9.3.6 螺距误差补偿间隔设定及补偿点

表 9.3.5 图 9.3.6 中各补偿点的补偿值

补偿点号	30	31	32	33	34	35	36	37
设定补偿值	−2	+3	−1	−1	+1	+2	−1	−3

若补偿间距设为 0，则不执行螺距误差补偿。补偿单位为最小移动单位，一般为 1 μm。

(1) 补偿倍率。螺距误差的补偿值在 ±7 之间设定，当实际值大于 7 时，应使用补偿倍率。补偿倍率等于各点实际测量值(增量值)除以 7 的最小公倍数。因此数控系统实际补偿时，各点的补偿值为各点补偿设定值乘以补偿倍率，此时的准确度为一个统计指标值，每点的补偿没有各点测量值小于 7 时的精度高。

(2) 最小补偿间距的确定。FANUC 0i 系统的最小间距为最大快速移动速度(快速进给速度)/3750，单位为 mm。如最大进给速度为 15000 mm/min 时，FANUC 0i 系统的最小补偿间距为 4 mm。

例[9-1] 直线轴的螺距误差补偿。

设某型机床 X 轴的机械行程为 −400～800 mm，螺距误差补偿点间隔为 50 mm，参考点的补偿号为 40，各补偿点补偿值及其分布如表 9.3.6 和图 9.3.7 所示。正确设置相关参数，完成补偿设置。

表 9.3.6 各补偿点补偿值(单位为最小移动单位)

号码	33	34	35	36	37	38	39	40	41	42	43	44	45	46	47	48	49
补偿值	+2	+1	+1	−2	0	−1	0	−1	+2	+1	0	−1	−1	−2	0	+1	+2

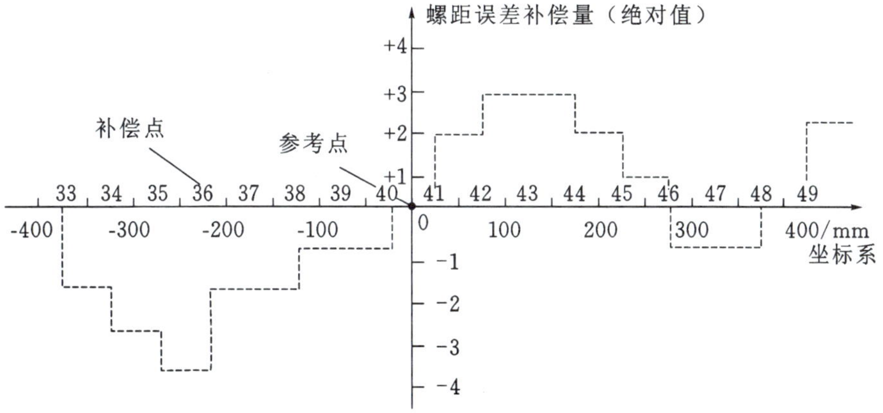

图 9.3.7 补偿值分布

正方向最远端补偿点的号码为：

参考点的补偿点号码＋机床正方向行程长度/补偿间隔＝40＋800/50＝56

负方向最远端补偿点的号码为：

参考点的补偿点号码－机床负方向行程长度/补偿间隔＋1＝40－400/50＋1＝33

补偿点位置如图 9.3.8 所示，图中的“0”符号为螺距误差补偿生效点，参数设定见表 9.3.7。

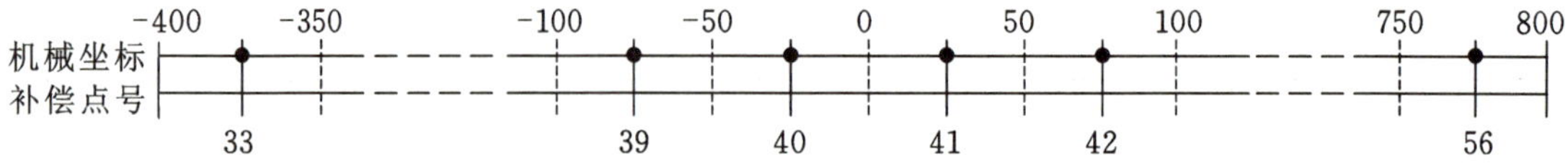

图 9.3.8 补偿点位置

表 9.3.7 参数设定

含义	FANUC 0 系统参数	FANUC 0i 参数	设定值
参考点的补偿号	PRM＃1000	PRM＃3620	40
负方向最远端的补偿点号	PRM＃1001～1128 对应 0～127 号	PRM＃3621	33
正方向最远端的补偿点号	PRM＃1001～1128 对应 0～127 号	PRM＃3622	56
补偿倍率	PRM＃11.0～11.1 均为 0 时对应 1 倍	PRM＃3623	1
补偿点间隔	PRM＃712	PRM＃3624	50000

【效果评价】

评 价 表			
模块名称	数控机床的安装与检验	学生姓名	
任务名称	数控机床位置精度补偿	分数	
考查内容		分值	考核得分
1. 对数控机床直线运动和回转运动的位置精度检测的了解情况		10	
2. 小组计划执行情况		5	
3. 对数控机床反向偏差的测量和补偿的掌握情况		30	
4. 对螺距误差补偿操作的掌握情况		40	
5. 编制学习汇报报告情况		10	
6. 基本素养考核情况		5	
总体得分		100	
教师简要评语： 教师签名：			

任务9.4 任务实训

——数控机床丝杠螺距误差补偿

一、实训要求

(1) 了解数控车床丝杠螺距误差的测量和计算方法；
(2) 掌握数控车床螺距误差参数的设置方法；
(3) 能够正确设置螺距误差参数。

二、相关知识

(一) 数控机床螺距误差产生的原因

数控机床大都采用滚珠丝杠副作为机械传动部件，电机带动滚珠丝杠，滚柱丝杠将电机的旋转运动转换为直线运动，如图 9.4.1 所示。

如果滚珠丝杠没有螺距误差，则滚珠丝杠转过的角度与对应的直线位移存在线性关系。实际上，由于制造误差和装配误差始终存在，难以达到理想的螺距精度，螺距误差表现为直线位移上也存在一定的误差，降低了机床的加工精度。数控机床的螺距误差产生原因有以下三点：

图 9.4.1 滚珠丝杠副

(1) 滚珠丝杠副处在进给系统传动链的末级。由于丝杠和螺母存在各种误差，如螺距累积误差、螺纹滚道型面误差、直径尺寸误差等。其中影响最大的是丝杠的螺距累积误差，它会造成机床目标值偏差。

(2) 在滚珠丝杠的装配过程中，由于采用了双支撑结，丝杠轴向被拉长，造成丝杠螺距误差增加，产生机床目标值偏差。

(3) 在机床装配过程中，丝杠轴线与机床导轨的平行度误差也会引起机床目标值偏差。

(二) 螺距误差补偿的作用

螺距误差补偿通过调整数控系统的参数增减指令值的脉冲数，使机床实际移动距离与指令移动距离相接近，以提高机床的定位精度。螺距误差补偿只对机床补偿段起作用，在数控系统允许的范围内起到补偿作用。利用数控系统提供的螺距误差补偿功能，可以对螺距误差进行补偿和修正，达到提高加工精度的目的。另外，数控机床经长时间使用后，机床精度会因为磨损等原因而下降，通过对机床进行周期检定和误差补偿，可在保持精度的前提下延长机床的使用寿命。

（三）螺距误差补偿方法

通过设定螺距误差补偿数据，对每个轴的检测单位进行补偿。将参考点返回的位置作为补偿原点，以设定每个轴上的补偿间隔，将相当于补偿点数量的补偿值设定在螺距误差补偿数据中。螺距误差补偿数据也可用外部 I/O 设备(如 Handy File) 设定(见用户手册)，还可通过 MDI 面板直接设定。

在螺距误差补偿中，需要设定如下参数(见表 9.4.1)，对于用这些参数设定的螺距误差补偿点的号码，需要设定螺距误差补偿量。

表 9.4.1　螺距误差补偿参数

参数	功能
3605＃0	双向螺距误差补偿，为 1，有效；为 0，无效
3620	各轴参考点的螺距误差补偿点的号码
3621	各轴负方向最远端的螺距误差补偿点的号码
3622	各轴正方向最远端的螺距误差补偿点的号码
3623	各轴螺距误差补偿倍率
3624	各轴螺距误差补偿点的间距

螺距误差补偿示例如图 9.4.2 所示。

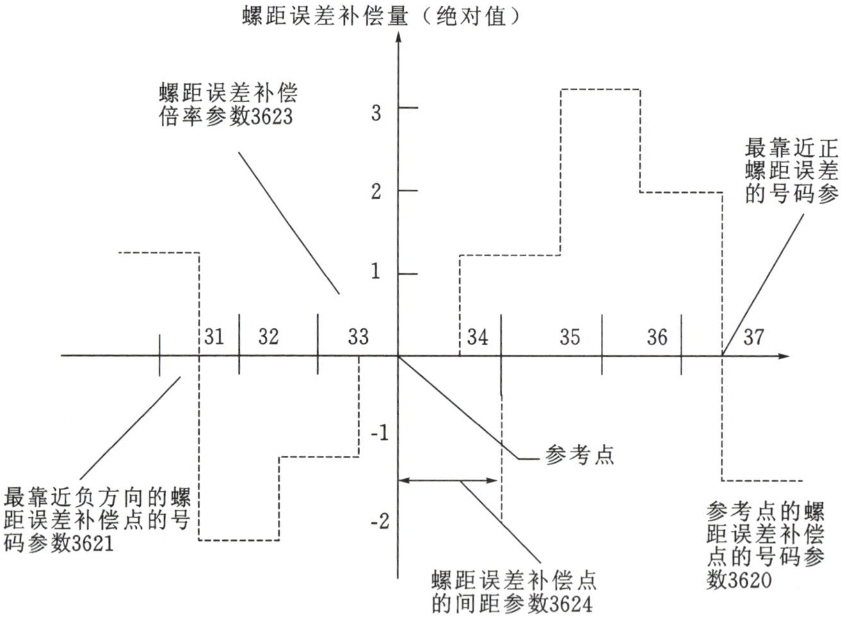

补偿点的号码	31	32	33	34	35	36	37
设定补偿	−3	+1	+1	+1	+2	−1	−3

图 9.4.2　螺距误差补偿示例

具体补偿方法如下：

1. 补偿点的指定

各轴补偿点在坐标轴的机械行程范围内选择，参考点必须包含在补偿范围内。机械的行程超过正方向、负方向所指定的范围时，不进行螺距误差补偿（补偿量全为 0）。

2. 补偿点的号码

在螺距误差设定页面上提供的补偿点共计 1024 点，编号从 0 到 1023，通过参数将编号任意分配给各轴。

参数 3620 为各轴设定参考点的螺距误差补偿点的号码，参数 3621 设定为最靠近负方向的螺距误差补偿点的号码，参数 3622 设定为最靠近正方向的螺距误差补偿点的号码。

3. 补偿点的间距

螺距误差补偿的补偿点是等间距的，在参数 3624 中为每个轴设定间距的大小。

螺距误差补偿点的间距有最小值限制，通过下式确定：

① 螺距误差补偿点间距的最小值＝最大进给速度（快速移动速度）/7500。

② 螺距误差补偿点间距的最小值可选的单位有 mm，in。

③ 最大进给速度可选的单位有 mm/min，in/min。

例如，最大进给速度为 15000 mm/min 时，螺距误差补偿点间距的最小值为 2 mm。

三、实施步骤

1. 反向间隙补偿

步骤一：设定参数（如图 9.4.3 所示）。

		#7	#6	#5	#4	#3	#2	#1	#0
参数	1800				RBK				

#4（RBK）　0：切削/快速进给间隙补偿量不分开。
　　　　　 1：切削/快速进给间隙补偿量分开。

图 9.4.3　设定参数界面

步骤二：测量反向间隙值。

（1）回参考点。

（2）用切削进给指令使机床移动到测量点（见图 9.4.4）。指令：G01 X100.0 F300。

（3）安装百分表，将刻度对零。

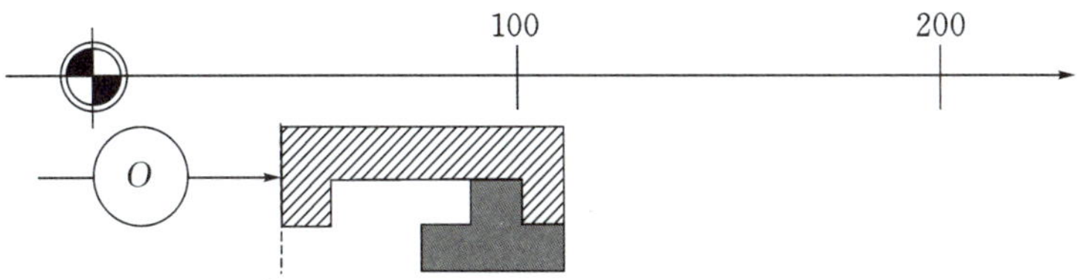

图 9.4.4　机床移动至测量点

（4）用切削进给指令使机床沿相同方向移动（见图 9.4.5）。指令：G01 X200.0 F300。

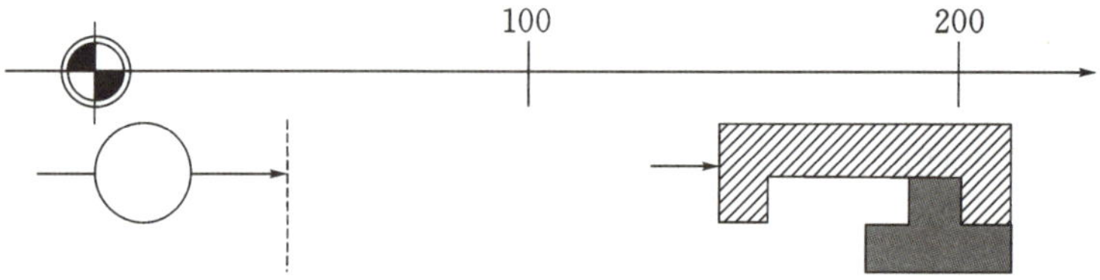

图 9.4.5　机床沿相同方向移动

（5）用切削进给指令返回测量点 X100.0 处（见图 9.4.6）。

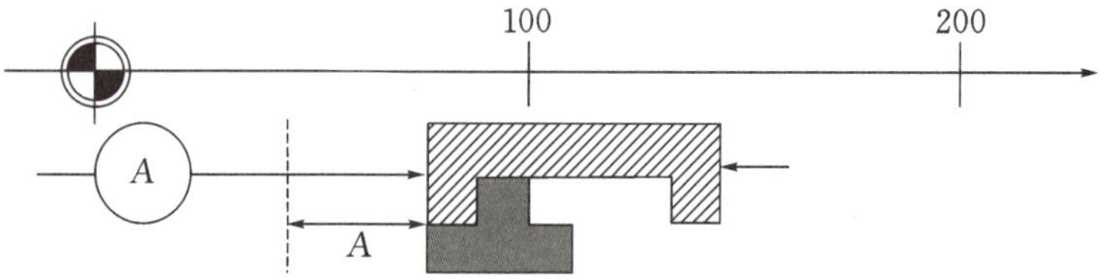

图 9.4.6　机床返回示意图

（6）读取百分表的示数。

（7）按检测单位换算切削进给方式的间隙补偿量（A）。

步骤三：设置参数 1851（见图 9.4.7）。

参数	1851	切削进给方式的间隙量　[检测单位]

设定范围：-9999～+9999

图 9.4.7　参数 1851 设置界面

2. 螺距误差补偿

步骤一：测量准备。

（1）将 Z 轴光栅尺与数显表正确连接。

（2）设置滑台的机械坐标系零点以及正负限位。如图 9.4.8 所示，设置正限位为 48，负限位为 -257。

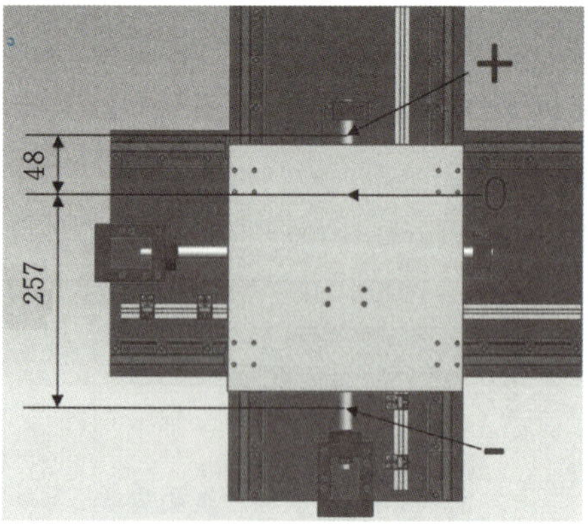

图 9.4.8　机械坐标系设零

步骤二：参照表 9.4.2 设置如下参数（见图 9.4.9）。

表 9.4.2 设置相关参数

参数号	设定值	说明
3620	40	参考点的补偿点号，该参数为参考点的补偿号码，可以随意设置，例如设置为 40
3621	28	负方向最远端的补偿点号，此参数通过如下计算式得出： 参考点补偿号－(机床负方向行程长度/补偿间隔)＋1 ＝40－255/20＋1 ＝28.25 经圆整，取 28
3622	42	正方向最远端的补偿点号，计算式如下： 参考点补偿号＋(机床正方向行程长度/补偿间隔) ＝40＋45/20 ＝42.25 经圆整，取 42
3623	3	补偿倍率，因为 FANUC 系统的螺距补偿画面的设置值为±7 之间，例如，补偿值为 14 时，就需要设置为 2，补偿画面设置为 7，即 2×7＝14(设置为 0 和设置为 1 相同)
3624	20	补偿点的间隔，本次设置等距离间隔为 20 mm
11350＃5	1	补偿画面显示轴号

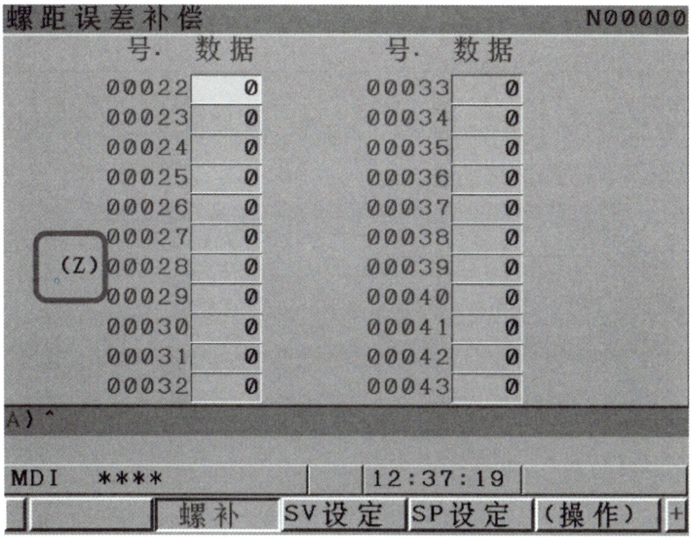

图 9.4.9 螺距误差补偿画面

步骤三：测量补偿值并记录。

(1) 在 MDI 方式下，输入“G98 G01 Z257.0 F300 ”，按下自动循环按钮，滑台运动至 Z 轴－257 mm 位置。

(2) 输入“G98 G01 Z255.0 F300 ”，按下自动循环按钮，滑台运动至 Z 轴－255 mm 位置。注意：这一步是为了消除反向间隙误差。

(3) 按下“单步”键，把光栅尺数显表清零，输入“G98 G01 W20.0 F300”，按下自动循环按钮，滑台向 Z 轴正方向运动 20 mm，记录数显表示数后清零，再次运行以上程序，记录各次示数填入表 9.4.3。

表 9.4.3 测量补偿值示例

补偿点号	补偿位置	测量值	补偿值	3623＝3 时
28	－235.000	20.018	－0.018	－6
29	－215.000	20.016	－0.016	－5
30	－195.000	20.018	－0.018	－6
31	－175.000	20.006	－0.006	－2
32	－155.000	20.000	0	0
33	－135.000	19.993	0.007	－2
34	－115.000	19.991	0.009	－3
35	－95.000	19.993	0.007	－2
36	－75.000	19.990	0.010	－3
37	－55.000	19.992	0.008	－3
38	－35.000	19.993	0.007	－2
39	－15.000	19.995	0.005	－2
40	5.000	19.992	0.008	－3
41	25.000	19.995	0.005	－2
42	45.000	20.001	－0.001	0

步骤四：输入补偿值，再次测量，观察补偿效果。补偿值可以通过 361 诊断号进行查看(见图 9.4.10)。

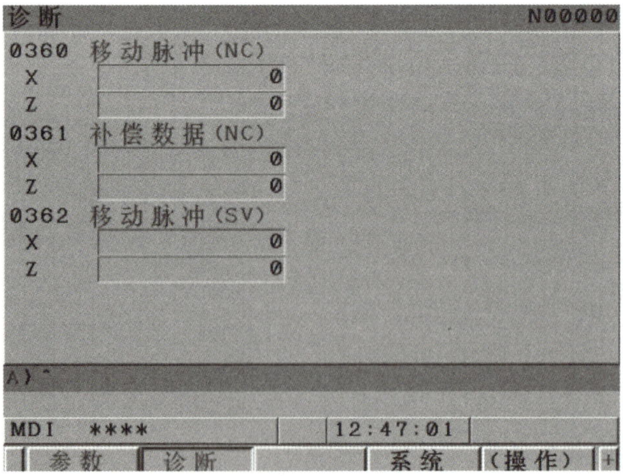

图 9.4.10 补偿值诊断界面

注意事项：

(1) 本实训项目实施计划根据 FANUC 0i mate TD 数控系统制定，在实际教学中，采用不同的系统，参数设置可能有所不同。

(2) 通过本实训的学习，要掌握滚珠丝杠反向间隙和螺距误差的补偿方法，并能够正确输入补偿参数。

(3) 工具清单：百分表 1 个，磁力表座 1 个，光栅尺数显表 1 个。

【效果评价】

评价表			
模块名称	数控机床的安装与检验	学生姓名	
任务名称	数控机床丝杠螺距误差补偿	分数	
考查内容		分值	考核得分
1.对数控机床反向间隙和丝杠螺距误差补偿作用和方法的了解情况		10	
2. 小组计划执行情况		5	
3. 对数控车床反向间隙的测量及补偿操作的掌握情况		40	
4. 对数控车床丝杠螺距误差的测量及补偿操作的掌握情况		30	
5. 编制学习汇报报告情况		10	
6. 基本素养考核情况		5	
总体得分		100	
教师简要评语： 教师签名：			

思考与练习

1. 简述数控机床对安装环境的要求。
2. 简述数控机床的安装流程。
3. 简述数控车床几何精度的检验内容和方法。
4. 简述数控车床工作精度的检验内容和方法。
5. 简述加工中心几何精度的检验内容和方法。
6. 简述加工中心单项工作精度的检验内容和方法。
7. 定位精度检验的主要内容是什么？
8. 简述数控机床反向偏差补偿的作用和检测方法。

参考文献 CANKAOWENXIAN

[1] 王爱玲.数控机床结构及应用[M].2版.北京:机械工业出版社,2013.
[2] 韩鸿鸾,李书伟.数控机床结构与维护[M].北京:机械工业出版社,2015.
[3] 卢斌.数控机床及其使用维修[M].2版.北京:机械工业出版社,2010.
[4] 刘瑞已.现代数控机床[M].西安:西安电子科技大学出版社,2011.
[5] 邵娟.机床结构认识与拆装[M].北京:北京理工大学出版社,2016.
[6] 黄荣亿,谢祥强.数控机床结构、原理与维护保养[M].北京:中国劳动社会保障出版社,2016.
[7] 邓三鹏.数控机床结构及维修[M].北京:国防工业出版社,2008.
[8] 王兵.数控机床结构与使用维护[M].北京:化学工业出版社,2012.
[9] 全国数控培训天津分中心.数控机床[M].3版.北京:机械工业出版社,1997.
[10] 王爱玲.现代数控机床[M].2版.北京:国防工业出版社,2009.
[11] 张超英.数控车床[M].北京:化学工业出版社,2003.
[12] 沙杰.加工中心结构、调试与维修[M].北京:机械工业出版社,2003.
[13] 徐宏海,谢富春.数控铣床[M].北京:化学工业出版社,2003.
[14] 李佳.数控机床及应用[M].北京:清华大学出版社,2001.